国际政治前沿译丛编辑委员会

俞可平	中央编译局
蔡 拓	中国政法大学
张世鹏	北京大学
张小劲	中国人民大学
巫永平	清华大学
张振江	暨南大学
吴志成	南开大学
杨雪冬	中央编译局
Barry Buzan	伦敦经济学院
Tony Saich	哈佛大学
Adam Roberts	牛津大学
Thomas Heberer	杜伊斯堡大学

【国际政治前沿译丛】

丛书主编：俞可平

拯救陌生人
——国际社会中的人道主义干涉

〔英〕尼古拉斯·惠勒（Wheeler, N.J.）／著

张德生／译

全国百佳出版社
中央编译出版社
Central Compilation & Translation Press

编者说明

改革开放过程,也是中国加入国际社会,并在其中发挥越来越大作用的过程。胡锦涛在总结改革开放30年经验的时候,把中国参与全球化作为改革开放取得巨大成就的经验之一。他说:"当代中国的前途命运已日益紧密地同世界的前途命运联系在一起。中国的发展离不开世界,世界的发展也需要中国。"中国要为促进人类和平发展的崇高事业作出贡献。

编选这套"国际政治前沿译丛"的初衷就是,希望能为日益国际化、全球化的中国提供更加多样的国际政治知识的支持和参考。这个想法产生于2004年初夏俞可平教授与一位在剑桥大学留学的中国学者的谈话。双方谈到了国内对于国外的国际政治著作的引介工作,都认为不应该只把目光集中在个别国家,特别是美国,应该注意到其他国家中关于国际政治的著作,这样才能了解到更多的观点、思想,才能有所比较,并且汲取百家之长。这位中国学者回到剑桥后,就联系了一些英国学者为我们推荐了一批他们认为富有价值的著作。当然,其中多部是"英国学派"的代表性著作。我们又根据当时国内已经翻译的国际政治著作的情况,从这些著作中挑选出一些。现在,这些著作将陆续与读者见面。

尽管这些著作的论题不同,但有三个共同特点:首先,这些著作都具有很强的理论性。有学者认为,英国学派最大的理论特色是他们主张用历史、法律、哲学的方法来"阐释"国际政治,而不是用需求对国际政治进行"解释"。从这些著作中,我们可以清晰地感受到,国际政治不仅仅是实力政治,也是价值政治。其次,这些著作所讨论的核心问题是如何建构国际体系、国际社会以及世界社会。围绕这些核心问题,不同学者分别从逻辑推演、历史分析角度进行了论证。这些都是大问题,需要大视野、大答案。这对于我们思考目前日益全球化的世界,非常具有启发意义。最后,这些著作在国外学术界乃至教学中,都具有良好的声誉。有的书已经再版多次,并且成为所在领域的权威性著作。借助这些书,我们可以更及时地了解到国外国际政治理论的发展。

迻译是一件痛苦而充满期待的工作。本套书从组织翻译到校译统稿,历经四年之久。译者有的已经离开北京到外地工作,有的到海外留学深造。翻译过程中也经历了多次反复,一些译者用很多时间与作者就具体的问题进行沟通交流,丛书编辑为了统稿校对花费了大量精力。令人欣慰的是,这些努力终于换来了沁人的书香。

随着世界格局的变化,特别是包括中国在内的新兴大国的崛起,国际政治正在经历着深刻的变革。"历史是过去的政治,政治则是现在的历史"。我们希望这些著作能为我们理解当前的国际政治提供历史和理论的借鉴,也希望我国的国际政治研究也能为人类文明作出自己的贡献。

目　录 >>>>

译者序 /1
序言与致谢 /1
导　言 /1

第一部分　人道主义干涉相关理论

第一章　人道主义干涉和国际社会　　　　　　　　　　　　/21

第二部分　冷战时期的人道主义干涉

第二章　印度是救星？1971年孟加拉战争中的秩序与正义　　/59
第三章　越南对柬埔寨的干涉：现实主义对普遍人权的胜利？　/84
第四章　好的还是坏的先例？坦桑尼亚对乌干达的干涉　　　/119

第三部分　冷战之后的人道主义干涉

第五章　体现国际社会凝聚力的一刻？伊拉克的安全区、禁飞区　/149
第六章　从饥荒救济到"人道主义战争"：联合国及美国在
　　　　索马里的干涉行动　　　　　　　　　　　　　　　/184

第七章　种族大屠杀的国际旁观者：国际社会和 1994 年卢旺达种族大屠杀　　　　　　　　　　　　　　　　　　　／ 224

第八章　通过空袭实施人道主义干涉的局限：波斯尼亚和科索沃事件　　　　　　　　　　　　　　　　　　　／ 263

结　论　　　　　　　　　　　　　　　　　　　／ 309

译者序

尼古拉斯·惠勒是阿伯里斯特威斯威尔士大学国际关系学院的教授。他在英国南安普敦大学获得了硕士学位和博士学位，曾经在伦敦国王学院的战争研究系和战略研究国际学会做研究。从1989年到1993年在赫尔大学的政治学系任教。1993年进入阿伯里斯特威斯威尔士大学，并于1998年成为高级讲师，2004年成为教授。惠勒的主要专著有《拯救陌生人：国际社会的人道主义干涉》（2000），《英国核战略的起源：1945—1955》，编著有《军事干涉的范围》（2002），《全球政治中的人权》（1999），主要从事战略研究和人道主义干涉研究。

《拯救陌生人》与约翰·文森特思想的关系

作者在"序言与致谢"中写道："我的思路非常清晰，就是以约翰·文森特的著作为基础，写一本旨在研究不同的国际关系理论是怎样阐释和论证人道主义干涉的合法性的书。这也正是拙著《拯救陌生人》一书的主题。"可以说，《拯救陌生人》的主题正是以文森特发展起来的社会连带主义理论为基础而展开对人道主义干涉理论的构建与检验的。在人道主义干涉问题上，现实主义、英国学派中的多元主义和社会连带主义对这个问题看法都不一样，甚至相互对立，而这些不同的观点在现实中都能够找到它们的影子，本书作者除了树立自己的理论体系外，还充满了对现实主义与多元主义不同观点的辩驳。因此，阐述约翰·文森特的思想以及了解社会连带主义与多元主义和现实主义观点的不同，对了解本文复杂的命题辩解与理论构建，具有非常重要的作用。

一　作者及其主要观点

约翰·文森特生于1943年，于1990年去世。他曾先后就读于阿伯里斯特威斯威尔士大学、莱斯特大学和位于堪培拉的澳大利亚国立大学，读博士期间师从英国学派的主要人物之一赫德利·布尔，并深受布尔思想的影响，在布尔的多元主义基础上，发展出一种社会连带主义的理论。之后他曾在科勒和牛津大学任教，并最终任教于伦敦经济学院。1989年他接替苏珊·斯特兰奇成为伦敦经济学院国际关系方向的蒙塔格·伯顿讲座教授。① 文森特是英国学派社会连带主义理论的奠基人，一生学术成就非凡，可惜跟布尔一样，英年早逝。他的主要著作有1974年出版的《不干涉与国际秩序》和1986年出版的《人权和国际关系》，前者主要阐述不干涉原则对维护国际秩序的重大意义，后者着重探讨了国际社会中国家主权与普遍人权的相互关系。②

不同理论关于主权与人权关系的论述

在国际关系思想中，存在三大思想传统，即革命主义、理性主义和现实主义。③ 其中英国学派作为理性主义阵营重要的一部分，对其理论的核心概念……国际社会的观点又有所不同，即存在多元主义与统一主义区分。在人权与主权的关系中，现实主义与革命主义倾向于两个不同的极端。现实主义强调的是"绝对主权"，而革命主义强调的是"绝对人权"。

---

① ［挪威］伊弗·诺伊曼、［丹麦］奥勒·韦弗尔编：《未来国际思想大师》（肖锋、石泉译），北京：北京大学出版社，2003年版，第53页。

② 吴征宇："主权、人权与人道主义干涉—约翰·文森特的国际社会观"，《欧洲研究》，2005年第1期，第90页。

③ Martin Wight, *International Theory: The Three Traditions*, (London: Leicester University Press, 1991), pp. 8—23.

现实主义认为，国家为个人的目标提供了集体保障。国家不但能够担负道德责任，而且还是他们共同构成国际社会中的权利与义务的承担者。革命主义不仅承认普遍人权，而且认为人权在原则上绝对高于主权，只有打破国家枷锁，实现全球个人的完全解放，才能实现普遍人权，而且认为这种模式实现的人权较之于自然法传统的模式更接近于普遍公认的人权。①

文森特认为，这两种关于主权与人权关系的观点虽然都有其合理的方面，即现实主义对任何普遍学说保持的怀疑态度和革命主义提供的方向感，但都有明显的缺陷。现实主义提倡的是国家道德，即只要符合国家利益，就是道德的，这种排他主义的观念对个人道德（如奴隶问题）、集体待遇（如民族自决原则）等主要的道德问题视而不见，而且也扼杀了进行政治对话的可能性。而革命主义假定我们已经生活在一个世界主义的世界中，用未经证明的假定来论证设立全球政治机制未免不现实。②

文森特关于人权与主权的关系，不仅跟现实主义和革命主义不同，也不同于英国学派的另一个代表，他的导师赫德利·布尔的多元主义。与现实主义和革命主义不同，多元主义虽然同时承认国际社会中的主权和人权的合法性，但是坚持认为国家才是国际社会中权利和义务的承担者，国家内部的个人和集体只有通过各自国家的媒体才能进入这一社会；他们是国际法的客体而非主体。因此，国际法的根本原则——不干涉原则是为了阻止个人及集体妨碍国与国之间的关系而制定的。③ 多元主义之所以将国家而非个人看作国际社会的主体，关键在于现在国际社会中，不管国家之间的差别有多大，他们基本都是本国人权最主要的保护者和促进者。④ 因为多元主义者将国家看成是个人正义的基石，因此尽管主权的实施可能会导致对人权的伤害，但他们认为如果每个人权利都到国际舞台伸张，而且他

---

① 吴征宇："主权、人权与人道主义干涉—约翰·文森特的国际社会观"，《欧洲研究》，2005年第1期，第93页。
② [英] 约翰·文森特：《人权与国际关系》（凌迪等译），北京：知识出版社，1998年版，第174—175页。
③ 同上，第156页。
④ 吴征宇："主权、人权与人道主义干涉—约翰·文森特的国际社会观"，《欧洲研究》，2005年第1期，第94页。

们的义务可以看作是同他们作为国家公民的地位无关甚至相互对立，那么国家作为主权的主体地位必然受到挑战，从而危及由国家构成的国际社会的秩序。①

对文森特而言，多元主义的推论并不难理解。多元主义承认在当今和未来国家仍然是各自人民安全、福利和自我认同感的最主要保护者和促进者，因此将国家看成是国际社会的唯一主体，并不是因为他们缺乏道德，而是他们看到了道德的局限性。② 即由于国家是国际社会秩序的唯一保障，那种同普遍人权规范相联系的正义最终只有在国家的基础上才能实现。

尽管文森特承认多元主义的国家主义的道德合理性，即由于现实世界中政治权利主要集中在国家层次上，因而任何形式的道德改良计划必须是在为当今的国家世界寻找出路，但他认为多元主义在道德上存在很大的缺陷。多元主义只承认国家是国际社会的唯一主体，从而为任何形式的道德漠视提供了合法性依据，这些道德漠视不仅包括个人待遇和集体待遇，甚至还涉及了作为一个世界的整体境遇。

与多元主义不同，文森特摒弃了那种将国家的合法性视为理所当然的做法，即国家作为"一种通过共同传统来表达各自共同利益和愿望的个人联合体"，为个人目的提供了集体保障。③ 既然国家通过保护个人的各种权利而获得道德合法性，那么国家的合法性就不仅仅取决于是否拥有主权，即是否拥有作为主权实体必须具备的各项根本属性，还取决于国家是否能够尊重公民的基本人权。国家的国内合法性与国际合法性并不是毫无关系，一国如果不能为自己的公民提供基本的人权，则其国际合法性也将受到影响。文森特这里所称的公民的基本人权，指的是生命权，即免受暴力欺凌的安全权和生存权，因为享有这一权利是享有其他一切权利的前提条件。④

---

① Hedley Bull, *The Anarchy Society*, New York: Columbia University Press, 1995, p. 152.
② [英] 约翰·文森特：《人权与国际关系》第 158 页。
③ 同上，第 159 页。
④ 同上。

文森特对国际社会多样性与统一性的论述

从国际关系思想史的传承性看,英国学派继承了以格老秀斯为代表的理性主义思想,即承认国际社会的存在以及国际社会对缓解国家间关系的价值。但是由于对国际社会多样性与统一性关系的不同认识,英国学派存在两种不同的国际社会观,即以赫德利·布尔为代表的多元主义和文森特为代表的统一主义(有称为社会连带主义的)。但从国际社会观看,尤其以文森特的国际社会观与格老秀斯最相近,即两者都支持人道主义干涉的合法性,这种支持来源于他们对国际社会统一性的认识。因此了解格老秀斯的国际社会观,不仅有助于进一步了解文森特的国际社会观,同时有助于我们把握人道主义干涉合法性的思想渊源。

格老秀斯作为国际关系思想理性主义的头号奠基人,其国际社会观植根于他关于人的自然理性的哲学观念。他认为,人的本质属性是人的理性,而理性的根本就是人的社会亲和性,或人"对社会(生活)的渴望"。自然法,即永恒支配整个人类先验的天然道德原则的根源,就是人的自然理性。这种理性使人们具有组成社会的天然倾向,而且这种社会是和平、有序的社会。①格老秀斯关于人的理性即社会亲和性的观念,使他的思想得以在中世纪的普世主义和近代现实主义两者间采取一条中间路线:既承认主权的合法性,又坚持欧洲各国间依据自然法的维系共同组成一个有机社会的观念,即由于自然法是人的理性的体现,因而即使没有上帝,或上帝不关心人类的事务,自然法仍将具备普遍的有效性。在自然法的基础上,格老秀斯将国际无政府状态看作是一种虽无至高权威,却能依靠共同的规范得以维系的国际社会。多元主义也赞成这种对国际社会存在合理性的论述。但是格老秀斯这种从自然法推演而来的国际社会观与18世纪以来国际社会中兴起的、以国家实践为核心的多元主义形成了鲜明的对比。多元主义认为国家既然是国内人权的首要维护者与推动者,也是普遍人权要求的

---

① 时殷弘:《国际政治——理论探究、历史概观、战略思考》,北京:当代世界出版社,2002年版,第57页。

可能的唯一执行者，国家就应当成为国际社会的唯一主体，由此就不能在人权问题上限制其他国家。但格老秀斯在承认主权的同时认为应对其进行必要的限制，因为从自然法的推演看，自然法的主体既应包括国家，也应包括组成国家的个人，因而为维持人的自然权利，应允许国际社会甚至某一个国家在一定条件下对他国进行干涉。①

文森特继承了格老秀斯关于国际社会统一性的思想，即明确将个人作为国际社会的主体而纳入理论的考察范围，根本原因在于文森特认为国际社会必须为人类的生命价值承担责任，否则我们的日常工作都将失去意义。承担这一责任并不能因为疆界的存在而受到忽视。②文森特认为，尽管国际社会中的国家主权与不干涉原则对维护国际秩序具有重大意义，但我们并不能因此就认为人类将永远选择主权国家作为其基本的政治组织形式，同时也不能因此就确定自然法就不是国际社会所赖以维持的必要条件，因此这意味着，现代国际法必须在"不过在国家实践的自然主义与那种简单的将所有国家的任何行为看作法律实践主义两者间找到一条中间路线"。③ 文森特所说的中间路线实际上就是兼顾国家主权和国际社会乃至全人类的利益，因此，他既承认各民族价值观多样性的合法性，又强调国际社会中存在某些共同的、各国必须遵守的行为和道德的规范。而那种强调文化相对主义（即世界缺乏共同的道德价值观）不仅在逻辑上是错误的，在道德上也是令人厌恶的。它在实际上会倒向约翰·斯图尔特·米尔所说的那种"习俗专制主义"。允许任何地方的主流思想到处传播，而不管他们是否合情合理。④ 从这点看，正是对国际社会统一性的注重，使文森特特别强调国家遵守普遍人权规范对维护国际社会中国家合法性的重要意义，这也是他本人对英国学派的"国际社会理论"的一大贡献。

需要指出的是，文森特所指的国际社会的统一性，并不是格老秀斯所注重的那种共同的基督教文明的欧洲国际社会的同质性，而是由高度发达

---

① 吴征宇："主权、人权与人道主义干涉—约翰·文森特的国际社会观"，第91页。
② [英] 约翰·文森特：《人权与国际关系》，第175页。
③ 吴征宇："主权、人权与人道主义干涉—约翰·文森特的国际社会观"，第92页。
④ [英] 约翰·文森特：《人权与国际关系》，第76—77页。

的相互依赖导致的现代国际社会在价值观念上的相似性,这种相似性在很大程度上可以说体现了20世纪国际伦理和法理的正义化趋势,即普遍的根本的绝对伦理的历史回归。① 这种回归部分源于第二次世界大战中对人权的大规模践踏,结果之一就是使普遍人权规范至少在概念与言辞上几乎被世界各国所接受,而且对人权保护的观念在联合国的框架内得到推广。在当今世界,"人权"已经同"主权"一起成为衡量国家合法性的重要标准。

文森特承认国际社会多元性,即当今乃至未来国际社会仍然是由主权国家组成,主权国家也仍然是人权的首要保护者,同时又强调必须将个人作为国际社会的另一主体,并在基本人权受到侵害的时候,国际社会有义务保护人权,因此对国家主权作一定限制,这些思想体现了文森特思想的二元性特征。他的人权基本权利论以及对国际社会统一性方面的强调,不仅修正了"多元主义"国际社会观,而且构成了他所创立的"社会连带主义"国际社会观的基石。"社会连带主义"的主要内容就是,在强调国际社会具有一定统一性的同时,即任何国家的公民都有权享受作为人类一员而应当享有的生命权和生存权,同样承认主要由国家构成的国际社会的多样性。各国行为首先必须遵守一个基本的限度,在此限度之上的行为则属于各国自己的管辖范围。

我们需要什么样的人道主义干涉

文森特基于他对基本人权保护的必要性认识,修正了关于国际合法性与国内合法性的关系,即一国的国内合法性关系到作为国际社会一员的合法性,只有那些能够保护基本人权的国家,才能得到国际社会的承认,而不干涉原则的适应范围也应该是那些"好国家"而非"坏国家"。因此,对于那些无法为自己的国民提供基本人权的国家,国际社会有权对它进行干涉。这种干涉的合法性不仅在于保护人权,维护我们的道德价值,从长远看,还在于对普遍人权规范的遵守有助于巩固国际社会中的国家合法性。

---

① 吴征宇:"主权、人权与人道主义干涉——约翰·文森特的国际社会观",第92页。

对于我们需要什么样的人道主义干涉，即什么样的人道主义干涉才是合法的，文森特对此进行了严格的限制。这种限制源于他对国际社会多样性与统一性关系的认识，即国家主权与不干涉原则仍是当今国际秩序的基石，而任何形式的人道主义干涉只能构成不干涉原则的一个例外，即人道主义干涉只能保留反对用于极端的压迫而不是用于反对日常的压迫。有三个因素决定了这种例外，首先是个人虽然已经在相当程度上成为国际法的主体，但是仍然无法同国家相比，因此个人人权在很大程度上无法得到强制实施；其次是国际法仍然处于由国家构成的国际体系中，在很大程度上仍然必须尊重国家的信条与传统；三是当今实践表明，各国仍然无法就人道主义干涉达成一致，以至于人道主义干涉在当今世界仍然难以具有普遍的合法性。

文森特虽然作为人道主义干涉合法性在理论上的首要论证者与提倡者，但是对于应当确定什么样的具体评判标准，以衡量人道主义干涉的合法性，文森特并没有论及。作者在导言中指出，英国学派的社会连带主义至今为止还没有系统地去尝试发展人道主义干涉的理论；也没有对多元主义和现实主义的批判提出挑战。而这个任务正是本书的主题。尼古拉斯·惠勒在文森特的理论基础上，进行了详细的对比论证，并通过冷战前后的历史案例作为验证，以期勾画出一个评判人道主义干涉合法性的框架。

二 内容简介与评价

要理解本书所探讨的主题以及作者对该问题的观点，关键就要读懂导言和第一章。在导言中，作者阐述了要研究的基本问题、研究的目的以及研究的基本理论背景。在第一章中，作者界定了国际社会受规则支配的性质，然后阐述多元主义和现实主义对人道主义干涉的异议，最后作者建立了一套社会连带主义的人道主义干涉理论以评判人道主义干涉的合法性。第二章到第八章作者通过详细研究冷战前后的七个人道主义干涉案例，来进一步检验并论证作者的理论。在最后的结论中，作者分析了20世纪90年代后国际社会对人道主义干涉认可逐步增强、人道主义干涉在实行中遇到的困难与困惑,以及社会连带主义理论的不足。

在导言中,作者首先指出了本书要研究的问题,即什么程度的人道主义干涉具有合法性。作者谴责了形式主义的合法性(即按国际社会的主流道德而确立的适宜行为,往往按照大多数人或者强者的观点来判定什么是合法性),而准备在本书中通过理论与案例的探究,提供一套具有规范性内容的判断合法性的框架。在导言中,作者努力让读者明白的一个道理就是,在国家为了人道主义目的而决定是否动用武力上,合法性考虑起到了影响作用,至于如何影响以及影响有多大,就是本文接下来要探讨的。在作者看来,合法性与权力之间具有互补的关系,拥有合法性的权力会更加安全。因此"合法性具有约束国家行为的效力"。要理解"合法性"如何约束国家的人道主义干涉选择与行为,关键要理解"约束"这一概念。规范与规则"约束"的最大作用不在于实施具体的障碍,而是提供一套规则,使人们仔细衡量违背规范与规则后所要承担的代价,从而起到限制人们行为的作用。而且规范具有相对的独立性,即规范一旦建立,就开始约束即使是最强大的国家。同时作者也探讨了新规则的出现引起的影响。

作者还阐述了在人道主义干涉上两种相互对立的理论各自的基本观点,它们构成作者论述人道主义干涉合法性的理论知识背景。多元主义与社会连带主义的分歧在于对秩序与正义的不同强调。多元主义者反对人道主义干涉,因为国家而非个人是国际社会的主体,人道主义干涉将破坏这种以国家为基石的国际社会的秩序。但社会连带主义(在分析文森特的思想中,用"统一主义"来指"社会连带主义")对此提出了修正,认为个人在国际法中拥有权利和义务,只有通过承诺对个人给予更多的公正,才能从长远上加强国际社会的合法性,从而更好地维持国际社会的秩序。因此"国家不仅只有道德义务去保护自己国家公民的安全,而且有更广范围内的责任去"保护世界各处的人权"。

在第一章中,作者首先探讨了国际社会的性质。在国际社会中,虽然国家没有受到强迫,但是仍然会去遵守法律,原因在于国际社会存在自身进行自我约束的规则。理解这一点的关键在于不把国家看成一个行为者,而只是一个框架,这些框架限制了那些占据负责任的人,既赋予他们职责，也使他们受到规则的束缚。而这些人在这些规则中会采取自己认为适当的行为，从而接受了限制。但是一旦发生争议，国际社会的无政府性质更倾向于通过交涉与强制的行为而不是通过说服等方法解决。所以除非国家选择通过赤裸裸的威胁去提升他们的利益，那些想使他们的行为在国内与国际上合法的人们就有义务诉诸共同的规则和标准。理解了这一点有助于理解作者的论点"合法性影响了人们是否选择武力进行人道主义干涉"。

接下来作者分析了多元主义与现实主义反对人道主义干涉的观点。多元主义担心的是由于对人道主义干涉实践缺乏国际上的一致性，国家将会按照自己的道德原则行事，而削弱了建立在不干涉基础上的国际秩序。而现实主义的观点更是强而有力。第一，人道主义主张通常掩饰了国家对自己利益的追求；第二，除非重要的利益受到威胁，否则不应该冒丧失士兵生命的危险或招致重大的经济代价进行干涉；第三，将人道主义干涉正当化有可能提高有选择应用该原则的危险；第四，国家没有必要为了拯救陌生人而使自己国家的人员冒生命危险。除此之外，包括一些自由主义者都会担心的问题是，这些干涉有可能会以灾难收场，甚至造成相反的结果。

作者提出了一套社会连带主义的人道主义干涉理论，以回应多元主义与现实主义的异议。首先是确立最低的标准，全部通过这些基本的检验才能算是人道主义干涉。这些标准分别是正当的理由，即出现最高级别的人道主义紧急情况；武力的使用必须是最后的手段；必须符合比例的要求；使用武力必须在相当可能性上取得实际的人道主义结果。作者之所以提出第二条到第四条标准，除了继承传统的正义战争理论的智慧以外，还在于对武力使用的谨慎考虑。保护人权是作者以及其他社会连带主义者的核心关注，但是武力的使用有时候并不会带来所预期的结果，如同美国在索马里的行动。提供这些标准，并不能决定一个特定案例是否满足这些检验条件，目的在于为人道主义干涉确定一个共同的参考体系，在其中可以进行论辩。在此需要指出的是，作者并没有把人道主义动机这一条作为检验的标准，关键原因在于，社会连带主义者将人权受害者作为理论设计的中心，除非干涉者的其他动机导致了更大的压迫，否则真正检验的标准就在于使用的手段以及最后是否结束了剥夺人权的状况。因此可以推导出，即使干涉是由非人道主义的原因推动,只要能证明它的动机和所采用的手段没有破坏实际的人道主义结果,仍然可以算作是人道主义干涉。

其次是作者讨论了被排除在门槛之外的引起争议最多的两个标准。第一个标准是是否所有干涉都应当是合法的。限制派的观点认为,没有安理会授权的人道主义干涉是非法的,即安理会有权授权人道主义干涉。对此的回应有两个,第一是通常情况下,我们应当努力获得安理会授权,但是当出现特别紧急的情况时,道义的考虑应该胜过合法性问题;第二是国际法应当承认单边的人道主义干涉的权利,他们主张安理会有权授权人道主义干涉,一旦安理会无法采取行动时,单个的国家就应当扮演武力的守夜人。而且单边的人道主义干涉的合法性基础应当是国际习惯法。第二个标准是选择性问题,即进行人道主义干涉是否是可以选择的,国家可以为了自己的利益才进行干涉。对此应该区分两种情况,即将国家利益置于人权保护之上的选择性行为和为了慎重考虑原因而有所选择的行为。与这个问题紧密联系的是,人道主义干涉是否属于道德义务,社会连带主义者认为,人道主义干涉既是道义允许的,也是道义必须的。

作者在第一章最后指出,一个具体的人道主义干涉案例,只有符合四个最低标准的时候,才能成为人道主义干涉,但如果满足人道主义动机、合法性和选择性等标准后,会比那些只满足最低标准的干涉具有更多的人道主义资格。

因为作者在导言的最后一部分交代在第二章到第八章中选择这些案例的理由以及作者对案例的研究成果,因此在这里不再涉及第二章到第八章。

多元主义思想推断到极致,难免导致"文化相对主义"。它固然认识到秩序对于国际社会稳定的重要意义,但是对道德有限性的过分强调,在面对国际社会中大规模的人权侵害时仍然强调不干涉,就显示出该理论的冷漠和道德无力感。

社会连带主义者认为,虽然国家主权和不干涉原则是国际秩序的基石,但它只适用于那些满足公民基本权利的国家,国家的道义合法性在于在其边界内保护个人生命的价值和共同的自由。一旦一个国家随意侵犯公民的人权,它的主权就不应当得到尊重。从道义上来讲,国际社会有义务使用武力阻止大规模侵犯人权的暴行。从根本上讲,文森特是一位具有"革命主义"倾向的理想主义思想家。他对人权的立论基础是当今世界社会的"统一性",即现代社会国家能够在有关人权的基本内涵、人道主义干涉的前提条件和干涉方式上存在足够明确、广泛的道德共识。虽然冷战结束后,国际社会对人权保护有了一定的共识,但是现代社会的发展还远远没有达到文森特所界定的"统一性"程度。首先是缺乏一套评价体系,这是作者努力要构建的;即使有了一套评价体系,各个国家对该体系中的某些标准或限定也是观点各异。在国家主权与普遍人权、秩序与正义、利益与道德的问题上,存在着不同的强调,因而在实践中也表现了诸多困难与矛盾。即使在这些问题上各国达成共识,为了阻止人道主义灾难而必须付出的国内代价,也在实践上大大阻碍了人权保护的实现。作者通过本书的七个案例,展示了这种困难与矛盾如何影响了对人权理想的追求。这些都是对社会连带主义理论的挑战。

但是无论如何,作为一种理想,社会连带主义对道德冷漠的现实主义与多元主义作出了回应,首先,在理论上阐明人权维护的道义合法性与长远角度看人道主义干涉协调秩序与正义的积极作用。思想与语言是可以改变现实的强有力的力量。作者在致谢中也谈道,在国际社会上言论在深入国家实践方面具有重要性。其次,厘清现实主义与多元主义的观点并对其中不合理的部分加以批驳,有助于我们重新审视道德的作用以及作为国际社会中的一分子所应当承担的责任。最后,它为后来者发展一套人道主义干涉理论奠定了必要的基础,作者正是看到了这种必要性而展开了《拯救陌生人》的写作。

《拯救陌生人》发展出一套人道主义干涉理论,是对英国学派中的社会连带主义理论的进一步发展。他不仅进一步扩大了社会连带主义的影响,批驳了多元主义与现实主义在人权问题的异议,澄清了社会连带主义在这一方面的观点,推动了人权保护在道义、法理与政治上的合理性论证,而且还将这种理论与实际相结合,为解决现实中困惑的问题提供了思考的框架。作者这一套人道主义干涉理论必然引起人们的争议,对该问题的进一步讨论不仅不会削弱作者这一理论的有效性,还有助于增强人们对该问题的认识与思考。对我们而言,不仅在于了解西方对该问题的最新研究,更重要的是促进我们深入思考国家主权与普遍人权的复杂关系。

《拯救陌生人:国际社会的人道主义干涉》是一本具有厚重感的书,它以坚实的理论为基础,发展一套人道主义干涉的理论,并用极其丰富的史实资料,对理论加以检验。这本书最大的两个特点,用我们中国人熟悉的话来说,就是具有深厚的人类同情心和理论联系实际。在救斯人于危难之中,作者不惜笔墨从道义上论证其合理性,并从维护人类文明价值的高度上看到"拯救陌生人"的长远意义。为了论证本书的每一个论点,除了同情心之外,还用实践仔细证明,以阐明作者并非是在作空洞的道德说教,而是基于现实的深思熟虑。对国际关系学的学者与学生而言,从学理角度看,可以从中看到如何通过批判、吸收其他理论,并基于现实的检验,构建一套理论;从获取知识角度看,可以了解到20世纪后半期在人道主义干涉中发生的历史事件,也可以了解到英国学派的社会连带主义在人道主义干涉研究中的最新发展。而对于任何一位关注人类生存和国际社会和谐发展的读者来说,这本书更是值得一读。

序言与致谢

虽然这本书是最近两年才完成的,但是我对这个问题的关注和思考却可以追溯到海湾战争结束以后,当时西方国家在伊拉克北部为保护库尔德人而进行干涉。此前,我阅读了我的研究生的一篇有趣的文章,他在赫尔大学攻读国际法和政治学专业硕士学位,这篇文章让我对人道主义干涉的概念产生了兴趣。很难说没有贾斯汀·莫里斯(Justin Morris)的"干涉",我是否会涉及这一研究领域。但是,这一问题更加吸引我的原因在于,它可以整合我在战略研究方面的学术兴趣——特别是军事伦理——和"英国学派"的国际关系理论。我从事这方面的研究应该是开始于我在本科生阶段曾经阅读的赫德利·布尔(Hedley Bull)所著的《无政府社会》。但真正促使我开始思考这一问题的是约翰·文森特(R. j. Vincent)。1991年的库尔德危机结束以后,我重新阅读了约翰·文森特先生的《非干涉和国际秩序》与《人权与国际关系》两部巨著。这两本书是他过去20年以来对这一问题所作思考的成果,其著作中体现了国际社会多元主义与统一主义两个概念之间的紧张。因此,我的思路非常清晰,就是以文森特的著作为基础,写一本旨在研究不同的国际关系理论是怎样阐释和论证人道主义干涉的合法性的书。这也正是拙著《拯救陌生人》一书的主题。

贾斯汀·莫里斯(Justin Morris)后来在赫尔大学任职,我们成为好朋友,我们合写了几篇文章,其内容涉及在伊拉克、卢旺达、索马里的人道主义干涉过程中出现的法律、政治和哲学的一系列问题。贾斯汀对本书的影响几乎随处可见,尽管他还没有阅读我的书稿。同时也需要特别提到赫尔大学的其他同事,安德鲁·梅森（Andrew Mason）的友谊和热情一直鼓励着我,我经常向他请教哲学方面的问题。他为本书的导论和第一章的写作提供了有益的意见。赫克斯利（Tim Huxley）也为我提供了很大的支持,他对在柬埔寨的干涉有着深入的研究。马丁·肖（Martin Shaw）和毕古·巴雷克（Bhikhu Parekh）都花了很长时间和我共同讨论人道主义干涉的问题。

1993年,我离开了赫尔大学,回到了威尔士亚伯大学的国际政治系,本书就是我在威尔士亚伯大学时构思的。我所在的系充满了生机和活力,本书中的很多问题都是在和同事们的讨论中提出的。需要特别提到的是：约翰·贝利斯（John Baylis）,苏茜·卡拉瑟斯（Susie Carruthers）,麦克·考克斯（Mick Cox）,珍妮·艾德金斯（Jenny Edkins）,史蒂夫·霍布登（Steve Hobden）,科林·麦克尼（Colin McInnes）,西蒙·莫登（Simon Murden）,理查德·魏恩·琼斯（Richard Wyn Jones）,韦罗尼科·品·法特（Veronique Pin－Fat）,露茜·泰勒（Lucy Taylor）。他们以不同的方式帮助了本书的完成。

当我刚回到威尔士亚伯大学的时候,就决定写一本书来深入阐述我在1992年发表的一篇文章的观点。那篇文章支持多边主义者的观点,但是很明显,人道主义的实践与理论是脱离的。1993年年初,联合国开始了迄今为止最富争议的实验行动,即重建索马里。1993年的整个夏天,我们都不得不失望地看到布什政府的"重建希望计划"的失败。亚当·罗伯特（Adam Roberts）关于人道主义干涉的著作对我启发很大。1993年的人道主义战争正好说明了为了人道主义目的而使用武力会带来适得其反的结果。探讨武力是否能够服务于人道主义目的这一问题还需要讨论战争的正义问题,这也进一步拓展了我原来研究的视野。

1994年,联合国阻止卢旺达种族屠杀行动的失败说明卷入人道主义干涉理由的有限性。传统的观点认为,冷战后人道主义干涉有了新的合法性。但是,在卢旺达的经验表明,这种想法夸大了冷战的结束对国家行为的影响。本书谈到了20世纪70年代国际社会在柬埔寨的失败,目的就是比较分析冷战前后的人道主义干涉。

1995年年初,本书的大纲已经显现。我非常幸运地有机会在不列颠哥伦比亚大学访问。感谢罗伯特和他的家人在这段时间对我的热情照顾。也要感谢范尔基(Karin Fierke),我们的交谈使我认识到言论在深入国家实践方面的重要性。

1998年1月份,我开始了本书的写作。在这过程中,奥利弗·拉姆斯博顿(Oliver Ramsbotham)和汤姆·伍德豪斯(Tom Woodhouse)的《当代冲突中的人道主义干涉》一书给了我很大启发。此外,克里斯·布朗(Chris Brown)和詹姆斯·迈亚尔(James Mayall)的著作对我帮助也很大。有幸的是,在本书的初稿修改阶段,我参加了剑桥大学组织的关于国际人权的未来的学术研讨会,我与赫斯特·汉纳姆(Hurst Hannum),杰克·唐纳利(Jack Donnelly)的讨论和交谈对本书一些观点的完善起到了很大的作用。

在研究冷战中的人道主义干涉案例时,我得到了以下机构和个人的帮助,在这里表示真诚的谢意:设在伦敦的印度高级委员会,越南大使馆、坦桑尼亚大使馆等。对英国驻联合国安理会常驻大使的采访使我深入地了解了联合国在柬埔寨和乌干达行动的政治背景。我也要感谢泰德·罗兰兹(Ted Rowlands),他1975—1979年间在外交部任职,他让我分享了他对乌干达人道主义干涉的看法。和米切尔·利弗(Michael Leifer)通过电子邮件的交流让我了解了越南入侵柬埔寨的动机和理由。罗伯·迪克逊(Rob Dixon)对初稿的第四章发表了有益的观点。我当时的博士研究生巴布·拉赫曼(Babu Rahman)作为我的三个助手之一,搜集了本书案例研究的资料。我还必须感谢安·康威尔朗(Ann Cornwell-Long)女士,她不辞辛劳地帮我查找各类联合国方面的资料。

关于冷战以后的案例研究,我必须对以下各位表示感谢。第一,我要感谢大卫·汉纳瑞(David Hannary)先生,他用了两个小时和我讲述他作为英国常驻联合国安理会大使所经历的伊拉克、索马里和卢旺达危机。第二,我要感谢马尔科姆·海泊尔(Malcolm Harper),他和我分享了他在

1993年到1994年作为联合国工作人员在索马里的亲身工作经验。接下来，我要感谢杰姆斯·高（James Gow）和阿里克斯·贝拉米（Alex Bellamy），他们和我分享了其有关前南斯拉夫的丰富知识。阿里克斯（Alex）还作为本书的研究助手，为第八章的初稿提出了自己的意见。由于本书的写作，我和琳达·梅尔文（Linda Melvern）成为了好朋友，她慷慨地与我分享了即将出版的新书《一个人的背叛：西方国家在卢旺达种族屠杀中的角色》。米切尔·巴奈特（Michael Barnett）和大卫·马龙（David Malone）对本书的第七章提出了他们的看法。本书的最后一位研究助手是我的博士研究生丹尼埃拉·克劳斯莱可（Daniela Kroslak），她为本书搜集了大量的关于伊拉克、索马里和卢旺达的资料。并通过自己对卢旺达种族屠杀的研究，为本书第七章的草稿提出了很多建议。

导　言

应该怎样对待那些遭受政府残酷压迫的陌生人，这一难题在"二战"后一直困扰着我们。当问题本身还是老样子的时候，其所处的环境已经显著地发生改变了。国际法律义务被写入联合国体制，这就清晰地限制了政府应该怎样对待它的人民。① 这也使得在当代国际社会历史中，政府在国内的管理行为第一次受到了其他政府、人权活动非政府组织和国际机构的详细监控。但是由于它自身执行机制的薄弱，新的人权制度受到了严格的约束。联合国宪章把个体国家使用武力的权力限制于自卫的目的，而且在冷战后人们普遍认为，为了拯救那些人权受践踏的难民而动用武力是触犯宪章的行为。根据宪章第七章的规定，安理会有权授权使用武力以维持"国际和平和安全"，但争论存在于，我们在多大程度上允许安理会授权干涉以遏制发生在主权国内部的人道主义危机。

政府规范性的许诺和实际执行手段之间的真空使得其能够在不受任何惩罚的情况下肆意践踏人权。大屠杀发生后，全球人道主义规范得到发展，而武力干涉可能就是加强该规范的唯一手段。但这从根本上触犯了不

---

①　保护个人、反对国家强权的国际法律义务主要体现在联合国宪章、1948 年世界人权宣言、1948 年种族屠杀公约和 1966 年所提出的两条有关人权的国际盟约。这些条约合起来确立了对自主特权的重要限制。见 J. Donnelly, the 'Social Construction of Human Rights'，载于 T. Dunne 和 N. J. Wheeler 编 *Human Rights in Global Politics*（Cambridge: Cambridge University Press, 1999）。

干涉内政和不使用武力的既定原则。这种困境让国家领导者们无从选择。①"做些事情"去援救那些正遭受极端苦难的非本国公民，这可能会被视为蓄意干涉其他国家内部事务；而"什么都不做"又会被谴责为道德冷漠。

在国际社会中，什么程度的人道主义干涉是具有合法性的实践成为本书研究的主题。为了研究这个问题，我考察了冷战期间及冷战后七个干涉事件的合法性，这些受干涉国家要么在肆无忌惮地践踏人权，要么是陷入了缺失法律或国内动乱的局面。至关重要的是，该书研究了这些国家在多大程度上把人道主义干涉视作是不违反独立自主、不干涉内政和不使用武力原则的合法特例。②针对于东巴基斯坦、柬埔寨、乌干达、伊拉克、索马里、卢旺达和科索沃各个干涉案例，本书都分别作了研究。在一个相互比较的框架里，我们从理论角度上考察了是否人道主义干涉的一个新准则正在形成。每一章都会讨论一个干涉的事件，同时对干涉者动机、他们公开的辩护理由、引起的国际反应和在人道主义模式上取得的成功进行研究。结合在一起，它们探究了动机、辩护理由和结果之间的相互影响。

主导人道主义干涉现有研究的学科是国际法，我也从该领域研究工作中汲取了很多。虽然国际关系和国际法之间存在很多可以互相学习的地方，但是令人感到遗憾的是，除了一些著名的事件特例，它们之间只有很少的交流。③有现实主义倾向的国际关系学者趋向于设想，比如罗莎琳·

---

① Ken Booth 曾在另一个不同的语境里使用这句话。不过，出处与本讨论密切相关。见 K. Booth, 'Human Wrongs in International Relations', *International Affairs*, 71/1 (1995), pp. 103—136.

② 尽管人道主义干涉可以被定义为包括非军事干涉，比如人道主义非政府组织的行为，如无国界医生组织和牛津饥荒救济委员，本书集中讨论采取军事行动以遏制骇人听闻的人权践踏事件的合法性。我同意 Oliver Ramsbotham 和 Tom Woodhouse 的观点，传统的以国家为中心的人道主义干涉办法太有限了，因为它未能提供任何适合国家及人道主义非政府组织的非军事人道主义行为的构架，但是分歧在于，我认为军事手段有时是避免或遏制更大恶行的正确途径。O. Tamsbotham 和 T. Woodhouse, *Human Intervention in Contemporary Conflict* (Cambridge: Plity Press, 1996).

③ 迄今，国际关系学者综合两学科考虑的最大尝试是 F. Kratochwil, *Rules, Norms, and Decisions: On the Conditions of Practical and Legal Reasoning in International Relations and Domestic Affairs* (Cambridge: Cambridge University Press, 1989). 另参见 A. Hurrell, 'International Society and Regimes', 载于 V. Rittberger 编 *Regime Theory and International Relations* (Oxford: Oxford University Press, 1999), 49—73. 从国际法的角度连通两门学科的文献，见 T. Franck, *The Power of Legitimacy among Nations* (Oxford: Oxford University Press, 1990) 和 M. Byers, *Custom, Power and Power of Rules: International Relations and Customary International Law* (Cambridge: Cambridge University Press, 1999).

希金斯认为，由于国家是他们自己法院里的法官和陪审员，国际法会由于缺乏威信来建立日益成形的职责而不被看作是严格意义上的法律。我从根本上反对这种观点，我相信法律"是威信和权力之间的纽带"。① 因而，最重要的问题在于区分开建立在控制和武力关系上的权力和建立在通用规范上的合法权力。②

在某些情况下，法律也可以为特别利益服务，而不表达普遍的愿望。这时，在合法性和合理性之间就出现了真空。在国家内法律领域很可能就存在不被大多数公民道德上认同的法律制度。想一想在非洲南部国家的主张种族隔离的种族法律案例，或者是纳粹分子在20世纪30年代通过的剥夺犹太人权利的公民法。这些例子引起了以下问题，应该赋予人权践踏制度下的法律命令多大的合法性？例如，种族隔离的受害者们在道德上是否有资格（或义务）去违犯南非国家的法律？非洲人国民大会的武装抵抗在多大程度上是合理的？

在这种环境下，就会发展出一种受到人们赞同但是却违犯了现有法律制度的选择性的道德行为。如果这种行为经受住了时间的考验，就会出现由唐·J. 法荣区分开的两个可能办法：第一个办法是承认法外特例的存在，只要引述这条新规则的人能够表明他或她的行动满足了以上要求，就允许在特别情况下采取道德性行动。第二个办法是拒绝法律条令中明文禁止的特例，但是接受基于一些成功案例上的减刑行为——在这些成功案例中，法官和陪审员以该行为应该受到仁慈对待的借口作出了较轻的判罚。对此一个很好的例子就是安乐死，它在美国和欧洲大多数国家（除了荷兰）是违法的。但在有些情况下，那些赞同"仁慈杀死"的人能够说服法

---

① R. Higgins, Problems and Prcess: *International Law and How Use It* (Oxford: Oxford University Press, 1994), p. 4.

② Jurgen Habermas 发展了这一论题，他认为关键问题是，权力是否显然通过暴力威胁或使用来行使，或者它是否合法。在此背景下，Habermas 在1991年海湾战争后的一次采访中暗示，联合国的行动标志着在发展国际社会法律规则的一个显著进步，"为了执行世界共同体的决议，在有必要使用军事手段的时候，它会因此成为一项显著加强联合国的权威性的合理政策"。见 J. Habermas（由 M. Haller 采访），*The Past as Future*, M. Pensky 译（Cambridge: Polity Press, 1996），p. 10.

庭在如此的情况下对此行为作出无罪的判决。①

把这些类似情形应用到人道主义干涉这个问题上既是困难的也是必要的：它之所以是困难的，是因为国际法律程序缺少一个权威的决策人，它能够依照法官在国内社会表现出的情形来判决法律规则的适应性。海牙国际法院是最接近于此的类似情形，而且它的判决是习惯国际法形成中的一个关键因素。不过，它是由个别国家来决定哪些事件属于国际法院的审判权限。有必要考察人道主义干涉合法性的原因是双方面的：首先，是为了确定它是否适于减刑的标准或者是否属于基于习惯国际法规则的一套合法特例；其次，是因为它特别突出了可能是道德的但是却不合法的行为间的冲突。

合法性和国际社会

在进行下一步工作前，有必要先明确一下本书中对合法性概念的使用。在关于国内法范畴内，政治和法律的理论里存在对合法性概念的广泛运用，但是在国际方面，合法性的概念却只被很少地问及。② 导致这方面忽视的原因是人们普遍认为，国际领域是由权力而不是由合法性来统治的。这也暗示了权力和合法性是相对立的关系，但是，正如伊尼斯·克劳德在20世纪60年代所论述的，这两个概念是互补的，因为"权力的合法性的对应面就是合法性的权力；统治者寻求合法性不只是为了满足自己的良心，也是为了支持自己的立场"。③ 克劳德认为，合法性对权力拥有者们是重要的，因为它让他们更安全。在本书中，我将提出一个并不矛盾，但

---

① T. J. Farer, 'A Paradigm of Legitimate Intervention', 载于 L. F. Damrosch, *Enforcing Restraint: Collective Intervention in Internal Conflicts* (New York: Council on Foreign Relations Book, 1993), p. 327.

② Martin Wight 曾著文对此作了简单但发人深思的思考，见 'International Legitimacy', 载于 H. Bull 编 *Systems of States* (Leicester: Leicester University Press and the LSE, 1977)。此处采用的其他从广阔的理论角度集中探讨本问题的著作包括，R. J. Vincent, *Human Rights and International Relations* (Cambridge: Cambridge University Press, 1986), 和 R. H. Jackson, *Quasi-States: Sovereignty, International Relations and the Third World* (Cambridge: Cambridge University Press, 1990)。

③ I. Claude, 'Collective Legitimation as a Political Function of the United States', *International Organizaiton*, 20 (1996), p. 368.

却不同的论点：国际行为由合法性构成。我非常强调自己的论点，即如果国家行为不能根据一个似真的合法性理由被证明是正当的话，那么它们就会受到约束。合法性有权利约束国家行为，这是比克劳德最初论文里的陈述更有力的观点。这个观点也是经验主义案例研究所围绕着的框架问题。①

本书中使用的"约束"这一概念源自建构主义者对行动者是如何被嵌入到规则建构的规范性环境的理解。② 这种理解是指导性的策略，它能告诉我们在特别情况下应该怎么行动，以及禁止某些不受欢迎的管理行为。我在主张规范和规则起了约束作用时，并不认为它们实际上阻止了行为的实施。比如说，我不会侮辱我邀请共进晚餐的客人是一个规则，但是该规则本身并没有什么内在的东西实际地阻止我这样做。规则并不是具体的屏障，它们的约束能力源自破坏它们所需要承受的社会压力。在晚餐的例子里，是它对我的友谊造成的不利后果约束了我的行为。而违背已经获得法律身份的规范就要付出更大的代价，因为这种违背会招致法律制裁的威胁。

这儿还存在一个与此密切相关的更深入的论点，即对规范或法律的违背并不一定意味着就一定终止法律的存在。这完全取决于不服从的范围有多大，因为，如果违背者们遭到周围人的排斥，那么尽管存在对规范的不服从，这也只是能更加确定规范的功效。③ 或者，规范的违背者也可能会驱动一个被玛莎·费丽莫和凯瑟琳·辛金克称为"规范流"的东西。这里想要说明的意思是，如果有足够多的支持者打算采用新规范作为适当行为的标准，那么它就会取代原先被接受的行为规范。费丽莫和辛金克认为，

---

① 美国国际律师 Thomas Franck 在其 1990 年名为 *The Power of Legitimacy* 的著作中发展了这一论题，该书探讨了国际规则是如何施加给国家顺从力的。我会在下文中讨论 Franck 的论题。

② 我会更加详细地考查对标准和规则的建构主义理解，因为它们和第一部分的工作有关。建构主义的重要文献是 A. Wendt, *Social Theory of International Politics* (Cambridge: Cambridge University Press, 1999)。

③ Friedrich Kratochwil 和 John Ruggie 认为，对规则的遵循是无法通过研究公然的行为来监视的，因为所有人类行为都是要解释的。通过把这一方法论应用到国际领域，Kratochwil 和 Ruggie 主张，"正是由于政权国家的行为是由其他国家作解释的，对行为所给予的说理和辩辞，以及对理解的祈求或认罪，和其他国家对此解释的反应，它们绝对是有关规则效用的任何解释的主要组成因素"。(F. Kratochwil 和 J. G. Ruggie, 'International Organization: A State of the Art or an Art of the State', 载于 F. Kratochwil 和 E. D. Mansfield 编 *International Organization: A Reader* (London: Harper Collins, 1994), p. 11)

当新规范被提出时，总会存在一个斗争的过程，因为旧规范的支持者们试图抵抗新规范的盛行。这样的斗争很少能很快地得到解决，而结果不是新规范被拒绝就是它被接受为合法的行为。① 回到我提出的晚餐例子，如果我侮辱了我的客人，那么这就会导致"规范流"效应——这个习惯流行开来，客人们也开始让不同圈子里的朋友们受到新规则带来的痛苦。

同样的论点适于国际领域，因为规范和规则"建立了主体间的意义，使得行动者能够相对行动、彼此交流、评价他们行为的性质、批评某些观点以及为自己的选择辩护"。② 如果没有这种共用语言，就如相信两个不懂游戏规则的人在只有棋盘和棋子的情况下能够玩国际象棋一样，很难想象国际关系是怎么发生的。约翰·塞尔，一个在真实性的构建上有广泛论述的哲学家，通过棋子的比喻阐明一个事实，即规范并不是要预防冲突；更确切的说法是，规范确立了各个部分的身份（兵、车、骑士等），并且规定它们应该怎么走。③

这本书的兴趣在于那些建立国际社会的规则，而且焦点集中于国际社会在多大程度上认可对践踏人权的那些国家动用武力的合法性。这里，我的关键出发点是一个假设——与英国学院派理论家和建构主义者一致④——是

---

① M. Finnemore 和 K. Sikkink, 'International Norm Dynamics and Political Change', *International Organization*, 2/4 (1998), pp. 895—905.

② Kratochwil, 'Neorealism and the Embarrassment of Changes', *Review of International Studies*, 19/1 (1993), p. 76. Kratochwil 强调语言在构成共有意的至关重要性，他在此把言语行为理论引入到国际关系中。他举出了在婚礼上说"我愿意"的例子，说"我愿意"并没有描述一项行为，但是没有它婚姻就会变得不可能。威胁、承诺和协议都属于构成行动的言语行为，因为"语言并非是通过给行为贴上一个描述性的标签来映出行为：它就是行为"（F. Kratochwil, 'Neorealism', pp. 75—76）。

③ J. R. Searle, *The Construction of Social Reality* (London: Penguin, 1995). 把这一观点发展至应用于改变规范实践，可参见 K. M. Fierke, *Changing Games, Changing Strategies: Critical Investigations in Security* (Manchester: Manchester University Press, 1998）。

④ 英国学院派通常是指 Charles Manning, E. H. Carr, Herbert Butterfield, Martin Wight, Adam Watson, Hedley Bull 和 R. J. Vincent 的作品。详细历史参见，T. Dunne, *Investing International Society: A History of the English School* (London: Macmillan, 1998)。该书认为，英国学院派和建构主义持有同样的观点。二者之间的关系清晰地体现于 Wendt, *Social Theory of International Politics*, 特别是第 6 章，它直接建立在 Wight 和 Bull 的著作之上。对此类问题的早期观点，见 T. Dunne, 'The Social Constuction of International Society', *European Jounal of International Relations*, 1/3 (1995), pp. 367—389.

国家组成了由主权平等、互不干涉、不使用武力原则确立的国际社会。我在后文中提出了国际社会取向，但在此我想集中讨论总体上的呼吁，即规则和规范既约束也来源于行动者。这就有必要为接下来的事情做好准备，因为后边案例研究章节的着重点就是，调查人道主义干涉在多大程度上成为那些国家可以用来辩护使用武力合法性的理由范围。这项研究的出发点就是行动者们的辩护理由，因为这些说明了国家相信他们可以合法地引述理由来辩护自己的行为。①

国际合法性概念的关键点是，这些概念不受某个个体（国家或个人）的控制。这里，我不赞同这些论述者如卡尔（E. H. Carr），他们认为，国家总能够确立便利于自己的合法性。卡尔主张，国际道德或合法性理论总是"由主导国家或国家群说了算"。② 现实主义者认为，强势国家有意支持那些有利于他们自身利益的道德原则，而比较而言，卡尔的主张更具鲜明性。卡尔承认，行动者可能真诚地相信他们表达出的原则，因此这个观点就不是对道德伪善的控诉；更深层次的问题是，这些"被当作绝对的和普遍的原则……根本就不是原则，而是基于国家利益特别时期特别解释的国家政策的无意识反映"。③ 这种观点把国际秩序的主要规范和规则都看作是潜在权力分配的反映。在权力和规范之间的确存在明晰的关系，但是这种关系并不像卡尔希望我们认为的那样，而是规范一旦确立之后，就开始约束国际系统里即使最强大的国家。

反对以上前提的那些人可以通过阅读昆廷·斯金纳有关我们理解语言的方式的著作获得帮助。他认为，任何行动者所引述的合法性理由的范围都受到他所身处的主流道德的限制。至关重要的是，代理"不能够奢望不受限制地扩大现存原则的应用；相对地，它只能期望使有限范围内的行为合法化"。④ 如果斯金纳的观点——"任何行为，如果它不能被证明是合法

---

① M. Finnemore, 'Constructing Norms of Humanitarian Intervention', 载于 Peter Katzenstein 编 *The Culture of National Security* (Columbia: Columbia University Press, 1996), p. 159.
② E. H. Carr, *The Twenty Years Crisis 1919—1939* (London: Macmillan, 1939), p. 111.
③ 同上。
④ Q. Skinner, 'Analysis of Political Thought and Action', 载于 J. Tully 编 *Meaning and Context: Quentin Skinner and his Critics* (Cambridge: Polity Press, 1988), p. 117.

的，就会被阻止发生"① ——继续适用于国际领域，那么这本书就是对国家总能够确立便利于自己的合法性这一主张的巨大冲击。在本书所研究的人道主义干涉案例中，我旨在把斯金纳的观点纳入到一个包含广泛的建构主义方法中。

这就引起了以下这些问题：冷战时期，国家是否受到国际社会规则的约束而不能以人道主义的名义为他们动用武力进行辩护？本书第二部分的经验案例讨论了20世纪70年代印度、越南、坦桑尼亚为他们各自对巴基斯坦、柬埔寨、乌干达动用武力所进行的辩护：他们是怎样辩护他们的行为的，以及国际社会在什么程度上把这些行为称作是破坏规则的制裁行为？基于这些案例，是否有迹象表明人道主义主张在冷战时期的国际社会被认为是合法的？通过集中于规则如何影响行动者的辩护过程，是否有可能说明为什么印度、越南、坦桑尼亚对主权平等、互不干涉、不使用武力原则同样的违背行为却受到如此不同的对待？事实是，认为此行为违背规则的观点不只是对该行为的客观描述，而且是主体间的评断，而只有通过分析对此行为提供的辩护理由和其他国家对此的回应才能理解该评断。②

为了调查印度和越南的武力使用是否得到了集体认可这一问题，我集中于1971年和1979年安理会和联合国大会上的辩护和公共辩论过程。至于坦桑尼亚，这一问题并没有提交安理会或联合国大会讨论，但在1979年的非洲统一组织首脑会议上受到激烈辩论。我通过考察这些辩论来推测，坦桑尼亚的辩护理由在多大程度上被非洲国家所接受。由于我的兴趣在于其他国家在多大程度上被印度、越南和坦桑尼亚的辩词所说服，研究依赖于一个解释性方法，它考察了发生在不同国际机构（安理会、联合国大会和非洲统一组织）的辩论进程。通过聆听这些对话，目的是去评价建构主义者的观点，他们认为行动者被禁止发表不能被合法化的声明。

如果某些行为因为不能被合法化而被排除，那么接下来，合法性原则上的改变就会使得这些起初被禁止的行为变得可能。我认为，在20世纪

---

① Q. Skinner, 'Analysis of Political Thought and Action', 载于 J. Tully 编 *Meaning and Context: Quentin Skinner and his Critics* (Cambridge: Polity Press, 1988), p. 117. 文字加重部分。

② Kratochwil 和 Ruggie, 'International Organization,' p. 11.

70年代人道主义主张还不被接受为武力使用的合法理由，但是在20世纪90年代发展出了由联合国授权进行人道主义干涉这一新规范。在新世纪之初仍受争论的是，一些国家或地方组织在没有明确的安理会授权下动用武力的合法性问题。我称此为单方面人道主义干涉行动①，以和联合国授权的干涉行动相区分。正是"北约"在1999年3月对科索沃的干涉及由此在安理会引起的争论，增强了国家间对没有安理会明确授权而使用武力的合法性的反对意见。

本书第三部分的论点描述了改变中的规范性环境，这种环境使得20世纪90年代人道主义干涉的新行为变得可能。在描述这种环境时，我使用了同样的解释性办法来考察联合国安理会上的辩护和公共辩论过程。安理会在20世纪70年代被冷战政治搞得处于瘫痪状态，但在20世纪90年代，安理会开始了一段激进主义时期，它把自己的权限扩展到了起初被认为属于主权国家内部权限的部分。通过研究安理会会员国为他们在不同干涉事件中的投票作出的辩词，我考察了安理会内部对其干涉能力上的争论。

即便人道主义干涉的新规范即将出现，面对原则上国家赞同人道主义规范但实际上违反它们的批评，我们应该作出怎样的回应？用哲学语言来说明这一点，马丁·霍利斯和史蒂夫·史密斯把这种矛盾比作为语言（"策略性语言"）的合法功能与行为动机（"行为者可以保密不外露的内在动机"）之间的差异。② 作为回应这个问题，斯金纳主张，行动者是否真诚并不重要，因为重要的是，一旦他自认有必要使他的行为合法化，他就要假装他的行为实际上是被一些公认的社会和政治原则所激发的。而这又随之暗示，即便行为者事实上并没受到他所说的任何原则的激发，然而，他会被迫把自己的行为表现得好像自己真的是受到了那些原则的激发一样。③

---

① 这个词适合于描述个别国家的干涉行动，但不太适合于描述一群国家参与的干涉行动，比如西方对伊拉克北部的干涉或北约在科索沃的行动。然而，我决定用它来描述所有没有经过联合国安理会授权的干涉事件。我使用人道主义干涉这个词来指代包括单方面和联合国授权的一般干涉事件。

② M. Hollis 和 S. Smith, *Explaining and Understanding International Relations* (Oxford: Oxford University Press, 1990), p. 176.

③ Skinner, 'Analysis of Political Thought and Action', p. 116; 文字加重部分。

该观点有一个难点，正像诡辩现实主义者对此观点提出的疑问一样，由于规则非常地模糊，国际上的政治国家总能为它们的行为找到一个借口。实际上它们可以扩伸到为每一个行为提供足够的合法性——例如，可以以自卫的理由辩护具有侵略性的单边行动。

对于那些认为公开的合法化理由总在合理化之后的怀疑论者，并不存在最终的答案。行为的从事者可能会在当时或者以后的论文集和采访中透露，假如没有这些合法化的理由，他们是不会采取行动的，但是我们又怎么知道这是事实？正如我在第六、七章和第八章论述的，某些明确的安理会决议的存在使得西方国家对伊拉克、索马里和卢旺达的武力动用变得可能，但是假如要证明斯金纳的观点，那么西方国家在没有这些决议的情况下就应该被禁止干涉。考虑到这种不可能性，本书不过为支持以下观点提出了很好的理由，即决策者受到合法性考虑的限制。

在探索规范的约束能力时，本书也研究了变换中的国内和国际规范是怎么使得起初不可想象的国家行为变得可能的。这不应当被理解为它旨在表示，新规范确保更改后的行为，因为，就像新规范的约束能力并没有实际地阻止行为一样，"新的或改换了的规范使得新的或者不同的行为变得可能；它们并不确保这些行为"。① 变换中的规范为行动者提供了新的公然合法化理由以辩护自己的行为，但是，它们并不确定行为会发生。这非常贴切于人道主义干涉的主题，因为，就像我关于卢旺达案例所作的声明一样，问题不在于主权平等原则阻碍了有效的安理会行动，而在于这样一个事实，即在1994年4月最初的关键数周内——这时，数百数千的生命可以被挽救——没有任何政府打算拿它的士兵去冒险拯救那些被屠杀的难民。

如果干涉的确发生了，那么公开声明的理由或许足以解释这次行动，因为或许动机和辩词之间并不存在差别（本书第二部分和第三部分研究了这个观点）。然而，事情可能会出现在这种情况下，即合法性辩护是某个行为必要但不充分的解释。在这样的情形下，探索导致政府动用武力的额外激发因素就是相当重要的。这就需要在个案分析的基础上调查被霍利斯

---

① Finnemore, 'Constructing Norms', p. 158.

和史密斯称为"场外"①理由的那些东西在其中起到的作用。在解释20世纪70年代和20世纪90年代对人道主义危机进行干涉的明确决定时,我考察了与公然做出的那些辩词相比这些理由的重要性。然而,在主张我们应该既研究合法性辩护理由也研究动机时,我的观点主要是,辩护理由是使行为成为可能的关键因素,而不只是使因为其他理由而采取的决定变得合理化。

合法性考虑是如何约束和授权国家为了人道主义目的而动用武力,这是研究的中心所在,但是把我们对合法性的理解局限于行动者自身的行为是不够的。这就是我到目前为止讨论合法性的方式,按照社会(国内社会或国际社会)主流道德确立的适宜行为标准来定义合法性。被集体性说成超出这些边界的行为就会被命名为不合法的,这导致了社会反对或者赞同。这种合法性概念的问题是,它并没有告诉我们有关规范和规则规范性内容的任何信息,或者为何这些规则应该受到掩护。合法性被赋予那些遵循游戏和行为规则的人,而破坏这些规则会被认为是异常和危险的。②

形式主义的解释是有问题的,因为对其规则的遵循导致国际社会谴责印度尤其是越南的武力干涉,即便这些干涉都是为了拯救被大规模屠杀的难民。在考察20世纪70年代的国家行为时,本书试图探索,国际社会是怎么忽视遭受大规模屠杀的难民的。假如你问在东巴基斯坦、柬埔寨或乌干达遭受残暴统治的难民,他们如何看待印度、越南和坦桑尼亚干涉行为的合法性,他们的回答会十分不同于国际社会对这些干涉行为给予的评价。

国际社会中的秩序和正义

正如上述例子所阐述的,人道主义干涉显示了秩序和正义间最彻底的冲突。为了说明这些紧张状态并期望克服它们,我转向英国学派的国际社

---

① Hollis 和 Smith, *Explaining and Understanding*, p. 185.
② 国际合法性概念的一个很好的例子是 Franck, *The Power of Legitimacy*,他在这篇文章中认为,一条规则的合法性是由它的顺从力衡量的;规则越具有合法性,顺从力也就越大。此处的问题在于,它向我们展示了领导者们受约束的方式,而不是其中的原因。

会概念。在学院里,理论家大体分为"多元主义者"和"社会连带主义者",这些范畴的重要性是每个派别都对人道主义干涉的合法性有非常不同的理解。① 多元主义国际社会理论把人道主义干涉定义为是对主权平等、互不干涉、不使用武力这些主要原则的违背。多元主义者们的视角集中于国际社会规则是怎么在持有不同正义概念的国家间规定国际秩序的。国家而非个人是国际法中权利和义务的承载者,多元主义者怀疑国家能在最小程度的道德共存之外取得一致。的确,就如我在第一部分进一步探索的,他们认为,通过单方面人道主义干涉来追求个人正义的尝试会让国家间的秩序建构处于危险之中。

这种看待国际社会道德可能性的观点受到更激进观点——或社会连带主义——的挑战,通过深化它对正义的承诺,后者期望加强国际社会的合法性。社会连带主义者不只看到秩序和正义间长期的紧张状态,而且指望于克服这种冲突的可能性,这需要开展承认两种观点存在相互依赖性的行为。布尔把社会连带主义说成是"构成国际社会的国家在执行法律方面的团结一致,或者是潜在的一致"。这种国际社会概念认为,个人在国际法里拥有权利和义务,但是它也承认,个人只能通过国家来执行这项权利。因此,社会连带主义国际社会的定义特征就是,国家不只有道德义务去保护自己国家公民的安全,而且有更广范围内的责任以"保护世界各处的人权"。② 赫德利·布尔在1966年的著作中认为,不可能为以下这两个观点找到很多的支持,即国际社会应该管辖人权侵害,以及它赋予个别国家采取人道主义干涉的合法权力。这是导致他作出以下结论的其中一个原因,

---

① 存在多元主义和社会连带主义这两种国际社会的概念,这一想法首先出现在 Hedly Bull 的文章 'The Grotian Conception of International Society',载于 H. Butterfield 和 M. Wight 编 *Diplomatic Investigations* (London: Allen&Unwin, 1966), pp. 51—74. Bull 没有提出思考国际社会道德可能性的方法,但现在热衷寻求这种方法。除了 N. J. Wheeler, 'Pluralist or Solidarist Conceptions of Humanitarian Intervention: Bull and Vincent on Humanitarian Intervention', *Millennium: Journal of International Studies*, 21/2 (1992), 另见 A. Hurrell, 'Society and Anarchy in the 1990s' 载于 B. A. Roberson 编 *The Structure of International Society* (London: Pinter, 1998); Dunne, *Inventing*, *International*, *Society*, 和 Andrew Linklater, *The Transformation of Community* (Cambridge: Polity Press, 1998)。

② Bull, 'The Grotian Conception', p. 63.

社会连带主义的国际社会概念是"不成熟的"。① 拯救陌生人依赖于布尔的贡献，他的著作展示了多元主义和社会连带主义对人道主义干涉是如何产生不同反应的，并为冷战期间以及冷战后的国家行为打上这些观念的烙印。至关重要的是，他询问了国际社会在什么程度上发展出了一种执行最低人性标准的新的集体能力。

英国学派现今在人道主义干涉合法性上的著述是断断续续的。当诸如亚当·罗伯特、罗伯特·杰克逊和詹姆斯·梅奥尔这些作家在20世纪90年代写出了对我们思考相当有益的几篇重要文章时，他们并没有系统地去尝试发展人道主义干涉的理论。此外，这些多元主义者对人道主义干涉的道德价值持有很深的怀疑，他们还质询了人道主义干涉对国家实际行为的支持。奇怪的是自从布尔写出他的论文之后，社会连带主义者在人道主义干涉的理论和实际问题上只做出了很少的工作。R.J.文森特在20世纪80年代中期的作品作为对此争论的唯一显著贡献而显得特别突出，我在第一部分对此作了详细的探索。然而，他没有发展出社会连带主义有关人道主义干涉的理论，也没有向多元主义和现实主义的批判提出挑战。本书中，我着手做以下事情：提出一个综合性框架以决定什么可以被当作是合法的人道主义干涉；考察多元主义和社会连带主义的国际社会概念如何构造人道主义干涉外交对话；反驳现实主义和多元主义对人道主义干涉的批评；把法律和政治途径结合在一起。

本书第一部分以更详细的方式显示，律师、社会构成主义者、哲学家和正义战争理论家的不同观点是如何增益于我们对国际社会里人道主义干涉行为的理解。我思考了支持构成多元主义国际社会的这些原则的规范性理由，并提出以下问题，为何这些规则在默许国家践踏人权的情况下还具备存在的价值。这是阐明社会连带主义主张的前奏：大范围内侵害人权的国家丧失了作为合法主权国的权利，因此道德上孕育其他国家采取武力来遏制这种苦难。随后，在我转向阐明一种试图说明这些缺陷的人道主义理论前，我展示了这种社会连带主义的观点如何遭到多元主义者和现实主义

---

① Bull, 'The Grotian Conception', p. 73.

者的坚决反对。在这里，我搭建了一个框架以评估某些特别干涉事件的人道主义资格，并认为，在我称为"极端人道主义危机"的案例中，人道主义干涉是一项道德上的义务。

在对本书分析的所有冷战时期经验案例作总的观察之前，有必要解释一下为何选择了这些事件作案例。冷战期间国家对人道主义侵害的标准反应是不干涉：这些例子包括20世纪60年代早期数百万的图西人在布隆迪被屠杀；成千上万的伊博人在比夫拉试图脱离尼日利亚的战争中被杀死；印尼在1975年征服并兼并东帝汶国后对东帝汶的大规模屠杀。不过，冷战期间有三起单方面干涉行动在他们宣称自身是人道主义干涉方面遭受了相当大的争论：印度1971年对东巴基斯坦的干涉结束了人权践踏现象，并且建立了孟加拉国；越南于1978年12月对柬埔寨的干涉加速推翻了害人的波尔布特政权；稍后几个月坦桑尼亚对乌干达的干涉结束了阿明将军的恐怖统治。次要的文献主要在于国际法领域，并广泛集中于这些案例上，但是分为两个问题：第一，印度、越南和坦桑尼亚是否是因为人道主义原因而采取行动；第二，它们的行为是否被其他国家认可为主权平等、互不干涉、不使用武力原则的合法例外？

对案例研究材料的整理

通过围绕于印度1971年12月对巴基斯坦动用武力的辩词、动机及成果的考察，这些问题开始于此第一个案例研究。在简短的讨论其背景之后，我考察了印度对其动用武力的辩词。是否有迹象暗示，它公开的辩论理由不同于它的动机？辩词是否和国际社会规则一致？印度从一开始就指向其行动带来的人道主义利益，但它在多大程度上是以人道主义的理由捍卫它的行动？第二章评测国际社会以人道主义理由认可印度违背联合国宪章第2(4)条（这条宪章禁止以自卫为目的之外的单方面武力使用）的程度，就如一些律师所暗示的。

第三章研究了为何越南因为它对害人的波尔布特政权动用武力而受到如此严重的制裁。相比较于印度，越南没有诉诸任何人道主义理由；的确,它偏离得太远,以致公开批判把此作为它动用武力的合法理由。考虑到越南有以人道主义理由证明自己行为合法性的很好先例,让人吃惊的是它并没更多地重视这份辩词。我思考了它这样做的原因。对谴责的部分解释可以在冷战时期的局势里找到答案:越南没有获得任何支持,是因为它被感觉是在扮演苏维埃帝国主义的形象,它的干涉行为受到西方集团和东南亚国家联盟的谴责,它们认为越南以自卫作为辩护理由掩盖了它扩张主义的野心。我反对这种观点:根据第一章中提出的标准,越南的武力动用满足了作为人道主义干涉的资格,应该被国际社会赞成。

在越南遭受国际社会谴责的同时,坦桑尼亚对乌干达的武力动用却受到了宽厚的对待。第四章考察了为何坦桑尼亚推翻阿明政权的行为几乎被默许。① 现实主义者可能争论说,对越南和坦桑尼亚行为的选择性对待显示了对动用武力的反应是如何受控于对利益的盘算。费尔南多·泰森(Fernando Teson)持有不同的观点,他认为坦桑尼亚案例受到不同的对待,只是因为它被国际社会视作是"支持人道主义干涉适当情形下合法性的先例"。② 为了研究这一主张,该章思考了坦桑尼亚在辩护其行为时在多大程度上诉诸人道主义辩词,以及它们受到更广国际社会什么程度的赞同?新的乌干达政府认为,非洲统一组织应该基于人道主义的理由欢迎坦桑尼亚的行为。这一观点挑战了占主导的多元主义认为人道主义干涉是不合法的观念;但是,正如我接下来认为的,社会连带主义观念没能在非洲国家间取得标准化的合法性。

研究冷战时期案例中行动者的辩词和公共辩论过程的重要性在于,它为冷战后干涉案例的比较分析做好了准备。本书的第三部分显示,在20世纪90年代存在一个渐强的趋势,即西方政府趋向于引用人道主义辩词为他们使用武力进行辩护。第五章以简要描述变幻中的国际局势做开头,这种局势使得联合国在伊拉克1990年入侵科威特后授权对其使用武力。然后该章集中于伊拉克的战后情形,该情形促使联合国安理会第688号决议在

---

① C. Thomas, *New States, Sovereignty and Intervention* (Aldershot: Gower, 1985), pp. 122—123.
② Fernando Teson, *Humanitarian Intervention: An Inquiry into Law and Morality* (Dobbs Ferry, NY: Transnational Publishers, 1988), p. 167.

1991年4月5号被通过。关于印度、越南和坦桑尼亚的武力使用,关键的法律问题集中在他们的干涉是否违背了宪章第2(4)条,但是,在20世纪90年代争论转向另一个问题,即由于宪章第2(7)条禁止联合国机构进行干涉,安理会能否合法干涉主权国家内部事务。[1] 对此唯一的例外是根据宪章第七章安理会能采取的强制行为,但这需要认定存在"对和平的威胁,对和平的破坏或者威胁到国际和平和安全的侵略行为。"[2]

安理会内部在通过第688号决议时的争论表明,有些国家以它超过了安理会根据宪章所拥有的合法能力的理由,反对把对威胁的解释扩展到威胁"国际和平和安全"。那么,对西方政府认为第688号决议为他们在伊拉克北部地区为伊拉克难民建立安全避难营的军事部署提供了合法理由,对此我们应该作出什么样的解释?我调查了西方行为的国内和国际启动条件,并指出了影响到决定干涉的其他场外理由。该章的最后部分思考了西方政府的行为是否和他们的人道主义主张相一致。

第六章分析了美国如何会在1990—1991年军事干涉索马里。因为索马里是块微不足道或者几乎没有战略意义的地方。布什政府是受到国内压力的影响吗?或者,总统是因为个人的人道主义理由而采取行动?安理会授权美国采取行动,但是假如没有安理会的授权,布什政府会不会采取行动?与第688号决议该受到2票弃权和3票反对相比,安理会的十五个成员国全部赞同授权美国在索马里采取军事行动的第794号决议。这导致有些评述家认为,这表明国际社会对集体人道主义干涉新规范的接受;我认为,这样的主张应该限制在几个重要的领域里。笔者接下来思考了索马里行动由一个短期的饥荒救济任务扩展为旨在废除索马里社会军备的长期政治计划。除了说明为什么任务收到灾难性结局这一明显问题之外,看一看这在联合国和美国公众观点上的影响也是重要的。进而,关于干涉的可行性,可以得出什么样的结论以审视并说明人类苦难的根本原因?

任何主张伊拉克北部和索马里的干涉证实了合法的人道主义干涉新范

---

[1] Ramsbotham 和 Woodhouse, *Humanitarian Intervention*, p. 79.
[2] Charter of the United Nations, 第39条。

例的观点都与国际上对卢旺达1994年种族屠杀的反应相冲突。在大屠杀后期美国进行了军事干涉以输送人道主义援助，但是残酷的事实是超过一百万人在两个月的时间内被杀死，而国际社会并没有施以援手。第七章思考了大屠杀本来是否能够被避免。在四月到五月底这一关键时期，为何没有做出任何尝试来遏制大屠杀？在联合国无所作为的几个星期后，法国最终决定采取行动，并要求安理会授权进行有限的军事干涉以保护卢旺达境内流离失所的难民。法国的行为受到安理会其他会员国的怀疑，他们担心法国的人道主义辩词掩盖了它行动的真正原因。我考察了法国的行动在多大程度上满足了作为合法的人道主义干涉的条件。

在采纳授权干涉卢旺达的第929号决议前，法国声明，它只会在安理会明确授权的情况下对卢旺达进行干涉。暗示就是，如果没有这个集体性的辩词，它的行动就会受到约束。"北约"在1999年3月对南斯拉夫联邦共和国采取的武力干涉就因为没得到安理会的直接授权而冲撞了合法干涉的界限。安理会在3月24日和26日破天荒的辩论对于这个事件在多大程度上建立了一个合法先例非常重要，在这次大会上，大多数会员国赞同或者默许了"北约"的行动。我以对决定使用空中力量来保卫科索沃的反思作为第八章的开始，显示了这一决定是如何依赖于对克罗地亚和波斯尼亚干涉带来的教训的特殊理解。"北约"领导者把这次行为称为"人道主义战争"。在轰炸前和轰炸期间，激烈的辩论在于人道主义战争是否是必须的、正义的、相称的以及有效的。世界的领导者们从科索沃事件会得到什么样的教训？我们是否需要发展出新的规则，以列出在什么情况下干涉是合法的——如托尼·布莱尔所提出的①——或者我们会得出暴力手段很少产生好的结果这一结论？②

该书的最后一章通过反思人道主义干涉于20世纪90年代在多大程度上取得了新的合法性，继续对这些主题进行思考。在这里我认为，在21世

---

① Tony Blair, 'Doctrine of the International Community', 在芝加哥的演讲, USA, 22 Apr. 1999.

② K. Booth, 'The Kosovo Tragedy: Epilogue to Another "Low and Dishonest Decade"?', 尚未出版的在南非政治学协会双年会上的报告，在军事科学院举行，Saldanha, 29 June 1999.

纪初发展出安理会授权人道主义干涉这一新规范的同时,单方面人道主义干涉行为继续受到国际社会的怀疑。本章质询了国际社会的小心谨慎,认为在基于秩序和正义规则被调和的国际社会里,单方面人道主义干涉行动能够支持新的社会连带主义。

第一部分 人道主义干涉相关理论

第一章 人道主义干涉和国际社会

本章的观点是：国际社会就像世界中的其他组织一样，是由规则支配的行为构成的。本章的第一部分建立在导言中对国际社会中规范如何约束国家行为以及使国家能够作为的进一步探究的基础之上。我认为理解国际社会，应避免进入两个相关的误区，即把遵守规则（视为）有意识的、理性计算的结果或独立于人类机构实践之外存在的社会结构深层的结果。

本章接下来的部分将主要阐述多元主义和社会连带主义的国际社会理论如何解释人道主义干涉实践的合法性的问题。这一部分中，我陈述了国际政治中多元主义者和现实主义者们对于人道主义干涉实践合法化的异议。本章的最后一部分通过提出一套人道主义干涉的社会连带主义理论，提出了对这些异议的反证。

国际合法性的程序性理由是基于这样一种假设：对合法性的检验是国家实践。这当然是判断干涉行为的一项重要的标准，但它不应该是具有决定性作用的一个。我们需要的是一种独立的、能用来评估特定的人道主义干涉事例的条件的观念，并且这套观念能批判地反映国家间社会的标准反应。本章通过建立能够界定正当人道主义干涉的最低限度的条件或"门槛"条件提供了这样一套概念。满足这些条件的行为就应该被国家间社会赋予合法性，但是在这些"门槛"条件之外，还有其他同样能提高干涉行为的合法性的术语。

国际社会的性质

查尔斯·曼宁（Charles Manning）是第一个把国际社会看作有它自身的自我约束规则的游戏的人①，在没有受到强迫时，国家为什么要遵守法律？他认为，"正在进行的外交过程实际上正如一场游戏，而且像其他任何游戏一样，它必须有规则，而且它必须服从那些规则"。② 曼宁的贡献是表明实践，例如，主权和国际法，如何属于一场外交官和国家领导人通过他们的行为不断复制的游戏。如果我们想要理解国际社会何以成为可能，那么承认构成它的实践，并没有现实世界（那样）独立于"共同的意象"③——正是这种"共同的意象"使它们存在——之外的存在，就是必须的。马丁·怀特认为，国家间社会的显著特征是对主权的相互承认，但主权并不是一个我们能触摸、感觉或测量的实体。而是，借用一个曼宁最喜爱的分析，就像圣诞老人的存在：圣诞老人是"真实的"，但是他的存在只是因为我们都有这样一个使他的存在成为可能的共识；同样地，主权是通过多数人能理解的，使它的存在显露出来的含义而存在的。④

这回避了一个问题：谁使它显露？一个回答是国家是代理人，通过它们之间的互动，构成了国家间社会的互动。这样，我们说英国、俄罗斯或中国采取了这样或那样的行动。但是这怎么可能，因为我们都知道国家并不是像个人一样以血肉之躯的方式存在。解决这个问题的方法是不把国家看作行为者，而是看作一些框架，这些框架既限制国家中那些占据负责任职位的人，不能做出某些行为，同时又使得他们有权做出一些行为。⑤ 这样，外交部长——就像大学讲师——就被构成他们各自的权威职位的规则

---

① C. Manning, *The Nature of Internaitonl Society*, 第二版 (London: Mecmillan, 1975).
② Manning, *The Nature of International Society*, p. 112.
③ 同上，第19页。
④ Alexander Wendt 在其1992年的 'Anachy is what StatesMake of it: The Social Construction of Power Politics' 一文中做出了关于主权如何被构建的最好解释，*International Organization*, 46/2 (1992).
⑤ 这一观点，要感谢 Colin Wight。

赋予职责,同时也受到规则的束缚他们在国际社会或大学中如何扮演角色并未被预先确定;而是,取决于在规则中操作的个人:他或她采取自己认为适当的行为。结果是,在生活的这两个领域,某些人比其他人更好地完成了职责,但是所有接受这些权威职位的人都要服从一系列的限制,正如我在导言中已经讨论过的,这些限制不是物质的而是规范性的。而且它们由社会构建的事实并没有减少它们的真实性。

上面叙述的目的是,当我在本书中把国家拟人化、使之清晰的时候,它是描述罗伯特·杰克逊所说的那些人的"速记",即"代表国家作为的人:政治家,或换句话说,总统,总理,首相,外交部长,大使①,他们是像《联合国宪章》这样的条约的签署者,但这种行为不是约束他们个人;而是约束他们所代表的国家。② 在签署条约或向其他国家派出外交官如大使时,国家领导人复制了构成国家间社会的共同含义"。

对于国家间的实践是否由规则规范的争论提出了另一个规范,即国家的领导者是否意识到他们在遵守规则。这正是现实主义者为何构想出国际社会,在国际社会中,他们认为政府服从它们的利益,同时对规则给予一定尊重。国家领导人认识到他们必须依据规则使他们的行为正当化,但这并不是由于普遍接受规则的约束,以及在进行这场游戏时完全公开以避免道义上的谴责和制裁。③ 为了回应本书提出的主题,即规则框架确定足以限制那些根据规则貌似有理地可以保护的行为,现实主义者回应说游戏中的高手,正如一个有经验的辩护者在法庭上打一场辩护官司,总能找到使他所在的一方有理的论据。

在现实主义者看来,国家使用"战略性"④ 语言去提升它们的利益,

---

① R. H. Jackson, 'The Political Theory of International Society', 载于 K. Booth 和 S. Smith 编 *International Relations Theory* (Cambridge: Polity Press, 1995), p. 111.
② 这一论点的两个最好论述是 Carr, *The Twenty Years Crisi* 和 Manning, *The Nature of International Society*.
③ 这一观点,我要感谢 Andrew Mason。
④ 我从 Jurgen Habermas 那里借用了使用战略性语言的思想,他将之界定为"导向成功的行为",其决定性特性是代理人追求功利地基于有效计算利益目标的目标。(J. Habermas, *Theory of Communicative*, *i. Reason and Rationalization of Society*, T. McCarthy 译 (London: Heinemann, 1984), p. 285)

对异议是开放的,即对它未能理解如何"没有什么事情比一个高手的行为更自由同时受到更多限制"① 的质疑是开放的。这是皮耶·布赫迪厄(Pierre Bourdieu)的论点,他批评那些使规则服从于理性计算的结果的人,同时也拒绝社会世界的描述,即那种通过依靠独立存在于行为者实践之外的结构性原因把行为者排除在图景之外的描述。Bourdieu 的贡献是发展了"战略化"的想法,他将之界定为来源于把游戏玩好所需要的实际感受的"游戏感觉"。比如两个运动员都学习足球规则,但是他们中的一个是个蹩脚的球员,他不能很好地感觉到球在哪儿;而另一个凭直觉知道踢球需要什么,在某种程度上以一种"球在他控制之下"的方式到处运动。布赫迪厄的关键论点是这表明"他控制着球",顶级球员通过超越熟练应用规则达到成功;他们对踢球有一种感觉,这些知识是不可或缺的。然而同时,他们能够成功只是因为他们在比赛的规则框架的限制之中发挥。正如布赫迪厄指出的,熟悉游戏带来一种感觉,即"你不能什么都做而不受惩罚"。② 然后,游戏参与者将以重塑游戏本身的方式行动,没有这必然地是一种有意识地计算的产物。布赫迪厄认为"游戏的成果和复制是以有意识地控制和论述之外的方式进行的,比如,运用身体的技巧"。③

从布赫迪厄在国际社会性质方面的战略化理解中可以得出三个重要的暗示。第一个,现实主义者的模式中国家有意识地计算它们的行动是存在局限的,因为它忽视了国家是如何社会化出一套不会受到质疑的先入为主的偏好。国家服从它们的利益。但是它们界定这些利益的方式是由国家间社会中流行的规则所塑造的。④ 这样,为了回应现实主义者关于国家只是

---

① P. Bourieu, *In Other Words*: *Essays towards a Reflexive Sociology*, M. Adamson 译(Stanford:Stanford, Calif University Press, 1987), p. 63.

② Bourdien, *In Other Words*: *Essays towards a Reflecxive Sociology*, p. 64.

③ 同上,p. 61. John Searel 持有和 Bourdieu 一样的观点,他还举了一个棒球运动员的例子,这位运动员学习规则然后开始真正地参加比赛。在他逐渐发展成为一名运动员时,他的动作也变得更加流畅、更贴合比赛的要求。Searle 认为,不应该错误地认为是他运用规则更熟练了,因为事实是运动员获得了由比赛规则决定的一套素质和技术,而这些并不依赖于运动员有意识地遵从规则。见 Searle, *The Construction of Social Reality*, pp. 141 – 142。

④ 这就是建构主义观点的意思,它认为身份和利益并非成于互动之外;而是像 Wendt 所强烈主张的那样,身份是在互动中形成的,改变身份会产生出不同的利益概念。

在利益驱动时才遵守国际法的论点,赫德利·布尔阐述,更令人惊奇的是国家"如此经常地认定顺从国际法是它们的利益所在"。① 按照布赫迪厄的观点,国家以考虑了那些以限制的方式界定它们的利益,即那些"强加在那些……准备理解它们并且执行它们的人们……因为他们对游戏有感觉"。②

这引出了与此相关的第二个暗示,即成功的参与者认识到作为国际社会成员所受的束缚。把现实主义与英国学派分别开来的主要区别就像赫德利·布尔说的那样:即使一个国家打算打破规则,它也要承认"根据它们所共同接受的规则,它应该为自己的行为给其他国家一个解释"。③ 这与现实主义者的论述是非常不同的。在现实主义者那里规则是国家操纵它们自身利益的工具,而且它反映了英国学派的核心假设,即国家"组成一个社会,它们意识到它们在处理相互之间关系时应该接受一套共同的规则的约束"。④ 甚至即使承认当打破规则时只是为了避免道义上的谴责和制裁国家才参与这种合法化形式,这种现实主义的批判忽略了在多大程度上这种根据规则的对正当化的需要限制了国家的行为。为了证实斯根纳(Skinner)相关的对国际层面的论点,布尔争辩说"规则不是无限适用的,它确实划出了根据规则为自己的行为寻找借口的国家所能选择的范围"。⑤

把国际社会理解为规则统治的行为凸显的第三个问题是,当对规则产生争议的时候会发生什么?有经验的足球运动员在比赛的大多数时间里可

---

① H. Bull, *The Anarchical Society: A Study of Order in World Politics* (London: Macmillan, 1977), p. 140.

② Bourdieu, *In Other Words*, p. 63. 这一观点和建构主义者的主张非常相似,他们认为,身份构成利益,国家社会的身份赋予它自身某种接受国际法自带特点的义务,这使得国家按照加强这种法律义务的方式定义它们的利益。

③ Bull, *The Anarchical Society*, p. 45.

④ 同上, p. 13;著者着重的部分。

⑤ Bull 有关规则约束力的观点在 Louis Henkin 的评论里得到很好的表达,他评论说,"国家感到有必要根据国家法来辩护自己的行为,它们的辩辞一定要有说服力,而有说服力的辩辞往往是不适用或有限的,这些事实必然影响国家采取怎样的行为"(L. Henkin, *How Nations Behave: Law and Foreign Policy* (New York: Columbia University Press, 1979), p. 45)。这一观点的进一步证据是,一名高级外交人员私下告诉我,英国政府决不会采取任何行动,除非它能对其行动出示有说服力的法律辩护,表明它是对其他国家来说有意义的行为。

能都不会意识到规则构成了比赛,但是如果对处罚有争论,双方都会利用规则努力说服裁判。如果不是规则的存在提供了一些共同的参考点,争论裁判的决定是否适当就是不可能的。在球场上,裁判是相互冲突的主张的仲裁者,而且做决定也相对比较容易,因为规则框架是高度确定的。当必须在相互冲突的规则间作出选择时,困难加大了,适用哪一个是有争议的。这是国内和国际社会立法过程中都要面对的问题。关于法律的一种观点是,法官的任务就是找出适当的法律并且应用它,但是,正如图雷克·希金(Rosalyn Higgin)争辩的,这忽视了一个事实,即决定适用的法律是法官决策功能的一部分。这样一个决定,按照希金的说法,需要在可选择的合法主张与和它密不可分的、更广泛的政治和社会因素之间作出选择。

如果我们转向国际领域,因为"涉及法律的适用性和范围的时候,缺乏权威的决定"①,法律过程甚至更密切地与政治过程捆绑在一起。然而,国家能就一种行为是否适用一种特定的法律规范进行争论,只是因为它们分享足够的共同语言去构建公共论据过程。例如,在古巴导弹危机中,美国和苏联对苏联部署导弹是否是正当的自卫意见不一致,但因为它们使用共同的话语体系,所以它们可以就相互冲突的主张的对错进行讨论。

从上面的分析并不能推论公开辩论总是影响决策。这就要求得太过分了,因为,正如克拉托齐威尔(Kratochwil)指出的,缺乏一个有权威的仲裁者去解释法律规范的适用以确保决定是通过"交涉的和强制的行动而不是通过说服、通过求助于共同的标准、共享的价值观和可接受的解决问题的方法"。② 国家间互动模式能到何种程度是一个经验的问题,但是,除非国家选择通过赤裸裸的威胁去提升它们的利益,那些想使他们的行为在国

---

① Kratochil, *Rules, Norms, and Decisions*, p. 254.
② 同上。

内和国际上合法化的人们就有义务诉诸共同的规则和标准。① 运用这些去为他们的行为辩护的行为者可能发现他们自己被其自身的合法性辩护套住了——将会限制他们随后的行为。②

已经表明了规则和规范在理解国际社会的性质方面的重要性了,问题是人道主义干涉在多大程度上在国际社会中是一种正当的行为。这个问题既具有描述性的,也有规范性的成分:描述性方面需要对国家实践的研究,这是本书剩余部分的经验调查的主题;规范的向度与这个问题相关,即人道主义干涉在一个以主权、不干涉、不使用武力为原则的、国家构成的社会中是否被允许的问题。现在我将转向这个问题。

多元主义者和现实主义的对人道主义干涉的异议

在出现以下情况的地方,人道主义干涉的问题会浮现出来:在政府用国家机器对付它自己的人民的地方,或者在国家崩溃进入法律真空状态的地方,多元主义的国际社会理论支持国家间社会的规则,根据是它们掌握

---

① 正如 Martti Koskenniemi 的观点那样,"行动者受舆论压力影响,不太可能去做那些招致同样规则批评和反对的事情"(M. Koskenniemi, 'The Place of Law in Collective Security', 载于 A. J. Paolint 等编 *Between Sovereignty and Global Governance: The United Nations, the State and Civil Society* (London: Macmillan, 1998), p. 45)。

② 对此有个很好的例子是里根政府期间有关反导弹条约的解释的争议。里根政府打算布置一套太空防卫系统(战略防御计划),但是这和已有的1972年反导弹条约相矛盾。于是,里根政府提出对条约新的广义的解释,但是遭到国内支持已有条约的一群联合力量的反对而失败了。这个例子的趣味性在于,美国舆论的主要根据点是条约是要遵守的(有约必守原则)。里根政府本可能主张不再有必要遵守该条约,但是它意识到这样的行动缺乏国内和国际的合法性。由此,里根政府被迫把它的太空测验限制在狭义的条约解释所设定的范围之内。在做这一论断时,Hasencleyer, Mayer 和 Tittberger Harald Mulle 引用了 Harald Muller 关于反导弹条约对里根政府战略防御计划的影响的早期研究,该研究强调政权规则和标准约束美国政策的重要性。见 A. Hasenclever, P. Mayer 和 V. Rittberger, *Theories of International Regimes* (Cambridge: Cambridge University Press, 1997), p. 183, 以及 Hm Muller, 'The Internationalization of Principles, Norms and Rules by Governments: The case of Security Regimes', 载于 V. Rittberger 编 *Regime Theory and International Relations* (Oxford: Oxford University Press, 1999), pp. 361—391。

着支持"善"的多元概念。① 然而，社会连带主义的国际社会理论观点的变更是多元主义规则的道义正当性和国家实际的人权实践之间的显而易见的矛盾，只要很快地扫视一下大赦国际年度报告就可以意识到有多少国家未能保护它们的公民的基本权利。在亨利·休（Henry Sue）之后，R. J. 文森特把基本权利界定为不受滥用暴力（侵犯的）人身安全和最低限度的生存权利。② 用迈克尔·沃尔兹（Michael Walzer）的话说，国际社会是由一个规则治理的框架构成的，它使得主权国家能在其边界之内保护"个人生命的价值和共同的自由"③，由此推论，如果一个国家随意侵犯其公民的人权，它的主权还应该受到尊重吗？如克里斯·布朗（Chris Brown）指出的，如果"多样性要求国家有权虐待它们的人民，则很难看出为什么这种多样性应该受到尊重"。④ 为什么道德价值要从属于主权和不干涉原则，如果它们为政府违背全球人权标准提供了"特许证"？而且在面对这种对国际法的侵犯时，局外人合法地、道义上允许——甚至需要——做什么？

广泛地、明显地践踏人权现在是国际关心的正当的问题。但是本书中我感兴趣的是使用武力去防止或阻止这种侵犯人权的合法性。英国学派的

---

① 多元主义国际社会理论家很少能搞清国际社会所具有的标准价值，但是 Bull 的著作中曾偶尔涉猎到这一点，即国际社会的道德价值是根据它对个人康乐的贡献来判定的。他写道，"如果任何价值归属于世界政治秩序，那么它就必须被我们看作是具有重大价值的所有人性当中的秩序，而非国际社会内部的秩序"（Bull, *The Anarchical Society*, p. 22）。这句话的暗示是，国际社会规则只有在它们提供个人安全的情况下才被赋予价值，个人是 Bull 伦理范畴的核心。Bull 所含糊的东西在 Robert H. Jackson 那里得到明确，后者根据 R. J. Vincent 和 Hidemi Suganami 提出的"鸡蛋盒"这一国际社会概念探讨了国际社会的道德性。"主权国家是鸡蛋……国际社会是盒子"，用 Vincent 的话说，盒子的目的是"做区分盒铺垫，而非行动"。这促使 Jackson 反思道，"只有在用那些东西本身就具有价值的情况下，通过国际法来管制国家避免或降低危害冲突的发生率或程度才会有可能……国际社会预示到所有国家的内在价值并且调和了它们内在的差异……但是它需要并要求像它们相等的合法地位所展示的外在一致性"，见 R. H. Jackson, 'Martin Wight, International Theory and the Good Life', Millennium: Journal of International Studies, 19/2（1990）和 Vincent, *Human Rights and International Relations*, p. 123.

② Vincent, *Human Rights and International Relations*, p. 14. Henry Shue 把"基本人权"定义为在满足其他权利前所必要的权利。见 Henry Shue, *Basic Rights: Subsistence, Affluence and US Foreign Policy*（Princeton: Princeton University Press, 1980）, pp. 18—22.

③ M. Walzer, *Just and Unjust Wars: A Moral Argument with Historical Illustrations*（London: Allen Lane, 1978）, p. 108.

④ C. Brown, *International Relations Theory: New Normative Approaches*（Hemel Hempstead: Harvester Wheatsheaf, 1992）, p. 125.

社会连带主义者例如 R. J. 文森特承认，国家在被赋予不干涉原则所提供的保护之前，必须满足得体的行为的一些特定的基本需要。① 而且，文森特暗示，如果国家系统地、大规模地侵犯人权，"那么国际社会就有进行人道主义干涉的义务"。② 迈克尔·沃尔兹认为"道义至少不是单边行动的障碍，只要当时没有其他可行的选择"，对沃尔兹来说，当它按照合理的预期会成功是对"震惊人类的道义良心"的行为的回应时，人道主义干涉就是正义的。③ 这种主张并不是主权和不干涉原则应当被抛弃，因为它们仍然是国际社会的基本准则。而是沃尔兹的社会连带主义的主张是，在那些出现极端的事例的地方——政府正在进行大规模的屠杀行为的地方，应当拒绝国家受到这些原则的庇护，因为它们是"对人类犯罪"的罪犯。④ 在这一点上，从道义上讲，国家有义务使用武力阻止这些暴行，而且，对一些像文森特这样的社会连带主义者来说，这种责任更强烈，国家构成的社会有义务采取行动。

正如我在导言中主张的，人道主义干涉从一开始就暴露出秩序和正义之间的冲突，在典型的案例中，人们也许会期待国际社会切割出相对于它的准则的一种明确的合法的例外。毕竟，如果政府可以自由地屠杀它们的人民而不必受惩罚，遵守这些准则又有什么意义？在他对于如何缓和秩序和正义之间的冲突的讨论中，布尔认为，头脑中必须有两个关键的考虑：任何提高个人正义的尝试对于国际秩序的结果；体现在现有的秩序中的正义的程度。⑤ 布尔并不准备笼统地主张把秩序放在正义之上，暗示"秩序

---

① R. J. Vincent 和 P. Watson, 'Beyond Non-Intervention', 载于 I. Forbes 和 M. J. Hoffmann 编 *Political Theory, International Relations and the Ethics of Intervention* (London: Macmillan, 1993), p. 126.

② Vincent, *Human Rights and International Relations*, p. 127.

③ Walzer, *Just and Unjust Wars*, p. 107. 在 Walzer 十多年之后，Fernando Teson 著文说，"一个涉及践踏人权的政府违背了它存在的宗旨，因此它不仅丧失了国内的合法性，也失去了国际上的合法性。因此，我认为，只要干涉的程度与它计划要压制的恶行成恰当的比例，外国军队道德上有权帮助难民推翻独裁者"(Teson, *Humanitarian Intervention*, p. 15)。

④ Walzer, *Just and Unjust Wars*, p. 106. Michael J. Smith 认为，由于"国家的权利依赖于个人的权利……一个压制性的侵犯国民自治和独立的国家就丧失了它的主权"(M. J. Smith, 'Humanitarian Intervention: An Overview of the Ethical Issues', *Ethics and International Affairs*, 3 (1989), p. 74)。

⑤ Bull, *The Anarchical Society*. pp. 97—98.

与正义的问题将会被与特定案例中的价值观念有关各方不停地考虑到"。①
然而,当转到人道主义干涉这个问题时,布尔强调这样一种实践加诸国际
秩序的危险,假如国家之间所声称的"正义"是相互冲突的。他认为国家
构成的社会还没有试验一种人道主义干涉权利,因为"不愿意,通过承认
这样一种对个别国家的权利去危及主权和不干涉原则"。② 多元主义者关心
的是,由于对控制单边的人道主义干涉实践的原则缺乏国际上的一致,国
家将会依照它们自己的道德原则行事,因此削弱了建立在主权、不干涉、
不使用武力原则基础上的国际秩序。③ 布尔对人道主义干涉的批评是道义
上的,因为他把国际秩序的规定看作一种保护和提高个人福祉的必要条
件。④ 这种对不干涉原则的维护是基于哲学家所称的规则保守主义。

禁止人道主义干涉的法律性原则,将比允许干涉但对于控制这种干涉
权利的原则又缺乏共识,能更好地服务于所有个人的福祉。⑤ 在这种情况
下允许人道主义干涉就是接受"它将经常基于有能力执行干涉的那些国家
的文化偏好"。⑥

多元主义者,对于使单边的人道主义干涉合法化的异议是强有力的,
但是这里还有现实主义者提出的四种更进一步的异议,我想考虑一下。⑦
第一个是人道主义主张通常掩饰了国家对自己利益的追求,使人道主义干
涉的权利正当化将导致国家滥用它。这种忧虑使托马斯·弗兰克(Thomas
Franck)和奈杰尔·罗德利(Nigel Rodley)在1973年提出人道主义干涉不
应该被作为《联合国宪章》第2条第4款禁止使用武力原则的一个更进一

---

① Bull, *The Anarchical Society*. p. 97.
② H. Bull 编 *Intervention in World Politics* (Oxford: Oxford University Press, 1984), p. 193.
③ 在此有必要指出,当 Vincent 赞成国家群体具有"人道主义干涉的义务"之时,他同样具有 Bull 对赋予国家人道主义干涉权力的多元主义担心,因为这会"给所有干涉颁发通行证,具有或多或少说服力地宣称它们是人道主义性质的,却严重破坏了国际秩序"(Vincent, *Human Rights and International Relations*, p. 114)。
④ 见第23条注解。
⑤ A. Mason 和 N. J. Wheeler, 'Realist Objections to Humanitarian Intervention', 载于 B. Holden 编 The Ethical Dimensions of Global Change (London: Macmillan, 1996), pp. 101—102。
⑥ Brown, *International Relations Theory*, p. 113.
⑦ 在区分现实主义和多元主义的异议时,我认识到多元主义者具有一些或所有这些现实主义者的异议。不过,他们没有在他们关于人道主义干涉合法性的文章中显著地表示出来。

步的例外而得到允许。他们认为包含自卫原则的例外，由于没有附加其他的限定条款，对于防止滥用已经很脆弱了，如果再允许这种例外，将会更进一步削弱第2条第4款的限制。因为人道主义考虑将会被进行干涉的国家所操纵，人道主义干涉的教条将变成强国对付弱国的武器。在考察了1945年之前和1945年之后可能的人道主义干涉案例之后，弗兰克和罗德得出结论，"很少事例，如果不是没有的话，按当时的环境假定表现出人道主义多于对自身利益和权力的寻求"。① 滥用的问题证实了现实主义者的观点：语言是矫饰的，托词掩饰了为什么国家采取行动的真实原因。

现实主义者的第二个批判是描述性的：除非重要的利益受到威胁，如果这将冒丧失士兵生命的危险或招致重大的经济代价，国家将不会干涉。这里的争论是国家不会主要因为人道主义原因进行干涉，因为它们通常是被国家利益的考量所驱使。现实主义者也许会同意毕古·巴雷克（Bhikhu Parekh）把人道主义干涉界定为"全部或主要由人性，怜悯或感同身受的、同类的情感所引导的"②行为，然而同时保留一种观点，即这种规范性叙述并未说出在世界政治中国家实际是如何行动的。提升了这种见解的现实主义者也许承认人道主义的考虑在推动一个政府干涉中可能起部分作用，但是除非它们判定重要的利益受到威胁，国家将不会使用武力。这样，我们所能期望的最好情况是一种令人高兴的巧合：促进国家安全同时也保卫了人权。③ 这种立场的力量是它承认国家利益和权力的真实性；它的弱点是它使人道主义依赖于变动的像政治和战略考量。现实主义者也许会争辩

---

① T. Franck 和 N. Rodley, 'After Bangladesh: The Law of Humanitarian Intervention by Military Force', *American Journal of International Law*, 67（1973），p. 290. 其中最臭名昭著的例子是希特勒利用人道主义原则来辩护他1938年对捷克斯洛伐克的干涉。在给 Neville Chamberlain 首相的一封信里，希特勒写道，"日耳曼人和'其他种族的人'……正遭受最劣的虐待，被折磨，经济上被剥削，最重要的是被禁止自主实行国家的权利"。希特勒呼吁，为了保护日耳曼人，他的行动符合国家同盟的少数权利规定。这些辩辞被许多国家看作为虚伪的，但是希特勒只能如此，因为存在一个保护少数权利的政权。见 Franck 和 Rodley, 'After Bangladesh', p. 284。

② B. Parekh, 'Rethinking Humanitarian Intervention', 载于 Bhikhu Parekh 编 *The Dilemmas of Humanitarian Intervention*, *International Political Science Review* 专刊，18/1（1997），p. 54.

③ 社会连带主义者如 Michael Walzer 已经认识到这种现实主义批评的力量，他自己认为，"国家不派遣他们的军队到别的国家去似乎只是为了节省生命"（Walzer, *Just and Unjust Wars*, p. 101）。

说这是没有其他选择的,并通过指出选择性的问题增强这种论点来反对人道主义干涉。

国家通常会有选择地应用人道主义干涉原则吗?现实主义回答说是,而主张以有选择的方式进行人道主义干涉过去曾经出现过,这种情况是对在将来一种合法权利将如何被应用提供指引。事实上,弗兰克和罗德利认为使人道主义干涉正当化将提高有选择地应用原则的危险。他们认为:"一个国家不会被国际共同体或拥有明显实力的国家的极明显的失败所鼓励去 effect rescue 去拯救犹太人……代表美国以武力干涉……去解救布隆迪的胡图族……去援助巴伐利亚人(Biafrans)争取独立的斗争。"① 当共同承认的道义原则在不止一种情形下受到威胁时,选择性的问题就出现了,但国家利益决定反应的偏差。

第四个反对理由也是规范性的:国家没必要为了拯救陌生人而使它们的士兵或非军事人员冒生命危险。对人道主义干涉的这一批评与上文提到过的描述性主张,即国家不会由主要是人道主义考虑所推动去从事干涉,使关系紧张。如果国家绝不会为了首先是人道主义的原因进行干涉这一论点是正确的,那么士兵的生命问题将不会出现。然而它确实出现了,正如在索马里和科索沃的案例中清楚证明了的,而这里作为反对人道主义干涉的一种规范性理由被更进一步提出的是基于我们作为公民的认同的主张构成了我们的道义义务的外限。国家领导人和公众没有义务去阻止"边界之外的野蛮行为"②,而且假如一个政府垮掉了、进入了法律真空状态,或者是以一种令人毛骨悚然的方式对待它的公民,这指阻止这种状况是那个国家的公民和它的政治领袖的道义责任。局外人没有任何义务去干涉,即使他们相信他们有能力阻止或减轻这种罪恶。原因是"公民对他们自己国家负有专有的排外的责任,他们的国家完全是他们自己的事。公民从道义上讲只能关心他们自己国家的活动,而后者对它的公民负责、为它的公民服务"。③ 只有在保卫国家利益时,使其士兵冒生命危险才是正当的。塞缪

---

① Franck 和 Rodley,'After Bangladesh', p. 288.
② 这句话属于 Ken Booth。
③ Parekh, 'Rethinking Humanitarian Intervention', p. 56.

尔·P.亨廷顿很好地概括了这种极端国家主义的立场,关于美国对索马里的干涉,他断定"使美国军人被杀害以阻止索马里人自相残杀,道义上是非正义的,政治上是站不住脚的"。①

如果把它的逻辑推论到极致,这种国家主义(statist)典型暗示的是,政府不能使甚至一个士兵冒生命危险去挽救成百上千甚至几百万非国民的生命,只有极少数的现实主义者会追随亨廷顿,固守这样一个绝对的原则,但是我们可以拿多少"男孩、女孩"士兵的生命去冒险?我们中有多少人会同意大卫·亨德拉克森(David Hendrickson)的说法,即"可预期的适当的伤亡"②不应当使我们打消人道主义干涉念头?如何界定"适当的"?那将肯定多于18个,正如我在第六章指出的,1993年10月在索马里的一场交火中18名美国游骑兵巡逻队员丧生,这一事件对导致克林顿总统从那场冲突中撤军起了决定性的作用。亨德拉克森主张在民主政府即使温和的伤亡政治上也将是不可忍受的,这一主张削弱了他的立场,这儿的问题是电视和印刷媒体培养了民主国家的公众的人道主义情感。产生了要求干涉的压力,但是这也必须平衡相反的风险,即"国内政治舆论将反感任何代价高昂或拖延的卷入"。③在第五、六、七、八章我将检视西方政府如何成功地平衡这些相互冲突的考虑,以及在何种程度上伤亡的风险使它们打消了用武力保卫人道标准的念头。

即使人们主张国家有权为了保卫人道主义价值而使它们的士兵冒险,仍然存在着反对的理由:这种干涉很可能以灾难收场。不但现实主义者持这种反对理由,一些持宗教般干涉主义观点的自由主义者也有这种忧虑。这里所担心的是高尚的人道主义意图并不能保证不会失败、耻辱地离开,而且在观念上还有危险的傲慢自大,即安全自由的西方世界有责任——更

---

① 引述于 Smith, 'Humanitarian Intervention', p. 63.
② David C. Hendrickson, 'In Defense of Realism: A Commentary on Just and Unjust Wars', *Ethics and International Affairs*, 11 (1997), p. 46.
③ Hendrickson, 'In Defense of Realism: A Commentary on Just and Unjust Wars', p. 45.

不用说意愿——去解决像索马里、卢旺达这样的国家的问题。① 这种看法的一个很好的例子是西蒙·吉肯斯（Simon Jekins），他在 1997 年 11 月 25 日在众议院外交委员会作证时说：

> 你认为一种特定的迫害人权的行为在某个特定国家发生，其威胁还未必会超出它的边界时，你必须亲自卷入的基础是什么？你所要获得的军事目的是什么……你如何知道你已经赢得了这场特定的冲突？最重要的是，到了一定阶段，如何向你自己的军队证明有理由将变得十分困难……牺牲他们的生命是为了保卫什么？②

尽管对自由主义的干涉主义事业十分同情，迈克尔·埃格纳提夫（Michael Ignatieff）表达了类似的意见，当他质疑导致美国相信它可以进入索马里、制止部落战争，然后在几个月内撤出、把问题移交给联合国的"帝国主义的傲慢的痕迹"。③ 艾格纳提耶夫仍然坚持国际解救事业，但是，在干涉科索沃之前写的东西中，他表达了对于 20 世纪 90 年代自由干涉主义的失败（本书后文将探讨这种对在伊拉克、索马里和卢旺达的干涉的结果的描述在多大程度上是公正的）导致了西方对受苦受难的人们停止救援。科索沃在多大程度上改变了这种情况，以及"道义憎恶"④ 的诱惑何种程度上继续抓紧政策制定者和公众的思想倾向是本书的结论部分着手处理的问题。

---

① Martin Woollacott 引述了美国现实主义首席 George F. Kennan 的话，后者在美国干涉索马里之后的日记里认为"这次行动是个可怕的错误"。根据 Wollacott，Kennan 关心的是，"对索马里及其他地区的干涉是建立在即使是一个很强大的国家能够对其他特别是受创或无政府的国家做什么这一极其过度想法之上"（M. Woollacott, Busybodies can Do More Harm than Good', *Guardian*, 19 July 1997）。

② Foreign Policy and Human Rights', *Foreign Affairs Committee*, *Minutes of Evidence*, 25 Nov. 1997, p. 4.

③ M. Ignatieff, *The Warrior's Honor*: *Ethnic War and the Modern Conscience* (London: Chatto & Windus, 1998), p. 94.

④ Ingatieff 在此做了和 Joseph Conard 的 The Heart of Darkness 很吸引人的类似比较，并评论说，这是"一部有关因为无用而瘫痪、因为无政府主义风暴而毁灭的 19 世纪晚期帝国主义的故事"。他在此引入"道德厌恶的魅力"的思想，认为，"没能教化野蛮人，Kurtz［Conard 小说中的殖民头领，他前去非洲寻找象牙，却对自己和其他人辩护说这是一次更高级的教化任务］就把他自己道德自我反省的所有力量倒过来针对这些野蛮人"（Ingatieff, *The Warrior's Honor*, p. 92）。

从上面对反对理由的列举可以清楚地看到社会连带主义的国际社会理论在维护人道主义干涉是一种正当的实践方面面对着强大的挑战。通过发展一种人道主义干涉的社会连带主义理论来回应这些批评是本章结尾部分的任务。

一种社会连带主义的合法的人道主义干涉理论

我的论点是干涉必须满足一定的检验才能被认为是人道主义的。这是最低限度的要求,而且,一旦这个门槛被跨越了,还有其他的标准,如果符合了这些标准就会相应地提高特定行为的合法性。① 在这一阶段明确两点是必要的:第一,其他人也许会同意这里具体指明的标准,但是对于哪些标准应被当作"门槛"可能有不同意见。例如,"首先基于人道主义动机"并不是一个"门槛"标准这一论点就很有可能引起争论。第二,确认了正当的人道主义干涉标准并不能解决决定一个特定的案例是否满足这些检验条件的问题。它解决的是,确立一个共同的参考体系,可以在其中进行辩论。

一种干涉必须满足四个必要条件才能被当作是人道主义的干涉,这些条件来自正义战争的传统。第一,必须有一个正义的理由,或者我喜欢说的一种最高级别的人道主义的紧急事件。因为它获得了所考虑案例的例外性质;第二,武力的使用必须是最后的手段;第三,它必须符合比例的要求;最后,使用武力必须有相当高的可能性取得实际的人道主义结果。

看一下第一个标准,对于什么可以算作是最高级别的人道主义紧急事件并没有客观界定,但愿有一些主张将比其他的更有说服力。试图根据被杀害或赶走的人数来界定紧急性并无益处,因为这样太随意了。当拯救生

---

① 为搭建定义人道主义干涉合法性框架而进行的已有最杰出的研究,是 Ramsbotham 和 Woodhouse,*Humanitarian Intervention*,和 Teson,*Humanitarian Intervention*。Ramsbotham 和 Woodhouse 提出了五个主要问题:"1. 是否存在人道主义理由? 2. 是否存在可见的公然的人道主义结局? 3. 是否存在合适的人道主义途径? 4. 人道主义手段是受雇用的吗? 5. 是否有人道主义成果?"(*Humanitarian Intervention*, p. 73)。他们的框架工作建立在 Teson 的先导之作之上,不因成果而豁免动机,并强调所用手段特点的重要性。本书中社会连带主义者的框架工作发展了这些成型的想法,并把它们应用到七个经验案例研究之中。

命的唯一希望依赖于局外人进行解救的时候，一种最高级别的人道主义紧急情况就发生了。

那些要把武装干涉正当化为人道主义干涉的人们（这将充满期望地包括进行干涉的国家，但它并不是一种规定，因为人道主义的理由并不是"门槛"条件）有义务把这个案例展示给其他国家以及国内和国际公共舆论，使他们意识到干涉目标国内对人权的侵犯已经达到这样一种限度，用泽沃尔兹的话说，它们震惊了人类的良心。这样，把我们所说的正常的、日常生活中出现的对人权的悲剧性侵犯和那些属于"反人类的罪行"的反常的屠杀和暴行区分开来就是非常重要的了。种族灭绝只是最明显的例子，国家发起的大规模谋杀和通过武力大量驱逐人口也属于这一类。我还包括导致饥荒以及法律和秩序的崩溃的国家崩溃，例如索马里的例子。

人道主义干涉在这些情形下显然是正义的，但是，如果我们坐等这种紧急情况出现在我们面前，对于拯救那些将要被杀害或强制移居的人们来说就太迟了。这就提出了一个争论不休的问题：早期解救应该如何进行。例如一个地方只有几百人被杀，但是可以合理推断这是一个大屠杀运动和种族清洗的前兆。应该做什么？这似乎是发生在科索沃的故事。人道主义干涉的合法性是预防性的。这给我们带来重要的一点：在本书提到的所有案例中，科索沃可能是个例外（参见第八章），保护公民不被杀害的军事干涉都来得太迟了。即使在出现大规模流血事件之后，在国内和国外更容易使军事干涉合法化，政府也不应该等到几千人死亡之后才采取行动。在这里我同意 Michael Bazyler 的说法："如果有一种迫近的大屠杀的清楚的证据，进行干涉的国家或国家们就不必等到屠杀开始之后才行动。"① 当然，问题是，正如科索沃也表明了的，这种评估可能受到其他政府和国内的公众的怀疑，这就提出了在这种例子中谁决定什么可算作"清楚的证据"的问题。

我们面临的另一个问题是，如何协调道义上的快速行动的需要与正义战争的必要条件即武力通常是最后手段两者之间的关系。这有时被称作必

---

① M. Bazler, 'Reexamingthe Doctrine of Humanitarian Intervention in the Light of the Atrocities in Kampuchea and Ethiopia', *Standford Journal of International Law*, 23 (1987), p. 600.

要性原则。奈杰尔·罗德利把它界定为一种条件，在那儿"如果不运用武装力量就没有其他东西足以阻止正被讨论的或所说的侵犯人权"。① 他主张，除非在案例中能证明延迟将导致"无法弥补的损害"，这需要国家用尽所有和平的补救措施。在人道主义干涉的例子中这种两难被公开强加，因为，在政策制定者正在试图通过非暴力手段达致停止对人权的侵犯时，大屠杀和驱逐也许正在继续。要求政治家用尽所有的和平手段是过于苛求了；毋宁说，要求的是相信他们已经探究了所有看上去能成功阻止暴行的方法。如果由于这个理由而有怀疑，国家领导人道义上有义务继续通过非暴力手段来追求他们的人道主义的目标，因为，使用武力促进好的结果的同时，它通常也产生有害的后果。②

任何选择使用武力的决定都必须满足比例要求这一事实使得上面的计算考虑更加困难。而且，如果这儿有强烈的疑问，正确的做法是回避使用武力，因为它可能导致最坏的情形。按罗德利的说法，比例原则要求"干涉的重点和范围应该与可以合理预测的生命损失、财富毁灭以及资源的耗费在相当的水平上"。③ 使用武力的水平不应该超出它被设计出来去防止或阻止的危害的要求导致了一个基本问题，即暴力手段是否能服务于人道主义的目的或"人道主义战争"的矛盾修饰法是否隐藏着一种悲剧性的矛盾。④ 反映在科索沃的例子中，亚当·罗伯茨（Adam Roberts）认为，"在长期的对于人道主义干涉的合法性的讨论中，一直存在着一个一贯的失

---

① N. S. Rodley, 'Collective Intervention to Protect Human Rights', 载于 N. S. Rodley 编 *To Loosen the Bands of Wickednes* (London: Brassey's, 1992), p. 37.

② M. Fixdal 和 D. Smith, 'Humanitarian Intervention and Just War', *Mershon International Studies Review*, 42/2 (1998), p. 302.

③ Rodley, 'Collective Intervention', p. 37.

④ 这是 Ken Booth 和 Richard Falk 的观点，他们是世界政治全球价值的坚定反对者，而怀疑人道主义干涉理论。Booth 认为，非人道的手段很少能达到人道的目的，在20世纪90年代尝试人道主义战争的所有案例中，它是基于实用主义立场的。Falk 更倾向于认为，军事力量的使用，至少在某些极端情况下"可以被当作解放的工具"，但是这要求政府"付出长期大量的人力和物资代价，还有可能损失惨重，甚至没有成功的保证"。考虑到没有任何政府愿意付出如此人力和物资的代价，Falk 消极地总结道，"干涉性质的军事行动事实上总是造成破坏性的或者达不到预期目标的结果"。见 Booth, 'The Kosovo Tragedy: Epilogue to Another "Low and Dishonest Decade"?' 和 R. Falk, 'Hard Choices and Tragic Dilemmas', *Nation*, 20 Dec. 1993, p. 758.

败：直接证明（address）在这种干涉中所使用的方法的问题"。①

当使用暴力手段去保障人道主义的目标时一个关键的道德问题出现了：什么可以被当作合法的军事目标。战争法要求平民绝不能是蓄意的军事行动的目标，但是保护他们使之尽可能远离战争的危急情况的规定提出了一个问题：干涉者为了避免平民伤亡应该冒什么风险。军事必须可以用来使杀害无辜正当化，因为这可能是进攻合法的军事目标时一时不注意的结果。这就是中世纪天主教神学家发展出的"双重影响"理论，它允许士兵伤害平民只要能证明不是蓄意这么做。② 问题是，正如沃尔兹所说，这为"并非故意，但可以预见的"。③ 按照 Mona Fixdal 和丹·史密斯（Dan Smith）所主张的，正义战争理论将禁止"如果它产生的好处大于损害——把所有的受到影响的各方都算在内，一场人道主义干涉就是正义的"。④ 然而，这种形式的结果道义，其理由是对一种异议开放的，这种异议是假如伴随着这种计算的是可怕的、难以估量的事情，即使是一个好的理由动机，用古恩特尔·莱维（Guenter levy）的话说，"也不值得付出任何代价"。⑤

决定玩这种结果主义或功利主义的游戏的领导者面对的道义风险是他们永远无法事先知道。他们 play god with 其他人的生命的决定将导致他们期望的正义目标。在公民正在被他们的政府杀害的地方、在有证据表明目标政府正计划扩大杀害范围的地方，在这种情形下，无法事先知道干涉挽救的生命是否多于它所损害的，或者使用的手段将不具有这样一种特性，即干涉者的道义资格开始与他们所反对的那些人看起来没有区别。这些是

---

① A. Robert, 'NATO's Humanitarian War Over Kosovo', Survival, 41/3 (1999), p. 110. Ramsbotham 和 Woodhouse 也持此观点，他们认为主要评判标准是"所使用的与人道主义任务相一致的手段"（Ramsbotham 和 Woodhouse, *Humanitartian Intervention*, p. 75）。

② 就像 Walzer 提出的，"双面效应是调节绝对禁止以合法的军事行动攻击非军事人员这一禁令的……好坏效应相互掺杂，杀死敌军及其附近平民的行为只在以下范围内受到保护，即它唯一的目标是攻击士兵而非平民"（Wazler, *Just and Unjust War*, p. 153）。

③ 同上。Walzer 认为双面效应这一学说过于松散，并且具有下面的纵容性："平民的死亡是我行为的直接还是间接结果，这有什么不同？这对死去的平民不重要，如果我事先知道我很可能会杀死这么多无辜的人而且可以继续下去，我怎么能是不受责罚的？"

④ Fixdal 和 Smith, 'Humanitarian Intervention', p. 304.

⑤ 引述同上。

当代的人道主义战士所对面的风险,因为,如理查德·福珂所说,"最初是人道主义定位不能确保在压力下承诺将得以保持"。① 决策者可能争辩说,他们的行为是必要性所需要的,没有其他的选择可以阻止暴行,但是,即使干涉产生了相较于损害的额外的好处,永远也无法知道非暴力的其他选择是否能以较小的代价获得同样的结果。

在说到使用暴力手段的人道主义结果只能通过事后认识的利益来知道时,我们来到了一种正当的人道主义干涉的最后一道"门槛"或最低限度的标准,即决策者必须相信武力的使用将会产生一个人道的结果。很明显这儿的任何判断将被操作在多大程度上被认为满足比例要求关键性地影响。接受手段的暴力特性并不总是同结局的道义性相矛盾,我同意阿根廷国际法学费尔南多·泰森(Fernando Teson)的观点:一种积极的人道主义结果其特性是由"干涉是否解救了被压迫者,以及人权随后是否得以恢复"。② 泰森的人权被"恢复"是一个有问题的概念,因为它暗示,目标国的市民在屠杀开始之前享有人权保护,这是一个在特定案例中必须先进行调查的问题。结果,我宁愿用"保护"这个词代替"恢复"。必要条件是善意保护人权的干涉国一个或多个建立政治秩序。一个检验是干涉力量的撤出没有导致屠杀和残暴的重新开始,解救和保护的孪生要求表现了人道主义结果的短期和长期后果的划分:前者指的是干涉在结束最高级别的人道主义紧急情况方面取得的成功;后者由干涉在多大程度上去除了产生侵犯人权的深层次的政治根源来决定的。

现在我已经为一种合格的人道主义干涉界定了"门槛"条件,立刻就能清楚地看出我没把首先是人道主义动机这一条包括为一项决定性的检验,乍一看似乎是违反直觉的,因为如果它不是由人道主义理想或目的激发的一种行为怎么能被贴上"人道主义"的标签?在决定一种干涉的人道主义凭证中人道主义动机的基础性是现实主义者和那些写作关于人道主义

---

① Falk, 'Hard Choices', p. 760.
② Teson, Humanitarian Intervention, p. 106.

干涉的国际法学家们中间的传统智慧。① 例如，正如我在第三章和第四章中讨论的，由于这个原因，大多数法学家不把越南和坦桑尼亚对柬埔寨和乌干达的干涉看作人道主义干涉。这种方法的问题是它把干涉国，而不是把受害者——他们被解救是使用武力的结果——作为分析的参照物。社会连带主义者正致力于确认共同的人性的最低标准，这意味着把人权受到侵犯的受害者置于其理论设计的中心，因为它致力于探究国家间社会如何能变得对提升世界政治中的正义友善。这样，把参照物从国家动机转换到国家权力的受害者导致了一种对动机在判断干涉者的人道主义资格的重要性方面的不同强调。

一个曾经挑战动机优先方法的国际法专家是泰森，他认为把动机作为人道主义干涉的决定性检验条件是基于一种有缺陷的方法论。他可以被定位为英国学派的社会连带主义一翼，因为他主张大规模侵犯人权的政府丧失了它们受主权和不干涉原则保护的权利，结果其他国家就有道义上的义务进行干涉。陈述了任何这种行为的道义理由之后，泰森写道：

> 干涉者也必须采用与人道主义目的相一致的手段。但是除非干涉者的其他动机导致了更大的压迫……它们不必然与这种干涉的道义性相冲突……真正的检验是干涉是否结束了剥夺人权的状况。这是以满足公正的要求，即使在干涉背后有其他的、非人道主义的原因。②

人道主义动机优先并不是一个"门槛"条件。但是如果能够表明干涉背后的动机，或选择某种手段背后的原因，与实际的人道主义结果相矛

---

① Ramsbotham 和 Woodhouse 引述了 Wil Cerwey 在 1992 年的定义当作强调首要动机的代表。Verwer 定义人道主义干涉为："某一国家或国家联盟的武力威胁或使用"，其唯一目的是遏制对基本人权的严重侵犯，特别是对生命权的践踏，不管他们是哪个国家，这些保护行为的发生不是基于联合国相关组织的授权或者是基于目标国家合法政府的允许"（引述于 Ramsbotham 和 Woodhouse, *Humanitartian Intervention*, p. 43；文字加重部分）。

② Teson, *Humanitarian Intervention*, pp. 106—107. Bruce Jones 同样持有 Teson 对把动机当作人道主义干涉合法性决定因素的批评态度，他认为，一个 "充足的干涉理论应该在判定行为的人道主义特征同时考虑它的动机和结果"。Jones 给出了一个表明 20 世纪 90 年代卢旺达冲突事件中不同干涉案例的人道主义动机及结果的矩阵，但是他的方法的弱点是没有像 Teson 那样认为动机只有在破坏人道主义结果的情况下才是相关的。见 B. Jones, 'Intervention without Borders: Humanitarian Intervention in Rwanda, 1990—1994', *Millennium: Journal of International Studies*, 24/2 (1995), pp. 225—248。

盾，那么它就没有资格被当作是"人道主义的"。同理可推出，即使干涉是由非人道主义的原因推动的，只要能证明它的动机和所采用的手段没有破坏实际的人道主义结果，仍然可以算作是人道主义的（干涉）。在提升这种主张时，我并不是主张国家间社会应该表扬那些幸运地达到了这种令人高兴的巧合——非人道主义的动机、手段以及结果——的国家。我主张的是，因为它们拯救了生命，这种干涉应当被其他国家认为是正当的，而不是谴责或制裁。国家间社会应当把它的赞扬和物质支持只留给那些这样的政府：在它们做出干涉的决定时，人道主义的原因是一个重要的因素，而且满足下面的某些或所有的额外的标准。

　　我想考虑的、超出"门槛"之外的另一个标准是人道主义的术语是否认为干涉是正当的问题。现实主义者担心国家会为了不可靠人的原因而滥用人道主义的基本原则在这一点上抬头，但是对此的回应是三重的。首先是，只有在隐藏在干涉背后的非人道主义动机破坏了它所宣称的人道主义目标之后，滥用才可以成为反对人道主义干涉的理由。

　　第二是对隐藏的动机的批判完全忽略了一种可能性即理由与动机也可能是相一致的，国家领导人可能认识到一种保卫人权的道义责任。就像我在导言中讨论过的，社会连带主义的一个关键前提是政府不但对保护国内的人权，而且对保卫国外的人权负责。这种责任包括为了拯救总体的，系统的人权侵害的受害者而使其军事人员和公民冒险，这种观点基于这样一种假设：主权边界，就是道德构建并不是不可改变的。一旦人们接受没有什么自然的或假定的关于主权就是我们的道义责任的外限，在我们的道义坐标范围中出现一种变化，主张类似国家领导者使其士兵和公民冒生命危险以阻止大规模侵犯人权（的事情）就变成可能的了。现实主义者争辩说，政府没有道义上的权利要求其士兵为人道主义的原因而死，但这是一个脆弱的论据，因为，当士兵参军时，他们就接受了政府送他们去哪里就去哪里服务的义务。①

　　对于人道主义主张可能被滥用的论点的第三个回应是它低估了行为者

---

① 我认识到政府可能合法地把他们的士兵送死在一些特别战争之中，而不管这些行为在那些士兵眼里或国内舆论界并不是合理的。此处最明显的例子就是美国20世纪60年代晚期在越南战争中的军事参与。不过，我的观点是政府不应该被阻止发动一场士兵们并不热衷报名参加的人道主义干涉行动。

在多大程度上"对他们的理由感到困惑"。① 认为按照人道主义的术语进行干涉是正义的政府，建立了一个我们可以判断它们的后续行为的基本规范体系。而且，因为国家不能期望把任何行为都当作人道主义而正当化，结果，就像斯根纳主张的，接受"合法性需要"的行为者就要把行为限制在根据合法的原因能够辩护的范围内，它们正是声称这些合法的原因推动了它们的行为。② 而且，由于声称占领了道义高地，未有达成承诺的政府将被迫为它们自己辩护、（消除）对它们有可能隐藏了破坏其声称的人道主义目的动机的怀疑。然而，合法性与结果之间的不符不能证明这种情况，因为或许存在这样的情形：干涉是正当的，是由人道主义的动机驱动的，但是却以灾难告终。这时，问一下使用的手段多大程度上为这种后果负责以及解释选择这些而不是其他干涉手段的原因是重要的。③ 然而，可以想象，人道主义的动机和手段与结果之间即使没抵触，干涉也可能以灾难告终。在这样的例子中，使合法化的决定性检验成功将是错误的，因为这将导致这样的结论：我们可以只是通过事后认识到的好处判断由人道主义的原因推动的干涉的合法性，只要根据人道主义为其行为的正当性辩护的决策者已经尽全力确保他们的人道主义动机与干涉的性质和行为之间没有冲突，那么即使这种干涉遭到灾难性失败也能被界定为人道主义的。④

除了动机和理由的问题，被排除在门槛之外的似乎引起最多争议的另两个标准是人道主义干涉是否通常都应当是合法的问题以及选择性的

---

① K. M. Fierke, 'Dialogue of Manceuvre and Entanglement: NATO, Russia and the CEEC's', *Millennium: Journal of International Studies*, 28/1 (1999), p. 30.

② Skinner 'Analysis of Political Thought and Action', p. 112. Skinner 举例说，商人曾用宗教来辩护他们在 16、17 世纪的欧洲利润的积累。他认为重要的是调用合理的缘由后，"商人不能够把他可能会选择的所有行为描述成具有'宗教'特征的，而只能是那些具有某些说服力可以被当作归属于这类范畴的行为。他会发现自己被约束于一定的行为范围"（Q. Skinner, 'Language and Social Change', 载于 Tully 编 *Meaning and Context*, pp. 131—132）。另见 Fierke, 'Dialogues', pp. 30—31.

③ 我在本书使用手段这一词时，用的是它在 *The New Oxford Dictionary of English* 中的广义含义，以指"产生结果的一项行为或系统"。这不仅包括干涉的形式——比如空军或地面部队——也包括干涉是怎么实施的。

④ 我很感激 Jack Donnelly 提醒我这一点的重要性。

问题。

未经安理会授权的人道主义干涉的合法性,自从"北约"在科索沃的行动之后,已经变成了一个相当大的规范性讨论的主题。正如我在第八章中讨论的,联合国秘书长充分意识到了这个问题的严重性,在1999年联合国大会期间致开幕辞时把它作为关键部分。思考人道主义干涉的合法性的出发点,大部分国家法学家主张这次实践是不合法的。根据或指向联合国宪章的法律起草,这些法律专家,经常被贴上"限制派"的标签,认为第2条第4款中禁止对"领土完整政治独立"的国家使用武力的规定禁止人道主义干涉。这些法律专家承认《宪章》第七部分的规定安理会有合法的权威授权实施军事行动,但是他们指出,只有在它确定存在着对"国际和平与安全"的威胁的情况下,安理会才有权在《宪章》第七部分第39条的规定下行动。它不能仅仅根据人道主义的原因授权军事干涉。

对于限制派的"没有安理会授权的人道主义干涉是非法的"这一论点,既有法律的,也有道义的回应。道义上的论据是,人道主义干涉是很多艰难例子中的一个,在那些事例中伦理的考虑应该胜过合法性,而且,我们通常应该努力获得安理会授权,但是当出现特别紧急的人道主义情况时,不应该考虑这种法律性的要求。当弗兰克和罗德利主张人道主义干涉"有时是国家,就像个人一样,必须做出的选择,这种选择不是属于法律而是道义领域的时候"。① 他们表达了这种观点:人道主义干涉道义上是允许的,但是不应当被合法化。他们的立场是这种道义上的义务不能被合法地承认,因为这样一种法律权利有被滥用的危险。

这种解决问题的方法的困难是,它用来强调国际法体系规范的局限性,即当普遍人权有需要时,鼓励守法的国家违犯法律。我同意维尔·弗韦(Wil Verwey)的观点,即接受法律义务和道义义务之间的冲突最终致命地削弱了国际法,因为它"将暗示承认——不多也不少——国际法不足

---

① Frank 和 Rodley, 'After Bangladesh', p. 304.

以确保对社会上不可缺少的道德标准的尊重"。①

结果，对限制派的第二个回应是，主张国际法应当承认单边的人道主义干涉的权利。这种论点由冷战时期的少数国家法专家提出，它在20世纪90年代获得了一些拥护者。这种"反限制派"的立场是基于这样一种主张：在《联合国宪章》和国际习惯法中都有对人道主义的合法权利的支持。这种论点是提高人权在《联合国宪章》之诸原则的层级中应该有与和平和安全同样的地位。在这里，反限制派指出《联合国宪章》的序言和第1条第3款、第55条、第56条，都要求成员国有法律义务相互合作以提升人权。按泰森的说法，"提升人权在《宪章》中是与控制国际冲突同样重要的目标"。② 因此，反限制派主张安理会有法律权利授权人道主义干涉，无论它是否根据（《宪章》）第39条发现一种对"国际和平与安全"的威胁，有些法律学家走得更远，他们声称，如果安理会未能对大规模侵犯人权的事件采取补救行动，单个国家应当扮演武力的守夜人，而且把《宪章》的人道主义规定的实施抓在自己手里。米切尔·瑞兹曼（Michael Reisman）和米尔斯·麦克杜格（Myers McDougal）声称，如果不这样，"联合国得以建立的明确目标将遭到毁灭性的破坏"。③ 在电视上亲眼目睹了在比夫拉脱离尼日利亚的内战期间，尼日利亚军队对少数的伊博人犯下的暴行，瑞兹曼和麦克杜格提出了他们的新的著名的1969年备忘录"为保护伊博人的人道主义干涉"。这个（备忘录）声称，存在着单边的人道主义干涉的合法权利，他们得出结论，他们在备忘录中建议联合国（应该）设立一种人道主义干涉体系，使人道主义干涉制度化，建议请求国际法协会（ILA）起草一个条约草案。这个邀请在20世纪70年代早期被ILA所接纳，在一系列的报告中，它试图为判断单边的人道主义干涉的正当性

---

① W. Verwey, 'Humanitarian Intervention in the 1990s and Beyond: An International Law Perspective', 载于 J. N. Pieterse 编 *World Orders in the Making: Humanitarian Intervention and Beyond* (London: Macmillan, 1998), p. 200.

② Teson, *Humanitarian Intervention*, p. 131.

③ A. C. Arend 和 R. J. Beck, *International Law and the Use of Force: Beyond the UN Charter Paradigm* (London: Routledge, 1993), p. 133.

起草一套标准。① 里查德·里尔里克（Richard Lillich）认为这些研究产生了下面一些广泛的共识：

1. 必须存在即将发生或正在进行的大规模侵犯人权的情况。

2. 在开始进行人道主义干涉之前，所有可行的非干涉补救方法必须已经用尽（也可参见第9条标准）。

3. 在任何这样的干涉开始之前，如果时间允许，潜在的干涉者必须向安理会提交它对于所计划的干涉所要达到的特定的、有限的目标的见解。

4. 干涉者的首要目的必须是纠正对人权的大规模侵犯，而不是其他附属于干涉者自身利益的目标。

5. 干涉者的目的必须尽可能少地影响被干涉国的权威框架，同时达到它特定的、有限的目的。

6. 干涉者的意图必须是用尽可能短的时间进行干预，一旦达到了特定的有限的目的，干涉者就应该停止干涉。

7. 干涉者的意图必须是使用尽可能少的、必要的强制措施去获得它的特定的、有限的目标。

8. 只要有可能，干涉者必须尝试并获得被干涉国的得到承认的政府的邀请去进行干涉，因而与得到承认的政府进行合作。

9. 在开始干涉之前，干涉者必须请求安理会开会以便告知它如果安理会不先采取行动，人道主义干涉将要开始了（也可参见第2、3条标准）。

10. 联合国进行的干涉优先于地区组织进行的干涉，地区组织进行的干涉优先于一群或个别国家进行的干涉。

11. 在进行干涉之前，干涉者必须对被干涉国提供一个明确的最后通牒或"最后的要求"，要求其采取积极行动结束或改善大规模侵犯人权。

12. 任何不遵守上述标准的干涉者将被认为是破坏了和平，这样就可以应用《联合国宪章》第七章。②

---

① 这个故事来自 R. B. Lillich, 'The Development of Criteria for Humanitarian Intervention', 未付印版, p. 6.

② 小组委员会有关依据国际公法对人权的国际保护的第三份临时报告, ILS Report of the Fifty-Sixth Conference 217 (New Delhi, 1974), 引述于 Lillich, 'The Development', pp. 7—8.

上述标准中有两个要点值得注意：第一，在 ILA 所列的必要条件中甚至没有提到人道主义的结果。相反，条件是国际法文献中的标准条件："首要目标必须是矫正大规模侵犯人权"。ILA 的标准中确实提供的一些东西是他们讨论了在合法化的过程中安理会应该扮演的角色。只有在安理会没有首先采取行动的情况下，打算进行人道主义干涉的国家才被要求向安理会报告将要采取行动。在这一点上并不能保证安理会将会授权，也可能安理会会通过一项决议对采取行动即干涉的提议进行谴责。第二，这项标准的巨大价值是它使国家把人道主义的主张提交到安理会合法化了。这就揭露了这样一种可能性：安理会将承认保护人权是包括在它的《宪章》第七章的责任中的一项义务。同样可能的是安理会可能会在使用武力的合法性这个问题上陷入分裂，从而使途径更加复杂，出现下面的问题：在多少个安理会成员反对使用武力的情况下我们可以说它缺乏集体合法性？如果安理会中某些或所有有否决权的成员反对，算数吗？在进行经验主义分析的篇章中，我将继续这些问题。

限制派和反限制派对于人道主义干涉的正当性的争论归结为这种实践是否可以从第 2 条第 4 款禁止使用武力的规定中合法地免除的问题。像罗莎琳·希金斯（Rosalyn Higgins）这样的限制主义者坚信"《宪章》允许制裁大规模侵犯人权的行为，但是谨慎地不这么做"。① 作为反击，瑞兹曼和麦克杜格争辩道：

因为人道主义干涉既不寻求领土变更也不寻求挑战被卷入干涉国家的政治独立，它不但不与联合国的目标相冲突，还与《宪章》最基本的绝对规范相一致，主张它被排除在第 2 条第 4 款之外是一种对《宪章》的扭曲。②

如果要被排除在第 2 条第 4 款禁止使用武力的规定之外，安东尼·阿兰德（Anthony Arend）和罗伯特·贝克（Robert Beck）确定了干涉必须满足的四个条件：它必须不能使进行干涉的一国或多国在目标国的军事存在

---

① Higgins, *Problems and Process*, p. 255.
② 引述于 A. C. Arend 和 R. J. Beck, *International Law an the Use of Force*, p. 134.

长期拖延；目标国不能损失领土；不能改变目标国的政权；不能进行与《联合国宪章》的目标相冲突的行为。①

既然单边人道主义干涉的合法基础存在激烈争论，在这两种相互冲突的紧张之间决定的基础是什么？国际法学家提供的标准答案是求助于国际习惯法。ICJ 的法令的第 38 条指出它是"被法律所接受的普遍实践的证据"。② 习惯法不同于条约法，因为它不是由国家之间为了在特定领域规范彼此的互动而写下的一些共同同意的规则所创造出来的，而是，像 Arend 和 Beck 所指出的，"如果过了一段时间，国家开始以一种特定的方式行为，而且开始认为那种行为是法律所要求的，一种国际习惯法规范就发展起来了"。③ 国家实际从事这样的实践还不足以声称它已经具有习惯法的地位；它们必须这样做是因为它们相信这种实践是"被当作法律接受的"。这种主观的要素被法学家称作观念合法在确认规则合法地约束国家上是非常重要的。

限制派认为后《宪章》时代的国家实践并不支持单边人道主义干涉是一种合法权利。他们指出下列事实：联合国大会支持不干涉，例如 1965 年《关于不承认干涉的宣言》，拒绝承认"基于任何原因的干涉"是合法的；1970 年《关于友好关系和相互合作的国际法原则的宣言》，证实"任何国家或国家集团无权直接或间接地干涉其他国家的内部或外部事务，无论基于何种原因"；1987 年《对于增强在国际关系中不威胁或使用武力的自制原则的有效性的宣言》，确定"不得采用任何违背《宪章》的论述使威胁或使用武力正当化"。ICJ 在尼加拉瓜案例判决中考虑过是否存在着不干涉原则的合法例外的问题，它的判决是这"将涉及对习惯法的不干涉原则的一种根本修订"，在国家实践中没有对它的支持。④ 实际上，法庭引用了国际法委员会对下面表述的认可作为支持："《宪章》中涉及禁止使用武力的

---

① 引述于 A. C. Arend 和 R. J. Beck, *International Law an the Use of Force*, p. 134.
② Charter of the United Nations, 第 38 条。
③ Arend 和 Beck, *International Law and the Use of Force*, p. 6.
④ 引述于 M. Weller, 'Access to Victim: Reconceiving the Right to "Intervene"', 载于 W. P. Heere, *International Law and The Hague's 750th Anniversary* (Leidon: A. W. Sijthoff, 1972), p. 334.

法规本身构成了国际法中强制法/绝对法的最明显的例子"。① 强制法概念在国际法中已被广泛接受,意味着一种普遍的国际法的绝对规范,它在1969年日内瓦条约法大会上被描述为:"被国际上国家共同体整体作为一种不允许被损毁、只能被以后具有同样特性的普遍的国际规范所修正的规范来接受和承认。"②

反限制派拒绝禁止使用武力具有法律效力,声称前宪章和后宪章时代存在着一种支持单边人道主义干涉原则的惯例。后者的主张在二、三、四章有关印度、越南和坦桑尼亚的武力使用中进行了调查,但是认为在1945年之前就存在这样一种权利,他们的论据是什么?本书不欲列举文件证明人道主义干涉理论的历史,但是法学家确定这种理论起源于19世纪荷兰国际法学家雨果·格老秀斯,他认为国家主权应当受人权原则限制。在一段著名的、表明了为什么格老秀斯是社会连带主义的国际社会之父的文字中,他认为"如果一个暴君对他的属民犯下有正义感的人无法容忍的暴行,在这样的例子中人的社会关联权利不能被切断……不能推论其他人不能为他们拿起武器"。③ 这种理论是18世纪的国际法学家讨论的主题,但是直到19世纪早期之前它仍未被国家实践暂时征用。

1827年英国、法国和俄国为保护希腊基督教徒不受土耳其统治压迫而进行的干涉确立了其后对土耳其帝国的干涉的模式。20世纪末"北约"使用了几乎相同的语言为它对米洛舍维奇政权使用武力进行辩护,干涉国声称它们的行为是"作为人类的情感,和欧洲安宁的利益"所必须的。④ 利用这种理论为干涉辩护的另一个例子是1860—1861年法国为解救叙利亚的基督教徒而进行的干涉。⑤ 土耳其人的统治导致了对马若恩派基督徒的传

---

① 引述于 Byers, Custom, *Power and the Power of Rules*, p. 184.
② 引述于同上, p. 183.
③ Grotius, De Jure Belli est Pacis, 引述于 F. Kofi Abiew, *The Evolution of the Doctrine and Practice of Humanitarian Intervention* (The Hague: Kluwer Law International, 1999), p. 35.
④ 引述于 Abiew, *The Evolution*, p. 49.
⑤ B. M. Benjamin 曾著文讨论此事, 'Note: Unilateral Humanitarian Intervention: Legalizing the Use of Force to Prevent Human Rights Atrocities', *Fordham International Law Journal*, 16 (1992—1993), p. 128.

统宗教权利的镇压和数千人被杀。法国被参加 1860 年巴黎会议的其他大国授权去结束屠杀、重建秩序。苏丹（回教君主）"同意"6000 人的法国部队的干涉，只是因为很明显不顺从欧洲大国的意志将导致"欧洲协调"诸强国对土耳其实行的战略强制。①

限制派对这种认为这些事例证明人道主义干涉理论被《宪章》之前的国际习惯法所承认的命题提出了挑战。弗兰克和罗德利作出了三点重要的辩驳：第一，他们指出 19 世纪"欧洲协调"国家对土耳其帝国内部事务的干涉必须在"不平等国家之间的关系……'文明'的国家事实上对'未开化'国家行使监护权"的环境中去理解。同样地，这些事例在思考主权平等是关键的法律原则的国家间社会的国家之间关系时并没有特别的帮助。第二，他们认为只有被"欧洲协调"国家集体授权的干涉才是合法的；个别国家的行为是不被允许的，就像在俄国的事例中，俄国主张它有权采取单边行动去保护生活在土耳其帝国的基督教徒，结果导致英法对俄开战以实施"欧洲协调"体系的原则。第三，弗兰克和罗德利质疑在多大程度上对土耳其内部事务的干涉是主要由人道主义的考虑所驱动的。他们承认人道主义的驱动在干涉决策中起了一定的作用，这些原因在西欧和俄国的公众舆论眼中也具有合法性，但是"这些动机当然是既不完全纯粹，也不是在缺乏其他权力考虑时一贯从事的"。② 对国家实践的这种异议支持现实主义的观点，即国家绝不会纯粹为了人道主义的原因采取行动，但是，正如我前面已经辩论过的，关键的问题不是动机的纯粹性而是动机和人道主义的结果之间的关系。

这种讨论的重要性是，如果单边的人道主义干涉理论是国际习惯法的一部分，我们应当期望看到国家利用这种理由，而且在这种理论能被貌似有理地可以被利用的事例中使之合法化。这种国家实践和观念正义的证据提供了一种重要的暗示，即国家间社会已经建立了规范这种实践的原则。而且，任何过去的根据人道主义术语进行辩护的干涉案例的存在都对多元

---

① Abiew, *The Evolution*, p. 50.
② Franck 和 Rodley, 'After Bangladesh', p. 281.

主义的异议，即让单边的人道主义干涉实践合法化将会开启干涉的闸门、严重破坏国际秩序、在国际秩序中楔入巨大的楔子，提供了一种重要的回应。

在随后的章节中得到发展的理论是不存在支持在孟加拉、柬埔寨、乌干达的例子中的单边人道主义实践的惯例，但是在20世纪90年代新的人道主义主张得到了提升。这就提出了后冷战时代的人道主义干涉实践是否产生了新惯例的问题。为了给在第三部分中回答这个问题提供基础，检验一下一种新的国际习惯法原则是如何产生的是必要的。

新惯例的产生既需要国家实践也需要观念正义，但是认为不服从一种原则就意味着它失去了作为合法束缚的规范特性则是错误的。罗莎琳·希金斯给出了国际上禁止酷刑的例子，作为国际法的一项惯例原则它是受到广泛承认的，但是这种承认并未阻止大多数国家滥施酷刑。规范的效力，正如鲁基（Ruggie）和克拉托奇（Kratochwi）提醒我们的，不单由服从率来衡量；关键的是其他国家的行为和共鸣赋予它们的合理性。这样，就像希金斯所主张的，尽管存在普遍的不服从，禁止酷刑仍然是国际习惯法的一项法律约束原则的原因就是"因为作为它的规范地位的'法律确信'仍然存在……没有国家，即使那些滥用酷刑的国家，相信国际法的这种禁止是不值得尊重的、它不必受这种禁止的束缚"。① 这导致她主张，一种新习惯，如果没有绝大多数国家的从事一种相反的实践，而且关键的是，"撤销它们的'法律确信'，是不可能出现的"。② 在尼加拉瓜诉美国的案件中，ICJ的判决不干涉是国际法的一项习惯性原则，它表述了它的观点即"一个国家依赖一种新创的权利或一项原则的没有先例的例外，如果其他国家

---

① Higgins, *Problems and Process*, p. 22.
② Higgins 认为这一推理被ICJ调用在判定有关美国在尼加拉瓜使用武力的法律之上。法庭声明："如果一个国家以乍看之下与已定规则相符的方式行动，但是通过诉诸这条规则之内的特例或辩辞来保护它的行动，那么不管这个国家的行为基于那个理由实际上是否是正当的，诉诸于该规则的做法是为了加强而非削弱这条规则。"（引述同上，p. 20）有关同样的情形，Michael Byers 指出面对违反不干涉原则的一系列国家行为，法庭认为"那些乍看之下触犯不干涉原则的国家行为的意义在于它用来当作辩辞的立场性质"（引述于Byers, *Custom, Power and the Power of Rules*, p. 133，文字加重部分）。

原则上也共享，就可能导致对国际习惯法的修改"。① 这强调了这样的事实：新惯例需要国家提出现存法律不能容纳的新的主张，这意味着这样的主张通常要回应对于它们是反常的、不合法的质疑。另一方面，一个国家或国家集团对新规范的倡导可能导致，如我在导言中所说的，"规范的潮流"，相当数量的国家欢迎这个规范，从而导致一项新的国际习惯法原则的发展。

超出"门槛"之外的判定干涉的人道主义性质的最后一个标准是争论不休的选择性的问题。对于人道主义干涉有选择性的、因为国家只是为了自身利益的原因才会进行干涉的批评在政治光谱中产生了广泛的共鸣。思考这种批评，把国家将自身利益置于保卫人权之上产生的选择性行为和为了慎重考虑因素而有所选择的行为区分开来，是很重要的。罗伯特·H. 杰克逊（Robert H. Jackson）把"工具主义"的谨慎和"规范的或其他的"谨慎作出了重要的区分，前者是指"领导人只是权宜地为他们自己或他们的政权考虑"，后者的"其他"是指任何人，其权利、利益和福祉依赖于国家领导人的决定和行为。② 克服选择性问题需要用类似范式对待相似的案例，但是，即使怀着世界上最良好的愿望，也不可能对人权受到威胁的每一个案例采取相同的行动，因为谨慎作为一项道德价值在不同的案例中规定不同的反应。正如文森特指出的"谨慎的考虑，不会决定道义议程，但是它们确实限制了它的处理"。③ 弗兰克和罗德利在批判国家间社会未能防止对欧洲犹太人的毁灭或拯救亚美尼亚人时未能看到关键的这一点。在后面的例子中，正如翰觉克森（Hendrickson）指出的"很难看出外部势力能够做些什么"。④ 威廉·鲁宾斯坦（William Rubinstein）在他的关于"二战"期间同盟国不可能做很多去拯救犹太人的有说服力的研究中回应了这个结论。⑤ 在人类遭受（灾难）的极端事例中，翰觉克森（Hendrickson）

---

① 引述于同上，p. 133.
② R. H. Jackson, 'The Situational Ethics of Statecraft', 作者尚未出版的文章, p. 12.
③ Vincent, *Human Rights and International Relations*, p. 124.
④ Hendrickson, 'In Defense of Realism', p. 43.
⑤ William Rubinstein, *The Myth of Rescue: Why the Democracies could not have Saved More Jews form the Nazis* (London: Routledge, 1997).

认为"通常是——也许必然是——在另一边存在着必须考虑的因素使得人道主义干涉的任务要么是不可能的，要么伴随着巨大的风险"。[1] 在本书后文中对于这个问题我会说更多，因为这也许是最常被引用的、反对使人道主义干涉合法化的理由，但是此时，我想提醒人们注意的是，仅仅因为政府在进行干涉时有所选择并不意味着我们应当在每一个案例中都把它们使用的人道主义理由看作是赝品和借口。这是一个需要对案例进行逐个检查的、以经验为根据的问题。

对于干涉是取决于利益考量进行选择的批评提出了人道主义干涉是否是道德义务的问题。社会连带主义者确定人道主义干涉是道义上允许也是道义上必须的。关于这点的一个简单的例子是一个旁观者决定不去拯救一个溺水儿童。假设这个旁观者会游泳，我们可以说这个人未能履行他或她的拯救这个儿童的义务。在一些欧洲国家例如法国和德国，个人在这种情况下应该扮演拯救者是被写入了法律的。然而道义选择只是以这种简化了的方式展现在我们面前。想想那些纳粹占领下的欧洲冒着生命危险把犹太人从集中营救出来的人们。我们当然应当赞扬他们的英雄行为，但是我们能说那些没有冒类似危险的人们是未能尽到他们的道德义务吗？很多人拒绝庇护犹太人不是因为他们自私或胆怯（在纯粹德国的那种环境中胆怯也是正常的），而是因为他们担心他们所爱的人的安危。

这些救人者的故事是相互冲突的道义义务中的一种，主张人道主义干涉是一种道义义务也是一样。社会连带主义同意现实主义的主张即国家领导人有责任保护其公民的安全与福祉，但是在这种责任是否意味着用尽对非本国公民的责任的问题上，它只是部分地赞同现实主义的主张。社会连带主义的国际社会理论内部的争论就在于这些义务的性质。社会连带主义主张国家对这些原则——"好的国际公民"——负有义务并不要求（它）为了保护人权牺牲其重要利益，但是要求国家在其狭隘的商业和政治利益

---

[1] Hendrickson, 'In Defense of Realism', p. 44.

与人权冲突时放弃它们。① 一个困难的问题是社会连带主义是否要求国家领导人牺牲其士兵的生命去拯救非本国公民。社会连带主义者强烈要求国家领导人有义务保护人权提出了这样的问题：这如何与他们保护本国公民生命的责任相平衡。②

本书增强了社会连带主义的观点的是，除非最高级别的人道主义紧急情况的例外案例，国家领导人应当冒着人员伤亡的危险结束侵犯人权的情况。为了发展这种观点，我想把沃尔兹《正义与非正义战争》中的"最紧急情况"概念应用到国家领导在决定人道主义干涉时面临的道义选择。沃尔兹的书有力地捍卫了"正义战争"传统中的"非战斗人员享有豁免权"的原则，但是，由于将论点建立在为什么战争不能避免道义讨论之上，他在第 16 章主张在国家生存要求领导人践踏禁止杀害平民的原则时可以允许例外的情况，当危险是如此紧迫、威胁的性质是如此可怕、除了打破不以平民为目标的原则就没有其他可行的选择以确保特定的道义共同体的存在时，一种特别紧急的情况就出现了。他举了 1940 年英国的例子，当时英国领导人，采用对德国城市的战略轰炸作为他们对纳粹罪恶的唯一自卫手段。③ 沃尔兹不赞扬那些践踏非战斗人员享有战争豁免权的战争惯例的领导人，声称"我们说对和错，正确和错误"。他通过声称那些作出这些决策的人"只是通过接受这些决策的责任和通过活过痛苦挣扎证明他们的荣

---

① 澳大利亚前外交和贸易事务大臣 Careth Evans 首次提出国家是"良好国际社会公民"的想法，他用它来描述他对追求开明自我利益和理想的实用主义的努力。这一概念被 Andrew Linklater 在其文 'What is a God international Citizen?' 一文中得到进一步发展，载于 P. Keal 编 *Ethics and Foreign Policy* (Camberra: Allen & Unwin, 1992)。

② 权衡这些冲突的道德规则的问题表现于 Jackson 试图构建一个外交政策决定中道德责任心的理论。他认识到他称为"国家的"、"国际的"和"人道主义的"这些外交政策之中道德责任心概念之间规则冲突的必然性，主张好的国家能力在于能平衡所有这三个概念。在 Jackson 认为由于他们也是"人类并处于比其他人更好的位置去保护或阻挠其他国家的同类"，因此国家领导人有责任保护人权之时，他明显地超越了现实主义伦理。然而，这种社会连带主义的承诺并不宽容到接受保护人权之中发生伤亡，因为人道主义干涉的决定总要"不得不对国家责任表示最终的尊重"。暗示就是，国家领导人具有人道主义义务，但是更具有保护他们公民安全的义务。这没有把人道主义干涉排除于所有事件当中，但是它把它限制于不会或不太可能会发生伤亡的事件当中。Jackson, 'The Political Theory of International Society', p. 123。

③ Walzer, *Just and Unjust Wars*, pp. 251—268.

誉"。①

　　如果我们把这种框架应用到社会连带主义的人道主义干涉理论，我们国家的生存不在此列，在那种意义上它不处在像1940年的英国那样的"特别紧急情况"下，但是对于那些面对着种族灭绝、大规模屠杀、种族清洗的人们来说，它就是特别紧急的情况。人道主义的特别紧急情况是一种特别的情形，在那儿另一个国家的人们处在失去生命或令人毛骨悚然的艰难险境中，不能依靠其内部力量结束那些侵犯人权的情况。涉及特别紧急的情况，沃尔兹认为，国家领导人发现他们很少面对这些情形。但是当他们面对的时候，他们面临着在国家政策中在现实主义的和社会连带主义的道义责任概念间作出抉择。后者要求国家领导人不顾他们的首要责任即不将其公民置于危险境地，作出令人烦恼的决定——拯救境外市民的生命要求使在军队中服务的人冒生命危险。既然已经决定人道主义干涉是道义上的要求，国家领导人仍然必须使自己相信使用武力满足必要性和比例的要求，而且存在着使用武力将获得成功的预期。

　　即使人们同意有能力使事情改变的国家领导人在紧急情况下被要求使其士兵冒着生命危险甚至牺牲其士兵的生命去拯救非本国平民，还有一个未解决的、令人震惊的道义问题即什么是不可接受的生命损失的底线。社会连带主义的禁止或障碍当然比现实主义的要高，但是有多高？我在第八章中讨论"北约"应当准备发动一场地面干涉去拯救科索沃人而不是依赖降低北约空勤人员所冒风险的空中战役。但是要多少"北约"士兵冒着生命危险或牺牲去拯救科索沃的陌生人是正确的？不可能是一个换一个，因为结果主义的伦理上正当的人道主义干涉要求任何生命的丧失，作为干涉的一种结果，必须少于因干涉获救的人数。正如我早先讨论过的，这种判断难以计数事后认识的好处；对于那时承受着可怕责任做出决定的政治家来说，他们承担着恼人的道义选择。

　　当然，那些必须做出如神一样的结果算计，比如是否应当使X个士兵冒生命危险去拯救国界之外的更多数量的、面临立即死亡危险的平民的国

---

① Walzer, *Just and Unjust Wars*, pp. 251—268.

家领导人，既值得我们同情也值得我们理解，在后面的章节中我将检查西方国家的领导人在伊拉克、索马里、卢旺达、波斯尼亚和科索沃的案例中是如何解决这种相互冲突的、对于自己国家的公民和对于陌生人的责任的。

结 论

已经探究了国际社会的原则如何促成和限制国家行为之后，我检验了社会连带主义者主张的人道主义干涉理论。这里，我在R.J.文森特，迈克尔·沃尔兹和费尔南多·特森（把后两者的著作归入社会连带主义阵营）的工作的基础上汲取。然后我的分析转向了对于多元主义者和现实主义者对国家间社会中的单边人道主义干涉实践合法化的异议的讨论。本章最后部分的任务是通过展示一种社会连带主义的人道主义干涉理论回应了这些异议。然后确认了各种干涉要成为人道主义干涉必须满足的四个最低标准：最高级别的人道主义紧急情况；必要性或最后手段；比例原则；确实的人道主义的后果。这个框架对存在于国际关系和国际法著作中的传统智慧，即人道主义动机的首要性是人道主义干涉的决定性特性，提出了挑战。而我则主张，只有在能表明非人道主义的动机，或采用的手段削弱了实际的人道主义结果时，非人道主义动机驱动的干涉才不具备人道主义干涉资格。满足了人道主义动机、人道主义理由、合法性和选择性等标准的干涉比那些只符合最低限度的或"门槛"要求的干涉具有更多的人道主义资格。

在一场干涉必须满足上述所有八个要求才可以被看作是人道主义的干涉这一点上也许有人反对。这里有三个回应：第一，1945年以来的干涉案例中，没有满足所有这些标准的事例，也不可能想象将来会有事例能满足如此苛刻的范围的要求。第二，这里的论点不是我们应该赞扬只是满足了最低要求的干涉，而是，如我前面所说的，我们应当尽我们个人和集体的全力去说服、诱导国家领导人实践一种社会连带主义者的伦理责任。当面对特别紧急的人道主义情况时，政府应当准备首先是为了人道主义的原因而使其士兵冒生命危险，牺牲其士兵的生命，用人道主义的术语为其行为辩护，做工作确保安理会授权，对相似的案例采取类似的行动。

第三，社会连带主义者的人道主义干涉理论抛弃了多元主义者的主张即国家实践是检验人道主义合法性的决定性标准。通过把保卫人权放在社会连带主义者的人道主义干涉理论的中心位置，可以预料这个论点在第二部分得到发展，我们得出结论，国家间社会应当赋予印度的、越南的以及坦桑尼亚的干涉人道主义的合法性，因为它们满足了一种正当行为的最低要求。这种对这些行为的合法性的解释与国家冲突尖锐对立，这表明了冷战时期国际社会的道义上的破产。与多元主义相比，社会连带主义给予了人道主义干涉一种很不相同的意义，它为我们提供了一种规范标准，通过这些标准可以判断本书后面章节所覆盖的冷战以及后冷战时期国际社会是否成功扮演了人权卫士的角色。

第二部分

冷战时期的人道主义干涉

第二章 印度是救星？1971年孟加拉战争中的秩序与正义

巴基斯坦政府对生活在巴基斯坦的孟加拉人的野蛮镇压导致了超过一百万孟加拉人的死亡。暴行发生在1971年3月到12月之间，最终印度的干涉结束了这场大屠杀、并且导致了新的孟加拉共和国的产生。这种情况的滥用人权明显符合最高级别的人道主义紧急情况的标准，也许人们会期待国际社会将会把印度使用武力看作是它的原则的例外。正如我们将会看到的，印度首先基于自卫的合法性，但是它也诉诸人道主义的主张来为它使用武力进行辩护。国际社会对印度的辩解充耳不闻，印度的行为被广泛地看作是对危及国内秩序的支柱的原则的破坏。

对导致干涉的背景情况作一短暂讨论之后，我将检验印度对于它使用武力的辩解有多大的说服力，以及这些辩解在多大程度上掩饰了隐藏在行为背后的真正动机。在这里，提出两个关键的论点：首先，印度公开声称的正当化理由本身是行为的关键的决定因素；其次，在行动决策中提出了非人道主义的动机，但是这些并未削弱实际的人道主义后果。已经讨论过印度的干涉符合正当的人道主义干涉的最低要求之后，本章的第二部分追溯了联合国安理会国家和联合国大会国家的政府对印度的行为的合法性给出的根本不同的意义。

干涉的背景

  1971年印巴战争的起源可以追溯到1947年后殖民地印度成为印度和巴基斯坦两个新国家的暴力分离。后者在地理上被分隔成相距1500公里的西巴基斯坦和东巴基斯坦。除了地理因素，在东西巴基斯坦之间还存在着重要的文化上的、语言上的以及经济上的不同。在西巴基斯坦，五千五百万人说官方语言乌尔都语，而在东巴基斯坦只有2%的人说乌尔都语，七千五百万人中的95%说孟加拉语。这其中，大约一千万到一千二百万是印度教教徒（Hindus），他们与印度天然地在文化和商业上相互影响。① 相反，西巴基斯坦与它的阿拉伯邻居发展贸易联系、认同伊斯兰集团。

  当孟加拉人开始感觉西巴基斯坦政府把他们当作殖民营地时，东西巴基斯坦之间的关系发展到了越来越极端的地步。当西巴基斯坦变得越来越繁荣、工业化程度越来越高时，东巴基斯坦的情况开始恶化。在印巴刚分离时，西巴基斯坦的人均国民生产总值比东巴基斯坦高10%，到1969年已经上升到60%。② 经济上的优势方便了政治上的控制，在西巴基斯坦控制着军队和官僚机构的情况下，这种经济和政治上的不同导致了一场追求更大的东巴区域自治权的运动——阿瓦米联盟。在独立后的很长时间内巴基斯坦是军方独裁统治，但是在1969年叶海亚·汗将军从阿尤布（Marshal·Ayub）汗手中接掌总统权力并同意举行大选以选出平民政府。

  在大选中阿瓦米联盟主张最大限度的自治权但不是分离。它获得了300席东巴基斯坦大会中的288席，而且在国民大会分配给东巴基斯坦的169席中它获得了167席。这使得它成为巴基斯坦最大的政党。巴基斯坦人民党，国民大会中的第二大党，主张既然它们分别是东巴基斯坦和西巴基斯坦的最大政党，在起草新宪法中两党应该有同等的权利。然而，阿瓦米联盟拒绝了，因为它在大会中控制着多数席位。叶海亚·汗将军推迟了

---

  ① 对不同性的讨论见 L. Kuper, *The Prevention of Genocide* (New Haven: Yale University Press, 1985), p. 45.

  ② 数据来源同上, p. 46.

国民大会的召开,阿瓦米联盟在东巴基斯坦发动非暴力不合作运动作为回应①。迎接他们的是宣布军法统治和政府军部署到东巴基斯坦的街道上。与此同时,巴基斯坦政府寻求重开谈判,形势变成了谈判的环境是保持东巴基斯坦的领土完整。② 政府担心阿瓦米联盟正在发展分离主义的倾向,它注定要给他们打上这样的印记。

解决冲突的最后一次尝试发生在1971年3月16日至24日之间,包括阿瓦米联盟的领导人、谢赫·穆吉布·拉赫曼(Sheikh Mujibur Rahman)、叶海亚·汗总统及西巴基斯坦人民党领导人佐勒菲卡尔·阿里·布托(Zulfikar Ali Bhutto)之间面对面的会议。起初,这些会谈似乎进展良好,不同的政党在很多问题上都有进展。然而阿瓦米联盟的谈判人员用"联邦"这个词描述他们对于东巴基斯坦在宪法中的角色的立场被军方理解为联盟的分裂野心的证据。③ 叶海亚·汗总统在谈判后很快就要求将领们开始为在突发事件中恢复东巴基斯坦的法律和秩序作准备计划,但是并未做任何决定以实行这项命令。当谈判在东巴基斯坦和西巴基斯坦的宪法关系这个问题上失败时,叶海亚·汗和他的将军们决定所需要的是在东巴基斯坦适当显示武力以结束阿瓦米联盟和它的支持者的叛乱。

1971年3月25日,西巴基斯坦守备军"以压倒性的武力"突袭④了阿瓦米联盟的政治领导人和它的支持者。这是一项包括大量杀害平民的野蛮的镇压行动。国际法官委员会东巴基斯坦研究在它的1972年报告中写道"屠杀的规模难以理解"。⑤ 里奥古柏补充说暴行还包括"拷打的恐怖和灭绝集中营"。⑥ 当孟加拉人开始组织武装抵抗运动时,军队以"毁灭"⑦ 孟加拉人的村庄作为回应。

---

① R. Sisson 和 L. E. Rose, *War and Secession: Pakistan, India and the Creation of Bangladesh* (Berkeley and Los Angeles: University of California press, 1990), p. 92.

② 同上, p. 99.

③ 同上, pp. 131 – 133.

④ Kuper, *The Prevention of Genocide*, p. 47.

⑤ 法理学家国际委员会秘书处, East Pakistan Staff Study, 载于 *Review of the International Commission of Jurists*, 8 (1972), p. 26.

⑥ Kuper, *The Prevention of Genocide*, p. 47.

⑦ 同上, p. 47.

印度的立即反应是表达它对东巴基斯坦形势的发展的关切。① 两天以后当印度议会的两院都通过决议把对东巴基斯坦的镇压描绘成"相当于种族灭绝"②，印度的立场更强硬了。印度议会谴责当前危机是巴基斯坦政府未能将权力移交给东孟加拉人民合法选举的代表，宣称"下院希望使他们确信他们的斗争和牺牲将得到印度人民全心全意的同情和支持"③。尽管印度政府同意阿瓦米联盟在它的领土上建立流亡的临时政府，当临时政府在1971年4月10日宣布独立时，印度并没有承认新的孟加拉共和国政府。然而印度总理英迪拉·甘地在印度领土上的基地内秘密地训练和武装孟加拉游击队。④

面对着东巴基斯坦的大流血，国家间社会的压倒性反应是确认巴基斯坦的主权和不干涉原则⑤。也存在着对东巴基斯坦人道主义情形的考虑的表态，但是联合国秘书长吴丹在他1971年4月5日和22日写给叶海亚·汗总统的信中表达了这种占优势的观点。秘书长接受了巴基斯坦政府的立场，即根据《联合国宪章》第2条第7款，东巴基斯坦内部的冲突归巴基斯坦国内管辖。美国当然也持这样的立场，它同时呼吁提供国际援助以减轻东巴基斯坦人民的痛苦，缺乏对巴基斯坦对其人民使用武力的谴责。事实上，尼克松总统继续向巴基斯坦提供武器，结果导致印度外长萨万·辛格（Sawan Singh）对美国提出抗议。在7月12日对印度国会下院的一次演讲中，他声称美国的行为等于"宽恕东巴基斯坦的进行种族灭绝"，支持西巴基斯坦军人政权反对东孟加拉人民。⑥ 尽管在4月2日写给叶海

---

① Robert Jackson 注意到外交大臣 Sworn Singh 在3月26号"阐述了政府的关注"。见 Robert Jackson, *South Asian Crisis: India-Pakistan-Bangladesh* (London: Chatto & Windus for the IISS, 1975), p. 36.

② 引述同上。

③ 引述同上。

④ J. Adams and P. Whitehead, *The Dynasty: The Nehru-Gandhi Story* (London: Penguin Books for the BBC, 1997), p. 234.

⑤ 英国和法国分别在三月末和四月末的声明中持此观点。中国站在它的同盟国巴基斯坦之后强调保持巴基斯坦统一的重要性。类似地，非阿拉伯穆斯林强国也对巴基斯坦给予公开支持，并在六月末于吉达召开的22个穆斯林国家的会议上发表统一观点，即应该保留巴基斯坦的领土完整。更全面的讨论，见 Jackson, *South Asian Crisis*, pp. 38–43.

⑥ 'India Accuses Us of Condoning Genocide', *The Times*, 12 July 1971.

亚·汗总统的一封信中呼吁停止流血和镇压,但是苏联领袖Podgony小心地确认他赞成巴基斯坦的领土完整。①

尽管国际社会对于东巴基斯坦内部的冲突在第2条第7款的规定之下有强烈共识,越来越多的孟加拉人逃往印度寻求安全、使危机有国际化的危险这一点也越来越明显了。屠杀和大规模的强奸产生了这样一种情形:最终大约九百万至一千万人越过边界逃到了西孟加拉。难民需要食物和住所,还得防止时疫流行(例如在加尔各答爆发了霍乱,由于难民的增多,其人口增长到了一千二百万)。这么多人流入印度社会,给西孟加拉边界地区造成了巨大的社会和经济紧张,同时因为每天要花费几百万财政资金,经济压力也难以承受。② 按照亚当斯和怀特黑德的说法,这使印度公众大声疾呼要求军队对印度政府现在所称的"东孟加拉"领土进行干涉。③ 为了使印度形势得到更广泛的国际支持,总理甘地访问了西方国家,确保了在东巴基斯坦的持续的暴行得以公开。印度领导人对西方国家的领导人和公众强调"难民的情形是无法忍受的,问题并不是印度造成的,但是如果必要,印度将采取行动"。④

冷战阵营的界线——美国和中国与巴基斯坦结盟、苏联支持印度——妨碍了对正在发展的冲突的有效施压。根据吴丹的回忆录,主要的大国甚至没有讨论这个问题。⑤ 尽管秘书长在他的回忆录中称之为安理会的"不同寻常的冷漠"⑥,他必须约束他自己去组织一项国际援助计划。然而,7月他采取措施向安理会分发了一份秘密的备忘录(8月份公开),警告成员国东巴基斯坦内部的冲突很容易就会升级成一场南亚次大陆的大战,阻止这种情况出现是安理会的责任。⑦ 在提出这个论点时,秘书长反转了他自己早先的立场即由于《联合国宪章》第2条第7款(的规定)联合国不能

---

① Jackson, *South Asian Crisis*, p. 40.
② 'Pakistan Means War, India Says', *The Times*, 19 Nov. 1971.
③ Adams 和 Whitehead, *The Dynasty*, p. 236.
④ 引述同上.
⑤ U Thant, *View from the UN* (London: David & Charles, 1978), p. 424.
⑥ 同上, p. 422.
⑦ 同上, p. 423.

干涉。通过主张巴基斯坦国内的镇压对"国际和平与安全"构成了威胁,安理会就有可能在《宪章》第七章的规定下采取行动,从而使安理会能够不顾第 2 条第 7 款禁止联合国干涉的规定。这种立场从法国和意大利得到了一些支持,但是直到 1971 年 12 月 3 日战争实际爆发之前安理会并未开会讨论。

当整个 11 月份孟加拉游击队持续袭击巴基斯坦阵地的时候,印度和巴基斯坦之间的敌意逐步增强了。事实上,到 11 月的第三周时,巴基斯坦声称印度事实上已经侵略了,因为边界的小冲突导致印度军队向巴基斯坦领土前进了几公里。① 同时,巴基斯坦军队也炮击边界上的印度城镇。按照当时的印度总参谋长山姆·马尼克肖(Sam Manekshaw)计划 12 月 4 日发动总攻。他们不必等到那时候。12 月 3 日巴基斯坦对印度的 8 个飞机场发动了侵袭,促成了印度的立即干涉。当战争在次大陆迅速蔓延的时候,安理会在第二天下午五点召开紧急会议。

印度对其使用武力的辩解

除了五个常任理事国,联合国大会每两年会选举十个国家在安理会中服务。1971 年时印度和巴基斯坦都不是安理会的理事国,但是《联合国宪章》31 条规定,"任何国家都有权参加,但不能投票表决,对提交到联合国安理会的任何问题的讨论,无论何时只要后者认为那个国家利益受到了影响"。② 安理会同意印度和巴基斯坦应当参加它的商议,印度驻联合国大使首先为其政府使用武力进行辩护,称为对巴基斯坦侵略行为的回应。森(Sen)大使否认了他的政府打破了《宪章》第 2 条第 4 款禁止使用武力的规定的说法,因为巴基斯坦首先发动侵袭。其含义是印度的军事回应符合《宪章》第 51 条的自卫原则。③ 然而,对印度的理由的研究在本案例中没

---

① 'Pakistan Says India Launched Big Attack', *Financial Times*, 23 Nov. 1971.
② Charter of the United Nations, 第 31 条.
③ 这是当今文学对印度防卫的标准阐释1。比如见 East Pakistan Saff Study, *Review of the International Commission of Jurists*, pp. 53 – 62, 以及 M. Akehurst, 'Humanitarian Intervention', 载于 H. Bull 编 *Intervention in World Politics* (Oxford: Oxford University Press, 1984), p. 96.

有提供支持，证据指向的结论是印度认为对它的使用武力而言，第51条是一个脆弱的公开的理由，为了发展这个论点，有必要深入与自卫相关的法律。

根据联合国宪章第51条，如果发生"……针对联合国成员国的武装攻击，直到安理会采取必要措施以保持国际和平与安全"① 的情况下，单个国家或集体自卫权才存在。除了《宪章》所要求的"武装攻击"必须发生，国际习惯法对自卫权还设置了更进一步的限制。这可以追溯到1937年的"卡罗琳号"案，源于美国国务卿丹尼尔·韦伯斯特对英国政府的抗议，因其武装远征队进入美国领土捕获"卡罗琳号"船，借口是它正准备运送游击队员援助正在挑战英国在加拿大的殖民统治的加拿大叛乱者。② 英国政府主张根据自卫原则，它的行为是合理的。但是韦伯斯特声称英国政府必须满足下列条件才能接受其自卫辩解：英国政府必须表明自卫的必要性，刻不容缓，压倒性，没有其他方法可以选择了，没有商议时间。③ 英国政府接受了韦伯斯特对于自卫原则的明确表达，其法律顾问劳德·阿斯伯顿（Lord Ashburton）寻求证据（证明）在"卡罗琳号"案中英国的行为符合这个原则。④ 自从"卡罗琳号"案以后一种更进一步的要求已经变成了国际习惯的一部分，即任何因自卫使用武力必须与最初的攻击成比例。在他们对于印度在东巴基斯坦的干涉的合法性的研究中，国际法官协会巴基斯坦分会（the International Commission of Jurists' East Pakistan Staff Study）研究得出结论，在第51条（规定）之下，当巴基斯坦对印度领土的攻击使军事回应合法化的同时，印度回击的范围与巴基斯坦最初的攻击却不成比例。报告宣称"我们发现很难接受印度的武装行为仅由基于保护其边境和领土的军事考虑所驱动"。⑤

---

① Charter of the United Nations，第51条。
② 对卡罗琳事件更全面的讨论，见 J. S. Davidson, *Grenada: A Study in Politics and the Limits of International Law* (Aldershot: Gower, 1987), pp. 103-104, 以及 R. Y. Jennings, 'The Caroline and Mcleod Cases', *American Journal of International Law*, 32 (1938), p. 82.
③ 引述于 Davidson, Grenada, p. 101.
④ 同上，p. 103.
⑤ East Pakistan Staff Study, *Review of the International Commission of Jurists*, p. 57.

在森大使在安理会中的自我辩护里，没有明确地提及 51 条或自卫原则这一事实暗示着印度政府认识到求助这一原则将会受到质疑。而是，森大使提出了一种基于巴基斯坦犯下了一种"难民侵略"的新罪行的新主张为印度使用武力辩护。① 他主张"侵略"的含义也应当包括由于上千万人作为难民进入印度导致的侵略。"现在，难道那不是一种侵略吗？"他问。"如果侵略另一个国家意味着使它的社会结构紧张，使其财政崩溃，不得不放弃其领土为难民提供避难所……这种侵略与其他种类的更传统类型的侵略，比如宣战或类似那种的侵略，有什么区别。"② 自从巴基斯坦政府对东孟加拉人民使用武力，印度政府的声明中就一直在重复一个显著的主题，大使说不是印度肢解巴基斯坦，而是"巴基斯坦在肢解自己，而且，在这个过程中，产生了对我们的侵略"。③

印度一直寻求说服安理会它使用武力是对巴基斯坦的"难民侵略"和"军事侵略"的合法回应。印度政府察觉到数百万难民越过边界涌入印度带来的威胁的一项措施可以从下面的事实中看出来：在巴基斯坦的喷气式飞机攻击印度的空军基地之前几个小时，甘地夫人在新德里告诉国大党工作人员她将"做对国家利益最有益的事情"。而且，她对西方国家提出警告说，即使把印度称作"侵略者"也不能阻止她保卫印度的"领土完整和主权"。④ 甘地夫人及其部长们担心的是西孟加拉和特里普拉邦数百万难民的存在威胁产生一种革命形势从而威胁到印度各邦的内部和谐。

那么，我们应当在多大程度上严肃看待印度将"难民侵略"作为解释它诉诸武力的决定的理由呢？通过肢解巴基斯坦，印度当然削弱了其首要敌人的力量。另外，甘地夫人领导的政党由难民危机而民意调查堪忧，解决这个问题将会提升国大党的选举运气/胜算。结果，人们也许会说在理由和动机之间有差距，但是，即便这是事实，也不能由此推论理由仅仅是

---

① SCOR, 1606th Meting, 4 Dec. 1971, p. 17. 如果要相信印度 1971 年的军队统帅 Sam Manekshaw，印度打算首先开战。结果可以推测到，印度政府已经决定根据巴基斯坦"难民侵略"来使它的行为合法化。这支持了这一观点，即印度不打算根据自己原则来辩护它的干涉行动。

② SCOR, 160th Meeting, 4 Dec. 1971, p. 15.

③ 同上。

④ 'Mrs Chandi Says Being Named an Aggressor would not Deter India', *The Times*, 3 Dec. 1971.

一个使由于不同原因采取的行为合化的事后诸葛亮。而是,这个例子支持了斯金纳(Skinner)的命题,即行为者提供的公开的合法化原因本身就是决定行动的一个关键因素。要争论相反的事例也许有必要表明,在缺乏"难民侵略"的合法化原因的情况下,印度使用武力的隐藏的动机可能被引用来为其行为辩护。但是简单地认为印度政府只是为了削弱敌人和提高选举机会就开战并为其辩护也是不可信的。这将表现出对《联合国宪章》原则的蔑视而且这样做将构成国家间社会的共享的价值和谅解置于危险境地。然而,在主张印度公开的合法化原因是行为的一个必要条件时,我并不是说这决定了这种行为。印度决定进行干涉的最好的解释是一个结合了使它指难民危机出现的条件和导致甘地夫人和她的部长们决定战争而不是和平的原因的解释。

印度使用武力的首要理由是巴基斯坦的"难民侵略",但它并没有诉诸人道主义的主张。因为贯穿这场危机印度的立场是任何解决的办法取决于对孟加拉人民的内部权利和人权的尊重,其人道主义理由与它对东孟加拉人民的自决的支持有密切关系并不会令人惊奇。那些逃脱了巴基斯坦的镇压的阿瓦米联盟领导人在1971年4月宣告了孟加拉国的独立,但是无论印度还是世界其他国家都没有承认这个新的流亡政府。当战火在次大陆肆虐的时候,印度的立场戏剧性地转变了,印度大使在安理会声称自决原则应该被应用于东巴斯坦人民,这预先暗示了两天后即12月6日它承认孟加拉的决定。他声明孟加拉人民遭受的骇人听闻的苦难使其宣称"东巴基斯坦是一块非自治领土"具有正当性。① 在提出这种主张时,印度请求一种基于人道主义的、对于国际社会应用在以前要求自决的案例中的原则的例

---

① SCOR, 160th Meeting, 4 Dec. 1971, P. 18. 在1971年12月12号的一次安理会会议上,印度外长 Sworn Singh 认为,"国家法承认,如果一个母国不可挽回地失去了它的很大一批人民的效忠,就像孟加拉国显示的那样而且不能够再把他们争取回来,那么情形就允许那一批人成立一个独立的国家"(SCOR, 1611th Meeting, 12 Dec. 1971, p. 13). 在它对印度的合法辩护进行对比分析后,法理学家国际委员会的东巴斯坦人研究拒绝了印度的主张,认为如果联合国大会的国家法原则宣言被当作提倡自主决定权利的规则,那么,"很难明白怎么能够主张东巴基斯坦人或代表他们的孟加拉国人民联盟被国际法授权宣布孟加拉国根据人民自主决定原则的独立"(East Pakistan Staff Study, *Review of the International Commission of Jurists*, pp. 53 – 62).

外提出了这样的问题——即自决权不能被应用于成员国的领土。①

为了使印度基于人道主义的干涉正当化,森大使声称东巴基斯坦的军事镇压是以"震惊人类的良心"。② 他直接向安理会中的同僚提出这一诉求:"我们对于种族灭绝、人权、自决等的惯例到底发生了什么?"两天以后,他重新回到这个主题,指出成员国聚焦多元主义的主权和领土完整原则、挑除了铭记于《联合国宪章》中的人权概念。他问:"成员国为什么羞于谈论人权……《联合国宪章》中的正义部分怎么了?"③

正如弗兰克和罗德利指出的"回答是在那时印度军队伸张了正义"。④ 在他们对于印度行为的法律基础的研究中,国际法官委员会东巴基斯坦研究协会得出结论"如果它在人道主义干涉理论之下行动"⑤,印度的武装干涉就是合法的。安理会未能阻止发生在东巴基斯坦的大规模侵犯人权行为,在印度边界上的难民营中那些被截留的人们面对的令人震惊的处境,都给予印度一种合法的权利去采取单边行动。正如我在前一章讨论的,ILA 1970 年的报告为合法的人道主义干涉设定了标准,规定在对一个国家进行干涉之前必须要求安理会开一次会议。尽管印度未能要求召开一次这样的会议,东巴基斯坦研究协会研究报告并未认为这使得其行为不能成为一种合法的行为。另外,《ILA 报告》要求进行干涉的国家的"首要的目标必须是矫正对人权的大规模践踏"。东巴基斯坦研究协会并未强调人道主义动机是不是首要的,宁愿根据印度的行为满足了"比例"的要求而认为其是合法的,因为"使用武力的水平没有超过为了结束……侵犯人权行为所必要的水平"。⑥

在讨论印度是否应该根据人道主义原则为其使用武力辩护时,东巴基

---

① 有关讨论见 Kuper, *The Prevention of Genocide*, pp. 76 – 82.
② SCOR, 1606th Meeting, 4 Dec., 1971, p. 15. 这些话本质上很像 Walzer 在 Just and Unjust Wars 中使用的,可以回忆起他认为"如果人道主义干涉是对'触犯人性道德感'行为的回应,那么它就是正当的"。
③ SCOR, 1606th Meeting, 4 Dec. 1971, p. 32 和 SCOR, 1608th Meeting, 6 Dec. 1971, p. 27.
④ Franck 和 Rodley, 'After Bangladesh', pp. 276 – 277.
⑤ East Pakistan Staff Study, *Review of the International Commission of Jurists*, p. 62.
⑥ 同上, p. 56.

斯坦协会研究强调这并不是一个正当的理由。① 然而，它忽略了印度试图根据《联合国宪章》有关人权保护的原则说服安理会成员国认同其干涉是正义的行为。那就是说，印度没有明确地以合法的人道主义理论为其使用武力辩护。它最接近诉诸这个合法辩护的做法是给予其军事干涉"解救"的含义。印度大使宣称："我们很高兴，在这个特殊时刻我们有最纯的动机，最纯的目的，除了把东巴基斯坦人民从他们遭受的苦难中解救出来，没有别的。如果那是犯罪。安理会可以自己判断。"②

大使声称印度首先基于人道主义原因而采取行动不影响其早先的"难民侵略"辩解。而且，如果印度只是由人道主义的原因所推动，为什么它不早点采取行动解救孟加拉人民？印度原来可以在屠杀开始的几周内使用武力阻止杀戮、诉诸合法的人道主义干涉理论为其行为辩护。甘地夫人的政府在暴行开始九个月之后才进行干涉——不是出于人道主义原因——而是因为它意识到上千万难民的大批涌入对印度有关的邦的安全和国大党的生存构成了重大威胁。

正如我下面将要讨论的，印度提出的人道主义主张没能成功地改变国家间社会的规范。然而，尽管主权不干涉和不使用武力原则有合法的力量，印度请求安理会把它使用武力看作是这些原则的例外，因为它是在保卫《联合国宪章》的"正义部分"，这挑战了现在的规范。其意义正在于此，1973年弗兰克和罗德利评论说："孟加拉的例子是在我们的时代最重要的实例，根据人权为单方面使用军事力量进行辩护的例子。"③ 通过提出人道主义的主张为其使用武力辩护，印度为安理会创造了翻转在国家间社会中秩序优先于正义的通常看法的机会。

---

① East Pakistan Staff Study, *Review of the International Commission of Jurists*, p. 62.

② SCOR, 1606th Meeting, 4 Dec. 1971, p. 18；文字加重部分。绝大部分评论家都附和 Michael Akehurst 的观点，即印度在提出这一呼吁之后，在它最后出版的安理会官方录音版本里又撤销了它（每个政府都被允许出版它的代表的录音）。他认为，在意识到这一呼吁不会在安理会得到接受后，印度做了思想上的改变。但是，与 Akehurst 相反，印度提起的呼吁保留在官方录音的最后版本里。见 Akehurst, 'Humanitarian Intervention', p. 96.

③ Franck 和 Rodley, 'After Bangladesh', pp. 303.

国际社会的反应

巴基斯坦政府拒绝了印度的关于巴基斯坦的"难民"和"军事"侵略的主张，它声称印度的防卫理由隐藏了它分裂巴基斯坦的真实动机。巴基斯坦大使不断重申其政府从危机一开始的立场，主张东巴基斯坦内部局势是巴基斯坦"内部事务/权限"的一部分，任何外部的干涉都是没有正当根据的。他重申了标准的多元主义的主权和不干涉原则的理由，宣称"一项原则对于保持和平的世界秩序是基本的，即一个国家不能诉诸任何政治的、经济的、战略的、社会的或意识形态的考虑为其干涉另一个国家的内部事务辩护"。① 中国强烈支持这一立场，中国谴责印度因为中国将其理解为一种侵略行为。中国大使拒绝了印度提出的理由、呼吁安理会将印度称为侵略者，而且要求印度无条件地从东巴基斯坦撤出军队。

与中国坚持东巴基斯坦问题只是巴基斯坦的内部事务不同，美国承认东巴基斯坦人民的人道苦难的原因使得印度和巴基斯坦未能达到政治上的一致。然而，美国在拒绝印度诉诸武力的理由上追随中国，把它看作是对《联合国宪章》的一种明显的侵犯。美国的优先考虑是停火，它建议起草一项决议呼吁印度和巴基斯坦从外国领土上撤出它们的军队。② 印度入侵三天之后，美国驻联合国大使乔治·布什在电视上发表了讲话，明确宣称印度是"侵略罪犯"。③ 第二天白宫的一位高官在一份非正式的简报中谴责印度的行为是"一种可能导致国际无政府状态的非正义行动"。④ 尼克松政府的官员对印度干涉的定义使后面的惩罚性制裁正当化了：废除军售许可

---

① SCOR, 1606th Meeting, 4 Dec. 1971, p. 10.
② 同上, p. 19.
③ Jackson, *South Asian Crisis*, p. 125.
④ 对孟加拉国战争有适合美国决策者们的选择性解释，但是这些被排拆在政策制定进程之外。在白宫12月7号发言几个小时前，尼克松政府因为它对巴基斯坦的支持而受到参议员 Edward Kennedy 和 Edmund Muskie 的攻击，后者负责"独立运动的压制和冲突的爆发"。这些向左意见的讨论，见 'White House Hits Hard aat India Over Launching a Full-Scale War', *The Times*, 8 Dec. 1971.

证，暂停目前所有的经济援助，宣布不预备下一年度的财政援助。①

安理会中宽恕印度行为的国家只有苏联及其《华沙条约》盟国波兰。印度和苏联在1971年8月9日签署了一项《和平友好互助条约》，这使莫斯科在联合国很难不支持印度。正如我们已经看到的，印度以"难民侵略"、东巴基斯坦要求自决和一种含蓄的人道主义干涉的借口为其干涉进行辩护。上述三个原因在苏联的辩护中都得到了描述。马立克（Malik）大使呼吁安理会想象一下上千万难民泛滥是什么景象，他把这个问题与印度提出的要求，即孟加拉流亡政府的代表是否也应该邀请到安理会发言联系在一起。森大使曾经宣称讨论东巴基斯坦问题却没有冲突受害者的声音就好像"演《哈姆雷特》缺了丹麦王子"。② 类似地，苏联大使主张七千五百万东巴基斯坦人民，和已经逃到印度境内的一千万人，遭受了"令人难以置信的苦难"，不应该被剥夺"说话的机会"。③ 由于没有明确地把印度使用武力辩称为人道主义干涉，苏联主张印度使用武力必须被放在由巴基斯坦的镇压政策引起的大规模人权灾难的背景下考虑，巴基斯坦的镇压政策使东巴基斯坦人在1970年选举中表达的愿望落空。在增强东孟加拉人民对正义和自决权的要求中，苏联对巴基斯坦、中国和美国支持的观点——即邀请孟加拉的临时政府的代表发言将提出在国家间社会允许分裂的问题——提出了挑战。

当安理会的商议在1971年12月5日凌晨的几个小时里展开时，印度、苏联和波兰反对安理会其他国家支持的立即停火的立场。为了回应对于印度使用武力破坏了国家间社会的原则的指控，印度以人道主义为根据为其军队在东巴基斯坦的存在辩护。在其中有力的一段是森大使恳求安理会：

我们应当以所谓的停火放纵巴基斯坦士兵以便他们能继续作乱，在达卡、吉大港以及其他地方杀害平民？这是我们推崇的那种停火吗？

我想对安理会提出一个严肃的警告，任何意味着延长对东巴基斯坦人民的镇压的解决方案，我们都会反对。只要我们还存有一点点文明行为之

---

① Jackson, *South Asian Crisis*, p. 125.
② SCOR, 1606th Meeting, 4 Dec. 1971, p. 5.
③ 同上，p. 4.

光,我们将要保护他们。①

对照几年之后在联合国安理会的商议,吴丹认为,当很多国家感到印度在巴基斯坦问题上受了委屈时,这并没有使它们认为印度为了肢解巴基斯坦而有意利用这场危机是正常的。② 1970 年 ILA 关于合法的人道主义干涉标准的报告把用尽所有的非武力补救措施作为一个关键的要求,安理会的立场是印度没有满足这一条。大多数联合国安理会国家认为叶海亚·汗总统对于解决危机的谈判应该被给予更多的时间。结果,印度将其行为辩解为解救使命的任何努力通常都会遇到一种异议,即它行动得太早了。对于印度使用武力提出这种批评的问题是,花在试图达成和解上的额外的每一天都在允许巴基斯坦军队不受惩罚地侵犯人权。

经过几个小时的辩论,联合国安理会就由美国、中国、苏联和安理会中的不结盟国家提出的解决方案进行了表决。除了苏联的方案是个例外,它要求将政治和解作为任何形式的停火的一部分(此解决方案只得到两票,被否决了,因为所有的方案必须得到至少九票);所有其他的解决方案都要求立即停火,都被苏联否决了。联合国安理会第二天又开会试图解决大国之间的外交僵局。它是在印度政府决定承认孟加拉国的背景下这样做的。敌对各方重申了他们前一天的立场,巴基斯坦坚持安理会应因印度肢解巴基斯坦而谴责它。③ 大国站在它们在本地区的代理人背后:美国重申其立即停火的呼吁;中国继续谴责印度;苏联主张停火是政治解决的一部分。

最富有想象力的弥合这些相互冲突的立场的努力来自于苏联,它提出在南亚次大陆如果没有对正义的尊重就不应该有秩序。为了回应巴基斯坦和中国主张的东巴基斯坦的内部局势在不干涉原则之下,苏联主张《联合国宪章》中的国内权限条款不适用,因为人道主义灾难的后果是一种"空前的"、"有严重的国际后果的"形势。④ 结束印度和巴基斯坦之间以及巴

---

① SCOR, 1606th Meeting, 4 Dec. 1971, pp. 16–17.
② Thant, *View from the UN*, p. 428.
③ SCOR, 1607th Meeting, 5 Dec. 1971, p. 4.
④ SCOR, 1607th Meeting, pp. 1, 7, 12.

基斯坦内部的暴力,既需要强调形势的国际方面也需要强调形势的国内方面。

秩序和正义之间相互依赖的论点未能赢得联合国安理会的支持,当战争在次大陆肆虐时安理会仍然瘫痪。在第三次会议未取得进展之后,不结盟集团试图说服主要大国根据《1950年"团结一致共策和平"》(《Uniting for peace Resolution of 1950》)将这个问题提交联合国大会。① 联合国大会的讨论显示在国家间社会很少或没有对人道主义干涉实践的支持。印度只被两个国家——中国和阿尔巴尼亚谴责为侵略者,同时其余47个国家谁也没有根据人道主义干涉理论说印度使用武力是正当的。苏联和华沙条约的其他国家,在拒绝停火的要求时,确实强调巴基斯坦犯下的暴行。然而,苏联和它的盟友没有主张印度使用武力应当被承认为原则的一个例外。费尔南多·泰森(Fernoando Teson)认为对联合国大会的讨论的考察表明很多国家并不仅仅把这个事例看作一个国内的问题。然而声称,这是国家间社会含蓄地承认(第2条第4款)的规范力量在考虑到种族灭绝行为的地方被削弱了的证据,是一个巨大的进步。② 除了东方集团,那些强调危机的国内向度的国家是在强调,与泰森相反,破坏《宪章》第2条第4款的行为都是不合法的。例如,瑞典突出强调了东巴基斯坦的野蛮情形,但是重申了《联合国宪章》禁止除自卫之外的武力使用。③

印度在联合国大会上遭遇重大失败,大多数国家支持呼吁立即停火的方案,以104票对11票、10票弃权的结果通过。尽管在导言中提到保障一项尽早的政治解决的必要性,大会使让巴基斯坦军队自由地继续在东巴基斯坦的镇压这一立场合法化了。里奥·库珀(Leo Kuper)认为这一方案证明了"对人道主义干涉的拒绝以及对于保护成员国内部事务中的国家主

---

① 这表明,"如果安理会由于永久理事国不一致而没能在任何看起来是对和平的威胁、破坏或压制行为的事件中行使它保持国际和平和安全的责任,联合国大会将立即考虑该事件以向会员国推荐适合它们的群体行为,包括在破坏和平或压制的行为中在必要的时候动用军事力量以保持或重建和平和安全"引述于Kuper, *The Prevention of Genocide*, p. 56.

② Teson, *Humanitarian Intervention*, p. 188.

③ N. Ronzitti, *Rescuing Nationals Abrod through Military Coercion and Intervention on Grounds of Humanity* (Dordrecht: Marinus Nijhoff, 1985), p. 97.

权与领土完整以及不干涉规范的高于一切的承诺"。① 在联合国大会发言的行动的重要性是它们复制了那些构成多元主义的国家间社会的主体间的理解。正义的要求在讨论中被提出来了,但是2793号决议保证了这种压倒性的支持,因为即使在存在大屠杀的案例中,人们仍然把下面的说法作为一个前提来接受:不应当有相对于构成多元主义的国际社会的原则的例外。

印度也许在联合国大会中输掉了道义辩论,但它正在战场上赢得胜利。它对表决结果的回应是,宣布它并不觉得应该受它的束缚,因为,"一项联合国大会决议的好处是它是劝告性的,不是强制性的。投票表决是一回事,尽力克服/处理复杂的局势是另一回事"②。南亚次大陆危机再一次被抛回了联合国安理会,它从12月12日至21日最后一次开会试图解决危机。由于印度拒绝了联合国大会的决议、其在东巴基斯坦的军事行动继续获得进展,安理会的急迫感和受挫感也在增长。

美国要求联合国安理会开会,其大使以重申白宫因印度不服从2793号决议而谴责它"蔑视世界舆论"的声明作为演讲的开始。③ 美国再一次承认巴基斯坦在东巴基斯坦使用武力已经产生了"悲剧性"后果,从而将印度置于一个十分困难的境地。然而布什大使强调的是这并不能"使印度的军事干涉行动以及将它的邻国巴基斯坦的领土完整和政治独立置于危险境地是合法的"。④ 正是对这个原则的忠诚产生了对2793号决议的压倒性多数的支持。在使其国家免受灾难的最后的努力中,巴基斯坦外长布托(他特别为了联合国安理会的此次会议而飞过来)呼吁安理会避免开创可能致命地腐蚀国家间社会秩序的基础的先例。他认为巴基斯坦在联合国大会中的外交胜利不是由于"权力政治",因为在那场游戏中,印度的牌更有力;而是他声称,巴基斯坦的主张赢得了合法性,因为它们"不是基于巴基斯坦的自私的、主观的利益,而是基于世界原则——被普遍接受、普遍承认的——即一个主权国家,用其自己的鲜血、辛劳和汗水建立的国家,不能

---

① Kuper, The Prevention of Genocide, p. 84.
② 印度政府发言人在联合国大会投票后的讲话(引述于 Thant, View from the Un, p. 431).
③ SCOR, 1611th Meeting, 12 Dec. 1971, p. 2.
④ 同上。

被一个掠夺性的、想把它一点一点撕碎的邻国肢解。今天是巴基斯坦；明天将是世界的其他部分……今天是在南亚次大陆，明天将是在亚洲、非洲和拉丁美洲的其他部分；可能是在世界的任何地方。因此是包含在当前局势中的一个基本问题"。①

这个原则不应该有例外——即使在一个国家正在谋杀它自己的人民的情况下——的观点在安理会中很流行。这种立场在美国起草的呼吁立即停火以及立即撤出所有部队的决议中得到了反映，但是尽管获得了十一票赞成票和两票弃权票（波兰和苏联投了反对票），它还是被苏联否决了。到了这一阶段，很明显安理会内部是没有可能达成一致了。注意力现在开始集中到东巴基斯坦的地方政府（civilian regional government）决定解散提出的政治问题上来了。当联合国安理会在12月5日开会时，英国和法国联合提出一项承认东巴基斯坦的权力已经转移到选举出的代表手中的决议。②达卡即将落入印军之手，12月16日，印度外长萨万·辛格对安理会宣布在东巴基斯坦的巴基斯坦军队投降之后，印度已经下令停火。随后叶海亚·汗总统也下令停火，联合国安理会的最后一次会议在12月21日召开，当它最终有可能通过一项折中的决议时，联合国安理会307号决议呼吁持久停火，武装力量撤回各自的边界，采取行动帮助愿意回去的难民重返家园。然而，根据的事实是印度军队打败了巴基斯坦军队、创造了新的孟加拉共和国。在这种背景下，很容易同意库珀（Kuper）的看法即这个决议即使作为挽回颜面的策略，也"毫无意义"。③

考虑到联合国安理会和联合国大会中大多数国家对于印度使用武力的合法性所表达的立场，泰森主张307号决议支持国家间社会中的人道主义干涉理论是令人惊奇的。对他而言至关重要的是决议没有谴责印度这一事实。④但是这显然是对一项能够通过首先是因为它代表了危机中美国和苏联所持立场的妥协的决议的过度解读。同样有问题的是克林特沃斯（Gary

---

① SCOR, 1611th Meeting, p. 16.
② Thant, *View from the UN*, pp. 433–434.
③ Kuper, *The Prevention of Genocide*, p. 84.
④ Teson, *Humanitarian Intervention*, p. 188.

Klintworth)的论点:在随后的几个月中绝大多数国家对孟加拉国的承认,包括美国在1972年3月印度武装力量最终撤出之后也承认了孟加拉,表明了"各国对印度入侵以及肢解巴基斯坦的接受"。① 他声称印度使用武力被温和地对待因为它被看作由于人道主义的原因而行动。② 他没提供支持这个主张的证据,而且作为对孟加拉案例期间国家实践的解释,它只是与联合国安理会与联合国大会各政府采取的立场不符。

泰森和克林特沃斯理论的问题是一种方法论的问题:他们屈服于实证主义者通过研究明显的行为评估一种规范化实践的合法性的谬误。印度没有受到联合国大会的谴责、除了美国以外其他政府也没有进行制裁这一事实不应当被解释为人道主义干涉在国家间社会中(具有)合法性的证据。只有通过分析其他国家对印度的理由的反应的响应度我们才能理解人道主义干涉实践在国家间社会的合法性。说印度原本可能受到更严厉的对待是正确的,但是并不能由此推出干涉被原谅是因为人道主义的缘故。这种主张的弱点是,在没有其他政府公开地以此为它们的行为辩护的情况下,它易受反驳:其他原因可能同样很好地解释对印度的干涉的国际反应,而不是出于对印度的干涉减轻了它人道主义灾难的期望。而且,即使承认一种合法减轻的形式在这个事例中起作用,混淆缓解与道义赞同也是错误的。对于发生在东巴基斯坦的事件的国际反应的这个解释表明印度把人道主义诉求作为使用武力的合法基础被强力拒绝了。

结 论

多元主义的国际社会理论将人道主义干涉界定为对主权、不干涉、不使用武力原则的破坏,而且这种解释主导了孟加拉事件期间的国家实践。这个案例的重要意义是它是在1945年之后的国际社会中人道主义诉求第一次被作为使用武力进行辩护而提出。通过诉诸全球人道主义规范为其辩

---

① G. Klintworth, *Vietnam's Intervention in International Law* (Canberra: Australian National University Press, 1984), p. 49.

② 同上,p. 50.

护,印度请求将它使用武力当作一个特例来对待。弗兰克和罗德利认为印度关于人权的这个案例是"成功的"①,但他们只能是指印度在战场上的成功。在联合国安理会和联合国大会的讨论中,人们对印度对正义的呼吁充耳不闻。几乎所有参加联合国安理会商讨的大使都承认(发生在)东巴基斯坦的人类悲剧,但是他们通过拒绝使一种削弱禁止使用武力的行为合法化,以及冒着为国家间社会中的分离要求敞开大门的危险的道义后果平衡了它。

如果说在联合国安理会和联合国大会中占优势的是一种多元主义的论述,那么现实主义者对于国家采用这种语言掩饰其真实利益的论点是什么?把这种理论应用到本案例中角力各方所持的相互竞争的立场中,中美两国对多元主义的原则的支持可以被解释为依据它们的支持巴基斯坦反对苏联支持的印度的地缘政治利益。相反,权力政治原因导致苏联支持印度以武力分裂巴基斯坦。一个重要的、对行为者的主张的真实性的检验是涉及类似例子时的一致性。在这里,苏联面临这样的指控:它改变了其对于领土界线神圣不可侵犯和不使用武力的、传统的强烈的理论立场,因为这符合它的利益。它提出一副完全不同的腔调因为这阻止了联合国安理会中对停火的查究,使印度军队能够从战争中获得胜利。这样的胜利巩固了它与印度的联盟,展现了对新的孟加拉国施加某些控制的前景,而且,最重要的是,在与中美的地缘政治竞争中给予莫斯科重大的好处。

对于现实主义者认为这个案例支持战略语言观的观点有两点重要回应。第一,即使苏联采取战略性的行动,它承认了要使其主张合法化依赖于增强那些看似可能有争议地属于国家间社会原则的论点。就像尼古拉斯·史密斯(Nicholas Smith)指出的,为了"使被处理的意义成为可能,首先必须操纵含义手段"。② 联合国安理会中占优势的观点是正义必须从属于秩序,但是苏联主张这种立场的对立面,因为在次大陆如果不满足正义的要求就不会有秩序。这个重要的论点在印度和苏联与巴基斯坦和中国之

---

① Franck 和 Rodley,'After Bangladesh',p. 303.
② 引述于 Fierke,'Dialogues',p. 31.

间围绕危机的国内向度性质是否可以与巴基斯坦的内部镇压分开展开了激烈争论。吴丹早在7月份就认为在巴基斯坦的东部的国内事务与更广泛的国际安全之间存在着重要联系。那时苏联还不同意吴丹的观点。其认为秩序与正义之间存在相互关系的观点的新发现的变化使其易受指控：这是由自私的原因所推动的。不管其隐蔽的动机是什么，苏联对联合国安理会和大会中有的主体一致同意的满足秩序的要求只有以正义为代价的观点提出了挑战。① 而且，在根据这将实际上用来削弱秩序为其反对停火的立场辩护时，苏联大使赞赏他的政府的事例将会被增强，如果它能根据为在联合国安理会中的合法主张设定了限制的共同含义（秩序对于正义的优先性）为其立场辩护的话。

  无论行为者是否采取战略性的行动，都存在相互冲突的主张如何解决的问题。在使用战略语言的情形中，达成一致的唯一可能是通过讨论行为者改变了对他们自身利益的理解。在行为者忠于他们的主张的案例中，这依赖于通过哈贝马斯（Habermas）所称的"更好的论点的非强制的说服力"的过程达到主体间的新的一致。② 这个事例不支持这两种主张中的任何一个。在他的备忘录中，吴丹悲叹联合国安理会的失败只不过是一个讨论的论坛。在安理会中提出的相互冲突的论点确实未能说服任何参考者改变其立场，但是并不能由此推论行为者不忠于他们的主张。它阐明的是现有普遍的参考点/控制点——在这个案例中指的是首要价值是保持国际秩序这样一种假设——如何不能保证两大集团之间不能达成一致。苏联的主张——通过反对停火可以最好地支持秩序——在冷战中通常会遭到其对手的反对，但它在不结盟国家中也未能赢得支持，因为它被看作是保持国际

---

  ① Leo Kuper 总结道，如果苏联的立场"不太可能被解释为反映出对人权过多的关注"，它坚决反对一种可能会允许巴基斯坦人继续压制孟加拉人民的立场。见 Kuper, *Prevention of Genocide*, pp. 83 – 84.
  ② 这一想法基于 Habermas 的"对话伦理"，对话中的人可以通过争论的过程改变自己的立场。把对话看作是挣分或训斥对手的机会并没有什么好处。Habermas 认为不可能消灭行为者之间所有的能力和权力不同，这些会扭曲对话的进程，但是他认为"交往群体（不受限制地，即，在社会空间和历史时间内）是我们能够接近观点真实内容的办法"J. Habermas, *Justification and Application Remarks on Dicourse Ethics*, Ciaron Cronin 译（Cambridge：Polity Press, 1993）, p. 163.

秩序的多元主义原则的颠覆破坏分子。

战略性语言观的第二个问题是它没注意到讲道在限制行为者的选择方面的权力。布迪厄（Bourdieu）的理论的以及实证的研究的贡献是引入了"社会化了的行为者"的观念，而不是这个学科，以及表明战略如何是"实际感受（而不是任何有意识的计划或算计）"的结果。① 这种观念很好地捕获了国家间社会的运作，因为政府已经逐渐习得了构成论述的前提的一些特定的规范和原则。我们已经看到苏联如何在其东方集团盟友的支持下提出服务于其利益的新主张的了，但是苏联政府并未寻求根据人道主义干涉理论为印度的行为辩护。在联合国安理会或大会中没有成员国质疑多元主义的主权、不干涉和不使用武力原则，这些构成了合法的辩论之所以能够进行的空间。

唯一的例外是印度，它提出了人道主义的主张为其使用武力辩护。这并不是其最初的理论基础，自从提出其行为是履行"解救"使命的尝试未能从安理会其他国家获得任何合法性之后，印度再也没提过它。印度的人道主义主张未能成功，但重要的是它觉得能首先提出这种诉求。如果没有《联合国宪章》和《反种族灭绝公约》（*Genocide Convention*）中的"正义部分"有关人权的规范，印度也将缺乏/也不会有将巴基斯坦的镇压称作"震惊人类良知"的规范语言。然而，这种延伸《宪章》中的人权规范以使使用武力正当化的尝试未能在联合国安理会中赢得任何追随者。

国际上对于印度的干涉的反应证明国家实践不支持单边的人道主义干涉理论。正如我在前一章讨论过的，行为者的规范性实践不应当看作是对合法的人道主义干涉的决定性的检验。假如把在前一章中发展的社会连带主义的人道主义干涉理论应用到印度的行为上，（就会）得出其使用武力满足了最低限度的要求的结论，结果它应当受到国家间社会的欢迎。

巴基斯坦对超过一百万孟加拉人的屠杀构成了使人道主义干涉合法化的最高级别的人道主义的紧急事件。印度应当提出一项明确的声明即它将入侵除非巴基斯坦停止其对人权的侵犯，但是印度的行为仍然满足了正义

---

① Bourdieu, *In Other Words*, p. 62.

战争的必要性要求或最后手段要求,因为外部的军事行动是唯一可行的结束暴行的手段。国际法学家协会东巴基斯坦分会1972年的报告得出结论,印度使用武力也满足比例的要求。结束巴基斯坦的镇压所必须的是在战争中击败其军队,然而,可怕的道义计算,比例要求也被满足了,因为干涉的结果是拯救的生命数超过了战斗中印度军人的伤亡人数和两边被杀的平民人数。人们将永远不会知道如果印度不采取行动还会有多少孟加拉人将会被杀害,但是没有证据显示巴基斯坦的镇压运动会在印度进行干涉的那个时候结束。印度的干涉确实太晚了而未能挽救成千上万的孟加拉人,但是它应当因为阻止了屠杀、创造了保护孟加拉人的人权的环境而提高声望。

尽管印度的干涉不是首先由人道主义的原因所推动的,它也算人道主义干涉,因为导致它进行干涉的安全原因和所采用的手段没有削弱干涉的人道好处。正如迈克尔·沃尔兹指出的,印度的行为是一个很好的人道主义干涉的例子,"因为它是拯救者"而且"其各种动机聚合于单一的行动过程、也是孟加拉人所呼吁的行为过程"。①

无论印度行为的人道益处如何,对于设定有可能动摇国际秩序基础的先例的担心变成了联合国安理会和大会的讨论中反复出现的主题。孟加拉案例中的国家实践支持国际法学家的主流观点,他们主张第2条第4款禁止使用武力使得人道主义干涉是非法的,除自卫之外的使用武力的其他目的必须得到联合国安理会授权。相反的,反限制派的观点即人道主义干涉并不是对第2条第4款的破坏,在印度辩称其使用武力与《联合国宪章》的人道主义目标相一致中可以听到。

印度的干涉根据第2条第4款可被认为是合法的,这一法律主张易受下面回应的质疑(/对下面的回应是开放的):它未能满足反限制派根据第2条第4款建议的合法使用武力的两个关键的检验。人道主义干涉不能卷入目标国的政权更迭或其领土丧失。印度的行为在这两方面都失败了,但是,正如我在一下章联系到越南推翻波尔布特时讨论的,这种法律规定忽

---

① Walzer *Just and Unjust Wars*, p.105,原文加重部分.

视了要结束针对像孟加拉和柬埔寨案例中那样规模的人道犯罪需要这样猛烈的行为这一政治现实。印度的干涉很容易地满足了反限制派的检验的是，它很快撤出了它的军队，没有试图让孟加拉成为它的一个卫星国。

反限制派也要求企图进行人道主义干涉的国家应当请求联合国安理会开会以便告知它，只有在安理会不首先采取行动时干涉才会发生。印度请求联合国安理会开会讨论其边界上正在逐渐增长的安全威胁，但安理没有行动的预兆。只有在战争爆发以后联合国安理会才开始积极卷入危机，但是联合国集体干涉的时间将是在3月之后的几个星期，当杀戮的等级变得明显时。然而，此时联合国安理会中有共识，即发生在东巴基斯坦的大屠杀并未对国际安全构成威胁、是巴基斯坦国内事务的问题。印度在东巴基斯坦的干涉揭示了这种想法的近视特性，但是如果它事先告知联合国安理会它计划使用武力阻止巴基斯坦的侵犯人权行为、因为这对其安全构成了重要威胁而且也是一种对普遍人性的暴行的话，它将会增强其行为的道义可信度。

我在前一章主张没有安理会的授权并不能使一种行为不具备人道主义的性质，只要能证明它满足门槛检验条件。但是如何看待在孟加拉事件期间联合国安理会和大会中发出的多元主义的主张的声音，即这种单边行动开创了一种危险的先例？社会连带主义者的回答是双重的：首先，如果说印度阻止发生在东巴基斯坦的屠杀的干涉设立了一种其他国家可能会遵循的、使用武力的先例，我认为这是一个好的先例，如果它导致国家结束未来（可能）出现的、震惊人类良知的践踏人权的行为。多元主义者对印度行为的批评伦理视而不见的是它聚焦于打破原则的道义后果而没有考虑这些原则在多大程度上保护了巴基斯坦不受联合国行动的惩罚，当它在1971年3月之后可以不受惩罚地侵犯人权。

针对多元主义者有关开创先例的反对理由的第二个论点是它夸大了一种新的先例在何种程度上能够被设立。印度没有根据《宪章》第51条的自卫原则为其使用武力辩护，但是其"难民侵略"的主张接近使用这种辩护，这是所有国家的合法权利。印度曾经试图让联合国安理会注意其边界上逐渐增大的安全威胁，当这未能得到有效的国际反应时，它只得采取单边行动保护其重要利益。正如苏联大使在安理会12月4日的讨论中指出的"联合国安理会15个成员国中没有一个国家……的政府和人民愿意看到在这么短的时间里如此众多的难民出现在它自己的领土上,这些难民被迫从他们的国家逃到邻国的领土上"。① 对于国际社会中其他欲合法地引用孟加拉的例子作为先例的国家来说,他们将必须证明由于大量难民的涌入他们面临着对其安全的同样严重的威胁。印度因其使用武力而遭到强烈批评的事实也削弱了它开创了其他国家可能利用此先例为其使用武力辩护的任何主张。

考虑到冷战的大环境以及国家领导人和外交官的多元主义心态,一种成熟的社会连带主义的、根据安全和人道为其使用武力进行的辩护并不能使印度免除道义谴责和美国的经济制裁。然而,它将迫使国家间社会公开地讨论单边人道主义干涉理论的正当性和合法性。这种讨论在国际法学家中间已经开始发生,孟加拉的例子对于这一领域的进一步的工作起了催化剂的作用,但是它没有出现在围绕着印度的干涉进行的外交对话中。在提出人权诉求为其使用武力辩护时,印度对国际社会中占主导地位的原则提出了挑战,但是这种社会连带主义的主张未能改变构成了多元主义的国际社会实践的共同意义。在建立被允许的行为的界线时,多元主义的论述排除了以人权理由使用武力,因为这被看作是从根本上反对国际秩序的保持。

社会连带主义者反对多元主义者赋予秩序相对于正义的优先权,主张在不破坏秩序的情况下也能保护人权。这两种主张都可以在战争之后甘地夫人立即写给尼克松总统的公开信中得到支持。她写道:"问题是西巴基斯坦的统治者进行镇压而未受惩罚,他们想做什么就能做什么,因为没有人——包括美国,会选择采取公开立场,当巴基斯坦的领土完整当然是神圣不可侵犯的时候。人权自由不过如此,而国家的神圣不可侵犯与人民的满意之间有必要的联系。"② 从这封信中很容易可以读出这样一种主张,即

---

① SCOR, 1606th Meeting, 4 Dec. 1971, p. 4.
② Granhi 首相致 Nixon 总统的信文,被引述于 New York Times, 17 Dec. 1971.

由于它未能做到其境内最低限度的人道标准，巴基斯坦已经丧失了其受主权和不干涉原则保护的权利。这种社会连带主义的主张在国际社会对于印度对东巴基斯坦的干涉的反应中未能得到任何支持。下面两章的任务是调查20世纪70年代国家间社会在多大程度上对社会连带主义的主题变得更开放。

第三章 越南对柬埔寨的干涉：
现实主义对普遍人权的胜利?

1979年初越南推翻波尔布特政权是国际社会按照人道主义原则应当赋予其合法性的另一个事例。越南扶植的新政府声称红色高棉应当为三百万人的死亡负责（总人口为六百万到七百万）。然而，大多数独立观察家接受大赦国际的估计：大约一百万到两百万人死亡，多数死于集中营里的强制劳动、营养不良和疾病。大赦国际给出的数据是，在1975—1977年死于政治屠杀的是20万人，1978年是10万人。① 尽管红色高棉政权试图将柬埔寨与外部世界隔离，到1978年关于柬埔寨是"屠宰场"的报道已经到处都是。为此，民主柬埔寨政府面临着一些国家要求其接受联合国人权委员会调查的压力。在人权委员会作出报告之前，越南把这个法律抓在了自己手里、武力赶走了波尔布特。八个月前美国总统吉米·卡特还把民主柬埔寨称作"世界上最恶劣的人权侵犯者"②，但是华盛顿也加入了谴责越南使用武力的"合唱团"。终结了这样一个谋杀的政权，越南没有因免责而长出一口气，而是受到了国际社会（除了苏联和它的共产主义盟友）的严

---

① 引述于 G. Evans 和 K. Rowley, *Red Brotherhood at War: Vietnam, Combodia and Laos since 1975*, 第2版（London: Verso, 1990）, p. 99. 另见 Amnesty International, *Political Imprisonment and Torture* (London: Amnesy International, 1986), pp. 16–17.

② 引述于 Ronzitti, *Rescuing Nationals Abroad*, p. 190.

厉制裁，因为它破坏了主权、不干涉和不使用武力的原则。

本章追溯了导致越南诉诸武力的背景。如果有的话，人道主义的考虑在进行干涉的决策中扮演了什么角色？接下来，我考察了越南对其行为的公开辩解。面对着"侵略"的指控，越南回应说它使用武力只是自卫，武力使用被限制在它被红色高棉攻击的边境地区。尽管一些分析家试图以"自卫行为"为越南推翻波尔布特政权辩护，越南并没有努力这么做。实际上，它坚持波尔布特是被国内柬埔寨人民的起义剥夺了权力的。这种主张很容易被揭露为虚构，因为柬埔寨领土上有10余万越南士兵，联合国安理会中13个成员完全拒绝了这种辩解。越南原本可以根据人道主义原则为其使用武力辩护，但是，甚至当在安理会面对大量、强烈批评的时候，它也没有采用这方面的理由。

越南没有诉诸合法的单边人道主义干涉的事实并未阻止国际社会依据这些原则认为其行为是正当的。联合国安理会和大会中的很多国家承认柬埔寨人民在波尔布特的统治下遭受的可怕痛苦，但是它们同时强调人权被侵犯不能使单边使用武力正当化。这种多元主义的论点附和了联合国安理会和大会中的大多数国家在面对印度的行为时采取的立场，但是，在这两个案例中制裁是不同的。尽管最初美国对印度实施了一系列经济制裁措施，不出几个月它就加入了世界其他国家承认新的孟加拉国的行列。可以把这与联合国大会拒绝承认金边的新政府、把柬埔寨在联合国的席位留给由被驱逐的波尔布特控制的、反越南的游击运动的决定相比较。在检查隐藏在对越南行为的充满敌意的国际反应背后的原因时，我考虑联合国安理会和大会中的多元主义的演讲在多大程度上掩饰了权力政治的运作。本章最后，通过主张越南使用武力满足了正当的人道主义干涉的最低要求、它应当受到欢迎而不是谴责，我批评了国家、特别是西方国家的所作所为。

干涉的背景

越南人和柬埔寨人的敌意和冲突由来已久，可以追溯几个世纪，从这一方面看，1978—1979年柬埔寨和越南之间的战争可以被看作是这一漫长历史故事中的一章。1975 年红色高棉甫上台，就与越南出现了边界冲突。波尔布特 1975 年访问了河内以解决这些争端，并由此建立了一些能会面解决任何问题的地方性的跨边界委员会。① 随后，1976 年 6 月，一个更高层次的会议就有争议的陆地和海上边界形成一个条约。但是当柬埔寨人退出时这次会议破产了。② 正如埃文斯和罗利主张的，红色高棉对边界问题的处理与越南极为不同。后者采用了后殖民地时代国际社会的规范，即独立时继承的边界只有通过双方共同同意才能改变。这是领土（utiposseditis）的法律原则，它的意思是指领土是国家的决定性标准，而非种族或者民族。③ 与它在国内将时钟拨回"元年"的革命狂热相一致，红色高棉相信，湄公河三角洲以及西贡（胡志明市）周围的地区是"失去的领土"④，是越南人通过武力从老的柬埔寨帝国手中夺走的。结果，他们期望因这些损失得到补偿。⑤ 如果越南人接受了这种论点，它也就是允许波尔布特政府向泰国、老挝、缅甸提出类似的要求。而且，这将设立一个危险的先例，因为所有的后殖民地国家都可以提出这种要求，它担心这种巩固了领土、主权、不干涉、不使用武力原则的领土修正主义的后果。

尽管存在着越南和民主柬埔寨在如何解决边界争端上持根本不同的观点这一事实，1976 年下半年没出现几起严重的边界事件，出现的一些也被边界委员会解决了。然而，随着红色高棉摧毁了有争议国界沿线的越南村庄、屠杀平民，到 1977 年初形势恶化了。在 1975—1977 年间，波尔布特击退了国内对其领导地位的挑战，其作为红色高棉无可争议的领导人出

---

① Evans 和 Rowley, *Red Brotherhood*, p. 82.

② Elizabeth Becker 认为越南通过给予红色高棉政权"一系列外交对质"让柬埔寨人很难做做其他事情。见 E. Becker, *When the War wa Over: The Vocie of Cambodia's Revolutiona and its People* (New York: Simon & Schuster, 1986), p. 207. Evans 和 Rowley 质疑 Becker 的观点，认为正是"红色高棉政权的暴力手段"应该对和谈的破裂负责。见 Evans 和 Rowley, *Red Brotherhood*, p. 81.

③ 对此观点精彩的解释见 Jackson, *Quasi-States*, pp. 40–47.

④ Evans 和 Rowley, *Red Brotherhood*, p. 84.

⑤ 同上。Evan 和 Rowley 引述了 Stephen Heder 的话，后者认为，"柬埔寨人把这个问题看作只有自己是受害方，期望因为他们的历史损失并愿意退出竞争而得到一定的赔偿。他们拿出来的不是常规意义上的和谈，而是对严重问题的单边解决办法"(S. R. Heder, 'The Kampuchean-Vietnamese Conflict', 载于 D. W. P. Elliot 编 *The Third Indochinan Conflict* (Boulder, Colo.: Westview, 1981), p. 25).

线，导致他将"解决矛盾"的方法应用到柬埔寨的对外关系上来。① 按照钱达安（Nayan Chanda）的说法，红色高棉通过声称越南有征服柬埔寨的计划，只能通过消灭越南人才能实现消除威胁来操纵柬埔寨人民的传统恐惧。② 这也得到了柯刚瑞（Gary Klintworth）的支持，他主张越南平民似乎是红色高棉攻击的主要受害者。③ 红色高棉用与用来对付国内反对派的相同的残忍方法杀害越南人。乔森潘，红色高棉的领导人之一，在1978年告诉西哈努克亲王，激起越南人的仇恨是一项深思熟虑的政策，因为这将激励柬埔寨人民忘记自己的苦难、更努力地工作："高棉人民"，乔森潘说，"只要越南恐惧（Vietnamophobia）的旗帜在他们前面飘舞，就可承受任何牺牲"。④ 西哈努克亲王后来表示波尔布特政权没必要为了追求国家统一而激怒越南。红色高棉被"超级民族主义（supernationalism）"和他们的"柬埔寨下"（高棉人民对湄公河三角洲和西贡周边地区的"失去的领土"的称呼）的发自内心的乡愁所激励。⑤

斯蒂芬·赫德（Stephen Heder）提供了红色高棉对越南使用武力的另一种可能的解读。他断言这是谈判战略的一部分，通过表明柬埔寨有能力从军事上伤害越南以促使河内（采取）更大的灵活性。⑥ 即使这是其目的，试图以使用武力作为"大柬埔寨"主张的后盾也被越南理解为敌意宣言。然而，越南人决定以自卫回应，期望限制也许能产生一种谈判的解决方法。民主柬埔寨拒绝了越南继续进行外交解决的提议，当1977年9月24日红色高棉武装进攻太平（Tay Ninh）省、杀害了数百名平民时，越南决定作出军事回应。⑦

1977年10月份，装甲武装纵队进入柬埔寨25公里然后撤退。这次决心展示没有使柬埔寨打消进一步进攻的念头，12月越南用5万部队发动了

---

① Evans 和 Rowley, *Red Brotherhood*, p. 104.
② N. Chanda, *Brother Enemy: The War after the War* (New York: Collier, 1986).
③ Klintworth, *Vietnam's Intervention in International Law*, p. 20.
④ 同上。
⑤ 引述同上，p. 19.
⑥ Heder, 'The Kampuchean-Vietnamese Conflict', p. 106.
⑦ Evans 和 Rowley, *Red Brotherhood*, p. 106.

一次进攻然后撤军。由于害怕中国支持红色高棉可能导致一场两线作战的战争,越南继续尝试走谈判的道路。外交部长阮基石在1978年2月5日提议,结束所有敌对行为,所有部队从边界后撤5公里,国际社会检查边界,签订基于尊重现有边界内的领土完整的条约。① 波尔布特通过金边电台拒绝了这项建议,重申他的政府"要求修正边界文件以及陆地和海洋边界划分中的边界变动,并要求重新解决'柬埔寨下'问题。②

红色高棉对越南进行谈判的最新提议的拒绝,使越南相信其长期安全要求除去波尔布特。③ 政治局2月开会,积极决定援助柬埔寨国内的反对派武装以推翻红色高棉,如果必要的话可以使用军事力量。④ 直接的军事干涉也被考虑过,但是,因为这要冒与中国开战的危险,而且将被东盟看作侵略,决定从事在柬埔寨国内培植抵抗力量的替代战略。⑤

当河内广播电台开始谴责波尔布特的国内暴行被柬埔寨人民推翻的时候,这种政策的转变公开化了。⑥ 这是越南第一次公开反对柬埔寨国内的人道灾难,只是在一场有预谋的、使高棉人反对他们的领导人的运动的背景下,它才会出现。⑦ 在越南有16万柬埔寨难民,河内寻求把他们组织成游击队运动,能渗透到柬埔寨的、支持推翻红色高棉的反对派。到8月,据报告在柬埔寨东部地区出现了一些起义,似乎越南不用入侵就可以确保其推翻波尔布特的目标。这种战略的一个关键方面是把以越南为基地的反叛运动和东部地区的抵抗运动联系起来。在把它们联系起来之前,波尔布

---

① Evans 和 Rowley, *Red Brotherhood*, p. 106.
② 引述同上, p. 107.
③ 越南人的在1978年4月和6月重申和谈提议,并在3月呼吁安理会指派一项仲裁边境冲突的使命。根据Clintworth,联合国秘书长Kurt Waldheim "据传闻告诉越南在联合国的事务长官Phan Duong安理会很难达到一致意见,越南由此明白中国会反对并使用它在安理会的否决权。"中越关系在1978年初恶化到边境武装冲突。两个基本事实表明了这一点:第一,中国怀疑苏联和越南之间日益增多的联系,第二,中国不喜欢越南对其境内的海外中国人的经济政策的影响。见Klintworth, *Vietnam's Intervention in International Law*, p. 22.
④ Evans 和 Rodley, *Red Brotherhood*, pp. 107–108.
⑤ N. Chanda, 'A Dry Season Infiltration', *Far Eastern Economic Review*, 3 Nov. 1978.
⑥ Evans 和 Rowley, *Red Brotherhood*, p. 108, 以及 'Honoi Wages War by Radio', *Observer*, 16 Apr. 1978.
⑦ 同上。

特果断地打击了起义者,埃文斯和罗利认为这对越南是个不小的打击,因为这"终结了通过内部动乱推翻波尔布特的可能性"。①

越南原本期望通过依靠国内起义从而避免直接的军事干涉带来的损失和风险。然而,由于推翻波尔布特的安全必须,到1978年底已经决定撕去越南军队反以红色高棉的伪装。伊丽莎白·贝克暗示,其动机是实现河内长久以来控制湄公河谷地的野心。②

其他国家很快地怪罪越南,给越南扣上了这种扩张主义的动机,但是,如果其意图是创造一个"大越南",为什么它在1977—1978年如此费力地与民主柬埔寨达成协议?一个更好的解释是政策制定者寻求通过合作追求他们的安全关切,只是在这得不到回报的时候,他们才选择采取单边措施。米切尔·莱费尔(Michael Leifer)强调安全动机,主张干涉"是一种植根于/源于地缘政治理论的战略必须,这种理论预期印度支那是,根据战略术语,必须保持的天然实体。"他把这与勃列日涅夫(Brezhnev)理论的一种版本进行了比较,按照那种版本,越南对柬埔寨和老挝这样的国家有"干涉的特许证",如果外面的强国利用它们威胁它指越南的安全的话。③最令越南担忧的外部强国是中国,它在1978年与民主柬埔寨发展了一种越来越紧密的关系。进攻柬埔寨问题上的一个主要限制就是担心中国的反应,但是越南政治局到1978年11月已经得出结论,只有越南在南部首先进行决定性的打击,来自中国的、不断增长的威胁才能被遏制住。迫在眉睫的危险是19个红色高棉师在边境上的集结,干涉的目的是消除这种威胁,以便越南将来有能力处理将来来自北方的中国的任何威胁。柯刚瑞(Klintworth)很好地把握了推动使用武力决策的这种安全利益:

---

① Evans 和 Rowley, *Red Brotherhood*, p. 108.
② Becker, When the War was Over, p. 336. 引述于 Evans 和 Rowley, *Red Brotherhood*, p. 107. Evans 和 Rowley 指出 Becker 没能给出任何支持她的观点的证据。
③ M. Leifer, 'Vietnam's Intervention in Kampuchea; The Rights of State v. the Rights of People', 载于 I. Forbes 和 M. Hoffman 编 *Political Theory, International Relations, and the Ethics of Intervention* (London: St Martin's Press ofr Macmillan, 1993) p. 146. 在与作者的私人通信里,Michael Leifer 确信是在1984年河内的采访中获悉,"这次入侵被当作战略必要事件"(letter to the author, 9 Oct. 1998)。

越南面临着两难的困境。它与中国相撞的北方边境正变得越来越不安全,同时在南方试图通过与柬谈判找到一种和平的解决方法的尝试已经失败了……在1977年和1978年越南的形势是危险的……红色高棉的侵袭与中越边境上来自中国的日益增长的压力被河内看作是一种以从两线威胁越南为目的的中国的钳形战略。……从越南的观点看,它入侵和占领柬埔寨是不可避免的。①

在决定去除红色高棉和其在北京的支持时,越南以在11月与苏联签订友好条约的形式寻求一种保险措施。如果它使用武力推翻波尔布特,越南担忧的另一个因素是东盟国家的反应。越南总理范文同在1978年底访问了东盟各国,提议签署友好条约,保证越南不会对本地区构成威胁。②

有证据表明越南最初的战争目的不是开进金边,而是控制湄公河以东的柬埔寨。这种有限的行动当然不会招致地区和国际上的谴责,满足越南对在柬埔寨首都的傀儡政府的安排。钱达安引用了Heder在1981年对新的柬埔寨政府成员的采访来支持这种主张,即金边的占领是一种"战略机会主义"行为。③ 谢索(Chea Soth),柬埔寨人民革命党政治局的一名成员,声称:"我们考虑问题时只是根据掌握的半个国家,湄公河一侧的一半,其余的留给波尔布特。"④ 1978年圣诞节,越南发动12个师(约10万个士兵)进攻波尔布特的军队。经过几天激战,红色高棉的军队崩溃了,诱惑"河内孤注一掷"。⑤ 一些中央委员告诉斯蒂芬·赫德,"当我们发动进攻、追击他们,并且看到这么容易,我们只是继续。"⑥

1月3日,河内广播电台承认在柬埔寨的战斗仍在进行,行动被交给刚成立的柬埔寨救国阵线[Cambodian Front for National Salvation(National Salvation Front)]。⑦ 这是在联合国安理会辩论中越南的重要辩护理由。越

---

① Klintworth, *Vietnam's Intervention in International Law*, pp. 22–27.
② Evans 和 Rowley, *Bed Brotherhood*, p. 109.
③ Chanda, *Brother Enemy*, p. 345.
④ 引述同上,pp. 345–346.
⑤ Evans 和 Rowley, *Red Brotherhood*, p. 110.
⑥ 引述于 Chanda, *Brother Enemy*, p. 346.
⑦ 'Vietnam Invades Cambodia', *Daily Telegraph*, 3 Jan. 1979.

南在12月初通过河内广播电台在12月5日声称救国阵线两天前在柬埔寨东部的"自由地区"成立了,它将承担推翻波尔布特的事业①,越南以这种方式将救国阵线推向世界,使救国阵线在世界上亮相。波尔布特对东部地区抵抗武装的进攻结束了越南的希望——即通过内部起义把红色高棉赶下台,救国阵线的成立是一次声称证明越南在波尔布特政权垮台中并没有起作用的一次尝试。

尽管在1月5日波尔布特仍然广播虚构出来的胜利的消息,两天以后他就逃离了那个城市,越南军队未遇抵抗就入城了。新政府自称柬埔寨人民共和国(the people's Republic of kampuchea)由韩桑林领导(他曾是东部抵抗武装的副司令),救国阵线的其他成员也包括在内(其中包括伟大的柬埔寨政治迫害幸存者洪森,他成了外交部长)。战场失利,波尔布特努力为柬埔寨的地位争取国际支持。外交部长英沙里要求联合国安理会召开谴责越南的紧急会议。这遭到了苏联和捷克斯洛伐克的反对,它们支持越南和柬埔寨新政府的观点,即联合国安理会不应对一个已经不存在的政府的要求作出回应,因为这代表对新政府的内部事务的干涉。这是一个程序问题(因此不能使用否决权),安理会的其他成员国投票否决了苏联的建议。在最初的请求发出9天之后,1月11日联合国安理会就此召开了会议。

越南对其使用武力的辩解

越南大使 Ha Van Lau 先生重申他的政府早先的主张,即波尔布特是被救国阵线推翻的。他承认越南部队曾与红色高棉军队交战,但辩称这是自卫。他认为有"两场战争"同时在进行,"其一,波尔布特——英沙里派系与越南的边境战争……其二,柬埔寨人民的革命战争"。② 是后者使得波尔布特政府的倒台成为可能;越南使用武力限定在行使"面对侵略时民族神圣不可侵犯的自卫权"。③ 尽管在柬埔寨有超过10万的越南士兵,Ha

---

① 'Hanoi Step up Support for Khmer Insurgents', *Financial Times*, 5 Dec. 1978.
② SCOR, 2108th Meeting, 11 Jan. 1979, p. 12.
③ 同上,p. 13.

Van Lau 试图说服安理会推翻民主柬埔寨是由救国阵线的游击队和柬埔寨人民的起义完成的。

假如两场战争论很容易就被揭穿为欺骗,为什么越南还要诉诸它?一个解释是越南明白它破坏了游戏规则,但认识到,它应该根据已被接受的规则为它的同伴/其他国家提供一个理由。这也许令人想起布尔界定国际社会的存在的痕迹,其重要意义是主张规则不能无限地被滥用来为任何行为提供托词。行为者希望他们的理由是有说服力的、希望这将降低他们(遭遇)制裁的风险。但是,如果理由缺乏合理性,当他们发现自己面对着他们的花言巧语和行为之间的矛盾的时候,行为者将丧失正当性。正如我下面将展示的,人们对越南的两场战争论的嘲弄显示把规则看作"无限引申"的代价。①

由于作了把它的坦克开到金边这样一个重大的决策,越南面临着一个未曾预料的问题:如何使推翻邻国政府正当化。现实主义者也许会认为,越南将推翻波尔布特置于国际合法的考虑之前的决策表明了"如果不能被合法化,行为将受到限制"的主张的弱点。我在前一章主张印度使用武力之所以成为可能只是因为它能够被合法化,但是这个事例似乎证明了相反的观点。合法性的问题在 1979 年初排除军事干涉的决策中是一个限制的因素,但是当越南面对着日益恶化的安全环境时,这种考虑就被压倒了。当然,有证据表明越南相信世界将会很快忘记它对柬埔寨的入侵。新加坡当时的外交部长,马凯硕(Kishore Mahbubani)在 20 世纪 80 年代早期的《外交》上的一篇文章中披露,越南驻联合国大使在 1979 年 1 月曾向他透露:"在两个星期之内,世界就会忘记柬埔寨问题。"② 这种假设后来被证明是一个主要的误判,越南为它决定行动付出了高昂的政治和经济代价:它被称作国际贱民;其在金边的傀儡政府得不到在联合国的席位;其行为使得中国、东盟和西方世界联合起来形成反对它的共同阵线的。越南的理由很容易地被揭露为假的,而且,如我下面将表明的,西方国家充分利用

---

① Bull, *The Anarchical Society*, p. 45.

② 感谢 Michael Leifer 让我们注意到这一点。见 K. Mahbubani, 'The Kampuchean Problem: A Southeast Asian Perspective', *Foreign Affairs*, 62/2 (1983—1984), p. 408.

这一点使它们对河内的政治经济制裁的过分处罚正当化。

按柯刚瑞的说法，如果它主张一种比较好的事例的话，越南原本可以减轻国际制裁的程度。他主张干涉应当既根据自卫、也根据人道主义干涉进行辩护。他走得比越南准备（前进得）更远，他认为推翻波尔布特"是一种合理的自卫行为"。① 红色高棉在1977—1978年间对越南发动的一系列攻击，按照柯刚瑞的说法，构成了使联合国宪章第51条规定下的回应正当化的"武装进攻"。根据越南政府的数据，在1977—1978年有3万士兵被杀，25座镇、区和96个村庄被毁，导致25万人无家可归、大片耕地荒芜。② 埃文斯和罗利含蓄地支持自卫主张，他们指出："没有政府能长时间容忍这样的破坏而不反击。"③ 正如在前一章中讨论过的，国际习惯法要求自卫行为必须满足必要性和比例原则的要求。这样，越南一再试图与民主柬埔寨达成和平解决方式、只是在谈判失败后才诉诸军事行动的事实，被看作是其行为满足了必要性的合法要求的证据。④

与1971年12月巴基斯坦对印度的攻击相比，民主柬埔寨对越南使用武力当然使《联合国宪章》第51条规定下的军事回应具有正当性。然而，推翻另一个国家的政府是对最初攻击的成比例的回应吗？如果越南坚持那似乎是在湄公河以东制造安全缓冲区的前奏/最初的入侵计划，那么它可以将这种行为辩称为自卫。只能推测这个理由在安理会中将会有多大的说服力，但是看上去一种有限的反攻击将会引出一种与推翻邻国政府这样的行为引出的非常不同的反应。结果，"两场战争"理由看上去是一种拒绝承担武力推翻波尔布特的责任的草率的尝试，越南政府相信已经把正当自卫用到了极限。

---

① Klintworth, *Vietnam's Intervention in International Law*, p. 28.
② 同上。见 Evans 和 Rowley, *Red Brotherhood*, p. 107.
③ 同上。
④ Caroline 事件表明，危险必须是"紧急的、压倒性的、手段无从选择的而且时间不容考虑"。如 Klinworth 指出的，越南已为武装干涉准备数月，它的将军们也准备了应付入侵的可能计划。虽然这并不严格地符合 Casolin 事件所设定的自卫的必需条件，他认为，"它过于期望一个面临威胁或主攻或一系列边境入侵的国家能够做好快速反应的准备"（Klintworth, *Vietnam's Intervention in International Law*, p. 25）。

柯刚瑞不认同这种解释，他认为越南使用武力改换政府满足了比例原则的要求。他引用了奥斯卡·萨赫特（Oscar Schachter）的论点，即国家在自卫中可能被迫反击"攻击的源泉，以能延缓未来进攻的规模进行反击"。① 按照柯刚瑞的观点，越南以武力放逐既有政府是合乎比例原则要求的，因为对越南的持续威胁是"金边的波尔布特政权，军事的和政治的逻辑要求推翻它，用一个不大想与越南进行战争的政府取代它"。② 合乎比例的要求取决于表明这种回应对越南的继续存在是至关重要的，柯刚瑞声称越南把它使用武力与盟军在1945年入侵、占领德国和日本进行了比较。③ 这种对"二战"期间盟军行为和越南使用武力的分析受到的反驳是越南的生存并不依赖于推翻波尔布特。然而，由于两场战争论在安理会中被嘲弄，越南很明显错过了机会，没有以这种论点为其使用武力辩护。

引用《联合国宪章》第51条为其推翻邻国政府辩护，似乎不能说服国际社会，在其中对《联合国宪章》的多元主义解释占优势。然而，如果这种自卫论被使用武力根据人道主义也是正当的主张所支持，会怎么样？由于联合国未能阻止发生在柬埔寨的怪诞的践踏人权，越南有合法的权利单方面使用武力结束侵犯人权的状况吗？这是涉及印度对东巴基斯坦的干

---

① Schatchter 认为第51条宪章没有损害联合国宪章出现之前的自卫权利。他赞同 Brownlie，后者认为，"如果一个国家有充足的理由能预见到来自同一方的继续攻击，允许这个国家超出攻击的地区进行报复并非是不合理的"。然而，遵循 Caroline 事件所定的先例，Schachter 认为攻击的迫切性必须足够清晰以使得保卫行为成为自我保存的先决条件。他知道他对第51条宪章的立场并不会使先发制人的攻击和对预见到的攻击进行提前攻击变得合法化，他批评以色列根据这一观点来辩护它1981年对伊拉克奥西拉克核反应堆的攻击行动。对 Schachter 观点的讨论，见 Klintworth, *Vietnam's Intervention*, pp. 16, 27. Schachter 的原文论述，见 Oscar Schachter, *A United Nations Legal Order* (Cambridge: Cambridge University Press, 1995).

② Klintworth, *Vietnam's Intervention in International Law*, p. 27.

③ Klitworth 认为，二战同盟国的干涉被说成是"根除法西斯主义、重建那些国家及附近国家的法律和政治进程以让德国和日本的邻边和全世界都感到安全的必要行动"。不幸的是，他引述来支持他赞同越南步同盟国行动后尘的唯一证据是朝鲜一个会员的报告。不过，在越南政府于安理会或联合国大会的所有官方报告中都找不到任何证据支持 Klintworth 的主张。见 Klintworth, *Vietnam's Intervention in International Law*, p. 27. Klintworth 认为越南的行动满足了相应必须条件的观点还受到 Evans 和 Rowley 的支持，他们认为越南有合理的理由判断波尔布特政府构成了对它的死亡威胁，这一威胁可以为侵入并占领柬埔寨以消灭这种威胁作辩护——就如同盟国在1945年侵入并占领德国和日本所作的辩护一样，(Evans 和 Rowley, *Red Brotherhood*, p. 190).

涉时得出的论点，这也许可以扩展到越南。印度在1971年提出了人道主义的主张，但它没有明确地诉诸人道主义干涉理论。相反，雷弗（Leifer）认为越南根据"去除一个种族灭绝的政权的需要"使其干涉正当化。① 这将令人回想起，对雷弗（Leifer）来说越南的干涉背后的首要动机是战略上的，因此，他是在确认理由和动机之间的鸿沟——其重要性是他主张"操纵"这个词是"对国际共同体的人道标准的诉求"②。面对着自从纳粹以来对人权的最严重侵犯，越南采纳一种似是而非的人道理由为其使用武力辩护，因为它希望这将减弱对它践踏《联合国宪章》第2条第（4）款的批评。

这种对越南理由的分析将使其对人道主义的操纵成为滥用的一个明确的例子。但是 Leifer 的论点的问题是，与印度相反，越南根本没有提出人道主义的主张为其使用武力辩护。③ 事实上，如果有那么一点的话，证据指向相反的方向：越南否认将人权作为诉诸武力的合法基础。例如，越南外长阮基石声称，越南首先关注的是它的安全，人权是柬埔寨人民关心的事情。④ 越南最接近诉诸"人道主义标准"的说法是，导致"柬埔寨人民的革命战争"的是"波尔布特——英沙里的恐怖政权的"不人道的政策的描述。⑤ 只是当它政治上"适宜"⑥ 的时候，发生在柬埔寨的侵犯人权行为才引出了越南的责难，越南大使试图利用广泛的反对波尔布特的革命使其两场战争论具有可信度。⑦ 他强调柬埔寨人民的可怕苦难是努力说服安

---

① Leifer, 'Vietnams Intervention in Kampuchea', p. 145.
② 同上，p. 148.
③ Leifer 没有引述任何证据来支持他的观点，他认为越南调用了人道主义的辩辞，但是他没有指明越南和朝鲜1979年2月18号签署的友好盟约。这一条约让越南军队在柬埔寨的出现合法化，而越南总理在其声明中欢迎柬埔寨人民对红色高棉的胜利，这永久地结束了该派系的屠杀和奴役（引述于 Leifer, 'Vietnams Intervention in Kampuchea', pp. 146 – 147）. 不过，很难把这一声明看成是支持 Leifer 认为越南是根据人道主义的理由来辩护它的武力使用这一观点。根据著者，Leifer 稍微修饰了他的观点。他写道，"我把我的声明改为，虽然越南人拥护国家救助前提外加纽约赋予的权利，他们在对下一事实的坚决强调上还是有些含糊的，即他们面对着一个屠杀政权，并且否认波尔布特杀人犯政权的合法性"（letter to the author, 9 Oct. 1998）.
④ 引述于 Klintworth, *Vietnam's Intervention in International Law*, p. 70.
⑤ SCOR, 2108th Meeting, 11 Jan. 1979, pp. 12 – 13.
⑥ Leifer, 'Vietnams Intervention in Kampuchea', p. 146.
⑦ 这一观点归属于 Michael Leifer.

理会波尔布特的倒台是由"大规模的起义"① 导致的，强调金边的政府更迭改善了人权状况、对地区安全也有好处。Ha Lau 说：

  在柬埔寨国内，波尔布特—英沙里政权所有的不人道的政策都将被废除、被一个民主政权取代……在印度支那和东南亚一个新的时代正在开始……对本地区的和平与稳定的一个严重威胁被消除了。获胜的柬埔寨救国阵线已经组成了新政府，主张建立一个真正独立、自由的柬埔寨。……这是一个新的、对东南亚的和平与稳定有利的因素。②

  有三个可能的因素可以用来说明为什么越南拒绝按照人道主义干涉理论为其行为辩护。第一，越南也许只是已经接受了主权、不干涉、不使用武力的原则。当然，两场战争这个理由暗示了一种根据已被接受的原则为其行为辩护的强烈欲望。第二，越南也许有理由认为诉诸人道主义干涉将缺乏可信性，因为在波尔布特政权上台的前四年中，它对其侵犯人权的问题一直保持沉默。第三，也许在河内的政治局担心为人道主义干涉创下先例，在将来可能会被其他国家用来进攻越南或其友邦。结果，有关越南的干涉是一种人道主义干涉的任何构建都取决于更广大的国际社会将这种含义赋予它。

国际反应

  越南干涉遇到的敌对反应来源于三个行为者集团：美国及其盟友，它们将越南的行为解读为冷战权力政治游戏中的一种行为；东盟，它们担心越南对柬埔寨使用武力，拉开了越南追求地区霸权的序幕；中立国和不结盟国家，它们担心越南的行为侵蚀了国际关系中的法律原则。对越南进行道义谴责的第一个舞台是联合国安理会。正如在孟加拉的例子中一样，冷战政治使其瘫痪。最后在东盟的促使下这个问题被提交给了联合国大会。在那里，讨论集中在两个问题上：第一，柬埔寨在联合国的席位应该授予

---

① SCOR, 2108th Meeting, 11 Jan. 1979, p. 12.
② 同上，pp. 13 – 14.

金边的新政府，还是给予已经被废、正努力战斗以赢回权力的波尔布特政府？如何处理越南在柬埔寨的驻军？这被一些东盟国家看作是对其安全的重大威胁。

民主柬埔寨被邀请在安理会发言，其代表完全拒绝了"两场战争"论。西哈努克亲王声称越南的行为是明确的侵略和并吞，代表了对地区安全的根本威胁。他认为救国阵线是一个"越南社会主义共和国设计出来掩盖其罪恶的、令人讨厌的反柬埔寨事业的、可怜的烟幕"。① 这种立场得到中国代表陈楚（Chen Chu）的强烈支持，他认为"两场战争"的辩解是"愚蠢的谎言"，因为"一个几周前才成立的傀儡组织如何能控制十几个师的正规军、并且在柬埔寨全国各地发起进攻……这是对联合国及其成员的一个巨大讽刺和侮辱"。② 中国发起了一个谴责越南"侵略"的提案，并呼吁越南从柬埔寨撤军。

中国对反对和逆转越南干涉的兴趣反映了其对苏联将从中获益的担忧。到20世纪70年代末，中国已经察觉苏联追求"全球霸权主义"的目的，这解释了它为何愿意与美国发展更紧密的战略联系，因为美国也同样关心苏联势力在东南亚的增长。中国在安全方面对于苏联和越南狼狈为奸的后果的担心，可以从陈楚下面的演讲中看出来：

越南依靠苏联的支持实现它寻求东南亚霸权的野心。另一方面，苏联把越南当作其"战略基地"，试图控制从太平洋西岸到印度洋的航路，并将其在两洋的战略部署联系起来，以便准备夺取石油资源以及在西亚和中东的重要战略位置。③

中国在发言中没有提到波尔布特政权践踏人权；相反，它强调了越南和苏联的地缘政治动机对本地区的安全威胁。毫无疑问，这里理由与动机之间有距离。因为中国接下来的行为与其对苏联和越南的恶毒的言辞攻击是一致的。越南对柬埔寨使用武力仅过了几个星期，中国就通过对它发动攻势惩罚了它。

---

① SCOR, 2108th Meeting, 11 Jan. 1979, p. 8.
② 同上，p. 10.
③ 同上，p. 11.

如果说现实主义的声音塑造了中国的慎重，美国则把多元主义的论述引入了讨论中。美国大使安德鲁·杨声称国际社会应当对践踏了其最基本的人道原则的政权施加充分的道义压力，强调这样一种观点即一个政府对待其公民的方式是合法的国际责难事件。但是，他同样无情地宣称，打破不干涉、领土完整、不使用武力原则的保卫人权行为不是正当的。① 美国承认，联系到柬埔寨在边界地区对其平民的攻击，越南对其安全感到焦虑，但是杨（Young）认为"边界争端不能赋予一个国家通过武力将一个政府强加到另一个国家头上的特权"。② 在拒绝越南的"两场战争"论诉求时，美国大使宣称救国阵线统治柬埔寨只是"拜越南的刺刀所赐"。③ 美国的立场是越南应当立即撤军并尊重柬埔寨国的领土完整。

在表达对红色高棉犯下的暴行的道义反感时，美国忽视了一个基本事实，即它对（维护）本地区的安全开出的药方有使红色高棉卷土重来的危险。卡特政府曾经寻求在外交政策原则中优先提高人权，但是当它面临着遵守法律原则或以拯救柬埔寨人民的名义允许例外的选择时，对原则的绝对解释胜出了。杨（Young）坚持国际社会不能允许越南对原则的破坏"无声无息地过去"，因为这只会鼓励世界其他地方的政府得出结论：没有规范，没有标准，没有限制。④

如果存在着对红色政权的可信的联合国集体行动这样的替代选择，卡特政府对除去了一个残暴政权的单边行动的公开指责将会更好理解。在越南干涉之前几个月，参议员麦戈文（McGovern）在美国参议院外交关系委员会东亚和太平洋事务小组发言时，曾呼吁使用武力结束柬埔寨境内践踏人权（的状况）。后来在众议院演讲时，麦戈文（McGovern）询问"我国政府或联和国或国际共同体的任何地方，只是为了人道的原因，是否提到过派出一支部队剥夺这个政府的权力的任何想法"。⑤

---

① SCOR, 2108th Meeting, 11 Jan. 1979, p. 7.
② 同上，p. 8.
③ 同上．
④ 同上．
⑤ 引述于 Ronzitti, *Rescuing Nationals Abroad*, p. 98.

麦戈文（McGovern）拟想在联合国宪章第七章的授权下发生任何这样的行为，都会使中国否决任何针对其盟友的提议。除了保护波尔布特的战略利益，西方国家任何推行第七章服务于使人道主义干涉正当化的尝试都会在安理会中遭到中国和不结盟国家的反对，它们警惕地保护着主权权利。为了使实施军事行为合法化，人们要求安理会在宪章第七部分的规定的第39条之下找出对"国际和平与安全"的威胁。但是滥用这一原则掩盖除去像波尔布特这样的暴君将会导致这样的担忧：这将削弱《宪章》第2条第（7）款的不干涉原则。由于这些政治和理论上的限制，卡特政府持麦戈文（McGovern）的提议不是一个"灵活的选择"①这种观点就不足为奇了。

然而，McGovern没有准备跨越的规范的红线是认可结束侵犯人权的单边使用武力。结果，他加入了政府谴责越南将这个法律抓在自己手中的行列。卡特政府立即采取行动阻止越南参与国际货币基金组织（IMF）和世界银行这样的经济机构，并且阻止其在金边的傀儡政府进入国际俱乐部。现实主义者将会认为下面两个因素可以解释这种反应：首先，美国心灵上仍然留有越战的创伤，那场战争使超过50000人丧命；其次，超级大国缓和的结束使美国认为它在全球范围内面临着苏联通过扶持代理人提升自己利益的情况。越南在金兰湾（Can Ranh Bay）为苏联海军提供了一个重要的基地，它对柬埔寨使用武力，根据零和术语，被解读为提升苏联在东南亚的权势。美国通过与中国和东盟协力扭转苏联获得的利益，即使这意味着支持波尔布特和红色高棉中的杀人犯。这些政治和战略原因加强了美国对多元主义规范的维护，但问题是，如果它的利益有不同的界定，卡特政府在有关这个事例的争论上能走多远？如果同样的法律原则涉及美国友邦时受到威胁，卡特政府还能这样忠实地维护这些原则吗？

英国与法国有同样的战略考虑，在欧共体正渴望与这个集团发展更紧密的经济和政治联系的时候，它们也有意识地支持东盟所持的立场。欧共

---

① 引述于 Ronzitti, *Rescuing Nationals Abroad*, p. 98.

体,还有日本,立即撤回了对越南的所有经济援助。这些原因并不包括在英国和法国公开的理由中;而是,它们声称越南的行为破坏了原则,是不可容忍的。不管波尔布特侵犯人权的记录有多糟糕,这都不能使越南使用武力具有正当性。英国大使艾弗·理察德(IvorRichard)追随美国、中国和东盟呼吁越南军队立即撤出柬埔寨,声称:"不管人们对柬埔寨的人权状况怎么说,它都不能使越南——越南自己的人权记录也是可悲的——践踏民主柬埔寨的领土完整得到原谅"。① 通过指出越南在国内也不是尽善尽美,理察德大使先发制人地打击了越南在安理会中的友邦鼓吹其行为的人道方面的企图。法国也持同样的观点,它对干涉印度支那也怀有痛苦的记忆。有关法国大使在安理会中的演讲,值得注意的是他明确否认根据人道主义为越南的行为进行的辩护。莱普里特(Leprette)大使说:

因为一个政权令人讨厌,就认为外国干涉是正当的、武力推翻它是合法的,这种想法是非常危险的。这将最终危及国际法律和秩序的维持并且使各种各样政权的存在取决于其邻国的判断。②

英国和法国有明确的安全和经济原因对越南打多元主义牌。再次地,这促使现实主义者提出这样的问题:如果它们的利益不同,这些国家是否还能坚定地站在一条战线上?建构主义者将会通过声称重要的是利益如何被界定以及需要对认同如何被构建进行分析,反对这样聚焦于利益。国际社会的成员把它当作一种义务,即,使政府根据遵守法律的共同义务来界定它们的利益。这样,通常就不是在国家利益和国际社会的原则之间进行选择了,因为后者构成了对前者的界定。我并不是说当国家打算以牺牲原则为代价追求短期利益时,这样的具体事例不会出现,而是说这种情况发生的频率比现实主义者让我们相信的要低。因为行为者担心找不到貌似合理的理由使其行为具有正当性,它们将按照在原则规定内进行游戏来界定它们的利益。这为讨论特定的行为是否适合规则留下了空间,但是,正如

---

① SCOR, 2110th Meeting, 13 Jan. 1979, p. 6.
② 同上, p.4; 文字加重部分.

越南发现的，想象认为合法性原因可以无限地被滥用来覆盖任何行为/为所有行为辩解是要付出代价的。

从那些比较小的法治政府所持的不妥协立场中可以看出这种社会化论点的证据，它们在联合国安理会就越南干涉柬埔寨进行的讨论中发言。挪威、葡萄牙、澳大利亚、新西兰在国际上都是人权的坚定捍卫者，但是它们都拒绝以人道理由为越南的行为辩护。例如挪威大使强调他的政府对波尔布特的侵犯人权已经表达了"强烈反对"，但是红色高棉在国内的弊病"不能——我们再重复一遍，不能——使过去几天、几周以来的越南的行为具有正当性"。① 葡萄牙也持类似的立场，认为越南的行为"明显侵犯了不干涉原则"，即使柬埔寨国内践踏人权的记录"令人毛骨悚然"也不能使其正当化。葡萄牙大使说："任何社会——政治考虑也不能使一个国家使用武力侵入另一个主权国家的领土正当化"。② 新西兰大使弗朗西斯，承认民主柬埔寨："不论在国内事务上还是在处理与其他国家关系时都没有遵守《宪章》的原则……但是一个国家的恶行，在我们看来，并不能使另一个国家侵入它的领土具有正当性。"③ 社会连带主义主张，如果政府大规模践踏人权，它们就应当丧失主权、不干涉和不使用武力原则的保护，澳大利亚大使直接指向了这一问题。尽管指出澳大利亚因为波尔布特政权侵犯人权而拒绝与其建立外交关系，他宣称澳大利亚"完全支持民主柬埔寨的独立、主权和领土完整的权利。正如其他政府一样，我们不能接受任何政府的内政，无论它们该多受谴责，能够使当其他政府对它的军事进攻具有正当性。"④ 侵犯人权的国家暴露在国际道义谴责之下，但是从这些法治政府所持的立场中可以明显看出，20世纪70年代末国际社会中的社会连带主义的局限。

新加坡增强了对人道主义干涉的理论上的拒绝，它是东盟成员中唯一

---

① SCOR, 2109th Meeting, 12 Jan. 1979, p. 2.
② SCOR, 2110th Meeting, 13 Jan. 1979, p. 3.
③ 同上，p. 6.
④ SCOR, 2111th Meeting, 15 Jan. 1979, p. 3；文字加重部分.

一个在安理会中就这一问题演讲的国家。① Koh 大使坚持,即使一个政府在国内像个暴君,也不能允许存在国际社会原则的例外:

其他人已经说过波尔布特领导的民主柬埔寨政府以一种残暴的方式对待其人民。不管那种控诉是真是假,那都不是安理会的问题。我们持这样的观点,即民主柬埔寨政府对民主柬埔寨人民负责。其他国家都没有推翻民主柬埔寨政府的权力,无论这个政府对它的人民有多坏。坚持相反的原则就是承认外国政府有权干涉、推翻另一个国家的政府。②

除了这种原则立场,新加坡表示它对越南的行为感到担忧,因为它对新加坡以及更广大地区的安全构成了威胁。在 1 月 12 日到 13 日在曼谷举行的特别外长会议上,东盟提出了一个声明对越南的干涉深感遗憾,并且呼吁越南从柬埔寨撤出军队。东盟觉得被背叛了,越南违反了在入侵之前范文同在访问东盟国家期间给予本地区的保证。在谴责越南的行为时,东盟没有以法律原因掩饰其战略理由;③ 事实上,政府在安理会中引用了两套论据。

最后,我们来看看安理会中不结盟国家的立场。这些国家的安全利益没有受到直接的威胁,它们在国内或国外也没有人权卫士的名声。于是,毫不奇怪它们的贡献是强调原则不应该有例外。社会连带主义的声音没入玻利维亚、加蓬、科威特、赞比亚、尼日利亚以及孟加拉的论述中。尽管这些政府避免直接谴责越南,它们也没有为那个遭受困扰的政府提供任何支持。而是,它们强调不干涉原则的神圣不可侵犯的性质。例如,孟加拉宣称其立场是由它对主要原则的义务决定的,即"国家在国际关系中应当

---

① 马来西亚、泰国、菲律宾和印度尼西亚要求作为非安理会成员参与讨论,而东南亚国家联盟唱着同样的社会连带主义腔调。马来西亚强调联合国宪章第 2 条内原则的神圣性,认为"任何国家的武装干涉,不管它的军事或政治辩护,都不能被允许"(SCOR, 2110th Meeting, 12 Jan. 1979, p. 4)。类似地,菲律宾发表声明,它"反对任何国家对其它国家内部事务的干涉,因为那是宪章和国际基本原理的精髓"(SCOR, 2111th Meeting, 15 Jan. 1979, p. 9.)

② SOCR, 2110th Meeting, 13 Jan. 1979, p. 5.

③ 这是 Evans 和 Rowley 的观点,他们认为,"越南对柬埔寨的军事干涉由于基本战略原因受到东南亚国家联盟的谴责,但是正是给予的缘由是合法的"(Evans 和 Rowley, *Rey Brotherhood*, p. 187)。

自制不以武力或使用武力威胁其他国家的领土完整或政治独立"。① 孟加拉信奉的多元主义观点表明了新独立的国家如何迅速地发展出玩国际社会游戏的感觉,因为孟加拉能够作为主权国家存在之所以成为可能,只是因为打破了原则。② 不结盟国家中唯一提出了人权问题的是玻利维亚,它表示它愿意听取西哈努克亲王的证言绝不是暗示"支持波尔布特政权的所作所为或与其团结一致";实际上,波利维亚的立场是基于"对不干涉原则的充分尊重"。③

回想一下中国曾经提出一项议案明确地谴责越南是侵略者。它并不打算将之付诸表决,因为科威特提出了一项由安理会中的不结盟集团发起的替代提案。这项提案并不明确地谴责越南,但是它呼吁所有外国军事力量从柬埔寨撤出,这是所有反对越南使用武力的国家表达的基本要求。投票结果是13票赞成2票反对(捷克斯洛伐克和苏联),但是,因为苏联使用了否决权,这项提案没有被采纳。

安理会中只有苏联和捷克斯洛伐克支持越南的立场(民主德国,匈牙利,波兰以及古巴支持它们,要求苏捷在安理会中代表它们),它们通过赞同两场战争论支持越南。苏联大使杜洛伊安诺夫斯基(Oleg Troyanovsky)颠倒黑白地声称,越南通过提出理由即安理会正在通过干涉PRK(柬埔寨人民共和国)的内部事务,破坏不干涉原则。按照雷弗(Leifer)的说法,苏联"强调人道主张"④,但是这种主张必须被放在莫斯科支持"两场战争论"的环境中去理解。苏联可绝不会寻求根据人道主义干涉理论为越南使用武力进行辩护。事实上,它坚持越南的主张,即救国阵线"作为柬埔寨人民的真实(意见)的表达"才应当为推翻波尔布特负责。在努力使新政府具有合法性的过程中,杜洛伊安诺夫斯基(Troyanovsky)大使强调波尔布特政权犯下的"滔天罪行"。然而,采取使安理会面对赞

---

① SCOR, 2109th Meeting, 15 Jan. 1979, p. 6.
② Justin Morris 评论道,"考虑到它获得独立的方式,孟加拉国对此多元主义的观点是很有趣的"(J. Morris, 'The Concept of Humanitarian Intervention in International Relations' MA dissertation (Hull, 1991), p. 25).
③ SCOR, 2109th Meeting, 13 Jan. 1979, p. 7.
④ Leifer, 'Vietnams Intervention in Kampuchea', p. 150.

成波尔布特路线的人道牵连的策略,却使杜洛伊安诺夫斯基(Troy-anovsky)大使暴露在英国大使的指控之下:"其政府正在为了政治目的操纵人权。英国大使指出,当英国曾向人权委员会提出一项针对波尔布特侵犯人权的草案之时,苏联和古巴并未支持它。事实上,他注意到"苏联前外长佐林(Zorin)先生,那时说提出这个问题'纯粹是为了政治目的'。但那确实存在。我欢迎它们现在的转变"。① 理察德(Richard)大使对苏联人权立场的矛盾的揭露,表明了行为者如何变得对它们的理由困惑,使它们受到双重标准的指控,如果在不同论坛/场合它们采用的论点之间存在矛盾的话。

苏联发现它在安理会中有点难堪。支持苏联立场的只有捷克一票,而捷克政府是1968年苏联通过武力建立的。② 而且,它被迫否决一项由安理会中的不结盟国家提出的撤出"所有外国军事力量"的提案,同时否认越南军队侵入了柬埔寨。正如《经济学家》指出的,"首先声称不存在入侵者,然后阻挠要求它们撤出的呼吁,杜洛伊安诺夫斯基(Troyanovsky)先生破坏了他的政府在不结盟国家眼中仅存的一点可信性。"③

中国人高兴地看到它们的苏联和越南对手在世界上的困窘,但是他们想要的可不止言辞上的陈述。在安理会中此次投票之后两天,十万中国人民解放军部队像潮水一样漫过了越南的边界。战争持续了一个月,因为遇到越南的顽强抵抗,中国付出了伤亡两万人的代价。④ 安理会从2月23日到27日开会试图解决这场战争,但是,除了苏联集团和古巴,安理会中的

---

① SCOR, 2100th Meeting, 12 Jan. 1979, p. 6. 根据 *International Herald Tribune* 中的一项条款, Richard 大使的评论"让安理会笑起来……中国大使坐在他们的椅子里笑起来。Sihanouk 王子时不时地笑起来,Oleg Troyanovsky 凝起了'我们见过最深的眉头',一位代表说"。('US Joins Denunciation of Invasion of Cambodia', *International herald Tribune*, 15 Jan. 1979).

② 'Echo-slovakia', *The Economist*, 20 Jan. 1979, p. 16.

③ 同上。

④ Evans 和 Rowley, *Red Brotherhood*, p. 115 – 116.

其他国家都把中国使用武力与越南对柬埔寨的持续占领联系起来。① 这一问题继续占据安理会中的大多数国家的精力，它们重申了对越南行为的多元主义的批评。② 在2月底的安理会会议期间，没有提案被付诸表决；安理会在3月16日再次开会表决东盟发起的决议草案。这一提案呼吁本地区所有冲突各方停火，所有外国军事力量撤回各自国内，通过和平手段解决争议。在一月之内第二次，苏联感到被迫否决安理会中多数国家都支持的一项提案。

当在联合国大会第34次会议上有关谁应当在联合国中代表柬埔寨的合法政府的问题又起争论的时候，对于越南使用武力的争论在1979年底转移到了联合国大会。大会的资格委员会以6比3的票数建议接受波尔布特的承认要求。在1979年9月21日的两次全体会议上，大会考虑了委员会的报告。越南、苏联集团以及苏联在八十八国不结盟运动中的11个友邦已经承认了PRK，这些国家支持PRK在联合国中占有柬埔寨的席位。这一立场被71票对35票、34票弃权的投票结果击败。

在联合国大会中关于资格问题的讨论中值得注意的是，没有国家试图根据人道主义干涉理论为越南使用武力进行辩护。越南及其苏联集团中的支持者确实努力利用联合国大会中对于波尔布特政权犯下的可怕暴行的厌恶情绪，但是利用这一点说服其他国家对越南打破原则看得肯定些的尝试失败了。新加坡大使许通美（Koh）拒绝了这种越南和苏联集团含蓄的缓和诉求，他直截了当地拒绝了这种使用武力的理由。他坚称，"如果我们准备承认人道主义干涉理论，我认为对我们这些小国而言，这个世界将变得比现在更危险"。他的立场是，无论一个国家侵犯人权的状况是多么糟

---

① 中国把它的动用武力说成是自卫行为，但是这一说法没有得到美国、东南亚国家联盟和安理会非结盟国家的承认，它们认为它是对联合国宪章原则不可接受的触犯。例如，美国认为不使用武力原则用于"目前中国对越南的攻击就像它们用于早些时候越南对柬埔寨的入侵一样"（SCOR, 2114th Meeting, 23 Feb. 1979, p. 4）。

② 考虑到前章出现的印度用人道主义辩辞来辩护它动用武力这一观点，注意到印度作为邀请代表发言说独立自主和互不干涉原则具有普通的适用性并且不存在例外是有启迪作用的。印度曾试图通过引述第51条宪章和提出人道主义口号来辩护它在东巴基斯坦的干涉行动；后者明显依赖于说服安理会把它的武力使用看作是独立自主、互不干涉和不使用武力原则的合法例外。

糕，原则都不应该有例外，因为这将放开比较大的国家的滥用，它们将打着"将人民从其不人道的政府手中拯救出来的幌子"进行干涉、把一个政府强加在别国头上。① 这一论述的要点是，新加坡大使提供的是依赖于现实主义的滥用论的多元主义原则的道义理由，而不是安理会中欧洲国家提出的多元主义的反对理由，它们关注的是，在一个各国对"正义"有不同界定的世界上，使人道主义合法化的危险。这两种论点都诉诸联合国大会中不同层次的政府，它们声称它们对越南行为的反对绝不暗示着对波尔布特政权过去行为的支持。

支持承认 PRK 作为合法政府的权利的国家则主张，它上台是柬埔寨人民起义的结果，越南的军事存在是它与 PRK 签署的、正式的《友好条约》的结果。与此相反，大多数国家认为 PRK 不应当被承认，因为它缺乏普遍合法性而且只是因为越南军队才得以上台。例如，中国宣称 PRK 的主张是不可接受的，因为它是已经被高棉人民拒绝了的、越南的傀儡政权。新加坡通过主张大会承认一个由越南军队的"10 个师"建立的政府将会破坏联合国的不干涉原则增强了这一点。② 中国与东盟结成反对越南的统一阵线是可以理解的，因为它们担心苏联支持的越南的行为改变了本地区的权力平衡。反对越南的集团继续得到美国和大多数欧共体国家的支持（在"两个柬埔寨"问题上法国弃权，认为任何一方都无权在联合国中代表柬埔寨③，前者由冷战必需所驱动、后者在意其在东南亚日前增长的经济利益）。很多与看到越南受到惩罚没有直接利益的国家在有关承认问题上也持同样立场。

对联合国大会而言还存在第三种可能，即搁置决定而让柬埔寨在联合国的座位空着。印度提出的这一建议在几个月前哈瓦那举行的不结盟运动国家首脑峰会上得到了一些赞同。在联合国大会中，它被一项 80 票对 43 票通过的动议击败了，这项动议支持联合国官方法律观点即让椅子空着是

---

① General Assembly Official Records (GAOR), 第 34 次会议, A/34/PV.3, 21 September 1979.
② Koh 大使的讲话引述于 'Of Snakes and Laddwrs', *Far Eastern Economic Review*, 5 Oct. 1979, p. 14.
③ 同上。

违法的。①

东盟继续通过1979年11月份在联合国大会中对柬埔寨形势进行为期3天的讨论来向越南施压。引导着有关一项由30个国家发起的决议草案的讨论,马来西亚代表东盟认为对民主柬埔寨内部事务的武装干涉是东南亚地区安全形势恶化的原因。东盟特别提心冲突可能溢出到泰国,因为越南正对活动在泰柬边界的红色高棉武装加紧进攻。② 赞成国际社会原则的普遍利益加强了这种地区安全考虑。在联合国大会中发言时,马来西亚大使 Tan Sri Zaiton 承认红色高棉导致成千上万人的死亡是有罪的,但他同样无情地指出国内的残暴行为不能使越南的军事干涉合法化。他认为,不干涉原则保护弱国免受强国侵害,可选择的替代品"丛林法则在那儿也许是正确的"③。

由东盟提出的这项决议草案再次呼吁所有外国军队撤出柬埔寨、确保其人民的自决权,它也承认迫切需要人道主义援助以阻止发生在这个国家的饥饿,这是柬埔寨人民面临的最新威胁(这一点在下文中将详细讨论)。在联合国大会进行讨论之前几天,联合国召开了一个紧急承诺会议以募集资金阻止柬埔寨国内正在发展的饥荒。这一考虑得到了孟加拉、不丹、尼泊尔、新西兰、澳大利亚以及新加坡的支持。

反对这一决议草案的是由越南及其在苏联集团和第三世界中的支持者起草的相对的提案,声称东盟发起的提案是对 PRK 政府国内事务的干涉行为。这一论点未能说服大会,投票结果以91票对21票(29票弃权)支持东盟的提案。与印度对联合国大会谴责其对东巴基斯坦的干涉的消极反应相似,越南对《34/22号决议》的回应是现实主义的,即"决策是由战场

---

① 泰国认为保持座位是空的就是允许武装压制,扎伊尔认为它会否认一个会员国的自主权。类似地,塞内加尔和南斯拉夫认为这会创造一个可怕的先例。奥地利、法国、西班牙、苏里南和瑞典都拒绝这两次柬埔寨事件,认为双方都没有被授权扮演柬埔寨人民的合法代表。见'The Diplomats Dig in', *Far Eastern Economic Review*, 5 Oct. 1979.

② Evans 和 Rowley, *Red Brotherhood*, p. 196–197.

③ 'The Diplomats Dig in'.

决定的，而不是一纸文件"。① 一个可选的反应是主张《34/22 号决议》呼吁各方尊重人权、同时要求越南军队撤出，是矛盾的，越南军队是柬埔寨人民与波尔布特重掌权力之间的唯一障碍。② 而且，通过继续给予波尔布特反对韩桑林政权的武装斗争以国际合法性，联合国大会为导致 1979 年底柬埔寨国内的大规模人道主义危机的内战火上浇油。

当西方的公众通过媒体看到饥饿的柬埔寨人的时候，西方国家的政府指责越南以用柬埔寨人民的生命玩弄政治。如果在 1975—1979 年之间西方政府曾经做过柬埔寨国内的人权卫士，这一指控或许能带来更大的道义权威。然而，正如我下面讨论的，将高棉人民从波尔布特这个暴君的野蛮监狱中拯救出来的，正是越南政府。

越南行为的人道主义资格

高棉人一向以怀疑和恐惧的眼光看待它们比较强大的越南邻居。但是几乎没有疑问的是，绝大多数高棉人将越南人当作拯救者来欢迎。基于对波尔布特政权幸存者的采访，威廉·萧克罗斯（William Shawcross）得出结论"越南的干涉是一次真正的解放"。③ 由伊娃·麦斯里瓦斯（Eva Mysliwiec）撰写的乐施会（Oxfam）报告得出了相同的判断。④ 西哈努克亲王为这一主张提供了进一步的证据，他说柬埔寨人民欢迎越南"救星"。⑤ 这一地区的一个经验丰富的观察家，钱达安反映：

在成百上千的柬埔寨村庄，人们对越南的入侵报以喜悦和难以置信。红色高棉的骨干和民兵没有了。人们又自由地作为家庭生活，上床睡觉时

---

① 引述于 N. Chanda, 'Hanoi Ponders its Strategy,' *Far Eastern Economic Review*, 7 Dec. 1979, p. 21.
② 这个观点来自 Morris, 'The Concept of Humanitarian Intervention', p. 27.
③ 引述于 Klintworth, *Vietnam's Intervention in International Law*, p. 65.
④ E. Mysliwiec, *Punishing the Poor: The International Isolation of Kampuchea* (Oxford: Oxfam, 1988), 引述于 Klintworth, *Vietnam's Intervention in International Law*, p. 66.
⑤ *Cambridge Information Office Newsletter*, May 1997, p. 19. 引述于 Klintworth, *Vietnam's Intervention in International Law*, p. 65.

不用担心明天……就好像救助者降临了……我经常从幸存者中听到的一句话是"如果越南人没有来,我们可能都已经死了。"①

因此,证据强烈地指向这一结论即越南的干涉最初是被作为一种解放行为受到高棉人的欢迎的。② 红色高棉的受害者对越南行为的积极反应与国际社会的敌意反应形成了鲜明对比。毫无疑问,柬埔寨的"屠宰场"构成了一种特别紧急的人道主义情况,外部的军事干涉是结束波尔布特政权的野蛮行为的唯一手段。最后,地方武装可能也会揭竿而起、推翻政府,但是在这期间有多少柬埔寨人将会被杀害或被逼失去人性、变成野兽呢?越南使用武力满足了比例原则的要求,因为它与其所结束的侵犯人权的严重性是相称的。一项干涉具备人道主义性质的最后一项最低要求是采取行动的非人道主义的动机和采用的手段不能削弱实际的人道主义后果。越南除去波尔布特的决策的后果是将柬埔寨人民从其对民众犯了大规模谋杀罪的政府中拯救出来,这一人道主义后果是明显的:事实上它被当作解放受到了柬埔寨人民的欢迎。

我们已经接受越南的行为满足了人道主义干涉的最低要求,它在多大程度上满足了法学家们的、根据《联合国宪章》第2条第(4)款允许使用武力的标准呢?回顾一下前一章的内容,关键的要求是目标国没有丧失领土、没有政权更迭、干涉武装的及时撤出。印度对东巴基斯坦的干涉没有满足前两个要求,但是它满足了第三个。而越南则满足了第一个标准,但没做到后两个。这些不是削弱了它的行为的人道主义资格,而是这说明了,就像在孟加拉案例中一样,这套法律框架在评估人道主义干涉案例的

---

① Chanda, *Brother Enemy*, p. 370.
② 当成千上万的越南军队永久地停留在柬埔寨的国土上时,柬埔寨人民传统上对越南殖民的害怕开始出现。200000到300000越南人在干涉后驻扎在柬埔寨,诡辩说柬埔寨人民会失去他们的同一性。越南抢劫金边的事件没有获得任何物质价值,但是越南化这个词1971年出现在这个国家。Chanda写道,这是"一片没有金钱、市场、邮政系统或学校的土地;它一片狼藉,布满了坟墓和停尸房。"而由于新政府受到国际谴责和制裁,这些问题更加严重。重建这个国家需要成千上万越南官员、工程师、教师和医生的支持,因为消灭这些专业人员是红色高棉政权的主要目标,越南人开始重建基础设施,并提供给柬埔寨人火车,来展示如何运行现代经济和社会。柬埔寨人民热情地投身于重建工作,但是如果没有越南人的帮助不可能实现。结果是显著的:孩子们回到学校,提供基本健康保障,货币流通代替了以物易物交换。见Chanda, *Brother Enemy*, P. 371.

合法性方面的局限。合法的人道主义干涉不应当包括政权更迭的主张提出了这样的问题:如果不废除波尔布特的权力,如何结束他的弊病?正如汤姆·菲勒(Tom Farer)指出的,"在践踏人权的严重性与失职政权的不可救药性之间通常存在着联系"。① 那么,在金边的政权更迭就是结束被红色高棉永久化了的、荒唐地侵犯人权的前提条件。

越南因直到 20 世纪 80 年代末才撤军而受到批评。与之形成对比的是印度,正如我们所看到的,及时地从孟加拉撤出了军队(印度的撤军决定是美国决定承认新政府、取消它对印度的制裁的一个关键因素)。② 与此相反,柯刚瑞(Gary Klintworth)认为越南在柬埔寨的长期军事存在"根据它不得不与由其他大国提供物资支持的红色高棉武装斗争来解释"。③ 假如越南通过立即撤出其军队回应联合国大会的表决,将没有其他东西可以阻止红色高棉重新掌权。由于越南的脱身将可能重新将高棉人民置于波尔布特这个暴君的统治之下,其长期的军事存在也许是阻止杀戮重现的唯一方法。④ 当然,越南不是因为这些考虑延长它的占领,但是它的重要的战略利益即消除来自红色高棉的军事和政治威胁与保护高棉人民免受波尔布特重临的目标是一致的。⑤

越南的干涉未能满足在第 2 条第(4)款所允许的人道主义干涉的、反限制派的条件,但是假如它满足了这些要求,那它最多也就是在红色高棉重新掌权、进行日常杀戮之前的暴行的一次临时中断。在主张越南将柬埔寨人民从波尔布特的野蛮行径中解救出来的时候,承认以越南为靠山的

---

① T. Farer, 'An Inquiry into the Legitimacy of Humanitarian Intervention', 载于 L. F. Damrosch 和 D. J. Scheffer 编 *Law and Force in the New International Order* (Oxford: Westview Press, 1991), p. 198.
② 例如,Bazyler 认为,"越南的入侵没有受到限制。在推翻红色高棉政权后越南人并没有离开这个国家"(Bazyler, 'Reexamining the Doctrine of Humanitarian Intervention', p. 609)。
③ Klintworth, *Vietnam's Intervention in International Law*, p. 76.
④ 在一次对比分析中,Farer 认为,"由于驻留在柬埔寨帮助它建立的政府,越南看起来会因为它对国家政治独立和领土完整的继续侵犯而可以被起诉……但是不管它自己黯淡的人权记录,入侵后政权似乎比波尔布特政权要进步很多。考虑到地利政治环境——内部强权的争夺和中苏的敌意、柬埔寨社会的疲惫情绪、波尔布特余党的继续顽抗——越南军队可能是当时抵制红色高棉政权复辟的唯一可能力量。"(Farer, 'An Enquiry', pp. 193 - 194)。
⑤ Klintworth, *Vietnam's Intervention in International Law*, p. 73.

新政府自己也犯有侵犯人权的罪行,是重要的。美国的人权律师协会在1985年报告中列举了诸如随意逮捕、监禁以及酷刑这样的"家常便饭"的侵犯人权的状况。① 这增强了1984年大赦国际报告的发现,它说"越南的安全和军事人员大体上一贯侵犯服从其权威的柬埔寨人的人权"。② 尽管越南干涉的人道主义性质很明显地被这些侵权行为削弱了,任何评估都必须与波尔布特政权时期流行的、令人毛骨悚然的人权状况进行平衡(比较)。不管柬埔寨人民共和国在道义上有多失败,它的侵权没有压过这一事实:越南军队对它的扶植将七百万人民从波尔布特及其追随者的大规模谋杀中拯救出来。

越南也承受着对其通过使用饥饿作为政治武器来践踏人权的指责。矛盾地,1979年底遍布柬埔寨全国的饥荒是从波尔布特中解放出来的一个无意的后果。从红色高棉的监禁中获得了自由,成千上万的柬埔寨人去寻找他们的家园和亲人。这样,再加上越南与红色高棉之间的战斗,特别是在马德望(Battambang)省(一个富产稻米的地区),意味着主要的稻米种植基本上错过了。再加上越南由于歉收也没有多余,形势更加恶化。③ 越南坚持柬埔寨人民共和国控制援助的分配,这一提议遭到了联合国儿童基金会(UNICEF)、红十字会和乐施会(Oxfam)的抵制④,越南因此被指控拖延国际救援努力。越南如此急迫地控制分配的原因是它担心国际组织进行的食品分配将会落入红色高棉手中,因此支撑它的战争努力。⑤ 在国际压力下,越南同意允许救援机构分配援助,但是西方国家中仍存在挫折感——将之理解为妨碍事情进行的策略。

问题被提交到了联合国筹资会议上,会议在联合国大会讨论柬埔寨之

---

① Lawyers' Committee for Human Rights, Kmapuchea, *After the Worst* (1985), pp. 5–6, 引述于Bazyler, 'Reexamining the Doctrine of Humanitarian Intervention', p. 610.
② 引述于 Bazyler, 'Reexamining the Doctrine of Humanitarian Intervention' p. 610.
③ 'Freedom to Starve' *The Economist*, 25 Aug. 1979.
④ 'The Cambodia Government at Last Seems Willing to Accept Supervised Aid for its Starving People. Now, Speed', *The Economist*, 6 Oct. 1979, p. 16.
⑤ 外交部在金边表达了它对国际援助的担忧,它认为国际援助是"向波尔布特和其他反动武装这些柬埔寨人民的敌人提供军事物资的借口"(引述于'Leading towards a new realism', *For Eastern Economic Review*, 7 Dec. 1979, p. 23).

前几天召开。在西方国家公众通过媒体了解到饥饿的柬埔寨人的情况下，一些西方国家政府主张采取一定形式的人道主义干涉。法国外长让·法朗索瓦·蓬塞（Jean-Francois Poncet）说"拯救生命的需要"也许要求"例外"的行动，例如向柬埔寨空投食品和药品。① 空投计划得到了加拿大外长弗劳拉·麦当劳（Flora McDonald）的支持，她甚至走得更远，将在柬埔寨饥荒问题上表现出来的外交怯懦与对大屠杀的国际反应相提并论。"人们将要求"，她说"采取特别措施"。② 法国—加拿大的空投计划得到了美国的支持，但是它从联合国儿童基金会和红十字会那里得到了不冷不热的接待，它们担心没有柬埔寨政府的同意不能提供人道主义援助。③ 柬埔寨人民共和国驻莫斯科大使普拉萨特（Keo Prasat）提出了这一忧虑，他宣称："我们将竭尽所能保卫我们的领土不受来自空中或陆上或水上的侵犯。"④ 提到陆路是很重要的，因为美国也曾提议开辟一条经过泰国的提供援助的陆上路线。然而，这被金边的政府拒绝了。《经济学家》上的一篇文章强调了这个决策背后的安全原因：

> 尽管这是最直接的道路，但是道路经过的地区要么由右翼的"自由高棉游击队"、要么由波尔布特的红色高棉余孽控制；而且从那里直接进入越南军队的通道，它们正沿着柬—泰边界运送辎重。尽管越南已经允许救助动作继续进行，它的仁慈似乎不会扩展到为了使柬埔寨平民不挨饿而放弃对其敌人的压力。⑤

尽管越南因迟滞救助努力而受到西方的严厉批评，在12月对柬埔寨进行访问之后，联合国儿童基金会（UNICEF）的首脑给出了不同的信息。

---

① 'Take a Figure and Double it', *Far Eastern Economic Review*, 16 Nov. 1979, p. 27.
② 同上。
③ 国际红十字协会的 Alain Modoux 在接受 *For Eastern Economic Review* 的采访中说，没经过金边政府的允许在柬埔寨进行飞行要冒着被"击落"的危险，就像他们"在比夫拉的经历"那样（同上）。
④ 越南驻联合国大使何文楼加强了这个警告，他说任何没经过允许飞过柬埔寨的飞机都"会被击落"（同上）。
⑤ 'Slowly Comes the Rice', *The Economist*, 3 Now. 1979, p. 48. 另见 'Take a Figure and Double it' 和 'The Camodian Government at Last Seems Willing to Accept Supervised Aid for its Starving People. Now, Speed'.

在结束其探寻真相之旅回来之后，亨利·拉柏依斯（Henry Labouisse）说他对柬埔寨人民共和国与国际救助努力正在进行的合作表示满意，他批评红色高棉破坏了柬埔寨的基础设施恶化了救助努力。

而且，西方国家指控越南利用饥饿作为政治武器忽视了这一事实，即正是由于外国的支持——包括美国和英国——才使红色高棉对金边的政府构成了重要威胁。假如越南的干涉被国际社会赋予合法性，柬埔寨人民共和国（PRK）就能为柬埔寨重建得到国际援助，而不是面对经济制裁，在这种环境下，它就将不会担心向人道主义救助努力敞开大门以救助柬埔寨人民了。

越南因用柬埔寨人民的生命玩弄政治而受到指责，但是同时进行这种指控的国家却在联合国大会中投票支持谴责越南推翻了一个自从大屠杀以来犯下了最严重罪行之一的政权。而且，大会支持战斗在柬埔寨山区的波尔布特的游击队作为唯一的合法政府，这是一项冒着使红色高棉重新掌权风险的行动。这也使越南对旨在缓解1979年柬埔寨全国性的饥荒的国际救援努力十分狐疑。这是现实主义对普遍人性的胜利，还是保卫多元主义的国际社会的法治的道义后果？

结　论

现实主义者认为国家不会首先基于人道主义的原因进行干涉，这种评估被对越南对柬埔寨的干涉进行的研究所排挤。如果人道主义动机的首要性是合法的人道主义干涉的决定性特性，则这个事例不能满足这个条件。没有证据表明波尔布特对人权的侵犯在入侵柬埔寨的决策中起了任何作用：只是当它觉得政治上适宜这么做的时候，越南才批评这些行为，而且，假如与民主柬埔寨的边界问题获得外交解决，它将与这个残暴的邻居共存。对柬埔寨人民而言意外的是，这样一种国家间协定证明是令人困惑的，因为越南随后使用武力将高棉人民从一个评论家所描述的"自动种族灭绝"中解救出来。①

　　动机优先方式的支持者,像贝兹勒(Bazyler),认为"解救只不过是越南实现对柬埔寨的政治控制目标的一个副产品"。② 这导致他主张不能根据合法的人道主义干涉理论将越南的行为正当化。贝兹勒(Bazyler)将越南使用武力解释为有意设计以助长它对印度支那地区霸权的历史驱动,但是证据的砝码指向不同的结论:正是由于相信重要的安全利益受到了威胁,才导致越南入侵柬埔寨。正如印度对东巴基斯坦的干涉,越南准备使其士兵冒生命危险、花费难得的资源,只是因为它察觉到了来自北方的中国和南方的民主柬埔寨的对其安全的根本威胁。就像柯刚瑞指出的,"拯救人类使其免遭杀害,是越南干涉的一个不可避免的后果……但是相对于压倒性的、对重要安全利益的优先考虑来说,它通常是第二位的考虑"③——暗示着只是当这与一个国家的重要安全利益一致时,人权被侵犯的受害者才会被解救。④

　　越南对柬埔寨的干涉,就像印度对在巴基斯坦的所作所为,为社会连带主义的人道主义干涉理论提出了一个困难的案例:当这种原因在进行干涉的决策中没起什么作用时,我们怎么能有目的地将这些行为描述为人道主义的?将动机作为人道主义干涉的决定性标准的问题是,它只是忽略了人道的结果的问题。分析的参照物/指向的是国家及其动机,而不是侵犯人权行为的受害者。通过扭转传统上动机优先于结果的标准,合法性的检验标准变成了在多大程度上拯救了那些身处险境的人们,以及在多大程度上创造了在将来保卫人权的政治环境。这里的关键资格既不是解释干涉决策的非人道动机也不是可能削弱了行为的人道主义益处的干涉手段。越南行为的人道主义资格被随后的柬埔寨人民共和国对人权的侵犯玷污了。但

---

　　① 基于联合国禁止种族歧视保护少数民族的专门委员会在柬埔寨对人权的详细考察,委员会主席 Mr Bouhdiba 把红色高棉之下的人权境况描述为 "纳粹主义之后最糟糕的……它完全就是自动屠杀"(引述于 Klintworth, *Vietnam's Intervention in International Law*, p. 62)。

　　② Bazyler, 'Reexamining the Doctrine of Humanitarian Intervention', p. 610;文字加重部分,p. 608.

　　③ Klintworth, *Vietnam's Intervention in International Law*, p. 60.

　　④ 这是 Morris 的结论. 见其 'The Concept of Humanitarian Intervention', p. 46.

是这并没有改变这一事实，即越南除去红色高棉并阻止它重新掌权的安全利益，需要结束波尔布特政权的令人毛骨悚然的侵犯人权行为、为高棉人民提供新的安全措施的行为。① 结果/于是，可以同意柯刚瑞的说法，即越南使用武力满足了"一场情有可原的人道主义干涉的标准"。因为"越南干涉的最后结果是打断了柬埔寨国内正在进行的屠杀"。②

国际社会应当根据人道主义原因赋予越南行为合法性的论点的一个困难是，与印度相反，它没有依据这些为其行为辩护。没有证据表明河内的政治局曾经考虑过以人道主义术语为其行为辩护；越南为在这一个特别的事例中打破游戏规则感到迫不得已，但是它并不想对它们提出总体挑战。即使越南政府私下里讨论过提出人道主义主张以期缓和国际谴责的利用价值，它也必须将这与下面的危险衡量一下，即这或许会设置一项有可能反过来使它苦恼的先例。越南自身的人权记录也不怎么样——英国大使艾弗·理察德（Ivor Richard）将之描述为"可悲的"——也许它已经意识到它有可能变成未来的人道主义干涉的目标。而且，由于它已经对发生在柬埔寨境内的可怕的践踏人权保持了四年的沉默，联合国安理会和大会可能指出导致越南将权力政治的动机掩饰在人道主义主张的外衣下的伪善。

如果人道主义干涉的合法性应当根据它是否产生了实际的人道主义后果来判断，那么这种主张如何在一个对国家可以根据这样一种理论受到信任抱持深深疑虑的国际社会中得到合法化？正如从 Koh 大使在联合国大会的演讲中可以看出的，不是政府没有意识到对使用武力的这种合法解释。他的发言中引人注意的是，这种理论将经常被滥用、变成强者对付弱者的武器的信念。国家会因为人道主义原因采取行动或它们的非人道主义动机将会导致一系列拯救种族灭绝或大规模屠杀的受害者的行为，对他来说，只是无法想象的。除了"滥用"这个反对理由，西方国家政府引用了多元

---

① 考虑到这一事件支持了 Teson 认为我们应该主要看干涉是否拯救了难民和人权是否最终受到保护的观点，奇怪的是他没有把此事件收入他对 1945 年后国家行为的继续研究中。Arend 和 Beck 曾假设认为他没有收入此事件是因为越南"入侵柬埔寨的地方霸权动机似乎很明显"，但是这完全扭曲了 Teson 的观点，即依赖于动机来判断人道主义干涉的合法性这一方法论是有缺陷的。Arend 和 Beck, *International Law and the Use of force*, P. 123.

② Klintworth *Vietnam's Intervention in International Law*, p. 76.

主义的担心，即如果对"人权"有相互冲突的主张，人道主义干涉就对国际秩序造成了威胁。当它主张使人道主义干涉合法化将"使各种不同政权的持续存在取决于其邻国的判断"时，法国最明确地表达了这一立场。大多数国家感觉没必要为原则提出这样的道义理由，只是强调原则本身，即使一个其国民犯下了大规模屠杀的罪行，也不应当有对这些原则的例外。

社会连带主义对以上的多元主义和现实主义的反对理由的反应是它夸大了使人道主义合法化将在多大程度上削弱对使用武力的限制。貌似可能引用人道主义理由的政府将必须证明它们使用武力是正当的，因为那是结束震惊人类良知的践踏人权行为的唯一手段。这是越南在为其推翻波尔布特进行辩护时本应采用的论点。由于冷战的背景以及越南刚在战争中打败了美国的事实，多元主义的辩解——即它使用武力是正当的，因为这结束了大规模屠杀、也没对地区安全构成威胁——对国际反应可能不会赞成什么不同。然而，这种论点比两场战争论有更强的说服力，而且这可能迫使国家明确地追求人道主义干涉理论的合法性。而且，越南原本能够通过揭露西方政府正在谴责一项终结了柬埔寨境内的"屠宰场"的行为的事实来占领道义高地，而不是在安理会和大会中当众受辱。

假如越南根据人道主义干涉理论为其行为辩护，可能一些国家已经被说服、从而改变它们对于这种实践的合法性的观点。当然，只有通过政府提出这种主张，才有希望在国际社会中发展出一套新的单边人道主义干涉的规范。然而，这种对话方法的一个主要障碍是政府为了保护那些不能公开讨论的利益，可能会引用多元主义对人道主义干涉的反对理由。在安理会和大会的讨论中表达出来的对创设先例的担忧也许可以看作是操弄言辞的例子——即行为者为了利益而操纵理由。

然而，上面的论点未能解释中国和东盟的行为，因为这些国家明显既有法律的也有战略的原因导致它们反对越南的行为。在英国、法国和美国对越南使用武力的批判背后则没有那么明确的政治、经济和安全利益，但是认为这些国家采纳多元主义的论点只是因为它们服务于它们的利益，则视角/野未免太狭窄了。这种对言辞的工具性观点易受到下面反对理由的攻击，即它低估了演讲在使行为者倾向于将某些实践作为自然的和不可更改的前提来接受的能力。这不是说国家有意识地计算各种战略的代价和获益,而是像布迪厄(Bourdieu)认为的,是行为者对游戏的规则框架的感觉导致它们在其限制和使它能够作为的框架之内进行游戏。关于柬埔寨的例子,令人着迷的是人道主义干涉作为一种可选的道义实践在行为者的演说中是可见的,但多元主义的原则,以一种赋予越南行为以人道主义的合法性是致使不可想象的方式,构成了论述的前提。国家领导人和外交机构,在重塑多元主义的国际社会的原则上是关键的,但是,一旦多元主义的实践变成了习惯性的、被国家认为是理所当然的,要改变它们也是十分困难的。

规范的改变依赖于国家提出挑战既存原则的新主张,最有可能戏剧性地改变越南干涉的规范性环境的国家群体是西方集团。正是这一集团应当为针对越南和新的柬埔寨人民共和国政府的那种严苛的政治和经济制裁的过分惩罚负责。针对西方的安全利益需要对越南进行谴责并支持波尔布特的游击队这样的论点,批评者认为西方政府大大夸大了越南行为对安全利益带来的威胁是该责备的。按照约翰·葛(John Girling)的说法,除了泰国,它"几乎没有对其他国家带来直接的安全威胁"。[①] 假如西方政府能打破冷战思维定式和国际社会的多元主义习惯所强加的束缚,它们就能看到它们处在幸运的位置上,能够欢迎越南使用武力结束了波尔布特政权而没有使重要的安全利益冒风险。作为与越南站在一条战线上的结果,在东盟内部政治和经济影响力的丧失,是为结束自从大屠杀以来最严重的人权侵犯付出的一个小代价。而且,当作苏联的代理人,西方和东盟更进一步把它推进了苏联的怀抱、从而制造了一个自我实现的预言。实际上,如果西方和东盟根据人道主义赋予越南行为正当性,这将创造一个越南感到能够从柬埔寨共和国撤军的安全的环境,从而使它与泰国和东盟之间的关系正常化成为可能。这样,即使根据安全原因,西方的政策也是由利己的近视/缺乏远见所推动的。

---

① J. Girling, 'Lessons of Cambodia', 载于 J. Girling 编 *Human Rights in the Asia-Pacific Region* (Canberra: Australian National University, 1991), P. 28.

我们应当如何从道义上判断一个根据配对的原因即这样一种权利将会被滥用并设立一个危险的先例来谴责人道主义干涉实践的国际社会？加拿大外长弗劳拉·麦当劳（Flora McDonald）指责国际社会在应对柬埔寨饥荒上的外交怯懦。真正的怯懦出现得更早一些：首先，在 1975—1979 年期间，集体没有采取更多行动结束波尔布特政府的暴行；其次，缺乏外交想象阻止了安理会和联合国大会对于将多元主义的原则置于保护人权之上的道义暗示的重要考虑。政府很清楚它们坚持多元主义的原则对高棉人民的人权后果。除了这/另外，主导这个论述的正是削弱这些原则对于国际秩序的道义后果。越南不是圣徒，但是它的干涉应当被当作例外并被赋予合法性，因为它结束了柬埔寨境内的暴行。多元主义的国际社会在面对大规模屠杀时的道义破产被 John Girling 很好地把握了："柬埔寨的教训是……谁的安全？波尔布特的？或者是中国和美国的、与柬埔寨人的生命安全相对的安全？声称边界神圣不可侵犯（就像被越南打破的）具有相对于成千上万的柬埔寨人的安全的优先性，代表了一种可怕的'价值颠倒'"。

如果在所有案例中具有一贯性多元主义的反对理由，即根据人道主义原因使越南的行为合法化将冒开创一个危险的先例的风险，将带来更大的说服力。然而，事实是，在越南正因打破这些原则受到谴责和制裁的同时，坦桑尼亚对同样的原则的破坏却实际上未遇挑战？如果多元主义的倾向如此深地植根于国际社会的习惯和态度，那么什么是这两个事例的不同反应？这是下一章的主题。

第四章 好的还是坏的先例?
坦桑尼亚对乌干达的干涉

坦桑尼亚在1979年初对乌干达使用武力消除了一个已经令其他非洲政府为难的残暴政权。伊迪·阿明在1971年攫得权力之后,对乌干达进行了8年的独裁统治,按照统计,阿明杀害了大约三十万人。① 期间,乌干达人民每日生活在对自身安全的恐惧中,法治完全崩溃,政府军不受处罚地迫害、逮捕平民。乌干达政权永久化的恐怖甚至使那些自身也犯有侵犯人权罪行的非洲其他国家领导人感到羞耻。然而,非洲各国政府躲在《非统宪章》第Ⅲ章——禁止干涉成员国的内部事务——后面,没有谴责阿明对其人民的荒唐行为。在这种普遍沉默的背景下,唯一例外的就是坦桑尼亚总统朱利叶斯·尼雷尔,他谴责阿明的罪行并且对其统治的合法性提出了挑战。

坦桑尼亚和乌干达的关系在20世纪70年代逐渐恶化了,1978年10月乌干达侵入了坦桑尼亚,这给尼雷尔提供了机会,他发起了一场反击,这导致坦桑尼亚军队在1979年4月推翻了伊迪·阿明政府。本章追溯了导致坦桑尼亚干涉的背景环境,并检查了坦桑尼亚如何努力使其打破非统的

---

① F. Hassan, 'Realpolitik in International Law: After Tanzanian-Ugandan Conflict "Humanitarian Intervention" Reexamined', *Willamette Law Review*, 17 (1981), p.893.

不干涉原则正当化。这里，我考虑了坦桑尼亚在多大程度上提出了人道主义的主张以及这些理由在多大程度上等同于其行动的动机。

在打破"非统"的主权和不干涉原则时，坦桑尼亚使用武力明显造成了秩序和正义之间的冲突，因为非洲国家强烈保护其主权。本章第二部分聚集于国际上、特别是非洲对坦桑尼亚使用武力的反应。在孟加拉和柬埔寨的例子中，安理会是各种相互冲突的主张进行辩论的论坛，但是安理会压根就没对坦桑尼亚—乌干达冲突进行讨论。作为武装攻击的受害者，民主柬埔寨政府曾经要求安理会讨论越南的干涉，当面对坦桑尼亚的干涉时，乌干达试图重复同样的策略。然而，联合国里的非洲国家中没有支持安理会听取乌干达案例的。而且，由于大国没兴趣关心乌干达的防卫，这一问题从未被提交给安理会。而且，与对越南干涉明显不同的是，国际社会的任何成员都没有对坦桑尼亚提出制裁的惩罚。这个事例提出的一个关键问题是，对坦桑尼亚使用武力的无言接受是否是支持人道主义干涉作为一项国际习惯法原则的先例。对越南行为和坦桑尼亚行为的不同反应能根据法律原则作出解释吗？或它们反映了权力政治的游戏？

坦桑尼亚对乌干达使用武力的合法性在1979年"非统"，蒙罗维亚峰会上得到了讨论，尼雷尔的行为受到了友善的"非统"主席和尼日利亚的批评，然而，这次峰会上令人惊奇的是那么少的几个国家对这个行为提出了挑战。在蒙罗维亚的讨论的重要意义是，它代表了多元主义和社会连带主义的国际社会观念之间的冲突，讨论中提出了这样的论点即像阿明这样的暴君应当被剥夺《非统宪章》所提供的保护。我考虑了这种社会连带主义的主张在多大程度上成功改变了"非统"中的占优势的规范即一个政府在国内如何对待其平民与它的主权特权之间没有关系。

坦桑尼亚干涉的背景

1979年坦桑尼亚—乌干达战争的起源可以追溯到朱利叶斯·尼雷尔对于伊迪·阿明在1971年的一场军事政变中攫取了权力的谴责。尼雷尔笼统地反对非洲的政变而且他特别不喜欢这一次，因为它废掉了他的战友和社会主义革命同志米尔顿·奥伯特。后者是民选的,尼雷尔把他看作是乌干达的合法领导人。坦桑尼亚领导人为奥伯特及其支持者提供庇护,他们包括 1000 名士兵。在这场政变发生后的一周之内,尼雷尔将阿明描述为"杀人犯"①。18 个月后,他允许奥伯特的流亡武装发动对乌干达的入侵。进攻失败了,因为利比亚突袭军队支持阿明,而尼雷尔决定不为了支持奥伯特而进行干涉。实际上,在《非统宪章》的保护之下,坦桑尼亚在 1972 年 10 月 5 日签署了《摩加迪沙协议》,协议要求坦桑尼亚和乌干达克制针对对方的军事行动。② 尼雷尔在尊重这个协议的同时,继续谴责阿明的野蛮行径,作为对阿明的抗议,尼雷尔拒绝参加 1975 年坎帕拉"非统"峰会。坦桑尼亚总统声称乌干达总统犯下的罪行让所有的非洲人蒙羞。尼雷尔是令人惊骇的,他是唯一一个准备谴责阿明侵犯人权的非洲领导人,相信非统的原则应当既保卫秩序也保卫正义。③ 他的理由很好地反映在了下面他的一位部长在 1975 年所做的演讲中:

> 当在非洲独立国家中屠杀、镇压和酷刑被用来对付非洲人时,在非洲的任何地方都没有抗议……很明显,他们的国家通过他们的努力获得独立之日,就是非洲人丧失他们的对抗国家组织的暴行的权利之时。因为面临所有这样的事件时,非统就像是国家和政府现任首脑组成的工会那样行动,一致沉默,如果不是公开相互支持的话。④

除了对阿明暴行的道义嫌恶,尼雷尔的反对反映在他强烈期望削弱一个不可预测的、具有威胁性的邻居。他对未来乌干达意图的担心在 1978 年 10 月得到了证实,当乌干达军队入侵坦桑尼亚的领土并占领了喀盖拉·萨林特的时候。乌干达的虚假借口是这块领土作为德国和英国在非洲的势力范围的旧殖民地划分的一部分,当然地是属于它的。⑤ 乌干达部队的一部分似乎叛变了,而且,在这些武装被忠于阿明的部队击溃的时候,有些人

---

① *African Contemporary Record*, 11 (1978—1979), B393.
② 同上。
③ Thomas, *New States, Sovereignty and Intervention*, p. 92.
④ 引述于 C. E. Welch, 'The OAU and Human Rights: Towards a New Definition', *Journal of Modern African Studies*, 19/3 (1981), p. 405.
⑤ Thomas, *New States, Sovereignty and Intervention*, p. 92. Amin.

越过边界逃到了坦桑尼亚。①

　　为了转移国内日益增长的对权力基础的腐蚀的注意力,以及从外部获取乌干达部队的补给,阿明允许他的两个大队越过坦桑尼亚边界追击叛变者。而且,几乎未遇抵抗,他们就占领了喀盖拉·萨林特1000平方公里的地方。据报告,乌干达军队大开杀戒,把4万人赶进灌木丛,使1万人失踪。按照一位坦桑尼亚官员的说法,乌干达军队"偷走了所有能弄走的东西,弄不走的就毁掉"②。

　　尼雷尔被阿明的行为激怒了,决心赶出入侵者。然而,动员坦桑尼亚的军队并将它们运送到喀盖拉就用了几个星期,因为必须把大炮和其他装备从南部边界运输过来。③ 坦桑尼亚是世界上最穷的国家之一,动员部队需要征用汽车和其他车辆到军中服务,这给经济和社会造成很大混乱。为了支付这些成本,坦桑尼亚财政部长埃德温·姆泰伊(Edwin Mtei)对绝大部分货物征比以往更高的税。乌干达入侵的结果是坦桑尼亚的经济进入一种它很难负担得起的战时地位。④

　　在坦桑尼亚正在动员、驱逐乌干达军队的同时,尼日利亚和利比亚派出特使调停争端。尼雷尔告诉利比亚代表团,如果他们直接谴责阿明的侵略,他们的努力将更好一些。⑤ 而对于尼日利亚的调停努力,尼雷尔发火了,他问:"你们怎么能在闯入你家的人和被袭击的受害者之间调停?"⑥ 认识到由于坦桑尼亚的军事准备,他可能受到超出他所能想到的打击,乌干达领导人在1978年11月初提议他撤出所占领的领土,假如坦桑尼亚停止支持反阿明武装的话。尼雷尔拒绝了这个提议,他已经决定赶出并且惩罚阿明。到12月初坦桑尼亚军队已经将乌干达军队赶回到边界,这样,再

---

① 兵变的背景见 Thomas, *New States, Sovereignty and Intervention*, p. 94.
② *Afican Contemporary Record*, 11 (1978—1979), B393.
③ 同上。
④ Thomas, *New States, Sovereignty and Intervention*, p. 96.
⑤ *Afican Contemporary Record*, 11 (1978—1979), B394.
⑥ 同上。

第四章　好的还是坏的先例？坦桑尼亚对乌干达的干涉 / 123

加上对乌干达侵略的广泛谴责，阿明相信他应当撤出坦桑尼亚。①

然而，越来越清楚的是尼雷尔想要的不仅是乌干达军队撤出坦桑尼亚领土。在他与尼加拉瓜调停者、总参谋长西奥菲勒斯·丹朱马（Lt. Gen Theophilus Danjuma）的会面中，坦桑尼亚领导人宣称把阿明赶出去"不再是问题。问题是，接下来干什么？非洲要求坦桑尼亚为那些杀戮和财产的放纵破坏付款？"②尼雷尔似乎已经决定从两方面着手：首先，惩罚阿明的士兵，因为他们对他的人民施暴、破坏了坦桑尼亚的财产；其次，通过解除阿明的权力除去未来的对坦桑尼亚的军事威胁。然而，这件事情由坦桑尼亚人来做并不是尼雷尔的最初意图的一部分；事实上，他希望，通过消灭阿明的南部兵团，为流亡的军队和乌干达人民推翻他铺路。③为了使这样一个野心勃勃的战略给坦桑尼亚人民带来的经济负担合法化，官方新闻界，达累斯萨拉姆电台，以及尼雷尔亲自强调阿明政权的令人毛骨悚然的本质以及坦桑尼亚需要采取行动结束它的无节制。坦桑尼亚政府报纸。《每日新闻》，在11月7日的一篇社论中声称乌干达夺取喀盖拉·萨林特必须成为阿明的最后一项疯狂行为"④，《星期天新闻周刊》（《Sunday News》）暗示，如果非洲不采取行动反对阿明，坦桑尼亚必须单独行动："坦桑尼亚人有义务为他们自己、"非统"以及其他爱好和平的人们一劳永逸地结束阿明的古怪行径，它已经在大规模屠杀，乌干达和坦桑尼亚无法形容的人道灾难达到了高潮。⑤

卡罗琳·托马斯认为，假如尼雷尔决定除去阿明的权力，"非统"主席、苏丹总统穆罕默德·纽美瑞（Jaa far Mohammed al Numeiry）12月调停

---

① Thomas, *New States, Sovereignty and Intervention*, p. 94. 美国、英国、丹麦、芬兰、冰岛、挪威、安哥拉、博茨瓦纳、莫桑比克和赞比亚、阿尔及利亚、马达加斯加和肯尼亚都谴责乌干达入侵事件。

② 'Tanzania Bars Mediation in Conflict with Uganda', *International Herald Tribune*, 18 – 19 Nov. 1978.

③ homas, *New States, Sovereignty and Intervention*, p. 98. 另见'Tanzania May Enter Uganda', *Observer*, 19 Now. 1978.

④ 'Tanzania Hints Decision to End Amin Presidency', *International Herald Tribune*, 7 Nov. 1978.

⑤ 引述于Thomas, *New States, Sovereignty and Intervention*, p. 95 – 96.

乌干达—坦桑尼亚冲突的访问就是"毫无成果"的。① 这是一个正确的解释，由于纽美瑞的立场即使乌干达军队离开坦桑尼亚的最好方式是使尼雷尔与阿明达成协议；假如"非统"准备接受坦桑尼亚把阿明作"侵略者"的要求，这是不可能达到的。② 谴责成员国不是"非统"做的事，而且，即使在乌干达已经不可容忍地破坏了"非统"的不干涉原则的情况下，纽美瑞主席建议停火、结束领土扩张、从得到承认的边界撤出、遵守《非统宪章》的原则。尼雷尔不想要"非统"的调停；他想让"非统"谴责乌干达的行为、希望其他非洲国家为坦桑尼亚与阿明的战斗提供实际的支持。特别是，他希望肯尼亚切断对乌干达的石油供应。肯尼亚政府拒绝了，因为这将打破非洲内陆国家之间的协议。

"非统"主席拒绝支持坦桑尼亚的要求，这增强了尼雷尔的观点即应当改变《非统宪章》的原则以便它们不保护阿明这样的统治者。尼雷尔关注的不仅仅是阿明的外在的无节制。在 Numeiry 来访之前三天，在坦桑尼亚独立 17 周年纪念日上讲话时，他说：

在非洲存在着一种奇怪的趋势……如果我们不认真地考虑它，这种趋势将极大地破坏对我们的大陆的尊敬……阿明是个嗜杀成性的人。自从他接管了乌干达的领导职位——我不确定我是否应当称之为领导人或压迫——他杀的人比史密斯还多得多。他杀得人比南非的佛思特（Vorster）还多得多。但是，在非洲有一个奇怪的习惯：一个非洲领导人，只要他是一个非洲人，只要他高兴就可以杀害非洲人，而且你不能说什么。假如阿明是白人，我们早就通过很多反对他的决议了。但是他是黑人，黑色皮肤是遮掩他杀害非洲人的许可证。因此只有完全的沉默；没有人谈论他做了什么。③

在接下来一天的另一次演讲中，他时刻呼吁改变那些原则，拒绝把宪章的保护给予那些在大规模践踏人权的人。尼雷尔声称"重要的不是一个国家领导人做了什么；在国内他可以杀死那么多人而仍然受到宪章的保

---

① 引述于 Thomas, *New States, Sovereignty and Intervention*, p. 99.
② *Afican Contemporary Record*, 11（1978—1979），B394.
③ 同上。

护。当考虑它的时候,人们会说非洲没有法西斯主义者——然而有几个。"① 然而,主张改变非统中的原则以保护践踏人权的受害者是一回事;以人权的名义使对乌干达的单边干涉正当化就完全是另一回事了,因为这对主权和不干涉原则构成了威胁,而这正是非统得以建立的基础。

与越南的深思熟虑相同,尼雷尔及其幕僚希望依靠内部起义除去阿明,因为他们不想让人们认为坦桑尼亚侵犯了国际社会的根本原则。尼雷尔准备通过暗中建立旨在推翻阿明的流亡武装的力量援助起义,并且把他们的干涉与坦桑尼亚对阿明的南部军团的进攻协调起来。与阿明的主张相反,尼雷尔和奥伯特都尊重1972年的《摩加迪沙协议》。然而,1972年10月底尼雷尔与奥伯特讨论了他的通过把流亡的乌干达政治团体结合在一起来推翻阿明的计划。② 作为这次秘密会议的结果,所有流亡的乌干达政治领导人都获邀来达累斯萨拉姆讨论这个计划。由韦里·穆塞韦尼(Yoweri Museveni)领导的乌干达民族救亡阵线并不支持奥伯特。但是它准备加入反对阿明的共同战斗,期望为乌干达带来民主的改变。联盟中的另一个重要集团是内罗毕(Nairobi)的乌干达民族主义者组织。它也反对奥伯特,但是,像穆塞韦尼(Museveni)集团一样,它准备将这些不同置于除去阿明的目标之下。1972年他们失败之后,奥伯特的支持者转向农业和木炭销售。现在坦桑尼亚军队给了他们武器并训练他们。欧意特(Colonel David Oyite)和奥克罗(Colonel Tito Okello),1972年运动的老兵,控制了奥伯特的武装力量以及后来整个武装反对者阵营。③ 1979年1月13日,奥伯特打破了8年的沉默,呼吁乌干达人对阿明政权发动武装斗争。

坦桑尼亚对其使用武力的辩护

到1979年1月中旬,坦桑尼亚在坦桑尼亚—乌干达边境已经集合大约3万—4万士兵,《每日新闻》在1月27日报道,在阿明的军队炮击坦桑

---

① *Afican Contemporary Record*, 11 (1978—1979), B394.
② 同上。
③ Thomas, *New States, Sovereignty and Intervention*, p. 100.

尼亚阵地之后，坦桑尼亚军队已经越过边界进入了乌干达。① 在坦桑尼亚军队在边界地区进攻乌干达军队的同时，乌干达境内的反对派开始了一场蓄意破坏运动。②《观察家》在 1 月 28 日报道说流亡武装已经从坦桑尼亚越过边界进入乌干达以支持日益增长的、反对阿明的叛乱。姆土库拉（Mutukula）、卡布育（kabuyu）以及明子日（Minziri）三个边境地区据报道在流亡武装的控制之下，但是坦桑尼亚否认正占领着这些地区。③

尽管坦桑尼亚否认，看起来尼雷尔的计划是由坦桑尼亚和流亡部队对马萨卡（Masaka）和姆巴拉拉（Mbarara）发动两面进攻，这两地的军队司令部曾对坦桑尼亚人民造成那样的破坏。到 2 月中旬，西方外交消息来源证实坦桑尼亚军队已经进入乌干达大约 60 公里，几乎未遇顽强抵抗。2 月的最后一周，乌干达宣告了马萨卡（Masaka）和姆巴拉拉（Mbarara）的陷落。这两个城镇都是战略要地，因为它们位于从肯尼亚获取供给品、特别是石油的通道上。④

当坦桑尼亚和流亡武装获得了军事胜利，再加上乌干达军队与侵略军的会师，越来越绝望的阿明求助于"非统"结束冲突。"非统"设立了九个非洲国家组成的调解委员会，他与"非统"议会的部长们 2 月 23 日在内罗毕开会。由外交部长本·姆卡帕（Ben Mkapa）率领的坦桑尼亚代表团重复了尼雷尔的要求即"非统"谴责乌干达对喀盖拉的"侵略"，表达了他对调解委员会的报告没有使用"侵犯"一词的不赞同。⑤ 坦桑尼亚的立场是：冲突的解决依赖于"非统"对阿明行为的谴责；乌干达放弃对喀盖拉·萨林特的所有主张；阿明保证绝不会再入侵坦桑尼亚；对入侵造成的破坏进行赔偿。这得到了它的火线伙伴安哥拉·莫桑比克博茨瓦纳以及赞比亚的支持。对阿明最强烈的谴责来自于官方报纸《赞比亚时报》（*The Times of Zambia*），它声称"阿明的乌干达是侵略国家。它破坏了《非统

---

① 见同上 p. 101 和 'Tanzania Troops Raiding Uganda, Says Nyerere', *Guardian*, 27 Jan. 1979.
② Thomas, *New States, Sovereignty and Intervention*, p. 101.
③ 'Nyerere Steps up his Bid to Topple Amin', *Observer*, 28 Jan. 1979.
④ Hassan, 'Realpolitik in International Law', p. 873.
⑤ *Afican Contemporary Record*, 11 (1978—1979), A59.

宪章》。阿明的政权应当受到'非统'的严厉谴责。"① 由于尼雷尔知道"非统"将不会公开谴责非洲兄弟国家,他寻求和平解决方式的诚意受到了质疑。② 但是尼雷尔对"非统"努力的拒绝反映了他的信念,即它应当准备谴责不能容忍地践踏了《宪章》的国家。

由于这种原则立场,尼雷尔很难根据人道主义理由为坦桑尼亚对乌干达使用武力辩护。他将面临这样的指控:他指责乌干达打破了原则,但是他又以践踏同样的原则为其行为辩护。尼雷尔支持对《非统宪章》进行改动以便它不再庇护阿明这样的暴君,但是他不准备主张大规模侵犯人权的情况使外国的武装干涉合法化。在1979年2月28日的一次演讲中,尼雷尔表明了他对非统的领土边境不可侵犯原则的强烈支持:

尽管我不喜欢阿明——我真的不喜欢他——坦桑尼亚政府无权为了推翻阿明进入乌干达……世界上的其他政府和个人也没有推翻阿明政权的权利。那是原则问题……但是阿明的政权是个残暴的政权,乌干达人民有权推翻它。③

尼雷尔从未打算让坦桑尼亚军队深入乌干达,当然不会超出 Masaka 和 Mbarara。这种战略基于三个关键因素:首先,据信乌干达国内越来越严重的动荡局面再加上流亡武装的干涉将足以推翻阿明。其次,据信阿明将不会从他的一贯的靠山利比亚和苏联那里得到支持。然而,如果坦桑尼亚军队深入乌干达,这种情况也许会改变,阿拉伯国家和苏联将会对阿明政权提供经济的甚至军事的援助。最后,如果不违犯《非统宪章》,坦桑尼亚不能承担推翻阿明的主要任务,而这是尼雷尔决意避免的。在这种背景下,他的讲话强调使用武力去改变甚至是像阿明这样的穷凶极恶的政权也是非法的,是一个明显的证据,即尼雷尔拒绝单边人道主义干涉理论。

为了使坦桑尼亚对乌干达使用武力正当化,尼雷尔诉诸越南曾经引用过的、在安理会中当众受辱的两场战争论。在3月27日对全国的讲话中,坦桑尼亚领导人宣称:"首先,存在着乌干达人除去法西斯独裁者的战斗。

---

① *Afican Contemporary Record*, 11 (1978—1979), A60.
② Hassan, 'Realpolitik in International Law', 873 n. 79.
③ *African Contemporary Record*, 11 (1978—1979), B430;文字加重部分。

然后，存在着坦桑尼亚人保持国家安全的战斗。"① 尼雷尔没有像越南一样明确采用自卫这样的语言，但是他很明显有意将坦桑尼亚的行为描述为一种正当的防卫行为。不管其法律细节是什么，在这个例子中两场战争的理由同样不可接受，因为"对阿明的军队采取的行动相当于对阿明及其政权采取的行动"②。通过迫使阿明将大炮和装甲集中在南部边界地区，他的军队就很难应付从东部前进的的流亡武装的进攻，以及乌干达人民在北部和尼罗河以西阿明自己地盘上的起义。③ 而且，当他们被迫承担在乌干达更大区域内的战斗时，尼雷尔最初的期望——将坦桑尼亚军队限制在边界地区——受到了挫折，从而使两场战争理论越来越成为一种讽刺。

两个重要因素促成了坦桑尼亚战略的这种转变：第一个是利比亚决定通过运送补给和部队对冲突进行干涉。到3月初，已经很明显有1000～2000个利比亚士兵正在与阿明并肩战斗，还有几百个巴勒斯坦人，他们中的500人保卫着坎帕拉的广播电台。④ 干涉军遇到的第二个问题是苏联为乌干达军队提供的122毫米大炮，其射程可达40公里，延迟了流亡武装挺进坎帕拉、恩德培（Entebbe）以及金加（Jinja）。⑤ 它的一个直接后果是流亡武装在3月2日托若诺（Torono）的一场战役中失利。流亡武装在坦桑尼亚大炮的支援下最初取得了胜利，但是后来忠于阿明的部队打败了他们、重新夺回了这个城镇。法鲁克·哈森（Farooq Hassan）认为这次失败的真正意义是它"粉碎了这种观点即干涉是由乌干达流亡者独自进行的、没有坦桑尼亚军队的实质的战斗帮助"。按照哈森的说法，乌干达国民组织的发言人承认最初的计划是坦桑尼亚部队从南面进军坎帕拉，同时流亡者从东边进入，目的是"允许流亡者独自胜利地开进首都，给外界他们独

---

① 'Libya Delivers Ultimatum over Uganda to Tanzania', *International Herald Tribune*, 27 Mar. 1979.
② Thomas, *New States, Sovereignty and Intervention*, p. 102.
③ 'Nyerere Steps up his Bid to Topple Amin'.
④ Hassan, 'Realpolitik in International Law', p. 875. 和 Thomas, *New States, Sovereignty and Intervention*, p. 103.
⑤ *African Contemporary Record*, 11 (1978—1979), B396.

立成功的错觉"①。但是在托若诺（Torono）失败之后，流亡者被迫重新加入从南面挺进的坦桑尼亚军队。3月份随着战斗的进展，坦桑尼亚军队和流亡武装稳步地向坎帕拉推进。在3月的第3周期间出现了一个重要的转折点，当坦桑尼亚军队在冲突中第一次遭遇利比亚军队并且在阿明的最后一道防线上使其受到一次失败的时候。

作为对这次失败的回应，利比亚总统穆阿玛尔—卡扎菲通过威胁向坦桑尼亚宣战——除非它在24小时内从乌干达撤军——升高了冲突。这个最后通牒遭到了拒绝，而且，当战争越来越转变成一场坦桑尼亚—利比亚之战的时候，坦桑尼亚的两场战争理由变得越来越被忽略了。② 外国记者报道这场战争无疑是"参战部队的大集合，枪支、弹药的提供者，以及坦克驾驶员都是坦桑尼亚人，就像最高军事策划者一样"③。尼雷尔从未打算使坦桑尼亚军队参加推翻阿明的最后战斗，但是很明显，没有坦桑尼亚军队的直接卷入，阿明在利比亚的支持下可能会重新掌权。乌干达领导人有大约2000人的利比亚部队保卫着坎帕拉，尼雷尔在1979年4月4日作出了在最后推翻阿明时使用坦桑尼亚军队的艰难决定。就像《非洲奢侈安逸纪录》(《the African Contemporary Record》）指出的，"由于这项工作已经开始，尼雷尔认为就必须结束它，即使这意味着违背他早先不允许坦桑尼亚军队参加解放首都的决定"④。坦桑尼亚人和流亡者的入侵部队为支持阿明的部队让出了一条逃跑的路，尼雷尔告诉卡扎菲他允许利比亚人逃离。⑤卡扎菲接受了这个邀请，在几天的战斗之后，坎帕拉在4月10日落入获胜的坦桑尼亚和流亡武装手中。一周之后，坦桑尼亚军队开始夺取乌干达其余地区的进攻。

非洲国家和更广泛的国际社会中的感觉是坦桑尼亚以武力替换阿明的政权，坦桑尼亚总统面临的问题是，由于他对《非统宪章》原则的承诺，

---

① Hassan, 'Realpolitik in International Law', p. 874.
② 同上。
③ A Victory for Tanzania, a Worry For Africa,' *New York Times*, 16 Apr. 1979.
④ *African Contemporary Record*, 11 (1978—1979), B396.
⑤ Thomas, *New States, Sovereignty and Intervention*, p. 107.

他如何为坦桑尼亚的行为辩护？由于坦桑尼亚军队正驻扎在坎帕拉，他似乎承认两场战争论是个脆弱的理由。为了阻止对坦桑尼亚触犯法律的批评，他现在声称其行为是对乌干达侵略的合法回应，坦桑尼亚军队与寻求解放他们的国家的流亡者和坦桑尼亚人并肩作战。在4月12日在达累斯萨拉姆的一次演讲中，他说："有人指责我违反了国际法……我们触犯了什么法律？我们应当让一个小偷连同他的罪行逃走吗？"① 两天以后，他宣称他准备去联合国为他的行为进行辩护，声称"这是一个好的先例……如果非洲，像这次一样，不能承担起它的责任，每一个国家都有义务这么做……这对阿明和像他一样的人是一个教训。"②

尽管坦桑尼亚总统准备在联合国辩论这件事，他将很难说服安理会除去一个邻国政府构成了一种自卫的合法行为。坦桑尼亚将乌干达军队逐出喀盖拉·萨林特显然符合自卫标准，因为使用武力驱逐入侵者是必要的，使用的量也与最初的进攻成比例。然而，把战争带到乌干达境内就非常不同了，要根据自卫使之正当化需要柯刚瑞（Klintworth）为越南使除去波尔布特正当化所提出的同样的论据——即除去阿明对坦桑尼亚的继续存在是必要的。正如我在下面将要讨论的，坦桑尼亚在非统的蒙罗维亚峰会上接近提出这样的辩护，除去阿明的重要动机是阻止他对坦桑尼亚的再次攻击。结果，法律上的问题是阿明造成的威胁在多大程度上使坦桑尼亚为消除对它的威胁，在这样的规模上使用武力是正当的。正如我在前面一章指出的，仅仅指出未来可能的进攻是不够的；而是，像斯坎特（Schachter）主张的，攻击的紧迫性必须是如此明显以致防御行为是生存的前提。按这个标准，很难认为作为自卫行为坦桑尼亚的所作所为是正当的。

尼雷尔采用的第二个理由是报复乌干达，因为它入侵喀盖拉·萨林特的非法行为。尼雷尔和他的部长们被喀盖拉·萨林特的杀戮和破坏激怒，坦桑尼亚官员所谈论的"必须偿还的血债"③。《联合国宪章》没有为报复

---

① Invaders Establish Control in Kampala and Call on All Ugandans to Hunt Amin', *New York Times*, 13 Apr. 1979.

② 引述于 Ronzitti, *Rescuing Nationals Abroad*, p. 103.

③ 'Tanzania May Enter Uganda', *Observer*, 19 Now. 1978.

提供法律规定，这不奇怪，因为宪章的目的是限制单个国家为了自卫诉诸武力。在国际习惯法中报复的地位是有争议的，但是在1928年在一个有关调停/仲裁的判决中，常设国际法院确立了三个条件：第一个条件是做出了不合法的行为；第二，必须已经用尽所有的和平的救济手段；最后，报复行为与错误造成的损害必须是相称的。① 坦桑尼亚的行为显然不能满足第三个标准，因为推翻阿明与乌干达领导人最初的侵犯并不相称。②

帮助流亡武装是坦桑尼亚政府采用的最后一个为其行为辩护的论点。正如我们已经看到的，两场战争理论在外国观察家眼中缺乏可信性，他们报告说多达2万人坦桑尼亚部队卷入了干涉，而相比之下乌干达流亡武装只有3000人到5000人。而且，据估计这场战争坦桑尼亚每天至少花费一百万美元，这对经济造成很大压力，表明了坦桑尼亚在导致阿明政权的崩溃中扮演的重要角色。③ 这使哈森认为暗示坦桑尼亚军队不是对抗的决定性因素是荒谬的……坦桑尼亚的合法性主张代表了一种夸大了的虚构。④

尼雷尔似乎有理由认为他最好的防线是承认坦桑尼亚在推翻阿明中的关键性的作用，而且希望世界上其他国家宽恕这一点。尽管越南指向波尔布特政权的边界进攻以及对平民的屠杀，坦桑尼亚曾被入侵过而且其数百公里的领土曾被临时合并。然而，根据自卫理由使推翻一个不构成迫在眉睫的威胁的政府合法化是从根本上挑战国际社会的原则。事实上，越南的干涉——按照这些理由它比坦桑尼亚的干涉更合理一些——被解释为对不干涉和不使用武力原则的清楚明确的侵犯。那么，怎么解释国际上对坦桑尼亚干涉的不同的反应？

---

① 见Thomas, *New States, Sovereignty and Intervention*, p. 119.
② 同上。Thomas还认为，Nyerere对OAU调停的拒绝没能满足寻求和平赔偿办法的第二标准。这一观点还受到Hassan的支持，他总结说，"坦桑尼亚当权者不能通过呼吁法庭之外的一项权利以惩罚那些侵犯他们边境的人来使他们的行为合法化"（Hassan, 'Realpolitik in International Law', p. 907.）
③ 7月13号在Dar el Salamm透露说，一个月前坦桑尼亚向美国政府、西德、加拿大、瑞典、荷兰、挪威、丹麦、日本和英国申请375000000美元资助以改变坦桑尼亚—卢旺达战争造成的经济崩溃。英国外交和联邦事务部估算战争花费了坦桑尼亚250000000美元，威胁到国家的经济生存。见*Keesing's Contermporary Archives* Bristol, 21 Sept. 1979, p. 29838.
④ Hassan, 'Realpolitik in International Law', p. 905.

国际反应：坦桑尼亚的孤立来自于超级大国的地缘政治

使对坦桑尼亚和越南的干涉（的反应）不同的第一个因素是坦桑尼亚—乌干达冲突从未被联合国安理会或大会讨论过。1979年2月13日，阿明曾写信给联合国秘书长库尔特·瓦尔德海姆，请求安理会开会处理"边界上现在弥漫的严重和爆炸性的形势"①。科威特是2月份的安理会轮值主席团，科威特大使回答说他和秘书长都不认为这个请求措辞恰当。正如托马斯指出的，这样的回答表明在那时安理会没有把乌干达看作受到伤害的一方。② 六周以后，当外交官很清楚坦桑尼亚军队深深地卷入了阿明的军队的失败时，乌干达总统再一次催促安理会召开会议。

几天以后，在联合国中的"55国非洲集团"传递给他一个建议让他不要让安理会卷入冲突的信息之后，他撤回了请示。③ 由于非洲国家谴责越南破坏了不干涉原则，它们反对阿明获得安理会会议的努力似乎有点令人惊讶。但是这种结果既反映了坦桑尼亚在联合国的外交技巧，也反映了大多数非洲人乐意看到阿明倒台的事实。④

安理会是一个竞技场，在那儿大国就越南对柬埔寨使用武力的问题展开竞争（就像八年前印度干涉东巴基斯坦一样），但是坦桑尼亚的行为没有被牵涉进大国之间的地缘政治冲突。尽管美国和苏联竞相对有关索马里和埃塞俄比亚之间的重要战略冲突施加影响，在坦桑尼亚—乌干达冲突中它们并没有重要的安全利益受到威胁。中国和苏联之间有争夺影响力的竞争，中国是坦桑尼亚的支持者而苏联是阿明的靠山。然而两个因素缓和了中苏竞争。美国没有卷入，苏联越来越为阿明的行为感到为难。

在20世纪70年代，苏联是乌干达主要的武器提供者，同时苏联的军

---

① Thomas, *New States, Sovereignty and Intervention*, p. 115.
② 同上。
③ 'A Victory for Tanzania, a Worry for Africa', *New York Times*, 16 Apr. 1979.
④ 英国当时驻安理会大使 Lord Richard 十分强调坦桑尼亚驻联合国大使 Salim Ahmed Salim 所起到的作用，后者对非洲群体在联合国的政策有显著的影响。Interview with Lord Richard, Houe of Lords, Mar. 1999.

事和平民顾问训练乌干达军队。① 在阿明入侵喀盖拉·萨林特之后，苏联停止了武器供应，它也没努力支持利比亚对坦桑尼亚的反干涉。而且，在支持了阿明七年而没有对其政权侵犯人权提出批评之后，苏联试图在坎帕拉陷落之后在与坦桑尼亚和乌干达的关系方面掀开新的篇章。它通过把坦桑尼亚的行为描述为"还击措施"②。认可坦桑尼亚的防卫主张，并因"导致数千人失踪"③。公然抨击阿明。参考践踏人权原本可以使苏联根据人道主义理由赞同坦桑尼亚的干涉，但是苏联政府使用"反击措施"一词表明它宁愿选择这种方便的虚构的故事即坦桑尼亚的行为是一种自卫。

西方国家对坦桑尼亚以武力除去阿明反应谨慎，既不赞扬也不对它使用武力的合法性进行任何直接的评论。美国与乌干达新政府恢复了正常的外交关系，暂停了卡特政府因其侵犯人权而施加的贸易制裁。这些步骤并未伴随对坦桑尼亚的干涉的任何道义或物质支持。英国在4月16日承认了乌干达新政府，外交大臣大卫·欧文表示他承认乌干达独裁者已经被剥夺权力。英国确实为新政府提供了100万英镑，但是，像美国一样，它也避免对坦桑尼亚在导致阿明的崩溃方面所扮演的角色进行直接评论。

由于它们不承认在金边的柬埔寨人民共和国，西方国家在承认坎帕拉的新政府方面处境艰难。美国和英国因韩桑林政府是由越南扶植的而拒绝承认它，但它们却承认了坦桑尼亚军队扶植的、在坎帕拉的政府。④ 在西方国家政府眼中，两个事例的关键区别在于越南作为苏联帝国主义的代理人，是一个扩张主义的国家，而坦桑尼亚是被激怒了，并不是一个掠夺性的国家。这种论点的弱点是两方面的：它忽视了波尔布特政权对越南的挑衅，而且，更重要的是，它暗示，假如人们察觉越南有良好的动机，人们对待其使用武力将会有所不同。假如是这样的话，为什么西方国家不提出这种论点反而诉诸多元主义的论点即越南的行为破坏了国际秩序？西方国家的政府未能回答的问题是，为什么坦桑尼亚推翻阿明没有同样地对国际

---

① *African Contemporary Record*, 11 (1978—1979), B439.
② 引述于 Klintworth, *Vietnam's Intervention in International the Law*, p. 51.
③ 同上。
④ Evans 和 Rowley, *Red Brotherhood*, p. 192.

社会的原则框架构成挑战。

中国在对坦桑尼亚使用武力的反应方面也有一个主要的困难,因为它的战略利益与它的理论原则相冲突。坦桑尼亚是一个有价值的盟友,但是如果中国发展其附庸国推翻阿明的行为,那么这将削弱它对越南动武的事例。在公开场合,中国倾向支持"非统"协调委员会的提议即通过达成协议解决坦桑尼亚—乌干达沿边界线的冲突,但是可以同意托马斯(Thomas)的观点,即"它一定对它的附庸反映出来的成就感到愉悦……中苏通过代理人的竞争这一次对中国有利。"① 中国在5月2日承认了乌干达新政府,很难避免这种现实主义的判断即它在承认坎帕拉与金边的新政府上采取的不同立场反映了有选择的适用原则的一个极明显的例子。中国因为越南推翻了一个对其公民犯下了大规模谋杀罪行的政府而谴责它,同时却对其委托人破坏了同样原则的行为睁一只眼闭一只眼,被指定是权力政治。

到1980年底超过60个国家承认了坎帕拉的新政府,这与联合国大会在《34/22号决议》中拒绝承认柬埔寨的新政府的决定形成了鲜明对比。东盟促成了这一决议,它在决定承认坦桑尼亚扶植的坎帕拉政府的决定上的双重标准是应该受到责备的。当五个东南亚国家政府谴责越南、支持波尔布特的游击队作为柬埔寨的合法政府的同时,它们"毫不迟疑地接受坦桑尼亚的干涉是合法的而且承认了新政权。不存在保留仍然承认阿明是这个国家的合法统治者的虚假尝试"②。不幸的是,越南和它的支持者都没有指出西方、中国和东盟在承认坎帕拉的政府与在联合国大会上讨论金边政府在柬埔寨席位问题所持立场中的这种基本的矛盾。思考一下揭露这些矛盾是否会改变联合国大会中的表决模式是很有趣的。

让我们转向地区反应,坦桑尼亚是第一个承认乌干达新政府的非洲国家,最前线国家赞比亚、安哥拉、博茨瓦纳和莫桑比克紧随其后。尽管没有承认坦桑尼亚的干涉是合法的,赞比亚总统肯尼思·D.卡翁达说,阿明的失败是"自由、正义和人的尊严"的胜利。③ 在随后的几天中马拉维、

---

① Thomas, *New States, Sovereignty and Intervention*, p. 115.
② Evans 和 Rowley, *Rew Brotherhood*, p. 191.
③ 'Invaders Establish Control in Kampala and Call on All Ugandans to Hunt Amin'

卢旺达、冈比亚、埃塞俄比亚和几内亚也承认了乌干达新政府。考虑到坦桑尼亚愚弄了"非统"的原则，很奇怪在坦桑尼亚刚推翻阿明的时候，不存在对坦桑尼亚行为的谴责。① 然而，坦桑尼亚参加蒙罗维亚的"非统峰会"是为了得到一些对乌干达的批评。

尼雷尔曾要求"非统"谴责乌干达，因为它入侵喀盖拉·萨林特，作为对此要求的回应，纽美瑞（Numeiry）持这样的观点即要这个组织谴责它的成员国是不可能的。然而，这位友善的"非统"主席在7月17—21日在蒙罗维亚举行的国家领导人会议上利用一切会议场合并且利用他的公开致辞抨击坦桑尼亚拒绝"非统"的调解努力。他告诉2000名会议代表"乌干达方面表现出合作的意愿"②，但是坦桑尼亚只为获得"非统"对阿明的谴责感兴趣。很明显暗示尼雷尔的不妥协应为战争负责，纽美瑞（Numeiry）称之为"非洲的一个非常坏的先例"③。尽管强调他不是为阿明政权辩护，他把坦桑尼亚使用武力称作是"对我们的组织的宪章——它禁止通过武装部队干涉其他民族的内部事务、侵入它们的领土"④ 的明显侵犯。

坦桑尼亚总统有权在演说台上/论坛上回应苏丹总统的严厉攻击，但是他决定根据他的位置回答他。即使到现在，当坦桑尼亚受到来自这个友善的"非统"主席的严厉攻击的时候，坦桑尼亚总统也拒绝辩称其推翻阿明为人道主义干涉。实际上，他主张"非统"应该谴责乌干达而不是坦桑尼亚，因为它入侵坦桑尼亚领土违背了《宪章》原则：

> 我们被要求/人们要求我们支持这样的主张即当一个国家对另一个国家做出侵略行为、明显破坏了《非统宪章》、明显试图合并另一个国家的一片土地时，求助'非统'谴责对宪章的侵犯行为本身是对宪章的侵犯……我要恭喜我的兄弟，纽美瑞（Numeiry）总统，他现在想让这件事

---

① 例外是摩洛哥，其前政府于4月12日的文件 El Maghrib 表示了对"OAU 沉默"的遗憾，并指出这是第一次一个非洲国家"侵犯了它的领土并不受惩罚地占领了它的首都"（引述于 *Keesing's Contemporary Archives*, 22 June 1979, p.29673）.

② *Afriacn Contemporary Record*, 11 (1978—1979), A61.

③ 同上。

④ 同上。

得到讨论了。我唯一的批评是他应把侵略者而不是受害者放到被告席上。①

第二天尼雷尔就飞回国了，仅仅12个小时前他才出席峰会。坦桑尼亚发言人称他的离开与他与纽美瑞（Numeiry）交换意见没关系，总统原本就计划早点回国以为伊丽莎白女王的到访作准备。在离开蒙罗维亚之前，尼雷尔发布了一个17页的声明，所谓的陈述坦桑尼亚事件的《蓝皮书》。这个声明称阿明为"一个乌干达人民的可恶的谋杀者"，详细列举了其八年罪恶/恐怖统治的暴行。它也强调了坦桑尼亚进入乌干达作为一种解放行为是多么受乌干达人民的欢迎，"他们在大街上跳舞、到处都庆祝"②。当尼雷尔期望用文件证明阿明对人权的侵犯、强调坦桑尼亚士兵扮演的角色将会缓和峰会上对坦桑尼亚的谴责的时候，这个蓝皮书可绝不是根据人道主义干涉理论为坦桑尼亚的行为辩护。尼雷尔一再要求改变《非统宪章》以便它不再保护阿明这样的暴君。蒙罗维亚为坦桑尼亚总统提供了一个机会，使他可以通过主张堕落到屠宰场水平的非洲国家政府——就像人们在乌干达看到的一样——应当丧失宪章的保护、并暴露在其他非洲国家的武装干涉之下，对"非统"中的多元主义原则提出了直接挑战。尽管据报道尼雷尔把他的干涉看作在"非统"的原则中促使这样一种改变的机会，③ 蓝皮书坚持这样的理由即坦桑尼亚根据自卫原则采取行动："坦桑尼亚和阿迪·阿明政权之间在乌干达的这场战争是由乌干达军队对坦桑尼亚的侵略以及阿迪·阿明宣布/主张吞并坦桑尼亚的部分领土而引起的。没有其他的原因。"④

关于蓝皮书，重要的是，它第一次承认了坎帕拉是被反阿明武装和坦桑尼亚部队的联军攻陷的。坦桑尼亚不为"将乌干达挑起的战争带到乌干达"感到抱歉，阿明政权是"东非的和平与安全的动乱的威胁"⑤。尼雷尔提出这种合法论点——即坦桑尼亚推翻阿明作为自卫行为是正当的，因为

---

① Afriacn Contemporary Record, 11 (1978—1979), A61.
② Tanzanian Blue Book 的全文载于 'Tanzania and the War against Amin's Uganda, *Daily News*, 20 July 1979.
③ 见 'Bending the Rules to Get Rid of an African Barbarian', *Guardian*, 7 Apr. 1979.
④ 'Tanzania and the War against Amin's Uganda'；文字加重部分.
⑤ 同上。

它与阿明对坦桑尼亚的安全造成的威胁是相称的——是最接近的。蓝皮书也引用了一种新理由使其行为合法化。由于利比亚的卷入，坦桑尼亚曾被迫承担战争的主要负担，这个原因现在被公开地用来为其行为辩护。蓝皮书宣称坦桑尼亚没有公开宣布利比亚对这场冲突的干涉，尽管它在战争中一直向阿明的军队提供武器并与他们并肩作战——其很明显的暗示是，如果没有利比亚的支持，阿明早就被流亡武装的干涉和乌干达人民的起义推翻了。①

如果尼雷尔期望他提早离开峰会、发表蓝皮书将会结束这场争论，那么当第二天尼日利亚元首奥卢塞贡·奥巴桑乔将军对这个问题作出回应的时候，他可能会失望了。坦桑尼亚通过指出乌干达"侵略"使其干涉具有正当性，但是奥巴桑乔推翻了它并把坦桑尼亚称作"侵略者"②。他对坦桑尼亚宣称乌干达首先侵犯边界提出了挑战，声称坦桑尼亚对乌干达持不同政见者的支持是干涉。而且，尼日利亚总统认为只有在通知联合国和"非统"并且它们未采取行动之后才可以采取报复行动。通过提出乌干达—坦桑尼亚冲突历史中的这个虚构的叙述，尼日利亚领导人想给尼雷尔制造麻烦。

尽管很容易可以打发奥巴桑乔对历史记录的扭曲作为将坦桑尼亚置于防守地位的努力，在他的演讲中存在着直接诉诸人道主义干涉合法性的部分。尼日利亚国家元首说他的政府曾对阿明政权施加压力促使提高它的人权记录，但是非洲国家谴责国内暴君的责任并未为单边人道主义干涉提供特许证。奥巴桑乔陈述了尼日利亚对于在国际社会中保护人权的限制的观点：

我们认为我们有义务谴责、警告、集体施加我们能对乌干达的宪政政府施加的压力以控制它的极端行为、使它回到道义和正当的道路上来。我们从未认为，根据/因为我们不同意那个政府的意识形态、样式或道德或在任何烟幕下，以武力对另一个国家的政府更迭施加影响是我们的义务，

---

① 'Tanzania and the War against Amin's Uganda'；文字加重部分.
② Africa Research Bulletin, 1 – 31 July 1979, p. 5329.

而且我们也不把它看作任何其他国家的义务。①

这一段的重要性是人们能从中听出国际社会中多元主义概念和社会连带主义的概念之间的紧张。非洲国家的人权记录应当对它们的同辈的合法详细的检查和谴责开放的争论是一种从对《非统宪章》的多元主义解释的倒退。然而，这种紧急社会连带主义的缺陷能从尼日利亚国家元首对单个国家没有"义务"使用武力改变它们不同意的、另一个政府的"道德"的坚持中清楚地看出来。他对这一立场的理由是主权和不干涉原则存在以保护文化的多样性并且使弱者免受强者侵犯；这些原则的任何侵蚀都冒将"非洲弱小国家"置于靠着"它们的强大邻居"的慈悲（才能存在下去）的危险。② 在炮制这种论点时，奥巴桑乔是在表达多元主义者的观点，即要让非洲国家在应当指导一种单边人道主义干涉权利的道义原则问题上，非洲国家是不可能达成一致的。③ 在这里，尼日利亚领导人重复了他的政府在坦桑尼亚军队控制坎帕拉前两天所表达过的一种观点。当时，尼日利亚表达它的担心即坦桑尼亚的干涉可能引起"连锁反应"，"少数军事强国将能决定其他国家的领导人选"④。

面对奥巴桑乔利用《非统宪章》的合法原则来反对他，尼雷尔指示他的代表团在峰会上泄露奥巴桑乔在战争期间曾给予坦桑尼亚的暗地里的支持。⑤ 但是他不想与尼日利亚争论，考虑到它在对与南非对抗的前线国家的支持上的价值。坦桑尼亚外交部长告诉记者坦桑尼亚与尼日利亚对于乌干达问题的"分析"有争论，但是"出于对奥巴桑乔将军的尊重将不会反击/不会无礼地回敬奥巴桑乔将军"⑥。这是一个虚弱地掩饰尼雷尔不愿进一步疏远尼日利亚政府中那些已经对坦桑尼亚推翻阿明的行为抱有疑虑的人的论点。

---

① *Africa Research Bulletin*, 1–31 July 1979, p. 5329.
② 同上。
③ 国家会滥用人道主义干涉的权利这一观点也体现于尼日利亚总统对政府会使用道德辩护当作"遮蔽"的担心。
④ 'A Victory for Tanzania, a Worry for Africa', *New York Times*, 16 Apr. 1979.
⑤ Obasanjo 和尼日利亚的关系很复杂，因为据宣称在利比亚进入冲突之后，是 Obasanjo 本人给尼日利亚人开了绿灯让他们更深地进入到卢旺达。(*African Contemporary Record*, 12 (1979–80), A62).
⑥ *Africa Research Bulletin*, 1–31 July 1979, p. 5329.

坦桑尼亚的不愿与奥巴桑乔进行辩论与乌干达新总统戈费雷·比奈萨所持的立场形成了对比，尼雷尔已经拒绝把单边人道主义干涉作为坦桑尼亚使用武力的一个合法原因，表明了非统宪章中的多元主义原则如何构成了论述的前提。然而，比奈萨对在蒙罗维亚流行的、对这些原则的占主导地位的解释提出了挑战，他的讲话的重要性是他以人道主义干涉为坦桑尼亚使用武力辩护。在赞扬带来了阿明的崩溃的行为之前——他称在八年统治期间阿明杀害了五十万人，他增强了坦桑尼亚的主张即它按照"自卫和安全"原则采取行动。① 他批评苏丹和尼日利亚总统谴责受到乌干达人民热烈欢迎的坦桑尼亚的干涉。② 在询问"非统大会""一个国家元首是否有义务大批杀害不干涉之墙后面的全体人民"时，③ 比奈萨对构成了《非统宪章》的原则的多元主义含义提出了一个直接的社会连带主义的挑战。乌干达总统指出了阿明政权的暴行与"非统"的建立者们的愿景即这个组织将"把我们的大陆团结起来以提高/增进非洲儿女的自由与尊严"之间的矛盾。明显的暗示是非统原则的保护取决于非洲政府提高国内基本的人权标准。这样，坦桑尼亚的行为就不是破坏《非统宪章》因为阿明的野蛮统治意味着乌干达丧失了它作为合法主权的权利。④

纳塔利诺·龙兹尼（Natalino Ronzitti）认为比奈萨的发言在评估人道主义干涉的合法性上没有多少重要性，因为他的政府是被坦桑尼亚军队扶植的。⑤ 但是，与龙兹尼（Ronzitti）相反，比奈萨提出人道主义的主张是重要的，因为这样的反对理由，即他这么做只是为了使他获得权力合法化，未能描述为什么他不坚持坦桑尼亚在蓝皮书中的辩护。当然，乌干达新政府的存在规范的争论与柬埔寨的韩桑林政府所持的立场形成了鲜明对比，它重复了越南提出的两场战争论理由。

比奈萨的社会连带主义主张在蒙罗维亚没有得到任何其他政府的公开

---

① Eight Years of Terror', *Daily News*, 23 July 1979.
② Row on Tanzania's Toppling of Amin Dominates OAU', *Guardian*, 20 July 1979.
③ Eight Years of Terror'.
④ Obasanjo's speech at the 1978 OAU Summit 引述于 'Eight Years of Terror'.
⑤ Ronzitti, *Rescuing Nationals Abroad*, p. 105.

支持,在他讲话结束时,奥巴桑乔——他是辩论主席——对这位乌干达总统说:"你现在正在度蜜月,但是当蜜月结束你就会看到现实。"① 由于坦桑尼亚对乌干达的干涉是如此分歧,新的"非统"主席,利比里亚总统托伯特(Tolbert)接受了几内亚总统艾哈迈德·塞霍·杜尔(Ahmed Sekou Toure)的建议即这件事应当在一个私下的全体会议中讨论。没有关于在闭门会议上都讨论了些什么的报道,但是"非统大会"并没有通过任何谴责坦桑尼亚的决议。除了那个友善的"非统"主席、尼日利亚元首,没有其他非洲国家公开表达不赞成。

"非统"对坦桑尼亚推翻阿明的反应与"东盟"对越南推翻波尔布特的反应明显不同。托马斯认为"非洲……似乎大体上无声地达成了对坦桑尼亚行为的认可。"② 三个重要因素似乎可以解释对坦桑尼亚和越南使用武力的不同的地区反应。第一个是非洲国家对坦桑尼亚声称乌干达首先发动进攻有相当的同情。阿明根据存在于独立之前的领土主张为其干涉喀盖拉·萨林特辩护,这对一个在独立之时继承的边界是神圣不可侵犯的大陆来说是开创了一个危险的先例。在他八年统治期间,阿明也对肯尼亚、苏丹、卢旺达提出过领土要求。在承认后阿明时代政府时,俄塞俄比亚政府宣称阿明"蔑视统治国际关系的所有原则"③。尽管波尔布特类似地轻视后殖民地时代的边界协定,民主柬埔寨的邻国也对它的意图抱有明显的疑虑,柬埔寨对越南的挑衅并没有被看作解除波尔布特的权力是正当的。越南使用武力产生了积极的人道主义后果,但是,在采取行动保持它的安全的时候,它的邻国认为河内降低了它们的安全。相反地,坦桑尼亚除去阿明提高它自己的安全的同时没有对更广大的地区安全构成威胁。

第二个不同是东盟认为越南扶植了一个傀儡政府。尼雷尔想要避免这样的指控即他入侵乌干达以便使他的朋友奥伯特重掌权力。因此,他在3月23—25日在坦桑尼亚小镇莫施(Moshi)为流亡的领导人安排了一次会议,希望这能为乌干达产生一个临时政府。奥伯特没有参加这次会议,尼

---

① 'OAU Drops Invasion Dispute', *Daily Telegraph*, 20 July 1979.
② Thomas, *New States, Sovereignty and Intervention*, p. 112.
③ Ronzitti, *Rescuing Nationals Abroad*, p. 104.

雷尔要求他别去以免给人留下坦桑尼亚推销他的印象。① 坦桑尼亚外交部长全程参加了会议,并且在一次演讲中强调坦桑尼亚支持后殖民地时期的边界、尊重乌干达人民决定他们自己事务的权利。② 作为本次会议的结果之一。优素福·卢莱被选为流亡政府的首脑并在几周之后的 1979 年 4 月 11 日上台。

当卢莱占据着坎帕拉的橡木家具的办公室的时候,坦桑尼亚军队将领陪伴在他身旁,象征着他的政府——就像柬埔寨人民共和国(PRK)政府一样——拜军队力量所赐才能存在。然而,东盟——特别是泰国——把越南在柬埔寨的军事存在看成是对它们的安全的威胁,绝大多数非洲国家接受坦桑尼亚在乌干达的军事存在不是反映尼雷尔的"扩张或帝国主义"③。尽管人们经常对坦桑尼亚军队的撤出与越南军队的长期占领进行比较,坦桑尼亚军队在干涉之后也在乌干达驻扎了几年。正如我在上一章中讨论过的,越南在柬埔寨的持续的军事存在可以根据人道主义原因进行辩护,而且坦桑尼亚决定保留在乌干达的军队也是这个原因。在被比奈萨总统取代之后,卢莱的确指责尼雷尔把乌干达变成了"卫星国",声称他在新政府中安插了支持奥伯特的人。④ 但是有很多原因可以猜测尼雷尔原本希望尽可能快地撤出他的军队。在乌干达保持大约 4 万人的部队的经济负担据估计每天是 50 万英磅,居首位的战争的经济方面的开销对坦桑尼亚的经济造成了巨大压力。这种压垮性的负担解释了为什么坦桑尼亚在 6 月向西方国家要求财政支持。尼雷尔在"非统峰会"前一周撤出了一半的军队,大概是要缓和对他干涉的批评,但是乌干达总统说服他留下 2 万人的部队,在随后的两年中撤走。⑤ 阿明的残余武装仍然广泛分布在这个国家,而且没

---

① *African Contemporary Record*, 11 (1978—1979), B434.
② 同上, B435.
③ Thomas, *New States, Sovereignty and Intervention*, p. 118.
④ *Africa Research Bulletin*, 1 – 31 July 1979, 5338.
⑤ 'Tanzanians Anxious to Leave Uganda', *Guardian*, 13 July 1979. 这和 Lule 的声明相矛盾,他说他在 5 月 2 号的一次会议上问 Nyerere 坦桑尼亚军队何时会撤离,报道说坦桑尼亚士兵要为其奸杀抢劫行为负责。根据 Lule, Nyerere 把谴责放置一旁,说军队会在两年后撤离。见 *Africa Research Bulletin*, 1 – 31 July 1979, p. 5538.

有受到乌干达人民信任的地方警察或安全部队。① 坦桑尼亚军队曾把乌干达平民从大规模屠杀中拯救出来，它仍然是他们的安全的最佳保护者。

结 论

坦桑尼亚对乌干达的干涉明显符合合法的人道主义干涉的门槛要求。阿明对乌干达人民的恐怖虐待产生了一种特别紧急的人道主义事件，在那里干涉是正当的。由于弥漫全国的长期不安全，内部力量不可能结束这种暴行。结束这些暴行的唯一希望是外部的军事干涉，正如越南在柬埔寨的解救行动，使用的武力与它终结的侵犯的规模是相称的。如果没有解除阿明的权力，就没有结束侵权、重建法治的希望。没有代价的人道主义干涉是不存在的，但与印度和越南的行为一样，由于战斗导致的坦桑尼亚士兵的牺牲和乌干达平民的被杀必须与被坦桑尼亚的干涉所拯救的人数相比较。

哈森坚持尼雷尔使用武力的首要动机是他除去阿明的强迫性的欲望，坦桑尼亚承受了干涉的沉重的经济负担只是由于这种动机。② 他认为把坦桑尼亚的行为称作人道主义干涉忽视了这一事实，即单边行动通常是权力的现象……现实政治在国际法中的存在。③ 乌干达入侵喀盖拉使他相信，只要阿明统治乌干达，坦桑尼亚将不会有持久的安全，尼雷尔注定要除去阿明。然而，只有当非人道主义的动机破坏了积极的人道主义后果时，非人道主义动机的存在才削弱了坦桑尼亚行为的人道主义资格。哈森的论点忽视了这一事实即尼雷尔除去阿明、确保坦桑尼亚国的长期安全的动机所要求的行为与结束乌干达境内践踏人权的状况的目标是一致的。

与哈森的论点同等的、一个更进一步的批评是人道主义的原因在坦桑尼亚进行干涉的决策中起了重要作用。这是托马斯所持的立场，她认为尼

---

① Thomas, *New States, Sovereignty and Intervention*, pp. 117–118.
② Hassan, 'Realpolitik in International Law', p. 897.
③ 同上，pp. 911–912；文字加重部分。

雷尔使用武力的决策表明了"人道主义的冲动扮演了重要角色"①。尼雷尔在非洲大陆上是一个率直地提倡人道主义价值的人，曾发起一场改变《非统宪章》以为人权提供更大保护的运动。于是，似乎可以认为尼雷尔使用武力有人道主义的动机，但是觉得不能公开地显示它们，因为人道主义的理由不属于国际社会的合法原则。

尽管哈森和托马斯对于坦桑尼亚的动机的性质有不同意见，他们都假设这个因素足以解释坦桑尼亚干涉乌干达的决定。这种方法的问题是它忽视了理由的重要性，因为这个例子支持斯金纳（Skinner）的主张，即如果行为不能被合法化，它们就会受到限制，很清楚，如果没有乌干达最初的侵略行为，就不会有对阿明使用武力或把战争移到乌干达的问题。尼雷尔在他在蒙罗维亚的讲话中使这一点清晰化了。《蓝皮书》声称坦桑尼亚"已经与阿迪·阿明共存了八年，而且能继续这样下去"，虽然"对这个非洲人民的刽子手的所作所为感到羞耻"②。自从阿明的野蛮政权一上台，尼雷尔就对他践踏人权提出了抗议，而且他代表乌干达人民发起了修改宪章的运动。然而，"非统"原则的社会化导致他公开拒绝单边人道主义干涉理论的合法性。阿明的侵略为除去非洲的野蛮暴行开启了新的可能性，坦桑尼亚对流亡武装的军事支持当然是终结乌干达政权的国内过分行为的希望的一个因素。但是即使在乌干达入侵坦桑尼亚之后，坦桑尼亚总统仍然不愿过深地卷入推翻阿明的斗争。当然，他不希望打破《非统宪章》，因为他期望把干涉限制在南部边界地区，一种能根据自卫进行辩护的行为。尼雷尔对阿明的痛恨和他结束乌干达境内的暴行的人道主义冲动对于坦桑尼亚的行为是重要的因素，但是，如果没有乌干达的侵略所提供的公开的合法原因，干涉将是不可能的。

大多数非洲国家默默接受坦桑尼亚以武力除去乌干达独裁者的原因，不是因为它们接受单边人道主义干涉原则的合法性；而是，它反映了这一事实即阿明打破了非统游戏的所有原则。而且，这些原则是主权和不干涉

---

① Thomas, *New States, Sovereignty and Intervention*, pp. 116.
② 'Tanzania and the War against Amin's Uganda'.

原则，因为，正如尼雷尔自己承认的，假如阿明把他的过分行为限制在国内范围内，其他非洲主权国家就没有合法权利因"人类的良知"而采取行动。于是，我不同意泰森的观点，他认为非洲原谅坦桑尼亚使用武力的原因是它的"道义判断即领土完整或政治独立原则、不干涉原则都不可能庇护像阿明这样的暴君"。他声称坦桑尼亚的例子是"一系列事例中最清楚的一个……那些事例开创了第二条第（4）款的禁止使用武力的一个重要的例外。"①

这种坦桑尼亚的干涉在国际习惯法中确立了一个人道主义干涉的重要先例的观点容易受到两个重要的反对理由的质疑。首先，正如上面所讨论的，只是因首先有乌干达的进攻，坦桑尼亚使用武力才变得可能。在20世纪70年代"非统"对阿明暴行的容忍表明，假如他尊重主权和不干涉原则，任何对他的政权使用武力的行为都将遭到强烈的谴责。

泰森的主张的第二个问题是，除了乌干达新政府，没有其他国家根据人道主义原因认为坦桑尼亚使用武力是合法的。尽管从戈弗雷·比奈萨的讲话中能听出强烈的社会连带主义的声音，他的主张即大规模侵犯人权的政府不应当受到《非统宪章》保护，未能从其他非洲国家中引出任何支持。如果坦桑尼亚对乌干达的干涉是一个支持一项新的国际习惯法原则的事例，那么这在国家领导人的道义理由中应当很明显。正如我在第一部分主张的，要发展一种人道主义干涉的法律原则，必须要有新的实践和观念正义：绝大多数国家必须主张新的实践是被法律允许或要求的。乌干达的例子未能满足这些要求，因为，当面临可以根据单边人道主义干涉的合法主张为坦桑尼亚的行为辩护的机会时，非洲国家的领导人宁愿保持沉默。他们也许接受坦桑尼亚因善意而行动，这使他们愿意平息这种行为，但是他们所不能做的是承认它是非统原则的一个合法的例外。

唯一公开反对坦桑尼亚行为的领导人是尼日利亚的奥巴桑乔将军，他担心"如果我们牺牲这些原则……非洲将因它而更糟"②。他反对人道主义

---

① Teson, *Humanitarian Intervention*, pp. 174, 167–168.
② 'Amin Killed 500000 People', *Daily News*, 20 July, 1979.

干涉的义务的论据是多元主义的：由于非洲国家在道义和正义问题上的分歧，允许它将危及这个大陆上的秩序。与此相反，比奈萨认为它把非统原则弄成一个恶劣的事例以相信它们有意庇护像阿明这样的暴君。他诉诸刺激"非统"的建立的共同价值观，以努力说服非洲国家接受行使主权应该有所限制。越来越多的非洲国家同情这一论点，但它们拒绝的是比奈萨声称"毁掉不干涉之墙"①、使它后面的暴君暴露在像坦桑尼亚推翻阿明那样的合法干涉之下。

此次峰会的积极成果之一是"非统大会"决定开始为人权保护而开展对《非洲宪章》的修改工作。② 尼雷尔多年来一直主张"非统"在监督国家的人权实践中应当承担一种更强有力的角色，大会决定建立这样一种合法工具是对他的努力的证实。然而，他从未支持一种单边干涉的权利以保护人权。相反，在欢迎坦桑尼亚的干涉解放了乌干达人民时，比奈萨认为坦桑尼亚使用武力为非洲国家设置了一个好的先例，当未来出现非洲国家政府对其自己的公民犯下大规模屠杀的罪行时，非洲国家可以引用这个先例采取行动。

开创先例是西方国家反对越南行为时提出的压倒性的反对理由，这提出了这样的问题即在涉及坦桑尼亚的行为时它们为什么没说出这样的考虑。尼雷尔并没有因为除去了世界上的一个残暴政权而受到祝福，但是他的政府也没有因为打破国际社会的原则而受到像越南曾遭遇过的制裁。于是，很难避免这样的结论/只能得出这样的结论：当轮到坦桑尼亚时，西方国家便宜地忘记了那些用来反对越南的理论观点。人们也许会认为这种不同的反应表明了现实主义的格言即国家通常是根据自己的利益有选择地适用原则。乍一看，这个结论似乎与前一章提出的论点，即西方国家没有简单地操纵开创先例的反对理由以使它们对越南的谴责正当化的论点相

---

① 'Eight Years of Terror'.

② 报道说，塞内加尔受许多法语国家的支持在结束期发起了一条决议，授权给 OAU 谴责人权践踏事件。这导致大会成立一个调查委员会调查该问题，还导致随后 1981 年 OAU 首脑会议上 Banjul Charter on Human and People's Rights 的出台。不过，Robert Jackson 认为，它表面上对非洲居民权利的保护其实是"对在非洲把自主权优先于人权的浅薄掩饰"（Jackson, *Quasi-States*, p. 154）。

反。毕竟，如果多元主义形成了反对这些国家界定它们的利益的规范环境的背景，在坦桑尼亚的例子中它们为什么不引用"开创先例"论？

答案似乎是西方国家政府非常担心设置先例因此避免赋予坦桑尼亚的行为合法性，但是根据坦桑尼亚使用武力的前因后果判断，它得到与越南不同的反应是正当的：坦桑尼亚首先受到了攻击；阿明政权是20世纪出现过的最野蛮的政权之一；而且，最重要的是，坦桑尼亚的干涉没有碰触超级大国的重要利益——就像越南的例子中碰触过的那样的重要利益。在承认金边的柬埔寨人民共和国政府上有分歧的冷战敌人，在欢迎坎帕拉的新政府时是一致的。

现实主义没有排除外交政策中的道义尺度，提供了这并不与国家重要的安全利益冲突的证明。在坦桑尼亚推翻阿明的事例中，西方国家欢迎这个结果并且默默地接受使得这个结果得以出现的手段。可以同意埃文斯和罗利的说法即"乌干达是一个完全不同的事件，不是因为法律的问题，而是因为大国的利益没有被卷入"[①]。适用原则时的选择性是现实主义者反对人道主义干涉的一个主要理由，它在下面的各章中仍然能看得出来。后面各章讨论了20世纪90年代国际社会对人道主义的反应在多大程度上对这种指控是脆弱的。

[①] Evans 和 Rowley, *Red Brotherhood*, p. 192.

冷战之后的人道主义干涉

第三部分

第五章 体现国际社会凝聚力的一刻？伊拉克的安全区、禁飞区

当时印巴地区、坦桑尼亚和越南地区实施的干涉行动是在冷战时期的联合国安理会的形同虚设这样一个大的背景下进行的。联合国安理会的核心职能，应该是使出于人道主义保护目的的军事行动和武力威慑具有合法性，这其实也是前面第三章探讨那三个问题的出发点。除了前面所提到的明显特征外，这些事件都是由西方国家站在鲜明的人道主义立场上实施干涉的。姑且不论其在孟加拉国、柬埔寨和乌干达的案例上表现出的呼声不高，甚至遭到反对。西方国家在1990年对人道主义的呼吁和提倡，是在很大程度上促成和维护了国际社会业已形成的人道精神。伴随着对干涉行动的不断矫正，西方各国政府也负起相应的责任，力图保证其所施加的影响确实会带来人道主义上具积极意义的结果。值得注意的是，前文中我们看到国际社会令其在印巴、坦桑尼亚和越南的行径大行其道，但是否会对那些经西方国家的人道主义标准权衡所做的干涉行动也持同样态度呢？

本章让我们来看看国际上对于伊拉克的库尔德人和什叶派穆斯林问题在1991—1993年间的紧张局面是做何反应的。建立自己的国家是库尔德人自19世纪末以来的夙愿，但他们意识到自己仍只是被圈禁在伊拉克、伊朗、土耳其和叙利亚这些国家的边境上。虽然在伊拉克北部居住的三四百万库尔德人受益于1974年通过的政令而享有自治权，但这并未使他们免于

第二次两伊战争期间伊拉克的残酷镇压。当伊拉克国力渐弱时,库尔德的反抗者们伺机取代叙利亚社会党控制了伊拉克北部,进而导致伊拉克人对库尔德平民和反抗军不做区分的大举进攻。一些评论家宣称1988年杀害库尔德人的事件已属于种族灭绝行为,数以十万计的库尔德人被伊拉克士兵包围起来进行屠杀。① 当年三月,伊拉克空军用化学武器袭击了哈拉卡(Halabja)城,并且,在八月已与伊朗签署停火协议后仍继续对库尔德人的村镇实施化学武器打击。②

当时不乏对此骇人的袭击平民事件的口头谴责,但萨达姆·侯赛因政权却未因此受到任何制裁,也没有任何国际力量曾救助库尔德人。③ 这种情况相较于海湾战争之后立刻施行的国际干涉显现了十足的反差,当时为了保护库尔德人,伊拉克北部建立了"禁飞区"并且由西方军队进驻伊拉克边境构架起了"安全区",其后一年又如法炮制了一个用来保护什叶派穆斯林免受迫害的南部"禁飞区"。本章旨在揭示的是所列举的事态前后变化,以及西方国家易于受这种变化影响而进行国际干涉的潜在趋势,如今这些已被归结为以下两种相冲突的主流诠释:首先有人认为,这是作为一个划时代的事件,建立了新的有法可效的国际人道主义干涉机制;也有人认为,这次解决伊拉克问题的方式不具备作为先例的价值,并不能被看作针对此类事件进行国际干涉的某种实践新标准,因为它毕竟是发生在海湾战争的特殊背景之下的。

联合国安理会第688号决议草案的审议通过,是使西方国家能够在国际认同下施行干涉手段的关键所在。此决议的重要性在于它催生出了联合国内部一番争论,其针对的就是根据联合国宪章第二条所界定出的关于国际干涉权限的问题。回溯安理会在孟加拉人事件上的行动,这个问题曾一度浮出水面并得以解决。接下来我们不难发现,正是西方国家毅然以武装

---

① J. E. Stromseth, 'Iraq', 载于 L. F. Damrosch 编 Enforcing Restraint: Collective Ingervention in Internal Conflict (New York: Council on Foreign Relations, 1993), p. 81.
② Stromseth, 'Iraq', p. 81.
③ 美国和法国强烈谴责伊拉克的行为,但是 Stromseth 认为,并没有任何联合行为,因为"政治和战略考虑再次越过了人道主义关注"(同上)。

力量在伊拉克境内为库尔德人提供保护，才使688号决议变得更加掷地有声。起初，西方政府曾一度强调不会施加武装干涉，但数日之内此决定便被彻底推翻。汗牛充栋的杂志一时充斥到西方公众面前，它们都无一例外讲述着被围困在伊北部山区的库尔德人身上正发生的人间惨剧，可见这种来自传媒方面的刺激也对他们发起这一拯救行动起到了推波助澜的作用。

尽管披着第688号决议的外衣，使西方国家的武装干涉看起来无可非议，但联合国秘书长仍然表现出了对其合法性的质疑。为建立安全区的行动争取合法性时没有任何其他国家投过赞成票，西方国家本身也在是否以联合国军队调换其军队时与苏联争论不休，后者则认为这是在夸大第688号决议的适用范围。因此，摆在西方倡导者们面前的核心问题是：他们所创建的安全区的合法性，究竟在国际社会能够得到多大范围的认可。

西方国家一如既往地以人道关怀为自己的行为辩护，本章结尾我们将进一步探讨他们乐此不疲的原因。在这里让我们审度一下他们在伊拉克北部的行动到底起了多大程度的积极影响，以及与此相应的在伊什叶派问题上所做的反应。

688号决议

以美国为首的联军击败了伊军，同时造就了一个内部政局不稳的伊拉克，北方的库尔德人和南方的什叶派穆斯林都拥有其政治力量。三月初，旨在推翻萨达姆政权的起义爆发了。反抗军迅速地成功控制了一些重镇，然而招致的仍是伊共和国卫队同样反应迅捷的进攻，大量直升飞机和坦克扑向反抗军以及手无寸铁的平民。尽管西方飞行员一直驾战机盘旋在伊拉克上空监视着伊军的一举一动，但他们所接受的严格命令并不允许做出任何实质性的保卫库尔德人和什叶派的军事行动。早在三月初停火谈判之时，伊军高层就说服了联军将帅允许其以兵员运输为目的的直升飞机调动，现在看来这在镇压起义的时候也的确派上了用场。到三月末，伊军就已彻底击溃反抗军并再次控制了伊拉克全境。由于畏惧伊军可能的报复行动，成百上千的库尔德人和什叶派穆斯林向北部逃亡，涌进了毗邻伊朗和土耳其边境的群山中。他们中有人冻死和累死,也有人因疾病横行而死。①据估计当时每天有四百人到一千人丧命。食品、药品、临时居所均无处获得,又随时伴着伊军武装直升机来扫射的危险,库尔德人已陷入绝望的困境。

面对如此刻不容缓的人道危机,法国和土耳其(为避免难民潮涌入其境内)在4月5日于安理会之前主动插手此事。针对伊军的屠杀库尔德人行径,法国提前两天在停火决议中嵌入了相应条款。密特朗(Mitterrand)总统提出,对库尔德人如此疏于保护已造成极严重影响,安理会无论从政治上或道义上都难塞其责。②法国外交部长的措辞则更露锋芒,他指出库尔德人的悲惨命运已足够警醒国际社会重新负起人道主义干涉的责任,在人类权利受到大规模暴力侵害时给予制止。罗兰·仲马(Roland Dumas)宣称"正义在进化",纳粹的犹太种族灭绝行径促使法理学家们创立了新的律条——"反人类罪",在此事件中再次适用。③

能达成广泛共识的是,密特朗和仲马代表了法国选民中越来越明显的倾向,他们确信作为主权国家,在对苦难中的人们伸出援手时是不应受到制约的。他们在比夫拉独立战争时期建立无国界医生组织(MSF)也是拜这种确信所赐,支撑MSF的哲学体系也已成为法国政治织体的重要组成部分之一。MSF组织的奠基人之一伯纳德(Bernard Kouchner)在法国总统夫人Danielle Mitterrand 丹妮尔·密特朗的鼎力支持下,于1991年就任了人道主义事业部部长,也正是这位夫人对西方政府在拯救库尔德人不力的问题上仗义直言进行批评。④

慑于不干涉别国内政这个既有前提,法国虽已使保护库尔德人的人道

---

① T. G. Weiss, *Military-Civilian Interaction: Intervening in Humanitarian Crises* (Oxford: Rowman & Littlefield, 1999), p. 50.

② 'UN Abandons Kurds', *Independent*, 4 Apr. 1991.

③ 'Paris Calls for New Un Laws to Help Kurds', *Independent*, 5 Apr. 1991.

④ 在 *L'Express* 的一次采访中,Danielle Mitterrand 说"她完全被镇压吓坏了,而且没能人能宣称他们不知道这里发生了什么"。她把库尔德人描述为即将被屠杀殆尽,表示她对没有人行动这一事实的愤恨(引述同上)。

主义呼声越叫越响，可并未赢得安理会其他成员国的足够支持。① 不过事态的发展促使某些成员国逐渐意识到了，他们无法置身事外而不针对这次伊拉克境内的人道危机做些什么。伊朗和土耳其分别在四月二日和四日向安理会递交了书面申请，要求安理会对此采取行动，使他们的国境能免于来自北方的一百万库尔德人和来自南方的六十万什叶派难民大军的夹击。② 他们强调如果安理会任其发展的话，这股席卷各国边境的难民潮势必会威胁到区域安全。③ 虽然要做出进一步决定还有待安理会内部各成员继续的"非正式磋商"，然而在伊军的镇压行动所造成如此波及周边的后果之下，多数成员不得不承认国际安全确实受到了威胁，对于安理会实施干涉行动的合理性与合法性也是毋庸置疑的了。

由法国、比利时、美国和英联邦共同起草的第 688 号决议案于 1991 年 5 月经审议被正式采纳。有十个成员国投了赞成票，古巴、也门和津巴布韦这三国投了反对票，而中国和印度的两票则为弃权票。这是伊拉克入侵科威特之后安理会出台的一系列决议中，获得支持率最低的一次。④ 这反映出当前问题的实质并不仅仅在于伊迫害库尔德人的问题，而同时指向的是冷战结束以后安理会根据"第二条"所作出的干涉行动，是否会被赋予新的意义及形式。⑤ 如何才能做到既使对伊拉克镇压事件的人道主义关怀得到实效，又不至于和联合国宪章第二条所规定不干涉主权国家内政的内容相悖，也就成了核心问题和争议焦点。⑥

第七章中关于强制措施的适用办法部分成了唯一看似可能的突破口。⑦ 尽管第 688 号决议用了"当地区和平与安全面临威胁时"（正是第七章中这条为强硬行动的成为可能开了绿灯），但也并不是完全从第七章中照搬

---

① 'UN Abandons Kurds'.
② 见土耳其联合国大使致安理会主席的信，S/22435, 2 Apr. 1991. 和伊朗驻联合国大使致安理会主席的信，S/22447, 4 Apr. 1991.
③ Interview with Lord Richard, House of Lords, Jan. 1999.
④ Rodley, 'Collective Intervention', p. 29.
⑤ Stromseth, 'Iraq', p. 86.
⑥ Rodley, 'Collective Intervention', p. 29.
⑦ Charter of the United Nations, 第 2 (7) 条.

过来的。伊拉克政府在安理会经磋商达成统一意见前抛出的宣言是意料之中的，伊方称这种与宪章第二条相悖的行为其实是在干涉伊拉克的内政。① 这一点上伊拉克得到了也门、津巴布韦和古巴的声援。也门大使曾强调说，伊拉克境内的人道主义危机并没有对国际和平和安全构成任何威胁，所以此一事件根本是独立于联合国职能之外的。② 他还认为这个决议草案是在"开冒险的先例"，迂回地违背了不对别国横加干涉的宪章条款。以下是他发言的最后一段话：

"始终有人对我们说，当今的多极世界新秩序中的这一极是遵守法律和捍卫法律的，这话曾一度给予我们希望。然而现在我们所目睹的却是既定的规则与章程在逐渐被蚕食掉，他甚至放任某种出于政治目的的歪曲国际法的尝试大行其道。③

津巴布韦大使也提出安理会插手伊拉克内部的人道危机是无正当理由的，他承认这次危机的确给伊拉克的邻国带来了麻烦，但坚持这种纯粹关乎人道主义与难民的问题，应该由联合国的其他部门来处理。古巴大使也于此时抛出强硬论调，④ 认为根本没人有权力借助安理会打着"人道主义天性"⑤ 的幌子去做有悖国际惯例的事情，那些积极响应的成员国明显是正置第二条款于不顾的侵害他国主权。如也门大使所说，这项决议已"使得一系列寡头政治集团有机会耀武扬威，进而将其意志加在整个安理会组织之上"⑥，他强调纠正错误的办法是在联大召开时由各国做集体裁决。

中国政府所关注的是决议草案不应违背第二条。其大使表示，对 688 号决议投了弃权票的原因在于，中国意识到了伊拉克问题的确存在着"有国际影响的方面"，但这方面的问题并非应通过武装干涉而是应该经别的渠道得以解决。同样投了弃权票的印度认为，对伊动武必须被证明是以纯粹针对库尔德人问题所引起的，伊拉克造成的对国际和平与安全构成的威

---

① SCOR, 2982nd Meeting, 5 Apr. 1991, p. 17.
② 同上，p. 27.
③ 同上，pp. 28 – 30.
④ 同上，p. 46.
⑤ 同上。
⑥ 同上，p. 47.

胁为目的的，若结果并非如此，那安理会所做就是非其职能权限内的事。印度大使讲道，无论出于什么情况下，尊重主权国家领土完整、不干涉其内政，此项"重要的既成国际法"① 都是应该被安理会无条件遵守的。

伊拉克的镇压事件所造成的跨国影响，波及周边地区并已对国际安全构成了威胁。这是为第688号决议投了赞成票的十个国家所笃信的，所以他们才对此行动表现出支持。"强烈谴责伊拉克境内所发生多处对平民的镇压事件……它已经造成了危害地区和平与安全的后果"此类声音由这十个国家一浪高一浪地传递了起来，他们包括：英国、法国、苏联以及另外六个安理会非常任理事国（澳大利亚、比利时、厄瓜多尔、罗马尼亚、扎伊尔和 Cote d'Ivoire）。

尽管奈杰尔（Nigel·Rodley）强调第688号决议主要针对伊拉克内部的镇压行径，而并非由此引起的其他表面结果②，决议仍不可能绕过行动合法性这个悬而未决的问题得到通过。从美、苏及另外六个非常任理事国所流露出的言论我们不难看出，他们极其关切的是这是否会给今后打着人权旗帜的安理会做出干涉行动开一个先河。例如罗马尼亚人指出的，伊拉克镇压事件同样是"关乎行使国际义务的责任权限"的问题，防止以此为开端放任将来可能的"出于政治目的的对职权及义务的误用甚至滥用"，罗马尼亚大使将伊拉克当时的情况看作是"一个海湾战争后的特殊关节点"。③ 厄瓜多尔大使则觉得在面对国际安全被难民潮所威胁的时候，安理会是有合法权力采取行动的，同时也指出厄瓜多尔政府不会支持一个"仅旨在干涉一个完全发生在主权国家境内的侵犯人权事件"④ 的决议的。同样的，扎伊尔、澳大利亚、比利时、科特迪瓦以及苏联均强调了他们对第688号决议的支持，并不代表他们今后已不打算继续遵守国际社会不干涉他国内政的规则。苏联的大使讲道："伊拉克的主权，领土完整，政治独

---

① SCOR, 2982nd Meeting, 5 Apr. 1991, p. 63.
② Rodley, 'Collective Intervention', p. 31.
③ SCOR, 2982nd Meeting, 5 Apr. 1991, pp. 24-25.
④ 同上，p. 36.

立是绝对不可动摇的。"① 美国大使的陈辞表明了他与苏联所持立场相同，他说"这是安理会对土耳其及伊朗的伊斯兰教众履行责任所做出的反应……是对伊拉克在处理其国民问题时所造成的跨国影响和产生的有碍地区稳定的效果所做出的反应"。②

在这次会上明确提出人道主义呼吁的只有英国和法国。前者强调第二条并不适用于关乎人权的问题，因为他们"实质上未获自主权"。英国大使大卫·汉纳（Divad Hannay）先生以南非为先例做了说明，当时安理会依照宪章第七章所列条款采取行动，对一个种族主义国家实施了武器禁运。不出所料的，法国在抛出其立场几天后也紧接着阐明其主张，认为安理会对在伊拉克境内维护人权的事责无旁贷。正如法国大使拉萨伯利尔（Rochereau De LaSabliere）所强调"呈现在我们眼前的如此程度的反人类罪行，其对人权的侵犯已到了国际社会绝不能听之任之的地步了"。另外，已经通过了十四条为维护地区和平稳定而制定的决议后，安理会焉能迷失其救助目标而坐视不管，放任大面积的残杀民众，屠戮包括妇女儿童在内的公民而无任何反应。③

自投票以来，此类呼声并未表现出他们是在意图说服安理会其他成员国同样接纳第 688 号决议。伦敦来的大卫·汉纳（Divad Hannay）先生按惯例在投票后进行常任理事国代表发言，他站在英国的立场上举出了南非的先例。依大卫要求，这项讨论在主要研讨越境问题的非正式磋商时并未提及。④ 在作结束发言的总结时他强调道，这种空前的"难民大迁徙"的确对国际和平与安全构成威胁的。⑤

在第 688 号决议被采纳的一整天前，法国外交部长发起了"负起干涉的责任"的倡议，其目的很明确，就是要促成安理会行使法定职权以武力

---

① SCOR, 2982nd Meeting, 5 Apr. 1991, p. 61. David Hannay 爵士认为，国家间的争论"使得俄罗斯投票赞同第 688 条决议"（interview with Sir David Hannay, Mar. 1999）.

② SCOR, 2982nd Meeting, 5 Apr. 1991, p. 58.

③ 同上，p. 53.

④ Interview with Sir David Hannay, Mar. 1999.

⑤ SCOR, 2982nd Meeting, 5 Apr. 1991, p. 53.

手段实施对库尔德人的保护。而这未获得任何成员的共同倡议，显而易见的，如果决议草案有任何为强制性军事行动找借口的迹象，那它绝难获得所需的赞成票数，同时苏联和中国也将行使其否决权。①

尽管第 688 号决议并未对强制性军事行径大开绿灯，这也成为安理会在南非事件后第一次出于国际安全考虑，集体对其成员国的人权状况提出改正要求。② 第 688 号决议的第二段提道："为了消除国际和平与安全所面临的威胁，我们要求伊拉克立即停止其镇压行动并做出相应的公开声明，确保伊拉克全体人民的人身和政治权力得到切实尊重。""要求"一词的使用，是与第七条末尾部分的论调非常吻合的，如罗德利（Rodley）所认为，第三段中的"伊拉克须无条件接受并协助国际人道主义机构的进行直接核查，以及提供所有与此行动相应的必要条件。"这句话最能体现出安理会所表现出的干涉主义色彩。③ 然而决议的通过并非拜第七章或者提及全面性强制行动的第六章任何一方所赐（安理会为平息争论所做的折中建议）。现在伊拉克镇压事件所造成的影响已经被明确为波及到了国际安全，那么针对此事采取强制性军事行动也成为了可能。然而就第 688 号决议得到采纳所费的周折来看，任何比它更强硬的草案都绝难获得成员国的投票支持。当前的问题是，这项决议是否就有足够的庇护效力，让离乡背井的库尔德人和什叶派民众壮起胆子返回家园。另外，如果第 688 号决议的效力在满足人道主义需求解决事件时显得不够强大，那么国际社会又如何采取下一步行动来挽救这些伊军镇压行动的牺牲者呢？

安全区

有人说安理会过晚地采取行动以致错过了保护伊拉克人民的时机，早在库尔德人和什叶派挑战萨达姆权威的 1991 年 3 月，以保护为目的的干涉

---

① David Hannay 爵士认为，第 688 条决议之所以没包含对军事行动的强制规定，主要原因是"俄罗斯不允许这样"（interview with Sir David Hanny, Mar. 1999）。

② Rodley, 'Collective Intervention', p. 32.

③ 同上，p. 31.

行动就应该被实施。比如,联军可以给库尔德人配置军火,袭击共和国卫队的军事单位,也可以轰下伊军的武装直升机。可以预见到如果当时这么做,会出现萨达姆政权被起义军推翻的结果。布什总统被指当时受到了怂恿而未给起义推波助澜①,领导民主党给华盛顿当局采取行动制止杀害无辜平民的意图施加阻力。如国会议员、民主党欧洲及中东事务委员会主席汉密尔顿·李(Lee Hamilton)曾说过的"伊军的直升飞机正使当地血流成河"② 这是不容坐视的。

布什当局把做出让库尔德人和什叶派自生自灭决定的原因解释为,伊拉克境内所发生的冲突是"内部斗争"或"国民战争",这种事只能由他们自己解决。总统宣称:"我们不会为了这种得不偿失的事,将珍贵的美国人的生命投入战场。"③ 布什和他的顾问坚信这个立场是会受到美国公众支持的,因为人们还在庆幸在海湾对萨达姆作战的胜利,并且由于对越南问题仍心有余悸,④ 也不愿看到任何对海外的贸然干涉。当天在谈到第688号决议在纽约通过时,布什讲道,"我为发生这种杀戮无辜平民的事件感到难过……但美国和联盟中的其他国家还是不要去插手伊拉克的内部事宜为好"。⑤

建立在公众意愿原则上美国所持的这种政治主张就无可非议了。然而当局对伊问题不越雷池也是另有原因。美国在海湾地区的其他盟友并不希望伊拉克被搞得四分五裂,特别是土耳其和沙特阿拉伯。在与少数库尔德分离主义武装势力作斗争的同时,困绕土耳其的库尔德斯坦独立问题始终若隐若现。同样的沙特阿拉伯也慑于萨达姆政权一旦瓦解,那么伊拉克恐

---

① 在1991年2月15日,布什总统宣布"存在另外一条阻止流血事件的办法,即伊拉克军队和人民要自己掌握事情以驱使独裁者萨达姆侯赛因下台,并遵从联合国决议然后加入到热爱和平的国家中"(引述于 L. Freedman 和 D. Boren, ' "Safe Havens" for Kurds', 载于 N. S. Rodley 编 To Loose the Bands of Wickedness (London: Brassy's, 1992), p. 46).

② Bush Rejectsl Call for Us Intervention in Iraq', *Financial Times*, 2 Apr. 1991.

③ Bush: No Obligation to Kurds', *International Herald Tribune*, 6 – 7 Apr. 1991.

④ Rebels have No Hope in Bush', *Independent*, 4 Apr. 1991.

⑤ Us and the Kurds: A Perfect Dilemma', *International Herald Tribune*, 5 Apr. 1991.

怕会骤然成为陷入伊朗人统治什叶派局面的,充满敌意又危机四伏的国家。①

布什当局以各种大大小小的理由坚决持保守态度,然而仅过了不到两周曾经的不干涉政策骤然转为部署军事力量进驻伊拉克北部,进而建立安全区的行动。那么这种变化的原因何在呢?

建立安全区的构想最初源于土耳其总统四月份一次发言,当时他宣称"我们该采取措施给库尔德人立足之地,在遣返其回到伊拉克境内同时又能保证他们的安全。② 虽然土耳其做的边境开放接纳了些许难民,但并不打算欢迎潮水般的无数库尔德难民继续涌入。③ 美国国务卿詹姆斯·贝克(James Baker)对当地的访问印证了土耳其人的动机,这次查访也是美国对这次伊拉克危机看法的转折点。国务卿在其深入难民营的短短十五分钟里,为他在土耳其 Uzumlu 这里的所见所闻所震惊。他宣称"这些人必须被从巴格达④统治集团的残暴折磨和迫害之下解救出来"。贝克重申了美国不想卷入一场"国民战争"原则,但这一政见并不意味着要任库尔德人们在伊北部群山中死去而置若罔闻。⑤

现在,对库尔德人所遭受的深重苦难的写实性描绘代替曾遮蔽海湾真相的各类报道,进入了西方国家的千家万户。并且,如肖·马丁(Martin Shaw)谈及不列颠电视网的时候所说,那些被记录的影像:"负起了潜移默化的擦亮以布什为首的西方国家首脑被遮盖的眼睛的简单又直接的责任。"⑥ 起初英国首相曾试图否认政府对库尔德人的困境负任何救助责任,甚至尖刻地说"库尔德人是自己策划发动这场起义的,而并非是应英国人

---

① Bush Rejects Call for Us Intervention in Iraq'. 土耳其和阿拉伯方面对伊拉克会被划分为单独影响力区域的担心,在我采访 David Hannay 爵士时得到他的证明。
② 引述于 Freedman 和 Boren,' "Safe Havens"', p. 52.
③ 见 Freedman 和 Boren,' "Safe Havens"', pp. 49 – 50.
④ 引述同上,p. 52.
⑤ 报道说,一位高级国务院官员曾私下说,"命令是要竭尽全力,钱和组织不要紧……Baker 说'找到钱,找到组织'"(引述于'Haven from the Hell = holes', *Sunday Times*, 21 Apr. 1991)。
⑥ M. Shaw, 'Global Voices',载于 T. Dunne 和 N. J. Wheeler 编 *Human Rights in Global Politics*(Cambridge: Cambridge University Press, 1999), p. 229.

要求做的"。外交部长道格拉斯（Douglas Hurd）的措辞则较前者略显老练①，他以目前尚不存在任何在伊境内进行干涉的合法委任授权为由，为英国坐视不管的政策进行了开脱②。然而，首相大人显然受到了电视网关于危机境况所做报道的影响，同时其前任对他保护库尔德人不力的批评也成了当头棒喝。正如其后传媒报道所指出的，"已经不是再为立足合法性的问题踌躇下去的时候了……那些人民需要的是实在的即刻救助"，撒切尔夫人当时在四月份对于库尔德人问题是面临两难抉择的③。

五天以后，在梅杰去卢森堡参加欧共体峰会的路上，由于日趋紧迫的压力不得不做出了采取行动救助库尔德人的决定。库族人之所以不敢下山回伊拉克境内，是因为害怕伊军的报复行为，梅杰就此问题提出了在伊拉克境内建立"安全营垒"的建议。这项提议得到了"欧洲共同体"其他政府的认可④；事实上美国帮英国说服了法国政府，以至于首相没进行任何讨论就使这提案成为了代表全欧意愿的意见。在峰会后的新闻发布会上他说这项提议的操作计划分两步进行："首要的是将库尔德人和其余的难民从山区带到安全的地方，进一步就是让他们返回家园。"⑤

美国起初对这个构筑壁垒的主意并未表现出多大兴趣，白宫发言人马林（Marlin Fitzwater）谈及此事时说"这算是个有益处的方案"⑥。美方这种冷淡的态度从侧面反映出了梅杰在事前并未知会美国⑦。当局所顾虑的另一种可能性是，安全壁垒的建立会造就伊拉克更严重的分裂局面，将美国及其盟友拖入泥潭。一位五角大楼的高级官员发表其个人观点说，英国的计划"字里行间都流露出这是个貌似越南的泥潭"。为避免伊拉克的领土完整遭到侵犯，⑧或者使伊拉克陷入长期四分五裂的危险境地，梅杰采

---

① 引述于 'After Victory Comes Betrayal', *Independent*, 10 Apr. 1991.
② 'Government Pesists Calls to Help Kurds', *Guardian*, 2 Apr. 1991.
③ 'Haven From the Hell-Holes'.
④ 同上。
⑤ 'UK Urges Kurdish Enclave', *Financial Times*, 9 Apr. 1991.
⑥ Freedman 和 Boren, '"Safe Havens"', p. 53.
⑦ 'Haven From the Hell-Holes', 和 'Bush Agrees in Principle with Kurd Havens Plan', *The Times*, 11 Apr. 1991.
⑧ 'Haven From The Hell-Holes'.

纳了大卫（David Hanney's）所提出以构建"安全区"代替建立"安全壁垒"的意见。在大卫看来，联合国围绕其所做的讨论，显示了建立安全壁垒设计的重新划定国界事宜毫无疑问会带来麻烦①。梅杰的计划里虽未涉及这些，但他也在坚定地唤起国际上对建立安全区的支持，并强调这绝对谈不上是要为库尔德人创立他们的独立国家②。

虽然布什当局并不准备进入直接派兵救助库尔德人的步骤，但其为确保伊拉克北部人道主义救援行动顺利进行的努力都已经在做了。第688号决议坚持要求伊拉克允许人道主义救援会在伊境内开展工作，并且美国的插手为使伊拉克保有顺从的态度起着越来越重要的作用。责令伊拉克自四月十一日起停止对北纬三十六度以北出兵，"联合国工作人员是要深入那些地区以开展工作以对库族人进行人道主义救助的"③。这片非军事区的划出既确保了美方救助者的人身安全，也保卫了库族被救助者免受伊军武装的威胁。然而美国的日益努力，并未解决将库尔德人从山区带出来的问题。据报道，一位美方高级官员曾说："我们在这有无尽的劝导工作要做，国际机构对当前事态力不从心的感觉与日俱增，因为找到他们那就不容易，将他们从那带回来亦是一样困难"④。

为避免这次干涉行动使美国再次陷入像派兵入越南那样的胶着境地，在对五角大楼出于战略考量的意见审慎权衡后，布什采取了不干涉的保守政策⑤。在四月十二日的发言中，他仍讲道伊拉克的事态与其说是伊军镇压行动所导致的人权危机，不如被看做是场"国民战争"来得确切。他宣称，"我不会允许美国对伊拉克的国民战争派出一兵一卒的"⑥。然而，在美国公众和国会对不干涉政策曾经的支持倒向另一方时，布什的立场也日

---

① 'Haven From The Hell-Holes'．
② 同上。
③ 引述于Freedman和Boren，'"Safe Havens"'，p. 53.
④ 'Haven From the Hell-Holes'．
⑤ 国防大臣Dick Cheney和参谋长联席会议主席Colin Powell很关注于卷入伊拉克的内部事务之中，害怕这会变成进退两难的沼泽。见'Mission of Mercy'，*Time*，29 Apr. 1991，p. 18，和'Haven From the Hell-Holes'．
⑥ 'Bush will not be Drawn into a Civil War'，*Daily Telegraph*，12 Apr. 1991．

渐动摇起来。随之而来的，参议院国际关系委员会主席克莱本·佩尔（Claiborne Pell）于四月九日宣称美国"对于拯救那些被萨达姆屠杀的反抗者们负有道义上的责任去作出行动①。军事事务筹备委员会最具影响力的参议员之一萨姆（Sam Nunn）也说，伊拉克北部的镇压事件现已不是"国民战争"而纯粹属于"灭族行动"了。借此，为一项更倾向于主动干涉的政策的出台铺平了道路。法国在进行决议案讨论时所提值得争议的问题再次变得显眼起来，萨姆强调美国有责任义务帮助库尔德人的"每当这种矛盾凸显的时候，总会发现解决这两难局面的问题源头所在"②。

据国务院统计平均每天会增加一千名库尔德人死难者，而美国公众也都能在他们的起居室接收这些令人发指的新闻画面，促使总统终于被国务卿说服转变了其既定方针。贝克早就意识到伊拉克这场人间惨剧对于布什总统政治生涯的重要性，他致电正在阿拉巴马垂钓的总统，就目前来自国会和热心公众日益紧迫的压力陈其利害③。正是他的关键谏言，促成了总统后来漠视五角大楼的顾虑，派出美国士兵进入伊拉克境内保护库尔德人④。四月十六日布什宣布：

美军已授命进入伊拉克北部并建立若干营地，大量救济补给品将被有条不紊地投放并分发下去，美国、英国和法国的空、陆军力量将保证难民在这些营垒的安全并暂时安顿下来。"我所要强调的是，所有我们所做的纯粹是出于人道主义考虑。并且我们希望伊拉克政府不要做出任何阻挠这次迟来的救济行动开展的举措。"当然伊拉克的所有固定翼及螺旋桨动力飞行器亦均不被允许进入北纬三十六度以北的领空⑤。

布什重申此事不会使美国再被拖进一个"形同越南的泥潭"并强调行

---

① 'Us Cautious over Plan for Kurds', *Independent*, 10 Apr. 1991.
② 同上。
③ 传闻 Baker 告诉 Bush，土耳其政府特别担心灾祸的波及范围，Ozal 总统在周一，15 Apr. 的电话谈话中证实了这一点。
④ 报道说布什在4月15号会见了他的国家安全幕僚们并指派 Robert Gates 会同国务院、五角大楼和中央情报局的官员拿出一份计划。见 'Mission of Mercy', p. 18, 和 'Haven From the Hell-Holes'。
⑤ 引述于 Freedman 和 Boren，'"Safe Havens"', p. 54.

动是为了过渡状态进行的操作,他宣称"联合国会尽最快速度"将"当地行政和治安权力"归还当局①。

"提供安置的行动"的初始规划包括,建立、管理、守卫六个营地,它们能为六万名难民提供庇护。陆、空立体军力保卫着这些营地,并且土耳其方面的快速反应部队也作好了临战部署。参与这项计划的有美国的五千名士兵,英国的两千军人和法国的一千名战士②,俨然构成一支多国远征军。虽然初始目标是在禁飞区域创建保护区,但建立安全避难营更进一步的目的旨在"确立西方国家在伊拉克大部分区域的军事统治"。③ 如果库尔德人要安全地返回家园,伊拉克军事力量、准军事力量和警察就必须撤退。④ 伊拉克被清晰地告知,如果它不从第三十六度线的南部平行领域撤出以上力量,就会遭到强制性撤离,这个威胁让伊拉克人屈服了⑤。

安全避难营是对库尔德人所直接面临的死亡和饥饿威胁作出的响应。不过,这个行动也挑起了两个至关重要的问题:首先,西方国家在它们对伊拉克的干涉上有多大程度的合法性,而其他国家对于西方军事力量进入伊拉克边境又会有怎样的反应?其次,应该怎样才能确保库尔德人安全地返回他们的家园。布什已经声明美国是以一种正当的临时手段介入的,但是这需要进行合理的安全建构,以此来确保库尔德人可以在西方力量不在场的时候也能得到保护。联合国被寄希望于承接这个任务,但是这牵涉到大量的法律和操作困难。

使对伊拉克的临时及长期干涉合法化

布什在宣布美国决定派遣军事力量拯救库尔德人之时,曾表明此行动

---

① 引述于 Freedman 和 Boren,'"Safe Havens"',p. 55.
② 'US Troops Move in to Set up Safe Havens',*The Times*, 18 Apr. 1991, 和 Freedman 和 Boren,'"Safe Havens"',p. 56.
③ Freedman 和 Boren,'"Safe Havens"',p. 57.
④ 同上。
⑤ 同上,pp. 58 – 59.

符合联合国安理会第 688 号决议①。4 月初，英国政府曾发表声明，不存在对于干涉的任何合法性授权，但是第 688 号决议改变了这一切。在四月九号为建立安全避难营作辩解之时，英国首相声称根据第 688 号决议此举是合法的。次日，英国外交事务大臣道格拉斯·哈格在 BBC 广播电台发表讲话说，"我认为，根据联合国第 688 号决议，我们有权力作出以上行动以确保库尔德人的安全，并且这是传达和表述该决议的一个办法"②。

在被询问不经过伊拉克同意的情况下，是否可以打着联合国的名义在伊拉克北部进驻西方军事力量之时，佩雷斯·德奎利亚尔回应说："不，不，不。我们首先要和伊拉克人做沟通"③。他宣称在没征得伊拉克同意的情况下，必须征得安理会的同意才能在联合国的支持下建立安全避难营④。尽管舆论界有相反的报道，大卫·汉内爵士声明说，英国不会尝试获得新的安理会决议来批准建立安全避难营⑤。考虑到绝不能削弱大会宪章第 2 (7) 条，而且为了保护库尔德人而发表新的决议会被许多会员国认为过于触犯不干涉内政的原则，第 688 号决议是最后的表决。

尽管联合国秘书长对相关的法律问题相当敏感，他还是从"道德和人道主义的观点"⑥肯定了该行动的重要性。此外，他认为如果牵涉到的国家不打着联合国的旗帜，情形就会改变很多⑦。随后，他不加任何立场地讲，根据第 688 号决议，建立安全避难营是不合法的。大卫·汉内爵士认为佩雷斯·德奎利亚尔能够接受西方对伊拉克北部的干涉，因为联合国没被要求做任何违法的事情，但是这也牵涉到英国、法国和美国创建安全避

---

① Freedman 和 Boren，'"Safe Havens"'，p. 54.

② 'Major's Enclave Plan for Kurds Runs into Trouble'，*The Times*，10 Apr. 1991. 另见 'UN Envoy Pours Cold Water on Kurd Refugee Plan'，*The Times*，10 Apr. 1991.

③ 'Un Clashes with West over Forces for Northern Iraq'，*The Times*，18 Apr. 1991.

④ 'West and UN Shamed into Aiding the Kurds'，*Independent*，18 Apr. 1991.

⑤ 新闻报道说 Hannay 4 月 12 日在纽约开展了关于新的授权建立安全避难营的决议的讨论，但是根据非正式的安理会会员国会晤，明显地是它不能够争取足够多的支持。见 'UN Say Iraq must Endorse Haven'，*The Times*，12 Apr. 1991，和 'That Slippery Slope'，*The Economist*，13 Apr. 1992. 'Major Puts the UN on the Spot'，*Independent*，10 Apr. 1991. Sir Hannay 拒绝回忆任何寻求新的决议的尝试（Interview with Sir David Hannay, Mar. 1999）.

⑥ 'Allies Embark on an Uncharted Path'，*Independent*，18 Apr. 1991.

⑦ 'West and UN Shamed into Aiding the Kurds'，*Independent*，18 Apr. 1991.

难营是否违反了国际法则的问题①。

声称建立安全避难营得到了第 688 号决议合法授权是基于决议的第六句,即"呼吁所有会员国和人道主义组织投身于人道主义救济的努力中"。罗德利认为把救济工作移交给联合国的公然用意意味着西方的干涉是符合第 688 号决议的②。马克·威勒比罗德利更进一步地认为,第 688 号决议"授权会员国以军事手段进行人道主义援助"③。这两个法律上的论点都牵涉到一个问题,即第 688 号决议并未授权使用武力威胁来保卫救济工作。假如 1991 年 4 月 5 号的决议草案规定了授权使用武力威胁以保卫人道主义帮助或人权,它就会被苏联否决。西方政府正是意识到了安理会不可能被说服越过第 688 号决议,才没有提议新的决议以授权建立安全避难营。

第 688 号决议最多只是为西方国家的军事干涉伊拉克提高了一个贫弱的法律掩护。那么我们又该如何解释为何所有掩护该决议的安理会会员都没有公开地质疑西方国家建立安全避难营的合法性呢④?回答就是,虽然会员国不会授权采取强制措施来完成人道主义的目的,但是他们打算对西方行动的合法化保持沉默⑤。据此周思哲声明:

第 688 号决议的可修正性是必要而有优点的——之所以是必要的是因为安理会不愿意给出一个更确定的授权认可,而之所以是有优点的是因为它允许同盟在此规则演变阶段可以采取行动,而不会强制到中国或其他国家,这些国家虽然在权利上不会批准,但实际上会容忍这些行动⑥。

这个关于默许合法化的声明得到了以下事实的支持——与乌干达事件相比,西方强国公然认为他们人道主义形式的行动是正当的。因而,其他国家的毫无异议可以被当作是为以后事件的类似行动开了先例。但是,如

---

① 根据 David Hannay 爵士,"Perez de Cueller 准备这么做是因为他知道根据第 688 条决议提供救援帮助是他的责任……第 688 条决议指示他采取任何对他适宜的方式以给难民获得人道主义帮助……他没有被请求去做任何非法的事。他也没有被要求使用武力"(interview with Sir David Hannay, Mar. 1999)。

② Rodley, 'Collective Intervention', p. 32.

③ 'New York Resolution Opens Way for Use of Force', The Times, 10 Apr. 1991.

④ Rodley, 'Collective Intervention', p. 33.

⑤ 'West and UN Shamed into Aiding the Kurds'.

⑥ Stromseth, 'Irap', p. 1000.

果安全避难营开了人道主义干涉的先例，它也是非常少的一个。安理会对任何破坏不干涉主权国家原则的行动都有很强的反对意见，而西方的军事干涉之所以被接受，只是因为它很快地就表明了这只是一个临时手段，而且西方的军事力量在大约数月内就会撤退①。虽然救济工作由武力威胁作支持，全世界的媒体都聚焦在西方军事力量扮演的把帮助带给有需要的人这个角色之上。安理会里的苏联、中国和其他的非西方国家很焦虑于西方国家在伊拉克北部行动所创设的先例，但是它们都不想公开反对一个旨在拯救生命的救援计划，他们选择保持沉默以避免羞愧②。于是，默许而不是默认成了那些国家政府对西方干涉的回应。

  在避免了在安全避难营合法性上的残酷辩论后，西方国家面临的下一个问题就是他们应该怎样把这项工作移交给联合国，从而让自己可以从伊拉克北部撤退。联合国官员对西方建立安全避难营的计划如此谨慎的一个原因就是，他们担心这会危害联合国自己的人道主义救援工作。事实上，是西方的军事干涉迫使伊拉克接受了联合国和其他救援机构根据第688号决议提供的人道主义帮助。西方强国渴望他们的干涉不会被拖续太久，就像弗里德曼和鲍仁指出的，这也是伊拉克的首选。如果非要有外国人出现在它的土地上，伊拉克非常希望是联合国的民事工作人员而非西方国家的士兵③。伊拉克为了确保西方武力从它的土地上撤退，接受了空前级别的人道主义帮助。正如罗姆摆吞氏及伍德豪丝所指出的，"萨达姆·侯赛因同意签署谅解备忘录以及他在联合国项目上总的默许都是被迫的"④。

  谅解备忘录由艾力克·苏伊和萨德鲁丁·问的·汗（联合国秘书长派伊拉克人道主义事务代表）在四月八号签署，伊拉克政府同意在全境建立一百个民用化经营的人道主义中心区。建立这些中心区有双重的目的：第一，帮助联合国红十字会国际委员会、地域性和伊拉克红新月会，以及其他的非政府性援助组织。第二，创造可以说服北部的库尔德人和南部的什

---

① Interview with Sir David Hannay, Mar. 1999.
② 'West and UN Shamed into Aiding the Kurds'.
③ Freedman 和 Boren, '"Safe Havens"', p. 57.
④ Ramsbotham 和 Woodhouse, *Humanitarian Intervention*, p. 82.

叶派教徒返回自己的家园的安全环境。根据第 688 号决议，谅解备忘录覆盖了伊拉克全境，而它的宗旨就是"人道主义援助是公平的，所有危难中的人，无论他们在哪，都有资格获得帮助"①。

伊拉克和西方强国都渴望联合国尽快接手安全避难营的工作，但是问题在于如何使库尔德人相信在西方强国撤退后自身还能得到长期的安全保护②。在 5 月 2 号致联合国秘书长的一封信中，首相提议由联合国的警察武装代替西方的军队，而该计划也受到美国和欧盟的支持③。西方国家声明，第 688 号决议为此武装力量提供了充分的授权，但是，它和安全避难营的合法性一起受到了联合国秘书长派伊拉克特使的质疑。艾力克·苏伊声明，进驻联合国武力需要一项新的决议，"否则它就会变成干涉，感觉就像沙漠风暴作战行动"④。这个观点得到了前联合国负责特别政治事件的副秘书长布赖恩·厄克特爵士的附和，他表达了他对少数西方强国把它们的想法强加给联合国的关注⑤。佩雷斯·德奎利亚尔希望可以通过说服伊拉克接受一支联合国的警察武装来避免法律问题上的争执。然而，在 4 月 11 号他宣布他收到了来自伊拉克政府的非常清晰的拒绝。伊拉克人不想看到一支联合国的警察武装出现在自己的国土上。最大的障碍就是伊拉克坚持要求联合国警察不能携带武器⑥。佩雷斯·德奎利亚尔声明，在未通过伊拉克同意的情况下，所有的武力进驻都需要经过安理会的直接批准⑦。

尽管美国认为第 688 号决议授权了进驻一支联合国警察部队，布什在 4 月 16 号发表声明说，美国正在考虑在安理会"取得进一步的授权"⑧。然而，从在纽约的会议来看，苏联和中国可能会否决任何此类的行动。在和美国国务卿的一次会面中，苏联外交部长强调说他的政府对不经过伊拉

---

① 谅解备忘录的文本引述于同上，p. 81.
② Freedman 和 Boren，'"Safe Havens"'，p. 60.
③ 同上，p. 62，和 'Britain Urges Un to Police Iraq'，*Independent*，30 Apr. 1991.
④ 同上，p. 60.
⑤ 'Questions Hang over UN Police Force Plan'，*Independent*，27 Apr. 1991.
⑥ Freedman 和 Boren，'"Safe Havens"'，p. 62.
⑦ 'Bessmertnykh is Cool to UN Police Force in Iraq'，*International Herald Tribune*，14 May 1991，和 Stromseth，'Iraq'，p. 91.
⑧ 引述于 Freedman 和 Boren，'"Safe Havens"'，p. 62.

克同意的情况下进驻一支联合国的警察部队表示关心。他表示,"在有必要进行人道主义支持和尊重主权国之间有细微的界限,而这是一个很复杂的平衡问题"①。中国也同样敏感于开创一个可能会触犯不干涉内政原则的先例,而有了这些政治上的羁绊,西方强国就没有尝试在安理会上提议一条新的决议②。

首相关于联合国警察部队计划的失败使得西方强国面临外界给予的难题,他们会被要求做出保护库尔德人的长期承诺。但是伊拉克认识到,联合国的出现可以让他们摆脱西方的军事武装。他们答应接受 500 名联合国护卫人员进驻,以此响应西方国家寻求的撤退战略。这个数目远远少于首相所提议的进驻人员,而且护卫人员只允许携带个人武器如手枪。依照萨德鲁丁·问的·汗王子,护卫人员的任务是保护人道主义救援工作中的人力和物质资产③。协议里不曾提到伊拉克警察力量对库尔德人的保护。但是联合国表示,对最坏形势作最好的打算,护卫人员毕竟是"可见的存在",能够监视和汇报伊拉克境内的人道主义及安全情况。这个观点是说,这些汇报可以引起联合国的进一步行动,但是人们很期望护卫人员的出现能够阻止伊拉克人对库尔德人的攻击。不出意料的是,库尔德人的领袖们并不信任联合国护卫人员可以保卫他们的人身安全。库德斯坦爱国联盟领袖贾拉勒·塔拉巴尼对联合国保卫所提供的安全表示了深刻的怀疑,害怕库尔德人会再返回到山区④。想想看 21700 个优良训练的军事人员被 500 个轻型武装的联合国护卫人员代替,而这 500 个人的日常职责只是保护联合国在纽约和日内瓦的大楼,就会明白这些担心是可以理解的⑤。

英国首相是第一个提议派驻联合国警察力量保护库尔德人这个想法的人。大臣们已经感受到越来越大的压力,议会和媒体批评他们这是遗弃库

---

① 'Bessme rthyky is Cool to UN Police Force in Iraq'.
② Interview with Sir David Hannay, Mar. 1999.
③ 'Give the United Nations Guards a Chance in Iraq', *International Herald Tribune*, 13 June 1991.
④ 'Major's Haven Plan in Tatters', *Independent*, 17 *June* 1991.
⑤ Freedman 和 Boren, '"Safe Havens"', p. 63.

尔德人的行为①。为了回应这些批评，英国外交大臣通知新闻记者说，英国、法国、挪威和意大利已经同意在库尔德人还处于危险之中时，不会终止它们在伊拉克北部的行动②。这就把欧洲国家和美国放在相冲突的位置上，因为美国急于尽快撤兵。不过，如果联盟同意一支驻留的多国部队能够继续驻扎在该领域来保护库尔德人，任何有关何时撤兵的争议都会被抹去。土耳其同意在其领土内建立一支地面和空中快速反应部队，而这得到了美国在东地中海领域的航空母舰的支持。西方的军队在七月中旬之前就要从伊拉克撤退，萨达姆·侯赛因被清晰地告知伊拉克北部的禁飞领域照样保留，而且有西方军事力量管辖。驻留力量被称作"军事行动平衡铁锤"，这是给伊拉克的一个清晰的信号，即以后对库尔德人的任何攻击都会遭到西方同盟的报复。

西方军事干涉伊拉克所取得的人道主义成功

1991年拯救伊拉克北部的库尔德人依赖于完成三个目标：第一，给山区濒死的难民带去人道主义援助，把库尔德人从山区护送到安全避难营，最后也是最困难的任务就是营造能够使得库尔德人返回家园的安全环境。毫无疑问的，西方的军事干涉拯救了成千上万濒临死亡的生命。就像美国国务卿贝克指出的，西方强国之所以干涉是"因为我们感觉到没有其他人着手做应该做的事情以拯救生灵"③。尽管美国和英国庆幸于自己在伊拉克北部进行干涉所取得的成功④，然而任何评估都要考虑它在多大程度上解释了导致伊拉克镇压及库尔德人大批撤入山区的根本政治原因。

---

① 影子内阁的海外发展劳动部长 Ann Clwyd 呼吁首相要尊重他对库尔德人的承诺。见'Prince Flies in to Plead for Kurds', *Independent*, 19 Nov. 1991, 和 'A Retreat from Responsibility', *Independent*, 4 June 1991.

② 'Europeans Agree not to Deserk Kurds', *Independent*, 18 June 1991.

③ 引述于 'Bessmertnyky is Cool to UN Police Force in Iraq'.

④ 美国国防部把在伊拉克北部的行动描述为"一次杰出的成功之举"（引述于 Freedman 和 Boren, '"Safe Havens"', p.76）。相似地，英国海外发展部长，Lynda Chalker 告诉下院，把库尔德人从山区接出来的行动圆满地完成了。见 'Europeans Agree not to Desert Kurds'.

伊拉克对库尔德人的镇压是伊拉克北部人道主义危机的根本原因，而存在两个可能的解决办法来确保对库尔德人的长期人权保护。第一个也是最激进的办法是为库尔德人建立某种形式国际保护之下的国家。西方国家从未考虑过这个办法，因为与此相关的任何提议都会在拥有大量库尔德少数民族的国家激起巨大反响。进而，使分离合法化会酿成危险先例，以及对国际社会的尊重主权、互不干涉、领土完整这些既定原则构成威胁。

排除建立国家的想法之后，第二个办法就是让库尔德人领袖和萨达姆·侯赛因商定一份由国际担保支持的新自治协议。第 688 号决议阐述了安理会的观点，即应该举行一次旨在确保尊重所有伊拉克公民"人身和政治权利"的对话。随着西方力量在伊拉克北部的展开，两个库尔德人团体的领导人，马苏德·巴尔扎尼和贾拉尔·塔拉巴尼就开始同伊拉克政府协商新的协议。库尔德人的领导者们希望安理会可以通过一项决议以担保任何新的自治协议，他们相信这能够施压给伊拉克使其服从。然而，西方政府认为伊拉克和库尔德人之间的协议是"内部事件，超出联合国的职权"，因此安理会不可能担当保证人的角色①。

伊拉克坚决反对任何形式的国际担保，而在库尔德人要求在伊拉克进行民主选举的自治会谈上，争议进一步深化；版图要包括在自治领域之内；库尔德人要求分享基尔库克的石油收入。库尔德人自身领导者之间的分裂对协定新的协议毫无益处，而且随着 1991 年 9 月塔拉巴尼团体的退出②，自治会谈结束了。伊拉克很快就利用库尔德人的这次分裂坐收渔翁之利，1991 年末萨达姆·侯赛因强制推行了针对库尔德人的国内经济封锁，切断食物、医药和燃油供应③。伊拉克对库尔德人的不断施压反应了萨达姆·侯赛因的盘算，他认为西方对保护库尔德人的做法只在于发出警告。基地设于土耳其的西方空中军事力量仍然巡视于伊拉克北部，但是空

---

① 'Via Telegram towards a Kurdish Compromise', *Independent*, 30 Apr. 1991. David Hannay 爵士说，他不记得纽约曾提出过这个议题（interview with Sir David Hannay, Mar. 1999）.
② 'Iraq Attacks Kurds and Defies Sanctions in Challenge to UN', *Independent*, 13 Sept. 1991.
③ Stromseth, 'lraq', p. 92.

中的巡逻不会太多地干涉到地面的警察恐怖统治①。虽然联合国护卫人员进驻伊拉克,以此作为确保库尔德人能够返回他们家园的可见性存在,但是他们已渐渐地做不到保护自己、跟随联合国援助人员,或者保护库尔德人免遭伊拉克恐怖主义分子的袭击②。

伊拉克的恐怖主义袭击威胁到了库尔德人的人权,但是这种威胁的程度还无法和他们在1991年3月到4月间遭受到的恐怖待遇或者20世纪80年代在萨达姆·侯赛因统治下的苦难相提并论。第688号决议呼吁伊拉克政府和库尔德人进行新的会谈,但是没能奏效。相反的,庇护在西方国家的空中保护之下,库尔德人拒绝和伊拉克人进行新的自治会谈,反而建立了自己的议会制政府③。20世纪90年代,伊拉克人的领袖不经试探西方国家的决心,便向居住在第三十六线平行以北的三百五十万库尔德人发起了攻击,这样的做法在以后也不能被排除。库尔德人在经历了相对自治的时期之后,只看到了伊拉克人对他们人权如此令人震惊的破坏。保持和提高他们的安全感很大程度上依赖于伊拉克政府的未来改革,但也依赖于西方政府对于保护库尔德人免遭伊拉克人再次袭击他们的意愿。

对西方人道主义干涉伊拉克北部所取得的成就的任何评判都不能忽视这个事实,即它们对南部的什叶派教徒没有进行任何的武装救援。当库尔德人难民在伊拉克北部的山区里寻得安全之时,大约50万名到85万名什叶派教徒逃往了伊拉克南部的沼泽之地,在那儿他们很容易受到伊拉克炮兵的轰击④。联合国承担义务,为受饥饿和疾病威胁的难民提供援助,但是秘书长并不认为派往巡逻伊拉克南部非武装领域的1440名维和部队人员应该担任保护什叶派教徒的角色⑤。伊朗和沙特阿拉伯接收了一些难民,

---

① 'Kurdish "Saft Haven" Braces itself for Saddam's Wrath to Come', *Observer*, 17 Jan. 1993.

② D. Keen, 'Short-Term Invervention and Long-Term Problems', 载于 J. Harriss 编 *The Politics of Humanitarian Intervention* (London: Pinter, 1995), p. 171. David Hannay 承认在他们极其成功地拿出一个保障的东西后,保卫人员承受了压力,并且"发生了一些恶劣的事件"。不过,他表示保卫人员很长一段时间内会继续履行安全范畴的工作, Interview with Sir David Hannay, Mar. 1999.

③ 'Kurds Enjoy Taste of Freedom under Dual Embargo', *Financial Times*, 2 Apr. 1998.

④ Weiss, *Military-Civilan Interactions*, p. 51.

⑤ Freedman 和 Boren, '"Safe Havens"', p. 69, 和 'Un Role in Helping Shiites and Troops in Uncertain', *Independent*, 19 Apr. 1991.

但是科威特拒绝这些难民进入自己的领土。伊拉克和联合国之间的谅解备忘录确保了一些人道主义援助正在输送给流浪在沼泽地的难民，但是方法并不容易而且会被伊拉克的军事力量阻碍①。难民们担心他们的自身安全，对联合国的保护感到相当绝望。

外交部在 1991 年 6 月 12 号发表了一份声明，表示"伊拉克政府对什叶派教徒的针对行动违背了安理会第 688 号决议……会造成非常严重的后果"②。伊拉克对此警告作出的反应是通过拖延护送和封锁沼泽地，进一步阻碍联合国的援助活动③。随着伊拉克袭击什叶派教徒此类报道的不断增多，联合国人权委员会任命了一名特定大会报告起草人来汇报伊拉克对第 688 号决议的服从情况。前荷兰外交部长，马克斯·范德·斯图尔花费数月时间调查在伊拉克的人权践踏后，汇报说，什叶派教徒难民正在遭受伊拉克的炮火轰击和空中打击，伊拉克的将领们被指示清除数世纪以来居住在沼泽地的特定部落。报告声称，伊拉克正在执行某个特定计划来强制迁徙这些部落，这个计划被比作为伊拉克 20 世纪 80 年代对库尔德人的大迫害④。

特定大会报告起草人的调查发现使英国蒙羞。英国曾在 1991 年 6 月声明说如果伊拉克敢于进攻什叶派教徒就会面临"严重后果"。来自媒体和公众的压力促使西方国家为库尔德人建立了安全避难营。很不幸的是，什叶派教徒在 1991 年呼吁帮助的叫喊受到了很少的媒体关注，而政府没有被促使采取他们在库尔德人方面采取的行动。伊朗政府曾提议在南部建立安全避难营，而这突出了西方国家在库尔德人和什叶派教徒之间的选择性措施。在伊拉克南部创建安全避难营有三处障碍：第一，西方强国以及它们的海湾战争联盟仍然敏感于行动会造成伊拉克的分裂，沙特阿拉伯尤其害怕在伊拉克南部成立由伊朗政府支持的什叶派教徒政府。第二，存在法律

---

① 联合国人员声称难民正遭受伊拉克军队的炮轰。见'UN may Free Trapped Shia Refugees', Independent, 9 July 1991, 有关难民处境及他们对保护的需要的讨论, 见 Freedman 和 Boren, '"Safe Havens"', p. 69, 和 'UN Role in Helping Shities and Troops in Uncertain', Independent, 19 Apr. 1991.

② 引述于 Freedman 和 Boren, '"Safe Havens"', p. 70.

③ 同上。

④ 'Iraq Trying to Wipe out Marsh Arabs', Independent, 1 Aug. 1992.

上的障碍，在南部建立安全避难营需要安理会通过新的决议。最后，在不经过伊朗政府同意的情况下，是否可以布置地面武装以保护什叶派教徒也存在现实问题。尽管伊朗政府提议在南方建立安全避难营，它也绝不可能允许美国部队穿越自己的国土。而这些计划可以在北部得到实行，因为联盟的军事力量可以从土耳其出发，土耳其是北大西洋公约组织的一员①。即便此行动有切实可行的后勤支持，在刚刚从伊拉克北部撤兵之后，英国、法国和美国对进行保护什叶派教徒的行动也没有什么热情可言。

基于特定大会报告起草人对伊拉克南部人权践踏的调查，安理会原本完全可以采取行动；阻挠在于那些敏感于触犯主权原则的会员国会拒绝根据一份由会员大会任命的代表提交的报告，而批准安理会的强制性行动②。然而，作为安理会8月份的主席国，比利时成功说服了会员国们讨论该报告。在8月12日的一次会议上，安理会谴责了伊拉克对什叶派教徒和沼泽阿拉伯人的镇压，但是并不支持在伊拉克边境内进行任何形式的强制性行动。前荷兰外交部长希望安理会能够派遣人权监视员到伊拉克南部调查和汇报那儿的人权践踏事件③，但是即便如此保守的措施也没有获得安理会的批准。类似的、阻碍非西方会员国授权第688号决议强制性措施的、教条式的关注还在努力确定可接受性行动的界限。

在寻求安理会批准更强硬行动的尝试再次遭到失败后，西方国家开始寻求独自行动来遏制伊拉克的人权践踏。排除派遣地面部队的可能性后，西方国家依靠于把禁飞领域扩展到伊拉克南部。他们认为，对什叶派教徒和沼泽阿拉伯人的保护需要禁止伊拉克的定翼飞机和直升机④。尽管这个行动并没有得到第688号决议的直接支持，英国政府仍然认为该行动是为了协助完成该决议的要求，即让伊拉克终止它的镇压并配合联合国的人道主义救援工作。在BBC广播4台回答关于该行动由于缺乏第688号决议的特别授权而不具备合法性的质问之时，外交大臣道格拉斯·哈格说：

---

① Interview with Sir David Hannay, Mar. 1999.
② 同上。
③ 'Iraq Trying to Wipe out Marsh Arabs'.
④ 见英国外交大臣 Douglas Hurd 在 BBC World Serevice 上的采访，20 Aug. 1992.

但是我们是根据国际法而采取行动的。并非所有英国政府采取的行动、或者美国政府所采取的、或者法国政府所采取的行动都需要特意地写入联合国决议里面,以表明我们遵从了国际法。国际法可以识别出极端的人道主义需要。读过特定大会报告起草人前几天提交给联合国报告的人都不会怀疑极端的人道主义需要。为了支持联合国的决议——碰巧是第688号决议——该决议责令萨达姆·侯赛因不能对自己的人民进行镇压,我们很清楚——法国人很清楚、美国人很清楚——我们是以人道主义和完全合法的名义建立该"禁飞"区①。

1992年8月26日,美国、英国和法国政府宣布了针对伊拉克定翼和旋翼飞机的位于北纬32度平行线以南的强制性禁飞区。联盟在一份联合声明中表示,在伊拉克拒绝遵从联合国安理会第688号决议的情况下,他们得出结论,它们必须自己监视伊拉克在其南部履行联合国安理会第688号决议②。在安理会上并没有讨论伊拉克南部的禁飞区问题,所有的政府,除了伊拉克,都没有公开质疑该行动的合法性。

国际上对于此禁飞区的接受表明了这样一个事实,没有哪个政府会批评一次旨在打击践踏人权的政府的行动。但是这样的默许使得西方军事力量可以任意地击落闯入禁飞区的伊拉克定翼和旋翼飞机。这样的行为显然超越了第688号决议所授权的范围,这在道格拉斯·哈格的并非所有行动都要写入联合国决议的观点里也得到潜在的承认。似乎可以把英国外交大臣捍卫南部禁飞区正当性的声明理解为这样的观点——如果该行动是为了协助实行安理会决议③,那么常规国际法中就允许人道主义干涉的权利。这种法律论点牵涉到了进一步的问题,比如在这样的规则下,什么形式的

---

① FCO 文本,引述于 *The British Yearbook of International Law* 1992 (Oxford: Oxford University Press, 1993), p. 824.
② 引述于 D. Sarooshi. *The United Nations and the Development of Collective Security: The Delegation by the UN Security Council of its Chapter VII Powers* (Oxford: Oxford University Press, 1999), p. 231. 四天前首相认为禁飞区可以阻止"大屠杀"('Back to the Culf', *The Economist*, 22 Aug. 1992)。
③ Christopher Greenwood 认为,西方国家正在"宣扬某种形式人道主义干涉的权利"(C. Greenwood, 'Is There a Right of Humanitarian Intervention?', *The World Today*, 49/2) (1993), p. 36)。

武力使用是被允许的？英国外交大臣在 8 月 21 日 BBC 的一个广播评论中承认，如果联盟在伊拉克南部的人权监视表明需要采取进一步的行动①，那么就需要向安理会请教。这表示对伊拉克地面目标的军事行动有必要得到安理会的授权，但是，考虑到安理会对在会员国国内保卫人权而采取强制行动的敏感性，寻求这样的一个决议显然是不可能的②。

对南部禁飞区的一个批评就是它逗留在定翼和旋翼飞机。《纽约时代》的一篇社论就问了这样一个问题："为什么仅逗留在空中？"评论说不进攻伊拉克的地面武装会使得什叶派教徒变成下一步的屠杀对象③。英国政府对其规定自己的飞机不能进攻那些炮轰什叶派教徒和沼泽阿拉伯人的伊拉克炮兵进行辩护说，这超过了第 688 号决议许可的范围。在 1992 年 8 月 24 日 BBC 的电视访问中，道格拉斯·哈格是这样回答英国皇家空军是否可以进攻伊拉克境内军事目标的问题的："不可以，我们认为那不属于安理会决议所授权的范畴"④。对英国政府来讲，常规国际法允许的人道主义干涉有很清晰的限制。

基于极端的人道主义需要，南部的禁飞区是合理的。但是，由于它并没怎么阻止地面上发生的人权践踏，可以很容易地得出结论说它不配借以人道主义的借口。相对于库尔德人的困境，伊拉克人民在南部所经受的煎熬引起了西方媒体很少的注意。因此，西方政府并没有处在国内媒体的压力之下去做该做的事。显然地，人道主义的考虑对国家领导人采取禁飞区行动起了相当大的作用，但是，另一个至关重要的动机是给萨达姆·侯赛因施压，让他配合联合国的武器检查人员。海湾战争停火协议要求检查伊拉克大规模杀伤性武器的裁减工作。通过限制他在伊拉克另外一部分领土内的权力，联盟决心给萨达姆·侯赛因点颜色看看，让他晓得他的持续不合作是要付出代价的⑤。

---

① 'Hurd Agrees that UN would be Consulted before Allied Action', *Guardian*, 22 Aug. 1992.
② 英国影子内阁外交大臣 Jack Cunningham 认为，即便是南部禁飞区的建立也需要新的一条安理会决议。见 'Hurd Agrees that UN would be Consulted before Allied Action'.
③ 'No to the No-Fly Zone', *International Herald Tribune*, 29 Aug. 1992.
④ FCO 文本引述于 *The British Yearbook of International Law* 1992, pp. 820–821.
⑤ Interview with Sir David Hannay, Mar. 1999.

在这里首先要指出的是，虽然存在非人道主义的动机，但是这丝毫不减弱"操作南部的手表"行动背后的人道主义呼吁，除非有迹象能够表明该"场外"动机破坏了禁飞区带来的人道主义益处。至于禁飞区为何没能保护南部的伊拉克人，这不是因为建立该区的任何潜在动机；相反，它表明了禁飞区作为一种人道主义干涉手段的局限性。例如，为何联盟国的飞机没有进攻伊拉克的地面部队？在所采取的该措施进行辩护时，英国声明，它不能越过第 688 号决议给出的约束，为了打击人权践踏而攻击伊拉克的地面部队。如果对伊拉克地面部队进行军事打击，就会进一步扩展联盟对决议所允许的事情所作出的业已矫饰的引申。西方国家对禁飞区的武力使用作出严格的规定有两个"场外的"原因：首先，他们决心避免受到长期拖延或者牺牲士兵生命；其次，他们对该领域阿拉伯国家表现出的关注相当敏感。该领域的许多阿拉伯国家都有大量的什叶派人口，因此害怕对伊拉克什叶派教徒的支持会导致本国什叶派教徒变得更加难以控制。这也可以解释为何相对于阿拉伯国家对北部禁飞区的支持而不太欢迎南部禁飞区。拯救北部的库尔德人显得很容易，这是因为不必担心阿拉伯国家境内的大量库尔德人①。从西方的观点看，"操作南部的手表"行动是两者间的一个精巧的均衡手法，一方面，给萨达姆·侯赛因施压让他服从西方国家的要求；另一方面，通过鼓励伊拉克的什叶派教徒从而没有疏远海湾战争中在该领域的联盟。因而，这些潜在的原因促使联盟选择了不能保护什叶派教徒人权的军事手段。在此事件中人道主义手段及其结果之间的消极关系使得"操作南部的手表"丧失了作为合法的人道主义干涉的资格。

结 论

对伊拉克镇压其少数民族的国际反应，在多大程度上反映了国际社会中人道主义干涉合法性标准的改变？团结一致的声音自 20 世纪 70 年代就不复存在于国家之间的对话了，但是在回应库尔德人苦难的时候，情形又

---

① 'Policy on Air Shield for Shias', *Independent*, 27 Aug. 1992.

发生了改变。西方国家发表了新的人道主义声明,更占优势的对多元化原则的理解和随后的对话改变了被授权国家的行动界限。

英国和美国最初把以军事力量拯救库尔德人视为非法的而排除了,但是这个决定很快就被改变了,于是决定采取措施保护库尔德人。那么,该拿什么来解释政策上的这次改动呢?对首相和布什的反向转变最常被引用的解释就是,"媒体的报道迫使西方国家进行人道主义干涉"[①]。英国政治官员最初的反应隐藏在不干涉内政原则之后,而布什把干涉视作侵入另一个越南。这些多元的、实际的考虑排除了通过任何的武装拯救手段来拯救伊拉克北部山区濒死的难民。在媒体——尤其是电视——把在煽动库尔德人起来起义并推翻萨达姆·侯赛因之后又抛弃了他们的责任归咎于西方国家的领导人之时,情形就发生了改变。用詹姆斯·梅奥尔的话讲,"只是由于西方媒体对库尔德人困境不遗余力的报道威胁到了政治上的利益,西方国家才采取发动战争的措施来保护自己"[②]。库尔德人之所以被救是因为英国首相和布什政府意识到,在公众的观点里,放任这些难民的死活不管是不能接受的。

认为对库尔德人苦难的电视报道是导致干涉的原因的观点,是基于实时的人们受难图像和西方外交政策反应的偶然连接;但是,就像我在第七章和第八章讨论的,令人震惊的对索马里和波赛尼亚人们受难的图像报道却没能导致西方的干涉。如果没有西方对库尔德人的报道,尽管他们的确是在受难,那么也不会有安全避难营的出现,但并不能由此得出结论说是媒体促使了干涉。马丁·肖关于电视促使首相重新定位"自己是库尔德人的救世主"[③]的观点表明,首相在越来越大的媒体压力下没别的选择。然而,首相对危机的反应并不存在任何的必然原因。其他领导人或许会选择安全渡过媒体的批评风暴,而不是冒险倡导建立安全避难营,因为这会引起复杂的法律和执行问题,或者选择依赖于美国的军事支持,虽然这并不能得到确切的保证。

[①] M. Shaw, *Civil Society and Media in Global Crises* (London: Pinter, 1996), p. 156.

[②] J. Mayall, Non-Intervention Self-Determination and the "New World Order", *International Affairs*, 67/3 (July 1991), p. 426.

[③] Shaw, Global Voices', p. 229.

在 1994 年接见尼克·高达时，首相表示，他个人被库尔德难民的照片感动了，这使得他决心倡导建立安全避难营①。如他的外交发言人指出的那样，这是危险的，因为美国急于在海湾战争后把它的军队撤回国内，而且担心陷入另一个越南式的泥潭②。但是首相赌赢了，他也说服了美国人跟从英国人的领导，虽然是贝克很关键地说服了布什否决五角大楼的提议而支持英国和欧盟建立安全避难营的选择。再一次地，别的总统可能就会听从五角大楼的建议而置身事外。首相和布什都清晰地认识到拯救库尔德人并没有什么利益可捞，但是，当电视报道或许已经使得安全避难营正当化，但它并没有决定到干涉主义者的回应。

媒体在作出干涉决定上起到作用的观点忽略了第 688 号决议在重新确立西方行为可行性上起到的至关重要的作用。在 4 月初，外交大臣和首相都认为不干涉政策是正确的，因为不存在干涉伊拉克内部事务的合法借口。虽然在第 688 号决议是否允许建立安全避难营和禁飞区上有争执性意见，但是它提供了合理性上的辩论，这可以似是而非地引申为掩饰了这些行动。进而，西方国家对第 688 号决议的依赖并不是事后合理化；相反，它使得干涉具有国际性，就像媒体报道适合国内那样。

虽然美国和英国已经视安全避难营受第 688 号决议所允许，对于在没有该决议的情况下建立安全避难营是否可能的思考还是让人着迷。本书阐述的观点是，如果国家行为不能合法化，那么它就是受限制的。而这带来了新的问题，即西方强国是否能够使得安全避难营在没有第 688 号决议的情况下也变得合理。考虑到安理会非西方国家成员在采用该决议时对自主和不干涉内政原则的坚决捍卫，西方的军事干涉很可能会被视作破坏联合国宪章而受到谴责。刚刚打完一场以捍卫主权和不干涉内政原则为名义的海湾战争，刚刚发表声明说不存在合法的借口进行干涉以拯救库尔德人和什叶派教徒，西方政府要使安全避难营在国际上合法化就要渡过一段艰苦

---

① N. Gowing, Real-Time Television Coverage of Armed Conflicts and Diplomatic Crises: Dose it Pressure or Distort Foreign Policy Decisions?', Joan Shorenstein Barone Center, the John F. Kennedy School of Government, Harvard University, Working Paper, June 1994.

② Coming to the Rescue to the Kinds', *The Times*, 10 Apr. 1991.

的日子。至少,他们的行为会显得与他们声称当初激发自己发动对伊拉克战争的原则相矛盾。

没有第688号决议所支持的合法化理由,就会很难进行干涉,但我并非要争辩说由此便不会有干涉。与国际上合法化问题相对立的是这样一个事实,即英国、法国和美国所采取的任何行动都要取得国内的支持。因此,首相和布什可以作出这样的决定,是国内的压力要求他们必须与传统的规则相违背,而且认可他们的行动可能会缺乏国际上的合法性。由此看来,可以在外交部号召到最好的法律意见以支持尽快地使得法律捍卫具有说服力。这或许就需要依赖于对常规国际法允许人道主义干涉的推测。实际上,安全避难营在法律上的合理性由外交及共和国事务办公室法律顾问安托尼·奥斯特在1992年12月回答一名下院外交事务委员会成员关于联合国行动合法性的问题时得到解决。奥斯特先生表示,"对伊拉克北部的干涉事实上不只是联合国授权的,而且采取行动的国家是依照常规国际法的人道主义干涉原则而行动的。"在被要求详细说明这项权力的定义时,他表示,它适用于只能通过时间和范围上受限制的外部干涉才能得到减缓的"极端人道主义危难"案例①。

虽然伊拉克争辩说安全避难营和禁飞区破坏了第2章第4条决议,但是西方政府拒绝承认这一点,它们绝不会公开表示它们是在以人道主义的立场侵犯伊拉克的主权。前文所阐述的法律顾问的解释附和了那些认为人道主义干涉受第2章第4条决议允许的国际律师的观点。西方对伊拉克北部的军事干涉符合这些的要求:它是临时性的,没有导致政权更改或者领土纠纷,而且和第688号决议的目的是一致的②。在默许了西方政府不经该主权国或外交授权的同意就在其境内进驻军事部队,皮尔(laberge)表示,那些投了赞成票或放弃票的会员国成员用沉默表明,常规国际法可能

---

① 引述于 The British Yearbook of International Law 1992, pp. 827 – 828.
② Howard Adelman 也持此观点,他认为,干涉是受第2(4)条允许的,因为英国、法国和美国没有采用武力"反对伊拉克的领土主权或政治独立"(H. Adelman, 'Humanitarian Intervention: The Case of the Kurds', International Journal of Refugee Law, 4 (1992), 引述于 P. Laberge, 'Humanitarian Intervention: Three Ethical Positions', Ethics and International Affairs, 9 (1995), p. 31.

会由不断的先例得到发展①。

这个观点遭到亚当·罗伯特和罗伯特·杰克逊的反对,他们表示,"提供慰藉行动"并没有代表标准的实践中的变动,因为它只会在海湾战争造成的直接环境下才变得可能。西方的行动受到国际社会的容忍,是因为他们声言伊拉克侵犯了它的邻国的主权,所以受到打击。安理会在第688号决议中授权使用任何必须的手段去遏止伊拉克对科威特的进犯,而且就像法国在关于第688号决议辩论时表示的,安理会对伊拉克人民遭受的苦难也逃脱不了干系。进而,在战争失败后,伊拉克被迫承认战胜国有权宣布它们对战败国的情形负责,对它的未来也拥有一些发言权②。是由于侵犯国际社会的重要规则,伊拉克才暂时失去了自己的主权;这一观点可以在其他国家不愿意承认安全避难营和禁飞区侵犯了别国的主权和领土完整这一点得到体现。这促使罗伯特·杰克逊得出结论,即它"因此会被误解为,为了保护库尔德人而对伊拉克的联合干涉表明了在国际关系中使用新的武装人道主义的显著改变"③。

那么,我们应该如何在伊拉克事件的这些相左的阐述中作出决定?库尔德人在20世纪80年代末遭受了伊拉克人的镇压,包括对库尔德人城市及村庄的毒气攻击,而没有受到任何武力干涉。要保护20世纪80年代末的库尔德人,就必须对伊拉克宣战,而又无法动员任何一个联盟国去进行一次人道主义干涉,因为这会造成士兵的伤亡,并且由于伊拉克是苏联的盟友,因此这样的人道主义干涉也要冒着引起超级强国之间冲突的危险。在这方面,罗伯特和杰克逊正确地认为,如果不是在一场军事上打败了伊拉克的战争所营造的环境下,干涉就是不可想象的事情。

另一方面,第688号决议和安全避难营改变了国际社会上对合法干涉的标准规定。为联合国人道主义干涉开了先河的意义在于,安理会第一次承认,一个主权国内部的镇压可能会引起威胁国际和平和安全的超出自身

---

① Laberge, 'Humanitarian Intervention', p. 31.
② A. Roberts, 'Humanitarian War: Military Intervention and Human Rights', *International Affairs*, 69/3 (1993), p. 437.
③ R. J. Jackson, 'Armed Humanitarianism', *International Journal*, 48 (Autumn, 1993), p. 594.

国界的后果。印度在1971年曾表示，难民在其边境附近的大批撤离威胁了国际安全，但是安理会基于巴勒斯坦对孟加拉人的镇压是国内事件的立场反对了这一主张。虽然古巴、也门、津巴布韦对伊拉克的镇压表示了相同的观点，但是安理会的大部分成员认为，安理会在决议第2章第7条的禁令并不适用于此。不过，会员国在第2章第7条决议上的敏感表明，大会没有在宪章第七节下通过第688号决议。当英国、法国以及美国明显地打算获得安理会对安全避难营的支持，并且期望一支联合国的警察力量来接手联盟行动之时，安理会并不准备下决心认可这一威胁或者批准使用武力来保护主权国边境内的人权。

安全避难营的重要性在于，这次行动抗拒了那些标准化的约束。一群会员国首次公开认为以强制手段保护安理会要求尊重人权的决议是恰当的。由此，西方国家挑战了对主权原则的原先理解，该理解一直禁止哪怕像"提供慰藉行动"这样保守的干涉。西方国家认为安全避难营和第688号决议所阐述的人道主义目的是一致的，因此是合理的，而且他们认为，应该赋予尊重主权、不干涉内政原则新的含义。尚待证实的人道主义干涉的权力是受限制的，它必须支持安理会的决议[1]，而且被限制在人权危急事件带去救援帮助[2]。但是这些告诫都不改变安全避难营代表了国际社会同心一致的事实。由于国际法要求有法律确信的支持，人们过多地认为，对西方行动的默认支持了一个新的人道主义干涉惯例。但是，通过发起新的人道主义呼吁，国际社会的标准化词典中接收了安全避难营这个新的名词，如简·周思哲指出的，这使得以后的冲突中，也会出现相类似的干涉[3]。与罗伯特和杰克逊的观点相反，问题在于，突破了对主权原则的传统性解释之后，是否会接连发生类似的对该原则的破坏或者这些是否会被国际社会承认合法化而不是默许。

---

[1] Adam Roberts 认为，"没有安理会的授权，基于人道主义立场的单纯国家干涉的权利是不被承认的"（Roberts, 'Humanitarian War', p. 437）。

[2] 这句话取自 Perez de Cueller 1999年9月对联合国大会的最终报告，它很好地诠释了"提供安慰行动"的精神。引述于 Stromseth, 'Iraq', p. 99.

[3] 同上，p. 103.

首次尝试是在伊拉克南部，而由于一系列法律和政治上的原因，并没有为什叶派教徒和沼泽阿拉伯人建立安全避难营，也没有对炮轰他们的伊拉克军队进行打击。媒体并没有像它们对待库尔德人的困境那样，把什叶派教徒受苦难的责任归咎于布什或者首相。结果就是，西方对伊拉克迫害少数民族的行为所采取的选择性措施没有落下政府的话柄。选择性手段也没有使北部的干涉丧失作为人道主义行动的资格，但是，如果如我在此讨论的，西方政府本可以做的更多以组织对什叶派教徒的人权践踏，那么这就减弱了安全避难营的人道主义资格。

那么，"提供慰藉行动"多大程度上实现了对合法的人道主义干涉的极限检验呢？库尔德人的苦难造成了一个极端的人道主义危机，如果没有外界的武力干涉，成千上万的难民就会饿死或者病死。尤其重要的是，根据汤姆斯·维斯的观点，美国军队的后勤支持是危机开始时的唯一选择①。如果伊拉克的军事和准军事力量不撤退就会动用武力，这样的威胁是和人道主义危机的重心相一致的。首相和布什作出建造安全避难营的决定混合了人道主义和非人道主义的动机，但是不管怎样，即便布什和首相是基于减轻国内的舆论压力才进行干涉，这种非人道主义的动机并不与行动公开的人道主义行动动机相冲突。最后，我们取得了拯救行动的成功，也阐清了伊拉克镇压库尔德人的潜在政治原因。

引用联合国难民负责高级官员绪方贞子的话，安全避难营是一个"成功的人道主义干涉范例"②。对采取让库尔德人进入安全避难营或者返回家园的办法来说，这个判断是恰当的。不幸的是，当要作出一个官方的说明以保证库尔德人长期的安全时，就显得不那么恰当了。周思哲认为，与此干涉相比，"人道主义救援自身不会解决深层问题"③，而弗里德曼和伯任则说："人道主义干涉没能解释首先导致危机的潜在争论，因此不能担保这样的事情不会复发"④。人权践踏总有政治原因的假设加固了人道主义干

---

① Weiss, *Military-Civilian Interventions*, p. 64.
② 引述同上，p. 68.
③ Stromseth, 'Iraq', p. 99.
④ Freedman 和 Boren, 'Safe Havens', p. 81.

涉的概念，但是国际社会没能在它对该人道主义危机的回应中阐释清楚危机发生的这些原因。

安理会最多只能号召双方进行对话，以确保尊重人权。在认识到缺乏持久的政治解救办法会让库尔德人在以后继续受到伊拉克人的攻击之后，西方强国突然提高了对反多元原则的抵触。安理会准备采取人道主义途径，但还没下决心以强制手段做支持。

那么，维斯也会赞同，"干涉带来的长期利益会变得非常的不确定"[1]。巡逻伊拉克北部的联盟空军力量保护库尔德人免受伊拉克的全面攻击，但是对伊拉克武装力量渗入库尔德人控制领域内进行的偷偷摸摸的袭击却无济于事。联合国的警察部队装备太差，没法对付这种威胁，因此需要存在全副武装的联合国警察或者维和部队。安理会上非西方国家拒绝支持这种形式的进驻，这表明团结者对国际社会做的有限触犯仍然顽固地各司其职。

到1992年末，媒体的焦点从伊拉克人的苦难转移到了其他的一些冲突之上，比如前南斯拉夫的战争和索马里的饥荒。至于后者，安理会通过批准人道主义名义的武装干涉取得了新的突破。下一章将主要讨论这是如何成为可能的，以及国际社会上人道主义干涉的合法化意味着什么。

---

[1] Weiss, *Military-Civilian Interventions*, p. 68.

第六章　从饥荒救济到"人道主义战争"：联合国及美国在索马里的干涉行动

一些人认为西方国家为救助库尔德人而实施的干涉，是对1991年海湾战争所造成的直接结果所作出的必然反应。在他们看来，美国于1992年12月在索马里的干涉行动潜移默化地建立了冷战之后国际社会上一种进行合法化人道主义干涉行为的新标准。这似乎意味着在脱出了冷战时期国际关系的禁锢后，西方国家政府正在进入一个新纪元，在这里他们将会为了拯救外国人的危难而将士兵们派出到远离故土的地方执行军事任务。美军在索马里的干涉行动之所以成为历史上有影响的一笔，是因为它是安理会第一次出于人道主义原因而授权一项未获得当事主权国家同意就采取宪章第七章所述的干涉措施的行动得以实施。如果把索马里问题看成是人道主义干涉行动拓展出新标准的一个里程碑，那么它也标志着对这方面行动所作新探索的反对声浪开始渐趋平息。正如我在下一章所讲的，1993年10月突发美军突击队员遭受损失的事件带来了悲剧性的结果，从此它就被看作是索马里幽灵——正像早些时候的越南幽灵——它致使克林顿当局在1994年的4月到7月间，对于胡图族军队和卢旺达安全部队屠杀卢旺达一百多万人民的行径采取了袖手旁观的态度。

这一章所探讨的是国际社会在伊拉克镇压库尔德人问题上表现出的矛盾反映对后来的人道主义干涉行动策略变化所产生的影响。先来看1992年降临的饥荒,正是它构建了导致索马里国家体系崩溃、国内民众加入冲突斗争的背景。联合国的任何人道主义机构都没能采取迅速而有效的措施阻止因营养不良和饥饿造成的成百上千人死亡的发生。直到1992年夏天,联合国终于开始对索马里的危难作出反应了,并且这正像秘书长的特使穆罕穆德(Mohammed Sahnoun)描述的绝对不是小举措。他对索马里文化深入精辟的理解和他所做出的承诺,让人道主义救援的实施更加容易。为了更长久的和平,他也开始在交战各方之间建立一些基地。然而,Sahnoun的策略被联合国秘书长一项更强硬的处置方式全盘打破了,而个中缘由正是布什当局在索马里危机处理上的全盘突变。在越来越大的国内压力下,总统正在着手救助索马里人,在本章第二部分正探讨了美国军方的反应是在多大程度上取决于此。在此我关心的是布什政府的真实动机及其宣称的人道主义立场是否有很大偏差。我在上一章中曾经强调第688号决议是有一个重要的合法原因支持其运作的,而这里也探究了第794号决议起到了多少与前者功能类似的作用。

对被一致通过的已采纳的第794号决议的重要性的深入分析成了焦点问题。关于安理会具有采取行动处置索马里相关事件的合法职能,不存在与成员国们在伊拉克问题上所提的争议相类的争论。也没有任何反对派意图给美国一个以第七章内容为依据的索马里强制军事行动授权,毕竟前次安理会出于并非十分情愿下所作出的是一个超出惯常处理轨迹的突破性决定。这将说明一个问题,安理会这次的反应在多大程度上代表了这将被看作是联合国第一次正式授权人道主义干涉行动实施的现实事例。

美国和其后的联合国在索马里的干涉上面临着对于人道主义干涉合法地位的怎样的需求是本章末尾所重点讨论的。在此问题上,我通过采用必要的,现在看来司空见惯的,全面的,并且是具有人道主义上积极意义的观点提出了如下问题:对于美国出兵索马里之前在决议上的冗长争论以及真正意义上的人道主义干涉来说,非暴力这个含义把握应是在何种尺度之下?在短期内挽救因饥饿而死的牺牲者的干涉行动上取得了怎样的成功,以及将如何创建良好政治环境以确保将来长期性的避免索马里陷入战乱和饥荒的恶性循环之中?最后,在总结出堂堂的联合国安理会授权的、具有政治法令效力的、旨在重建索马里秩序的任务，沦落为所谓的"人道主义"干涉者对索马里人民动武的行径时，我开始意识到这个事例在一定程度上为那种采取武力和威胁无法达成人道主义目的的观点提供了支持。

国际上对于 1991 年至 1992 年的索马里人道主义危机所做出的反应

1991 年至 1992 年间索马里人民所卷入的人道主义惨案是由一场内战导致的，也是 1991 年 1 月西亚德·巴尔（Siad Barre）政府倒台后形成的国家分崩离析局面造成的结果。该政权于 20 世纪 60 年代上台，并以野蛮和带种族主义色彩的手段执掌统治大权。要想解读索马里政治，对当地的氏族宗派体系的重要性是须作一定了解的。其实索马里族人属于血统纯正、语言统一的种族，他们孤傲不群，并且族人一贯针对其他文化保持一种强烈的优越感[1]。然而，他们被精心编排进了氏族系统，分裂成了所谓本宗族与次等宗族的派系。通过利用氏族系统的权威和动用暴力手段，巴尔（Barre）一直在巩固着他的统治权力，也正是这种伎俩导致积怨日深引发了该国西北部 Issk 氏族的起义。从此掀起了针对他独裁统治的反抗热潮[2]。

在 1989 年春季由豪叶（Hawlye）氏族成员领袖穆罕默德·法拉德·艾迪德（Mohamed Farah Aidid）和阿里·迈赫迪·穆罕默德（Ali Mahdi）两位将军联合奠基的索马里联合议会，将亚德·巴尔（Siad Barra）赶出了首都。但在推翻贝尔（Barre）的武装滑向了极端种族主义路线后[3]，一切对索马里达成全国性谅解并组建起一个新政府的期待也都迅速化为了泡

---

[1] I. Lewis 和 J. Mayall,'Somalia', 载于 J. Mayall 编 The New Interventionism 1991 – 1994: United Nations Experience in Cambodia, Former Yugoslavia and Somalia (Cambridge: Cambridge University Press, 1996), pp. 101 – 3.

[2] 对这些时间深入的分析，见 T. Lyons 和 A. I. Samatar, Somalia: State Collapse, Multilateral Intervention, and Strategies for Political Reconstruction (Washington: Brookings Institute, 1995), pp. 14 – 21.

[3] Issk 部落及其北部的支部落宣称他们宗教独立。

影。艾迪德和阿里·迈赫迪之间的全面战争于1991年11月爆发了,并且拜冷战时期该国与美国和苏联的相当军火交易所赐,索马里陷入分裂所带来的暴力及破坏达到了前所未有的程度①。据梅耶尔(Mayall)和刘易斯所说,"这次使摩加迪沙决裂为两个武装阵营的斗争是由氏族路线策动而起的,紧接着降临了席卷该城各处的腥风血雨,造成了估计死亡14000人和30000人受伤的损失"②。索马里1991年的内战对该国农业和畜牧业生产起了破坏性影响,并且更糟的是,伴随着干旱袭来的饥荒在1992年间夺取了30万至35万人的生命③。

问题的关键在于,联合国本身和各国政府以及各类人道主义组织,在1991年至1992年间为结束卷入内战和饥荒的牺牲者们遭受的苦难是否可以做出更多。甚至在联合国担保下终于同意了停火之后的1991年11月到1992年3月,军阀艾迪德和阿里·迈赫迪之间还是在不可救药地作战。在这段时期,联合国的人道主义代理机构出于恐怕联合国工作人员安全受到威胁而撤走了,他们在1991年年末前都没有返回。更有甚者,在联合国人员回来后,他们所操作的计划经常不能有效满足索马里人民的迫切需要。亚历克斯(Alex)和瓦尔斯列举了在索马里众多医院重点药品的稀缺的同时,联合国的儿童基金会却护着积蓄一毛不拔④。红十字会的国际委员会对联合国在索马里这次人道主义危机的表现上如此失望,以至于它采取了少有的举措,在1991年年末对联合国在索马里不负责任的行动进行了谴责⑤。

---

① Lewis 和 J. Mayall,'Somalia', pp. 105 – 106.
② 同上, p. 106.
③ Weiss, Military-Civilian Interactions, p. 78, J. Clark,'Somalia', 载于 L. F. Damrosch 编 *Enforcing Restraint: Collective Intervention in Internal Conflicts* (New York: Council on Foreign Relations, 1993), p. 213, 和 Lewis 和 J. Mayall,'Somalia', p. 107.
④ 有关 Alex de Waal 观察的讨论,见 Ramsbotham 和 Woodhouse, *Humanitarian Intervention*, p. 200. 联合国从索马里1991年1月的撤出和人道主义国际非政府救济组织继续留在索马里工作的决定形成对比。
⑤ Clark,'Somalia', p. 218. 另见 'UN under Attack for Somalia bungling', *Independent*, 16 Jan. 1992. 不像联合国,其他一些人道主义国际非政府救济组织如国际红十字会等在1991—1992年继续留在索马里进行工作。Weiss 估计它们在1992年初拯救了50000条生命,在1992年9月到11月又拯救了40000人(Weiss, *Military-Civilian Interactions*, pp. 80 – 1)。

由于对联合国的批评日渐增多，秘书长开始着手让机构对人道主义危机进行更广泛、深层的介入。这要通过两种途径：安理会的强制性行动以及 3 月份交战双方的停火谈判。1991 年安理会没采取任何措施阻止索马里堕入混乱；它当时过于全神贯注在伊拉克危机和前南斯拉夫发展的战事之上，忙得无暇顾及一个在冷战后再无战略意义的非洲小国所发生的内战了。即便超级大国的力量是导致索马里武器泛滥的首要原因，安理会所采取的第一步骤行动仍是建立一套极具讽刺意味的武器禁运体系——这可称得上一项典型的亡羊补牢案例了。1 月 23 日第 733 号决议被一致通过，它宣称发生在索马里内部的冲突已经升级成"国际和平与安全的一个威胁"，这一结论的内容使安理会得以基于联合国宪章第七章内容来为一项武器禁运措施提供授权。此决议号召联合国秘书长努力使非洲统一组织和阿拉伯联盟通力合作以达成停火，并提供更多的人道主义援助。

通过联合国特使詹姆斯·约拿（James Jonah）和艾迪德以及阿里·迈赫迪三方在索马里的若干艰难的谈判，终于于 3 月在联合国总部达成了有关停火协议条款的共识。对此存在两种看法：第一种讲这是在为满足出于人道主义目的需求提供支持；而第二种，认为这是要达成全国和解政策施行的先决条件，这将不仅可以妥善解决当前人们食不果腹的迫切威胁，也能够推进以法治为主导的新的人民权力机制的建立①。对于安理会成员国来说，承担全盘责任以及轻率的承诺帮助索马里建立一个合法政权都不是他们所感兴趣的，停火之所以能够得到重视是因为它确保了国际范围的捐赠人们所提供的援助将能够趋向于满足有最迫切需求的那些人。

不幸的是，这种憧憬在摩加迪沙沦为一个无法无天的城邦后显得太过乐观了。虽然民兵们有可能已经乐意遵守一项关于领土和资源战争的休战协定，但是这并未阻止那些武装悍匪们驾驶装载重机枪的车辆终日游走于摩加迪沙街道上大肆勒索和抢劫。这一帮大多是不受军阀管理的人，他们借口自己为保护救援机构安全出了力而想在来自援助的收入中分一杯羹。

---

① Lyons 和 Samatar, *Somalia*, p. 31.

并且在联合国的武装力量疏于保护的时候,要想把援助物资递送到受灾群众手中,那些国际上的非政府机构的人道主义组织都无一例外地要借助这种所谓的保护。

1992年丧生的成百上千的索马里人并非死于救援物资的缺乏;而是由于在摩加迪沙以及乡间各处蔓延着旷日持久的无法无天的事态导致救济品无法被迅速分发出去。安理会对这次危机作出的反应令人失望,它当时宣布了仅派驻五十名非武装观察员去监察停火状况,并且在得到当地民兵允许后出具条例仅同意部署五百名维和人员负责协助分发既有的人道主义援救物资。这一阶段中,安理会采取的行动实际上不用顾及摩加迪沙最具实力的军阀们是否同意。荒谬的是,就算它于第二年对索马里进行了武装干涉,但在这时美国是大量派遣维和部队计划的强硬反对派之一,因为美方恐怕这样下去索马里的事情最终会成为它财政上的负累[1]。

一次达到灾难性程度的人道主义危机,伴随着一种对发放救济来说日益恶化的安全环境,当前阿尔及利亚外交官穆罕默德·萨努恩(Mohammed Sahnoun)5月6日抵达索马里的时候,以上就是他这位新任联合国特别代表所面临的状况。对比上任联合国派到索马里的特使,萨努恩很快融入了当地文化氛围,并且为与军阀们保持良好关系而做了很多努力,尤其是相当程度上正需要借助联合国在索马里的影响力为其造势的 Aidid 武装[2]。不但与军阀们进行了谈判,萨努恩还深入其境内,在那里他成功赢得了当地长老们对于减少斗争和接受救济品向内输送的认可[3]。萨努恩清楚地认识到"虽然氏族体系有其复杂和不稳定性,这种看似孱弱的力量必

---

[1] Ramsbotham 和 Woodhouse, *Humanitarian Intervention*, p. 203, Lewis 和 J. Mayall, 'Somalia', p. 108, 和 'UN Plans to Escort Food to Somalis', *Guardian*, 23 Apr. 1992. 对美国立场的批判视角,见 'Casualties in Somalia Put at 41, 000', *Guardian*, 27 Mar. 1992, 和 'Somalia, Too, Needs Help', *International Herald Tribune*, 13 May 1992.

[2] J. Stevenson, 'Hope Restored in Somalia?', *Foreign Policy*, 91 (1993), p. 146. 从联合国秘书长任埃及外交部长期间 Aidid 怀疑埃及对索马里有领土兼并那时起,Aidid 就极其不信任联合国秘书长。

[3] M. M. Sahnoun, 'Prevention in Conflict Resolution: The Case of Somalia', *Irish Studies in International Affairs*, 5 (1994), p. 10.

定是构建长期和平的关键基础"①。并且，在获得了氏族长老们的支持后，他在与军阀们讨价还价时变得得心应手。最终经过长期谈判，艾迪德、阿里·迈赫迪和另一些派系的头领于八月份开始同意了联合国在三月就开始酝酿的部署五百名维持和平人员的计划。

萨努恩对公开联合国在索马里所犯错误的公开批评，为他招致了来自纽约的其政治主脑的不满，但这也正表现出他对索马里当地潜规则的深入了解，以及由此赢得的众多索马里人对他的尊重②。他了解到索马里人民的美好祈愿是能够有在当地社会群体的范围内部推举出新领袖，并将持续和平与长治久安的重任托付给他们。一项旨在削弱摩加迪沙军阀们控制力的"萌芽程序"已经是"万事俱备"了③。为了能够顺利行事，萨努恩建议联合国在该地区实施大面积救济行动。但令他失望的是，联合国仍继续采取对摩加迪沙一点的集中救助，这不但未达到原来削弱摩加迪沙军阀们左右谈判所依仗的力量的目的，甚至却相反地起了助推作用④。

在已经获得各派系领袖对部署五百名维持和平人员的首肯后，萨努恩对被告知这五百人竟会最早于9月中旬抵达的情况很不满。他声称这支部队越早一天被部署，就越会使安全状况得到更多改善。事实上，直到联合国秘书长宣布不管当地派系头目是否同意都要派遣3000名士兵进驻索马里的时候，先前这五百人仍未能抵达。安理会在8月28日已经通过第755号决议批准部署一支由3500名精锐维和队员组成的军队去为人道主义救济供应提供保护，并且萨努恩已经着手说服军阀和长老们接纳这次的驻军扩充。因此，布特罗斯·布特罗斯·加利（Boutros Boutros-ghali）的公告给正付出努力的萨努恩泼了一瓢冷水，并且导致了他辞职。正如他后来所复述的，这项声明在未知会联合国在摩加迪沙授权的索马里行动组时就被作出了……并且更糟的是，它也没像我们过去所做的那样，在事前未曾和索

---

① Ramsbotham 和 Woodhouse，*Humanitarian Intervention*，p. 203.
② 同上。
③ Sahnoun,'Prevention in Conflict Resolution', p. 9.
④ 同上，p. 10.

马里的领袖以及社区长老们做过商量①。

联合国秘书长想更快地看到索马里问题的结果,并且急切地想对此危机做出一种更具说服力的反应。然而,做出不管对方同意与否都要部署联合国军队的声明却对人道主义救援行动产生了消极的作用。曾经对联合国抱怀疑态度的艾迪德"威胁说要将这些士兵装进裹尸袋送回国去,并对维持护卫救援行动和摩加迪沙口岸开放失去了兴趣"②。而当 500 名巴基斯坦籍维和人员最终于 9 月中旬被部署完毕的时候,艾迪德亦拒绝了为他们提供保护。巴基斯坦人在征得执掌该处的氏族同意后,于 11 月初控制了摩加迪沙空港,方便了美国从 8 月末(见下文)就已开始的人道主义救济物资空运。然而,联合国索马里行动组还是遭袭了,机场和巴基斯坦士兵被攻击,这些仅配置了防身用装备的部队直到 12 月美国的干涉力量介入之前都未敢对机场轻举妄动。

决议中关于授权部署 3500 名维持和平人员的打算以宪章第七条为理论依托而得到了通过,但仍没有任何见诸书面的关于允许动用武力的命令。不过,安理会不顾当事人同意与否都打算部署联合国军队的做法,标志了其在与阻挠人道主义救援进行的武装民兵们斡旋时的策略也发生了决定性的变化。采取威胁或动武的手段来作为确保人道主义救济顺利递送的硬性保证的第一步已经迈出了。问题在于,在已经适用了萨努恩通过谈判策略构建的分配套路后,难以找到一种力量来扭转局面完成这一雄心勃勃的任务了。如同刘易斯(Lewis)和 Mayall 所强调的:"联合国既难以集中其成员国的政治取向或建构起各国团结一致解决索马里问题的氛围,又缺乏可加以利用的整合资源"③。

在两个月后美国提请联合国授权其派遣 3 万名士兵进驻索马里以确保救助行动实施,这使局面再次发生了急剧变化。回首 1992 年 3 月布什当局曾表示反对派遣联合国维和人员去索马里,那么又是什么导致了美国于同年 12 月断然决定对索马里问题做出干涉的呢?美军对这样一个美国人民知

---

① Sahnoun, 'Prevention in Conflict Resolution', p. 11.
② 引述于 Ramsbotham 和 Woodhouse, *Humanitarian Intervention*, p. 205.
③ Lewis 和 J. Mayall, 'Somalia', p. 109.

之甚少的非洲国家的出兵干涉又是怎样付诸实施的呢？

布什当局和"重拾希望行动"

在 Siad Barre 倒台之后，用特命大使 T·弗兰克（T. Frank Crigler）的话来说，美国"闭了灯，关了门，将索马里置若罔闻"①。当然，布什当局的高官们是过于全神贯注在伊拉克的局势上了，苏联以及前南斯拉夫的解体也都分散了相当对索马里危难的注意力。然而，仍有另外一些官员在为日益深化的人道主义危机操心。境外灾难救助办公室（OFDA）的安德鲁（Andrew Natsios）主任，就曾在 1991 年 1 月宣称，索马里人经受的饥荒是"全世界最大的人道主义危难"②，而且美国国务院非洲事务办公署也试图将索马里问题列入国务卿贝克（Baker）的议事日程。如果当时伴随着库尔德人危机报道也有相当的媒体聚焦在索马里问题上的话，布什当局也许会更早采取行动拯救那些生命，但是在 1992 年上半年由境外灾难救助办公室和国务院所发出的简报都没能引起传媒多大的注意③。

美国驻肯尼亚大使的一封描述肯尼亚边境上难民营中饥民境况的煽情电报，成了美国对索马里日益深重的危机所做反应开始变化的转折点。在大选竞争中，民主党竞选人比尔·克林顿（Bill Clinton）抨击了布什在处理索马里和波斯尼亚问题上失败的对外政策，并指出布什只根据其对索马里人受难故事的一时个人感触而草率地在这个问题上做出决定性举措。他借在共和党大会的机会宣布一项美军向索马里空运食品的计划。这位在索马里堕入法纪混乱与饥荒的深渊时表现不知所谓的总统现在宣称"索马里的遍野饿殍是人类的一个重大悲剧性事件"并且美国将给"那些在绝望中挣扎的需求者们"提供食品④。杰弗里·克拉克指出，这"恰逢时宜的公

---

① 引述于 J. Pilger, 'The Us Fraud in Africa', *New Statesman and Society*, 8 Jan. 1993, p. 10.
② 引述于 Clark, 'Somalia', p. 212.
③ A. Natsior, 'Illusions of Influence: The CNN Effect in Complex Emergencies', 载于 R. J. Rotberg 和 T. G. Weiss 编 *From Massacres to Genocide: The Media, Public Policy, and Humanitarian Cirses* (Washington: Brookings Instiute, 1996), p. 159.
④ 引述于 Pilger, 'The US Fraud in Africa'.

告……正出在 5 月份的所谓停火后五个月,也是在 Natsios 主任把这场饥荒描述为世界最大的人道主义危机之后过了八个月——这引起了众多旁观者们一场相当规模的冷嘲热讽"①。

利文斯敦(Livingstone)和伊修斯(Eachus)强调正是布什在 8 月 13 日发的空运公告"最终燃起了 CNN[凯布尔新闻网]这类媒体的重视②。以事后总结的眼光来看,易于发现布什的人道主义原则和空运计划激发了媒体及公众意见的期望值,以及这些对总统做出派遣美军去索马里决策所起的决定性作用。然而在 8 月份,白宫和五角大楼的官员们对美国采取任何进一步介入的行动是持反对意见的,因为当时正是次大选预备期,而且布什正被其政治对手抓住过于专注海外政策这点而进行抨击。

问题的关键在于,让传媒聚焦索马里问题后很难调控掌握其后的覆盖范围,要知道这些报道的重点放在了索马里每天有过千人丧生的残酷现实之上。在 1996 年反思 1992 年 12 月布什的决定,纳西欧(Natsios)讲道"传媒对索马里的饥饿灾荒和政治混乱的持续报道当然是对布什当局决定启动补救行动企划起了强烈驱动作用,但这也是构成华盛顿当局未及时决定发起一次像样的救济的因素"③。并且时任国务卿的劳伦斯(Lawrence Eagleburger)也认为在 1994 年"电视的报道对布什总部做出介入决定起了莫大作用。当时包括我在内的两三个人力谏他如此行事,以及更重要的原因就是那些反映挨饿孩童的电视画面和国会亦受此影响后施加的实质性压力"④。

不幸的是 1992 年那些关于饥饿索马里人民的画面与布什在 8 月份所做出的将为"那些迫切需要的人"提供食物的承诺大相径庭。一名在五角大楼供职的公务员被报道曾讲布什感到他必须行动并"不在有五万他力所能

---

① Clark, 'Somalia', p. 227.
② 引述于 S. L. Carruthers, *The Media at War* (London: Macmillan, 1999), p. 220. 该观点还可见 L. Minear, C. Scott 和 T. G. Weiss, *The News Media*, Civil War and Humanitarian Action (Boulder, Colo: Lynne Rienner, 1996), p. 54.
③ Natsior, 'Illusions of Influence', p. 159.
④ 引述于 Minear 等编 *The News Media*, pp. 54 – 55.

及救助的饥民仍挨饿的情况下离开办公室"①。传媒把饥饿状况的原因归诸军阀和武装匪帮们在阻挠着本可用来挽救万千生命的人道主义救援物资的分发。这一阐述在美国公众中掀起了一股要求当局大张旗鼓的介入摩加迪沙事态并拯救那些法纪混乱和饥饿之下的受害们的强烈情绪。当库尔德人事件时,媒体覆盖由取得国内合法性支持而成就了人道主义干涉,但此番并未由它决定出对索马里危机的强硬反应。关于布什启动补救行动企划的原因,有如下三种解释。

首先是总统和他的高级顾问被触动后迸发的人道主义冲动。纳西欧(Natsios)回忆起他曾出席的一次布什与时任 CARE-US 和联合国索马里人道主义行动主任的菲尔·詹森(Phil Johnson)的会面时②,布什描述了他和詹森以及第一夫人曾于 80 年代中期萨赫勒地区饥荒时造访苏丹的一个饥饿儿童庇护所。并说那些关于他所目睹的受难儿童的"回忆的确对他做出派兵进入索马里的决定起了影响"③。同样的,在数月对美军于采取更大规模行动的抵制后,参谋首长联席会议主席科林·鲍威尔(Colin Powell)亦强调索马里的苦难已经达到了美国应该采取大规模军事行动进行干涉的关节点上了④。

第二种观点认为这种做法的动机实质上源于索马里事件曾被看作是一件相对处理起来历时不长并且没有多大风险的事件。美国国家安全委员会代表团(内阁之下的一系列高级职员)曾在 12 月 21 日至 26 日期间就一个多样性的军事行动选择召开了四次集会,与此同时涉及动用美军地面部队的相关事务代理组亦浮出水面⑤。用刘易斯(Lewis)和马耶(Mayall)的话说,鲍威尔会致力于为保护救济供给正常提供而采取的强制干涉措

---

① 被报道于'White House "Steamrollered" into Intervention', *Independent*, 10. Dec. 1992.

② Johnson 是武力干涉索马里的极力反对者。另见 Alex de Waal,'African Encounters', *Index on Censorship*, 6(1994), pp. 19 – 20, 和 Ramsbotham 和 Woodhouse, Humanitarian Intervention, p. 205.

③ Natsios,'Illusions of Influence', p. 168.

④ 有关鲍威尔对干涉的情绪改变的讨论,见'Waiting for America', *US News and World Report*, 7 Dec. 1992, pp. 26 – 8, 和 J. L. Hirsch 和 R. B. Oakley, *Somalia and Operation Restore Hope: Reflections on Peacemaking and Peacekeeping*(Washington: United States Institute of Peace, 1995), p. 42.

⑤ 同上, pp. 42 – 3.

第六章　从饥荒救济到"人道主义战争"：联合国及美国在索马里的干涉行动 / 195

施，先决条件是：该行动是被限定在为了保护人道主义救援物资的顺利递送范围内；并且在地理上被约束在摩加迪沙、柏培拉、白窦阿这些受灾最严重的区域内进行；美军的工作将在该地区新任总统当政后短期内由一支联合国维和部队接手①。如果上述条件都已具备，五角大楼的官长"会下令以足够兵力和充足的军火来击溃任何索马里反动势力，并将损失控制在最低程度"②。后者是美方的政策制定者所顾及的至关重要的方面，这意味着有可能在以极少数或不出现士兵伤亡的情况下达成任务目标，这也是总统和他的高级顾问12月25日在一次国家安全会议上主张动武的原因。伊格尔伯格（Eagleburger）亦回忆起在1994年时他曾强调过"我们能做到这样……以不太大的代价，当然绝不是那种'马革裹尸'的危险"③。人们对士兵战死数量和行动转型为长期措施的情况存在相当顾虑，是因为这将导致当局抵制预备总统克林顿所呼吁的出兵参与波斯尼亚冲突事宜。

毫无疑问布什的索马里干涉是有其另一层动机的，这有助于转移公众对于他在波斯尼亚事件上反应迟钝的注意力④。在布什看来，即使他在大选中落败，一次对索马里的人道主义干涉也足以突出他的重要地位同时验证他关于"世界新秩序"的预见并非空谈。而且动用美军去挽救索马里的性命，是要有一位长期性坚守其海外政策而不惜辞职并认为美国有责任在国际上起表率作用的总统起作用的⑤。伊格尔伯格在1992年的演说上曾试图公开评判当局在索马里和波斯尼亚两问题上所做的区别对待：

然而事实是每天都有数以千计的饥民死去，如果我们不做点什么的话，情况难有好转，而在这一地区我们又是有能力施加影响的。世上发生同类惨剧的地方不止一处，但使某些地方局面有所改观将产生的效应是值得做出尝试的。在我看来，波斯尼亚就是这样的地方⑥。

---

① Lewis 和 J. Mayall, 'Somalia', p. 111.
② 同上。
③ 引述于 Minear 等编 The News Media, p. 55.
④ Hirsch 和 Oakley, Somalia, pp. 42–3.
⑤ Natsios, 'Illusion of Influence', p. 161.
⑥ 引述于 Roberts, 'Humanitarian War', p. 442.

现实主义者以为，人道主义干涉所造成的反应的不确定性，是这种特定措施获得走向合法的最大障碍，而 Eagleburger 的回答显示他认为即使人们对可能要冒的风险顾虑重重，但由于挽救生命的道义感所驱动，他们还是会审慎权衡的。

关于重拾希望行动如何成为可能的最后一项线索要归结到联合国授权的重要性上来。刘易斯（Lewis）和马耶（Mayall）指出美国当时是"已经准备去采取单方面行动"了①，但白宫发言人马林（Marlin Fitzwater）声称美国只有在联合国授予其此一任务时才会进行干涉，并且五角大楼方面也有报告说"在未收到联合国方面的表态之前，我们的方案都只会停留在草拟阶段"②。这意味着除非得到联合国安理会的授权，美国是不会作出干涉的。在这一点上约翰（John hirsch）和罗伯特（Robert Oakley）是持相同观点的，他们宣称在11月25日的国家安全委员会会议上"总统曾决定如果联合国也正有此意，美军地面部队便会得到此一救援任务"③。即使所有与会成员都同意在美军一次受限的介入后，接下来的行动必须由联合国接手，任何未经联合国授权的部署都会危害到这种既成策略。当时关于美方动向的公众意见已沸沸扬扬，但如果这次举措演变成类似越南和黎巴嫩发生的那种冗长又混乱的行动，那美国国内对于干涉行为的支持者可就荡然无存了。其实人们并不太关切在国际社会上有否合法性会限制美方的行动，而更多人发现该任务目标在联合国的合法与否，才是布什的拯救计划推行并且进一步争取本国民意的关键。

794号决议：一项新的人道主义干涉集体范式

在布什决定推进索马里军事干涉施行的前一天，联合国秘书长为安理

---

① Lewis 和 J. Mayall, 'Somalia', p. 111.
② 'US Offers Military Guard for Somali Aid', *Sunday Times*, 29 Nov. 1992, 和 'US Troops Await Vote on Somalia', *Independent*, 3 Dec. 1992.
③ 这基于对布什进行此次重要 NSC 会谈的与会者的访问，见 Hirsch 和 Oakley, *Somalia*, p. 43.

会详细描写了当地每况愈下的情势。他在报告中指出唯一能阻止死亡继续发生在两百万索马里人身上的方法就是打破当地"敲诈勒索的恶性循环"然后建立起"能允许救济品被分发下去的安全环境"①。在其后的一次安理会会上发言时布特罗斯·布特罗斯·加利（Boutros Boutros-Ghali）表示，在他看来想确保索马里救济物资的递送是需要有军队介入的。这次会议之后，安理会12月的轮值主席，匈牙利的安德烈（Andre edros）说："情况已经达到难以容忍的地步，并且我们仅凭过去惯用的相同手段也绝难在处理此事时起作用了"②。安理会提请联合国秘书长准备了一份关于其他选择可能性的报告，而此后的第二天伊格尔伯格便飞抵纽约提出了美国的意向，表示愿意动用3万名美军士兵去确保索马里人道主义救济品分发的顺利进行。

联合国秘书长在11月29日向安理会汇报说，建议采用五个可能的行动方式：如第755号决议所认为的那样加快开展联合国索马里行动I；放弃使用联合国维和部队来保护人道主义援助的任何努力，而让人道主义救援机构自作打算；改变联合国索马里行动I的命令，从而可以使用武力来支持人道主义救援，但要限制在摩加迪沙；由联合国下达并掌控一个强制措施，使得可以控制整个国家；采取全国性的强制措施，由授权国家出兵并掌控。布特罗斯·布特罗斯·加利偏爱于最后一个选择，因为很明显的，布什答应的条件就是由自身国家掌控出兵。

秘书长向安理会提出了有说服力的选择，他认为，由于索马里是无政府状态，大会就不得不根据宪章第八章授权采取武力。布特罗斯·布特罗斯·加利写道：

目前索马里处于无政府状态，所以需要也允许采取武力。因此安理会有必要根据宪章第39条做出决定，由于索马里存在整个地区的冲突，构成了对和平的威胁，而且有必要决定应该采取什么手段来保持国际和平和安全③。

---

① 'US Offers Troops for Somalia', *Guardian*, 27 Nov. 1992.
② 同上。
③ 引述于 Roberts, 'Humanitarian War', p. 440；文字加重部分。

虽然秘书长对安理会行动的认可是为了使得索马里事件符合第七章强制行动所要求的多元化原则，很明显的是，从导致修改第794条决议的安理会辩论来看，主要的原因还是人道主义关怀①。1992年12月3日一致通过的这项决议，在导言中确实宣布调用宪章第七章的原因是，"索马里冲突造成的大规模人类悲剧，该悲剧更进一步由人道主义救援工作被延缓所加剧，因此威胁到国际上的和平和安全。"

安理会不得不找到构成对国际和平和安全的威胁，以辩护第七章的强制行动。然而，如克力斯托付·格林伍德指出，该决议是破天荒的，因为它授权在索马里人民遭受的苦难威胁到了国际和平和安全情况下，可以使用武力②。在库尔德人方面，安理会也看到了伊拉克的镇压带给国际安全的威胁，但是它并没有把该人权践踏视作第七章允许的行动，也没有授权采取任何强制行动。相反，在第十节第794条决议里，安理会根据宪章第七章授权秘书长和所有会员国采取任何必要的措施，在索马里尽快地营造出人道主义救援的安全环境。

考虑到难民流向邻国，安理会在做第七章决定的时候有些冒险的辩护。但是，在大会上，只有美国和佛得角的大使强调了索马里冲突的跨国界影响。佛得角是唯一附和秘书长观点的，秘书长认为索马里冲突引起了更大范围内的反响③。美国没有把注意力放在冲突带来的地域性危险，而是通过为人道主义援助活动营造环境，而主张"安理会应该再次采取基本措施以恢复国际和平和安全"④。美国大使认为，索马里事件让国际社会在冷战后面临冷战期所收到的威胁。但是并没对索马里的人道主义危机是怎样威胁到国际安全做出解释。亚当罗伯特同意，当安理会发现对国际和平和安全的威胁并非完全是子虚乌有的时候，它绝不会取消对索马里的人道主义救援⑤。

---

① 引述于 Roberts, 'Humanitarian War', p. 440；文字加重部分。
② Greenwood, 'Is there a Right of Humanitarian Intervention?', p. 38.
③ S/PV. 3145, 3 Dec. 1992, pp. 19 – 20.
④ 同上，p. 38.
⑤ Roberts, 'Humanitarian War', p. 440.

第六章　从饥荒救济到"人道主义战争"：联合国及美国在索马里的干涉行动 / 199

　　他们意识到，正是对允许安理会采取行动保护伊拉克人的第七章的不合理引申，导致古巴、也门和津巴布韦投票反对第668号决议。津巴布韦是三者中唯一还出席安理会的成员，但是，当引用第七章来批准使用武力，而这个引用远逊色于伊拉克北部事件，津巴布韦——或者其他会员国——并没有投票反对安理会在此事件上采取行动的合法权力。津巴布韦的大使声明他是基于人道主义的考虑才同意支持决议。他表示，"我们无法忍受让无辜的儿童、妇女和男人饿死、病死"①，而摩洛哥大使则表示，"安理会是拯救那些成千上万所身受的困难已经激起了全世界的同情的难民的唯一希望"②。在解释非洲在安理会上的立场时，大卫汉内爵士认为，"你们要理解索马里事件给非洲人民带来的惭愧心情。非洲没有能力帮忙，他们尝试的所有办法都失败了"③。

　　英国和法国在伊拉克事件中是最直接发出人道主义呼吁的，因此，毫不奇怪的，他们热心地支持安理会以人道主义的名义采取强制行动。法国大使声明，法国政府认为决议有重要的意义，因为它"属于援助难民原则和紧急援助权力的一部分"④。至于正在忍受镇压和饥荒的难民有权得到救援帮助的呼吁，牵涉到哪个组织承担相应义务的问题：个人，政府，还是国际组织？安理会成员在法国对伊拉克危机初期所持的观点并没作出回应，法国认为联合国宪章应该修改以配合"进行干涉的义务"，但在1992年12月，有些会员国就认为，安理会有义务拯救或者干涉索马里人民。

　　厄瓜多尔在伊拉克北部事件和索马里事件上采取的不同立场在这方面是有益的。厄瓜多尔之所以支持第688号决议只是因为伊拉克的镇压影响到了更大程度上的地域安全，坚决认为安理会没有合法的权力在伊拉克境内进行干涉以保护人权。然而在索马里事件上，厄瓜多尔则认为，安理会不能"面对人类的悲剧而无动于衷"，有着不可推卸的责任去拯救索马里

---

① S/PV. 3145, 3 Dec. 1992.
② 同上，p. 44.
③ Interview with Sir David Hannay, Mar. 1999.
④ S/PV. 3145, 3 Dec. 1992, p. 29.

人民①。相同的，委内瑞拉大使表示，"索马里事件的现状侮辱了国际社会的尊严和同情心"②；俄罗斯曾坚决反对使用武力保护库尔德人，但也表示国际社会有责任终止这场人类悲剧，需要在安理会赞同的情况下使用国际武装力量③。

　　一致性通过第 794 号决议会让人们以为，安理会已经明显改变了对合法干涉的标准。人道主义呼吁第一次被会员国们作为使用武力的合理化解释，而不同于第 688 号决议，没有人怀疑安理会拥有在主权国境内处理人道主义危机的合法能力。同样破天荒的是，一些会员国表示安理会有道义上的责任去拯救饥民和社会动乱里的难民。

　　反过来想，有理由认为一些会员国把索马里事件看成是需要例外行动的特例事件。因此，就在注意到人们苦难和威胁国际和平安全之间的关系之前，决议指出，"索马里目前情形的独特状况和不断恶化，负责而异常的事件性质都需要作出直接例外的回应"。索马里事件之所以有例外，用罗伯特的话讲，是因为它"不是针对政府的干涉，而是在无政府状态下的干涉"④。索马里干涉独特的情形在安理会受到一些国家的大肆渲染，这些国家曾在伊拉克事件中特别敏感于冒犯主权和不干涉内政原则。印度在投票后郑重声明，"决议的修改是针对特殊的无政府控制情形的"⑤。中国曾对第 688 号决议进行约束，勉强同意支持第 794 号决议，并强调"索马里无政府状态所导致的混乱局面"⑥。中国最初表示打算在决议上投弃权票，寄希望于非洲国家基于主权原则的担心而反对该决议⑦。然而，当非洲政府明确地追随在美国行动之后，一向在安理会中支持非洲国家的中国发现自己处在支持决议的位置。中国政府当然不希望自己停留在对决议冰冷的

---

①　S/PV. 3145, 3 Dec. 1992, p. 29.
②　同上，pp. 39–40.
③　同上，pp. 26–7.
④　Roberts, 'Humanitarian War', p. 440.
⑤　S/PV. 3145, 3 Dec. 1992, p. 49.
⑥　同上。
⑦　Interview with Sir David Hannay, Mar. 1999, 认为中国打算弃权的观点来自 'UN Votes to Send US-Led Force to Protect Somalia Famine Aid', Guardian, 4 Dec. 1992.

弃权票上，因为这是拯救索马里饥民的最好希望①。

在决议中假如注入"独特的"、"例外的"、"异常的"这些词，是对中国和印度的让步，它们担心这次事件会被作为人道主义干涉的先例②。因此，在修改通过第794号决议的安理会会议之后，中国大使李大友声明，索马里是一个例外的事件③。通过主张只有在无政府的情况下安理会才有可能采取行动，那些害怕多元化、不干涉主权国原则会受到削弱的国家可以宣称，不存在这样的先例。然而，这种立场所具有的含糊性由津巴布韦大使阐述清楚了，他认为，由于是由于索马里的特殊情形才使得特别的途径合理化，相对应的反应必然为以后类似情形创造了衡量的先例④。

因为它的政府倒塌了，因而认为索马里事件是例外的主张可能会说服中国和印度不去为难第794号决议里对威胁国际和平安全的允许性干涉。但如果仔细研究不干涉内政原则的法律特征，就会发现存在疑问。只有符合以下论证中的一个，它才能支持得住：第一，在索马里事件中并没有牵涉到不干涉内政原则，因为它的政府垮台了，因此安理会没有触犯第2(7)条决议的不干涉内政原则。此观点的问题在于，国际法把国家而非政府视作权利和义务的承担者。更令人信服的说法是，这种观点应该建立在这样的主张上，即由于国家已不复存在因此并没有触犯不干涉内政原则。这个观点鉴别出了正确的权利和义务主体，但是当在安理会上陈述时，它引起关于政府垮台所以国家消失的争论。然而，国际法在国家认可方面明确认为，政府和国家不是同义的，政府是国家存在的标准，但并不构成国家的全部。因而，绝不能肯定索马里政府的垮台意味着索马里国家在司法意义上不复存在⑤。

考虑到对国家主权的国际认可定义了国家社会的存在状况，索马里国家在司法意义上是否存在的问题就取决于社会的选择性判断。如果没有证

---

① Interview with Sir David Hannay, Mar. 1999.
② 同上。
③ 引述于'UN Votes to Send US-Led Force to Protect Somalia Famine Aid'.
④ S/PV. 3145, 3 Dec. 1992, pp. 8 – 10.
⑤ 这句话来自 Justin Morris。

明由于索马里在司法意义上已不复存在因而强制性行动是正当的,从此需要找到由于人们苦难而给国家安全和平造成的威胁,安理会就会越过自己的合法权限。中国和印度基于索马里政府威信已经垮台的立场认为它们对决议的支持是恰当的,而这也没有受到其他会员的质疑。中印准备遵循第七章的规定来处理这个事件,意味它们可以继续认为,安理会的行动并没有削弱宪章第 2(7)号决议里的"国内管辖"原则。简而言之,它们签署了第 794 号协议——和第 688 号协议相比——因为这没有为打破尊重主权和不干涉内政原则开创先例,而且因为根本不存在要去干涉的主权国家。

人道主义在索马里所取得的成果

重拾希望行动和随后的联合国索马里行动 II 都被说成是人道主义的形式,本章的结尾部分也会对这些干涉在多大程度上完成了它们的人道主义目标进行检验。这里需要调查三个关键的问题:首先,秘书长和安理会认为在拯救索马里的饥民时除了使用武力威胁没有别的选择这一看法的正确性。其次,相对于伤害而使用的武力程度是否旨在救援?最后,美国和联合国的军事干涉在拯救索马里的难民和建立避免再次卷入内战和饥荒的政治环境上取得了多大的成功?

在他 1993 年 1 月 26 号向安理会的汇报中,秘书长表示,由美国领头的联合国特遣部队(还有另外三十个其他国家提供了士兵和装备)成功地把人道主义救援送到最需要的地方。他的观点得到了罗伯特的支持,罗伯特曾在 1993 年初期撰文说,"无数的生命被挽救"[1]。相同的,特伦斯·莱昂斯和阿迈德·萨马托(Ahmed Samatur)认为[2],联合国特遣部队"挽救了大规模的饿死现象,标志着这次国际干涉的巨大成功"。那么,联合国特遣部队就成了对非暴力手段不能应付的人道主义紧急事件必要而成功的

---

[1] Roberts, 'Humanitarian War', p. 441.
[2] 引述于 Lyons 和 Samatar, *Somalia*, p. 39.

反应。

艾力克斯·达维尔对此表示怀疑，他强烈地认为，重拾希望行动对于已经在 1992 年 12 月前渡过最困难期的饥荒来说是次错误的行动，因为在这里真正的死因是疾病而不是饥饿。达维尔反对秘书长在 11 月 24 日信中认为 80% 的帮助被抢劫的观点，并且反对认为当时有两百万人在面临饿死的危险。与联合国的主要观点相反，他认为致死的饥荒大部分在七月份之前已经消失，拜多阿的死亡率正在下降，这是自九月以来疾病影响最严重的一个部分[1]。这让达维尔得出结论，"重拾希望行动在观念上就存在瑕疵；它旨在为不再需要大规模食物救援的地区提供食品援助……它忽略了最紧迫的救援需要：遏止疟疾和米珠疫苗。事实上没有迹象显示干涉对死亡率有丝毫的影响"[2]。

那么，在这些有争议的观点里我们该怎么做决定呢？汤姆斯·维斯认为，疾病饥荒的最困难时期已经过去，"联合国特遣部队也没有伤害索马里人"，因为它打开了分发食物的渠道，"为人道主义救援提供安全保护，从而使得没有资源的人可以得到食物"[3]。所有的评论家都认可 1994 年 1 月难民群体研究报告给出的发现，报告估计大约四百万索马里人在 1992 年至 1993 年没有食物保障，并且面临不断增强的疾病威胁。在此数目之外，"33 万濒临死亡，在这些人中，11 万存活了下来，而受到健康、食物威胁的人数达百万"[4]。

评估重拾希望行动合法性遇到的下一个问题牵涉到人道主义援助长期和短期成果之间的关系。从一开始，布特罗斯·布特罗斯·加利希望联合国特遣部队解除交战方的武器，但遭到了美国的拒绝，美国认为它的任务

---

[1] A. de Waal, 'Dangerous Precedents? Famine Relief in Somalia 1991–93', 载于 J. Macrae 和 A. Zwi 编 *War and Hunger* (London: Zed Books, 1994), p. 152.

[2] A. de Waal, 'African Encounters', p. 20.

[3] Weiss, *Military-Civilian Interactions*, p. 94.

[4] 引述同上。这一观点受到 Ramsbotham 和 Woodhouse 的支持，他们在分析证据总结道，"UNITAF 无疑成功地提高了它所控制地区的食物分派，并在最初消灭了那里的敲诈抢劫现象"(Ramsbotham 和 Woodhouse, *Humanitarian Intervention*, p. 208).

只限于输送人道主义援助①。进而，为了达到这个目的，联合国特遣部队依赖于武装民兵的合作，这些民兵应该对索马里陷入饥荒和非法状态负责。第794号决议授权联合国特区部队采取任何必要手段，以确保建立进行人道主义援助的安全环境。然而，备受尊敬的美国外交家、参加过越战并且身为布什外交特使的罗伯特·奥克利认为，完成这项任务需要依赖于当地军阀的合作。奥克利因为过于容忍军阀如艾迪德和阿里·马赫迪而受到批评，但是他却很欣赏这些军阀在保护美国士兵和加快援助步伐上起到的至关重要的作用②。奥克利并不惮于使用武力威胁，在于军队前一天到达拜多阿时——他习惯在联合国特遣部队到达之前访问该地区进行协商，媒体报道说他告诉民兵领导人，"最好不要和我们胡搞"③。这些战略的成果就是，许多重型武器都被运出拜多阿，美国士兵也得以控制该城市，并保证食物救济发放到被饥荒严重袭击的地方。

在第794号决议第二天，布什在向美国人民证明重拾希望行动是正确的时候表示，任务可能会要求对军阀使用武力："我们的任务是人道主义的，但是我们不能容忍武装分子残害他们自己的人民，让他们饿死。霍尔将军和他的部队有权采取任何必要的军事行动以确保我们的士兵和索马里人民的安全"④。尽管发表了这份措辞颇为强硬的声明，总统还是期望把行动尽快移交给联合国由其特遣部队接管保卫人道主义援助，从而能够在克林顿就职典礼前把部队撤回国。解除军阀武装、建立法律制度对于防止索马里再次陷入内乱和饥荒是至关重要的。但是，帮助索马里独立的警察和司法机构需要长期的驻兵和能源消耗；这肯定不能在五角大楼对行动所设

---

① 见联合国秘书长有关'The Situation in Somalia'的报告，S/24992（1992），p.19，和'US and UN at Odds Over Somalia'，*Independent*，12 Dec. 1992.

② 在回忆 UNIFAF 是否应该寻求一项总体裁军政策这一问题时，UNITAF 政治顾问 Hirsch 和 lajket 在1995年写道，"假如联合国这样做了，它就会为此需要更多的军队，还极可能会卷入一系列的与小范围和大军阀如 SNA、SNF 和 SSDF 的地方冲突之中"（Hirsh 和 Oakley，*Somalia*，p. 104）。

③ 引述于 Lyons 和 Samatar，*Somalia*，p. 40.

④ 引述于 W. Clarke 和 J. Herbst，'Somalia and the Future of Humanitarian Intervention，*Foreign Affairs*，75/2（1996），pp. 74-5.

定的时间段里完成①。而且也不能排除牺牲士兵生命的危险,而这是行政部门完全接受不了的。因而,奥克利告诉军阀,如果他们把重型武器运出摩加迪沙或者放在联合国监视的围护区域,他们就可以保留它们②。

在评价重拾希望行动时,沃特·克拉克(重拾希望行动期间美国驻索马里大使馆副大使)和杰弗里·赫伯斯特认为,没有解除军阀武装是一次战略性的失误,认为美国只是延缓了由干涉带来的问题③。在插入索马里的国内事件后,美国有责任解决冲突的根本原因;考虑到它强大的火力,最好能解除军阀武装,如果失败了就会导致把恢复法律和秩序的问题遗留给较为薄弱的联合国索马里行动Ⅱ。这个观点存在两个问题:第一,它忽略了重拾希望行动成为可能的条件。假如美国需要付出带有伤亡的长期用兵,布什就不会发动一场原被设计为以一次灿烂的人道主义胜利来结束其任期的干涉行动。

第二个问题与敌对军阀间的武装裁减进程特征有关。克拉克和赫伯斯特认为团伙的武器是安全问题的根本原因而不是更深层社会弊端的征兆。的确,保留武器会在敌群中滋生不安全和不信任的因素,但是在解除一家军阀武装的同时没有解除其他军阀武装的做法,就会冒险使自己被该军阀视作其他军阀的同党,从而拖延了内战④,并使得该解除武装了的部队变得危险。而且,在枪可以很容易藏起来的情况下,要想达到总体而全面的解除武装,就需要事先对各团伙进行建立合法的国家机构需要以此做基础的政治宣传。然而,干涉力量撤退后,枪支就会再次流回到街头。

对于不能够帮助索马里解除它们社会武装的人来说,困难在于这主要依赖于排斥民兵领导人或者说服他们放弃自己的武器转而支持宪法建设。尽管联合国特遣部队因不执行解除武装行动受到批评⑤,奥克利如萨诺恩

---

① 引述于 W. Clarke 和 J. Herbst,'Somalia and the Future of Humanitarian Intervention, *Foreign Affairs*, 75/2 (1996), pp. 74 – 5.
② 同上, p. 75, 和 Lyons 和 Samatar, *Somalia*, pp. 41 – 2.
③ Clarek 和 Herbst,'Somalia', p. 75.
④ Hirsh 和 Oakley 指出,美国在索马里的政治和军事领导人都很清楚地意识到美国在 1983 年在黎巴嫩如此深刻学到的教训,即"不偏袒,小心前进"(Hirsh 和 Oakley, *Somalia*, p. 156)。
⑤ Hirsh 和 Oakley 写道, UNITAF "打算保留和所有派别的对话, 保持警觉并时刻准备在被攻击时回击, 但是要慢慢地把手段从使用武力转向寻求更多的和平政治途径"(同上, pp. 156 – 7)

那样认识到了剥夺军阀权力的重要性,他尝试传话给军阀领导人让他们答应支持非暴力的政治。这受到那些渴望建立法治社会人们的欢迎。就如有人指出的那样,"过去的两年中,大部分社会人员——如妇女、知识分子和聪明的人——被枪封堵住了口。联合国军队抵达后,他们现在可以畅所欲言,表达自己的想法"①。另一方面,奥克里依赖于民兵来贯彻联合国特遣部队的命令,这使得期望和平的人更难以挑战持枪歹徒的势力,从而削减了表达社会大众的战略②。

这类问题的一个生动的例子就是,1993年1月布特罗斯·布特罗斯·加利尝试重新构建索马里的国家机构。在1993年1月亚的斯亚贝巴的首次会议上,秘书长表示,会议的目的是"让索马里人民认识到他们在参与自己国家的复原,而他们国家内成千上万的士兵及救援工作者不是来统治他们的"③。问题是会议上占统治性地位的是民兵的领袖们而不是部族长老或者其他团体的领导人,后者基本上被排除在步骤之外④。这次会谈的成果是与会的十四个团体间的一份正式停火和解除武装协议,并准备成立接管所有重型武器的停火监视团。布特罗斯的设想是联合国特遣部队会深层介入入到该进程中。这就是让奥克利和他的华盛顿政治主人感到害怕的恐怖"爬计划"⑤。

尽管在亚的斯亚贝巴签署了停火协议,但在一月末,在摩加迪沙和基斯马尤港口仍然有冲突发生。当联合国特遣部队发现需要监视这份停火协议,布什原本期望一月份之前就撤军回国的打算失败了。美军的眼镜蛇武装直升机攻击了效忠于摩根将军的部队,奥克利辩解说,美军"打击摩根将军是因为他不尊重停火协议,在被告知停止的时候继续向南行动,而且他行为不端"⑥。糟糕的形势迫使联合国特遣部队加强了它在摩加迪沙大街上的巡视工作,导致了对索马里持枪人员的解除武装行动和袭击民宅搜缴

---

① 引述于 Lyons 和 Samatar, *Somalia*, P. 47.
② 同上, p. 78.
③ 同上, p. 44.
④ 同上, p. 45.
⑤ Lyons 和 Samatar, 'Somalia', pp. 113–14.
⑥ 引述于 Lyons 和 Samatar, *Somalia*, p. 93.

枪支。对民兵的这种强制监视表明美国正处于偏离它受限制的人道主义任务，而重拾希望行动的根本宗旨就是人道主义。

考虑到联合国特遣部队与民兵之间紧张关系的不断恶化，联合国支持下的、于3月11日至3月13日在亚的斯亚贝巴举行的再次会谈就是相当及时的。除了1月份的参与者，会议还邀请那些在第一轮会谈中被排出的公民社会团体。联合国官员希望通过扩大参与者范围，来提出一个更具合理性的解决办法，最后联合国取得了十四个军阀间的一份协议。当艾迪德退出以抗议摩根对他同盟杰斯的攻击时，和平进程几乎被终结，而美国快速反应部队阻止杰斯反击摩根的行为也无补于艾迪德和联合国特遣部队之间的关系①。最后，联合国协商人员说服十四位领导人签署了一份长远的协议，这份协议承诺解除武装，并且在索马里重建一个新的国家。3月27日签署的这份协议呼吁成立一个过渡期的全国大会（TNC），大会为所有派别提供代表席位即由他们轮流担任国家行政职位，和一系列有着不同自治程度的地域性行政委员会。正如奥克利评述的，这份协议是"进程前进的重要一步，但不是进程的结束"②。

这份协议要求在九十天内裁军，但是没有建立起保证裁军的机构。党派最愿意同意，联合国军队应该运用强有力和有效的制裁手段来遏制任何违背1993年1月份签署的停火协议的行为③。如果联合国要支持索马里建立一个按照亚的斯亚贝巴协议承诺的宪法国家，那么这就需要一个不同于安理会给予联合国特遣部队的委任托管权的授权。联合国特遣部队没有被授权监视停火、解除派别武装以及确保索马里不会再退回到在联合国特遣部队1992年末到达之前索马里所陷入的无政府混乱状态。

秘书长曾在他1992年的《和平议程》中主张由联合国承担重建垮台政府的任务，而且他把索马里视为冷战后干涉这个概念的实验性事件。布特罗斯·布特罗斯·加利在3月3日致安理会的信中请求安理会根据第七章授权一支新的力量来取代联合国特遣部队，以支持索马里人民的和平建

---

① 引述于 Lyons 和 Samatar, *Somalia*, p. 50.
② 同上，p. 51.
③ 引述于 Lewis 和 J. Mayall, 'Somalia', p. 115.

设进程。克林顿政府希望将索马里的管制尽快交与联合国,但是安理会花费了三周的时间才通过第 814 号决议。这种拖延反映出在最终接受承担该任务之前,他寻求美国在金融、政治和军事方面给予强烈支持的努力。赫胥和奥克利评论道:"美国和联合国在这一决议上的对话就像市场上的讨价还价一样。最终,美国提供了比原本计划更多的支持,而秘书长同意应由联合国来接管美国的位置"①。

第 814 号决议在联合国是史无前例的,因为它根据第七章授权联合国军队使用武力执行以下命令:创建一个遍及索马里的安全环境;推动政治调停;建立法规;保证包括机构和派别在内的所有索马里党派都遵从于他们在亚的斯亚贝巴协议中签署的承诺,特别是与停火和解除武装相关的协议;并且要在遣送难民回国和再安置问题上提供帮助。这是下达给联合国的任务中最大胆的授权,它反映出了秘书长和安理会成员轻率的乐观主义。美国尤其热心于此项决议,美国驻联合国大使玛德琳·奥尔布赖特宣称,它"旨在将整个国家的重建和社会团体的各成员的运作、起作用一样视作引以为豪的事情。这是一个历史性的事业。我们对加入其中感到非常激动并且将给予全力支持"②。

虽然摩洛哥、西班牙特别是中国强调它是个"例外"事件,但是还没有安理会成员表示反对。在索马里事件上,中国大使感到的确需要强调,根据第七章的授权"建立在索马里的特殊情况需要之上,不应为联合国的维和行动开创先例"③。把此警告放在一边,从安理会会员的发言中可以很明显地看出,这次决议被认为是"历史性的"④,而且联合国承担帮助索马里人民重建法治和家园的责任是在做未知的事。

为了实现这个目标,安理会同意在 5 月 1 日以前派遣 20000 名联合国维和部队和 2000 名文职人员取代联合国特遣部队。由 29 个国家组成的联合国索马里行动 II 的武装部队中,美国提供了 8000 名后勤部队,和一支由

---

① Hirsch 和 Oakley, *Somalia*, p. 111.
② S/PV. 3188, 26 Mar. 1993, p. 19.
③ 同上, p. 22.
④ 这句话被英国代表 Mr Richardson 使用(同上)。

1200 名士兵组成的快速反应部队，并提供了 8 亿美元预算经费中的三分之一。后勤部队已经交由联合国指挥，但是快速反应部队（以及 1993 年 8 月进入索马里的三角洲部队和突击队）则在联合国的官方指挥系统之外。突击队听命于美国在佛罗里达的中央指挥部，并且他们所有针对艾迪德的行动都由华盛顿高级军事指挥官批准①。被任命为联合国索马里行动 II 指挥官的是已退役的海军上将约翰逊·豪（前布什政府副国家安全顾问），他是秘书长的特别代表。

在 5 月 4 日联合国索马里行动 II 接管前，由于各个派别都在谋求自身权力，摩加迪沙的安全局势已经相当恶化。联合国特遣部队努力确保索马里亚的斯亚贝巴协议的实施，但是却被艾迪德指责为干涉索马里的内部事务。他威胁说，如果索马里全国联盟（SNA）没能控制地区性行政委员会，他将使用武力来干涉该进程。艾迪德不会原谅联合国在 3 月份的基斯马尤战役中支持了和他敌对的摩根军队，他的电台在 4 月和 5 月间宣扬反对联合国的言论②。索马里内部广泛认为，尽管依然有美国军事的参与，但比起联合国特遣部队，联合国索马里行动 II 在力量上要差很多。索马里全国联盟发动暴动似乎只是时间早晚的问题③。

这样的事情终于在 6 月 5 日发生了。在一次对联合国管辖的索马里全国联盟军备武器库进行调查之后，巴基斯坦的维和部队士兵遭到杀害。这个仓库就位于艾迪德的电台旁。同时，正在摩加迪沙的另一边发放食物援助的巴基斯坦巡逻队也受到攻击。安理会根据 1994 年 2 月产生的第 885 号决议，提议成立一个独立的调查委员会来调查艾迪德的手下进行的这次袭击，这次袭击造成了 24 名巴基斯坦士兵死亡和 57 名士兵受伤。但是却找不到任何证据表示这次袭击是有计划、有预谋的④。这份报告还提到，一

---

① Clarek 和 Herbst, 'Somalia', p. 73.

② Lyons 和 Samatar, *Somalia*, p. 55.

③ Hirsh 和 Oakley, *Somalia*, p. 115. Aidid 很尊重联合国士兵，不情愿挑衅他们，但是根据 Richard Dowden，索马里轻视占据多国 UNOSOM II 部分大半部分的巴基斯坦人、东欧和亚洲人，使得他们成为攻击者轻易的目标（'The Sheriff and the Warlords, *Independent*, 14 June 1993）.

④ Commission of Inquiry Established by Security Council Resolution 885, 24 Feb. 1994, pp. 29 – 30.

位索马里全国联盟（SNA）官员在 6 月 4 日收到联合国索马里行动的最后通牒：将会进行调查，而且在必要的情况下将动用武力。这位官员强烈地反对调查的进行，但是联合国索马里行动在没有与索马里全国联盟（SNA）方面进行任何磋商的情况下实施了这次调查。赫胥和奥克利指出，副武装指挥官蒙塔戈麦瑞（Montagomery）对于有可能受到袭击的情况进行了一定的准备，他提供给巴基斯坦巡逻队 22 辆武装运输车，而且还同巴基斯坦指挥官讨论过可能遇袭的危险性。然而，巴基斯坦方面宣称他们是突然遭袭的，并且没人预料到索马里全国联盟（SNA）会以"电台受到阻挠"作为开战的理由①。

尽管后来的调查给这次事件提供了更多让人冷静的解释，但是纽约的立即反应就是谴责艾迪德有预谋地杀害了 24 名联合国维和部队士兵。这是布特罗斯·布特罗斯·加利报告给安理会的内容，并且巴基斯坦方面要求要对艾迪德进行制裁，安理会在 6 月 6 日一致通过了第 837 号决议，这个决议谴责了这次"无正当理由的袭击"，并且授权"采取一切必须的措施来追查责任"。索马里全国联盟（SNA）在这次决议中被认为是应该负责任的一方（巴基斯坦要求将艾迪德点名为负责任的一方，但是因为基于缺少足够的证据而不得不把艾迪德的名字删去），这使得联合国和艾迪德一下子对立起来②。

豪中将对捉拿艾迪德悬赏 25000 美元奖金。这种做法似乎更适合在美国开拓时期的西部运动，而不是在索马里复杂的和平和安全重建时期。美国在索马里明确地将艾迪德认为"暴徒"③，认为艾迪德必须为他的恶劣行为受到惩罚，于是导致了在 6 月初期美国空军对索马里全国联盟（SNA）结盟的一些部族和亚部族进行了空袭。眼镜蛇直升机攻击了武装力量聚集点，装备了火炮和机枪的 AC-130H 运输机则破坏了艾迪德的电台和其他重要设施。据报道，在这些针对索马里全国联盟（SNA）武装力量的袭击

---

① Commission of Inquiry Established by Security Council Resolution 885, 24 Feb. 1994, p. 118.
② Hirsch 和 Oakley, *Somalia*, p. 118.
③ 美国国务聊在一篇专栏里把 Aidid 称为"暴徒"。见 'Yes, There is a Reason to be in Somalia', *New York Times*, 10 Aug, 1993, 引述于 Lyons 和 Samatar, *Somalia*, p. 58.

中，有超过100名索马里人民死亡，其中包括妇女和小孩。在美国部队1992年12月进入索马里时，他们像救世主一般受到索马里人民的欢迎。而现在迎接他们的是街道上数百人齐喊"打倒联合国……打倒美国"的口号①。联合国安理会轮值主席，西班牙的胡安·安东尼奥（Juan Antonio Yanez-Barnuev）在6月14日发言时表示，如果要继续人道主义援助、国际协调和裁军的话，法律和秩序的恢复是十分重要的②。豪（Howe）指出这项任务是艰巨的，并宣称那里"有太多非法武装……所以现在我们启动裁军过程……裁军现在开始认真执行起来"③。具有讽刺意味的是，必须使用武力来进行裁军明显地失去效果。

艾迪德袭击联合国维和人员明显地使这个组织陷入了两难境地。一方面，联合国在世界各地部署了数千名维和人员，秘书长担心对艾迪德袭击事件的反应失败可能会危害到蓝色贝雷帽特种部队的安全④。这也是克林顿的观点，他指出对艾迪德进行军事行动对于增强"联合国在索马里和世界各地进行维和任务的信用"是有必要的⑤。然而，使用美国的武装直升机摧毁索马里全国联盟（SNA）的武器库、电台和命令及控制设施也使得平民大量伤亡是否与国际法对作战行为的规定的均衡性要求相一致？联合国索马里行动在6月份的前几周曾试着通过从空中照亮目标建筑和在袭击前使用喇叭通知居住者离开以减少平民伤亡。然而，正如调查委员会指出的，"甚至是最细致的瞄准目标和精确投弹也不能避免间接伤害"⑥。

根本问题是搜寻艾迪德不仅阻止了联合国索马里行动Ⅱ完成自己的政治调解任务，也从根本上抵触了当初美国在1992年10月进行干涉的人道主义基本原则。例如，联合国1993年对索马里的预算中只有十分之一分配

---

① 'Enter the Terminator', *Sunday Times*, 13 June 1993.
② 引述于 Samuel M. Makingda, *Seeking Peace from Chaos: Humanitarian Intervention in Somalia* (Boulder, Colo.: Lynne Rienner, 1993), p. 81.
③ 'Enter the Terminator'.
④ Clarek 和 Herbst, 'Somalia', p. 80.
⑤ 引述于 Makinda, *Seeking Peace*, p. 81.
⑥ Commission of Inquiry, pp. 37–8；文字加重部分。

到救济项目,并且救援机构抱怨他们的工作受到艾迪德派系的威胁①。从政治后果来看,美国的袭击疏远了索马里人民,增强了艾迪德的政治支持,而且受到广大的国际舆论的批评②。

更有甚者,来自联合国索马里行动Ⅱ内部援助武器的国家对这一策略的批评也在增加,尤其是意大利,它担心平民伤亡和联合国维和人员危险的增加。意大利更多是调和并且认为,这达到了效果。结果是,他们在6月22日反对由美国领头的联合国索马里行动Ⅱ军事武装在未经磋商的情形下攻击索马里全国联盟(SNA)的武器库③。随着冲突在7月到9月的加剧,并且意大利在与索马里全国联盟(SNA)的冲突中牺牲了三名士兵,意大利军队指挥官拒绝联合国在摩加迪沙的指挥官的命令,倾向于与各派领导人进行谈判,包括艾迪德。在那场他们报道说美国快速反应部队打死了超过100人(其中大部分为妇女和儿童)的战斗后,意大利国防部长法比奥·法布里(Fabio Fabbri)声明"射杀妇女和儿童是违反人道主义任务的"④。1993年早期写了"重拾希望行动"(Operation Restore Hope)的亚当·罗伯茨(Adam Roberts)预见到"以人道主义为名进行的军事干涉可能涉及一系列的政策和活动,甚至与'人道主义'名义相冲突的活动"⑤。这明显是联合国索马里行动Ⅱ在1993年夏天前的宿命。

随着联合国和索马里全国联盟(SNA)的紧张关系加剧,美国的快速反应部队在7月12日雇用了武装直升机搜捕了艾迪德,这里被怀疑是艾迪德的指挥和控制中心。然而,与原先的搜捕不同,这次事先没有发出警告;消灭索马里全国联盟(SNA)的指挥中心以及占领者取决于维持突然袭击,无论如何这些平民的死亡也是这种政策改变的原因。联合国索马里行动估计有20名索马里人被杀,索马里全国联盟(SNA)的数字是73人,而红十字会(ICRC)的数字是54人死亡和161人受伤⑥。

---

① 'Aid for Somalia Running out', *Guardian*, 9 July 1993, 和 Hirsch 和 Oakley, *Somalia*, p. 123.
② 同上。
③ Commission of Inquiry, p. 23.
④ 'Clans and UN Fight in Somalia Capital', *Independent*, 11 Sept. 1993.
⑤ Roberts, 'Humanitarian War', p. 448.
⑥ Commission of Inquiry, p. 24.

第六章 从饥荒救济到"人道主义战争":联合国及美国在索马里的干涉行动 / 213

　　这次行动由 USOSOM 武装部队司令筹划并得到了美国总统的批准。Hirsch 和 Oakley 认为这次美国的搜捕使得联合国和艾迪德和解的最后希望彻底结束。他们为华盛顿邮报(《Washington Post》)提供的报告称艾迪德在搜捕后决定"杀害美国士兵"。索马里全国联盟(SNA)领导人认识到越南和黎巴嫩的教训,并认为美国的伤亡是美国卷入索马里的致命之处(阿基里斯的脚后跟)①。索马里全国联盟(SNA)对 7 月 12 日的袭击的反应是以一枚远程控制炸弹炸死了四名美国士兵,并且,在 8 月 22 日,另有六名美国人被地雷炸伤,克林顿决定派遣三角洲特种部队及游骑兵特遣队。

　　正如艾迪德期望的那样,美国的军事伤亡在国会引起了强烈的反响。来自一群参议院的两党合作人员的压力要求美国在 10 月中旬撤兵,但是遭到了参议院的否决,参议院要求政府在 10 月 15 号之前汇报。在 9 月中旬之前,对于克林顿政府很明显的是,它必须改变方法以取得国内对美国在索马里表现情况的认可②。国防秘书 Les Aspin 在 8 月 27 日的讲话中宣布了这一改变,他呼吁不要把注意力过多地放在联合国索马里行动 II 的军事方面,并重新强调有联合国和非洲统一组织发起同所有派别的协商③。向政治方向的转变受到了美国国家秘书克里斯托弗的支持,他在 9 月 20 日写信给联合国秘书长质疑了对联合国索马里行动 II 军事方面的关注。国家安全顾问安塞尼·莱克在 9 月末告诉总统说,他在努力寻找政治调节的办法④。鲍威尔也对美国对索马里全国同盟的搜寻和打击行动保留意见,但是保护美军免受索马里全国同盟攻击的短期问题使得鲍威尔相信有必要支持在 8 月末派军的决定。随着华盛顿的政策开始转向寻找对话的可能,突击队继

---

　　① UNITAF 的主要原则就是避免偏袒,但是 Hirsh 和 Oakley 指出,SNA 发言人 Abdi Abshir Kahiye 在 7 月 12 号的空袭后说,"不再有联合国人员,只有美国人。如果你杀了美国人,你就直接是在找美国的麻烦"(引述于 K. B. Richhbug, 'In War on Aidid, UN Battled Itself', Washington Post, 6 Dec. 1993, 引述于 Hirsh 和 Oakley, *Somalia*, pp. 121 - 2.)

　　② Lyons 和 Samatar, *Somalia*, p. 59. 和 Hirsch 和 Oakley, *Somalia*, pp. 124 - 5.

　　③ 同上, p. 125.

　　④ 'U. S. Changes Strategy over Somali Warlord', *International Herald Tribune*, 29 Sept. 1993.

续执行搜捕艾迪德的命令，而这导致了 10 月 3 日的崩裂①。

情报显示艾迪德在奥林匹克饭店会见他的高级顾问，于是游骑兵发起了白天的一次直升飞机搜捕行动，却收到了灾难性的结局。两架黑鹰直升机被索马里全国联盟武装力量击落，而且游骑兵陷入这些军队的陷阱包围之中。在随后 16 个小时的交火中，美军打死了超过 500 名索马里人，18 名游骑兵队员被打死。84 名负伤，1 名飞行员被俘。数小时后，一名被打死的游骑兵队员被拖过摩加迪沙街道的画面就出现在美国的电视网络上。报道说克林顿非常生气②，而且成千的市民打电话给参议院议员询问为什么美国士兵要把他们的生命牺牲在索马里③。但是，就像纽约时报指出的，他们震惊于自己受到挨家挨户的攻击④。随后在阿林顿国家公墓的葬礼上，对亲人的采访以及士兵最后信件的出版在美国民众中引起的痛苦回忆，再次让介入遥远的陌生人事件的智慧受到质疑⑤。

为了阻止来自公众和国会渐增的压力，加快从索马里撤军，克林顿宣布，他是作为保护性手段在短期内组织起来这支美国军队的，但是所有美军都会在 1994 年 3 月 31 日前撤离。总统认为，美军应该保留在索马里，因为这对赋予联合国和索马里合理的机会去重建家园是很重要的，而且对于阐释美国将在新时代里承担领导者的任务是很重要的⑥。克林顿决定，索马里的崩裂不应让世界其他地方认为美国不能采取军事行动，他相信，草率的撤兵会削弱美国实力在全世界的可信度⑦。不过，美国已经制定了明确的撤退时间表，而且也停止了对艾迪德的搜捕。在 1994 年初，美国和其他欧洲国家从索马里撤兵时，他们的位置由印度、巴基斯坦、马来西亚和埃及军队代替。这些军队并不打算阻止武器流回街头，这导致一个记者

---

① Hirsch 和 Oakley，*Somalia*，p. 125.
② 引述于 Carruthers，*The Media*，p. 223.
③ 'Horror Comes Home'，*Independent*，13 Oct. 1993，Minear 等编 *The News Media*，p. 55，和 'TV Brings Grim News of Mogadishu'，*Independent*，7 Oct. 1993.
④ 引述于 Lyons 和 Samatar，*Somalia*，p. 59.
⑤ 'Horror Comes Home'.
⑥ 引述于 Hirsch 和 Oakley，*Somdia*，p. 129.
⑦ 'Anatomy of Disaster'，*Time*，18 Oct. 1993，p. 42.

绝望地表示：从第一支联合国军队被派往索马里保护对饥民的人道主义援助起的十八个月里，联合国索马里行动不仅没有能解除派别的武装，也没有为此提供别的选择①。

联合国委员会驻英国代表马尔柯姆·哈珀（Malcolm Harper）在基于他1994年初访问索马里的一篇报告中，发表了对联合国索马里行动Ⅱ成果的更乐观的观点。Harper在最后一支联合国军队从索马里撤退一年前表示，联合国尤其是联合国儿童基金会的工作在改善索马里营养不良及疾病上做了大量的工作。他还认为，在重组警察及司法力量方面，联合国索马里行动Ⅱ在大部分上都做得很好②，而且在建立统治国家的地域性行政委员会上也取得了很大的进步。哈珀在1994年3月得出的结论是，联合国索马里行动取得了一些进展。但是媒体对联合国搜捕艾迪德行动的关注使得这些观点没受到什么关注。所需要的是联合国要做出继续重建索马里的承诺。③ 我们不知道，如果联合国听从了 Harper 的政策建议而投资新的精力和资源重建索马里，我们不知道会产生什么样的后果。相反，联合国不再热心继续联合国索马里行动Ⅱ，在1995年2月之前从索马里撤出，让索马里重新回到自力更生的位置。

结　论

在安理会关于人道主义干涉合法性的看法转变上，第794号决议的意义在于，这是安理会首次根据第七章授权，在人道主义救援被军阀武装阻挠的情况下，可以使用武力来保证救援的进行。最相似的是1992年8月通过的第770号决议，它授权在前南斯拉夫使用武力帮助对平民进行人道主义救援。然而，就像我在第八章讨论的那样，在这条决议上国际社会多元原则不太显著的改变，这是因为它在波黑事件中得到了主权国的同意。安

---

① 引述于 Lyons 和 Samatar，*Somalia*, p. 60.

② M. Harper, 'Back to Somalia: A Report on his Visit to Somalia', United Nations Association, UK, Mar. 1994.

③ 同上。

理会在考虑索马里事件时所面临的难题是，政府已经垮台，而它现存的制度又不足于应付这样的危机。用亚当罗伯特的话讲，秘书长被迫通过承认该危机中人们受到的苦难已经造成了地域性的危险，而把该危机的糟糕现象与联合国宪章的强制性措施背景相一致①。第794号决议得出了这样的新观点，但是这个行动缺少合理性，而受到只认可安理会明显人道主义形式行动的绝大部分会员国的拒绝。倾向于认为，对安理会行动合法性的不认可体现了会员国之间新的理解，即如果政府垮台，国家陷入混乱和饥荒，那么联合国就有向该国公民提供安全保证的道德义务。这改变了对安理会第七章第39条规定的联合国义务的理解，标志着对迄今统治着该规则应用的解释性框架的巨大背离。

不管安理会道德实践上的这种革命性观点吸引了怎样的注意力，它都没有重视某些会员国——特别是中国和印度——再三强调说，索马里事件是独特的、例外的、异常的。第794号决议没有提到第2（7）款，而第688号决议就提到了。这表示这些国家认为安理会的行为并没有打破不干涉原则，因为索马里不存在政府。这让它和伊拉克事件截然不同，而在伊拉克事件上，争论在于安理会对于一个极其践踏人权的尚存政权是否有权干涉。

第794号协议为美国在索马里的干涉提供了国际合法性。而且很关键的是布什政府在国内也获得了对这次行动中的认可。布什决定美国政府应该在索马里采取行动。没有第794号协议的授权，他就不会发动重拾希望行动。因此该决议是采取行动的关键性条件。另外一个关键性条件是对索马里困境的媒体传播，这使得美国公众非常支持人道主义干涉。在对索马里几个月的无所作为之后，布什政府做出派出军队决策的时间暗示着：任务有很好的命名。因为他的目标是给希望于那些良心被濒死的和营养不良的索马里人的图像困扰的美国人。媒体的力量刺激了美国公众的良心，这是决定美国行动的关键因素。但是激起美国民众同情心的媒体界以及第794号决议所给予的授权并不能决定美国进行干涉。这很容易引起让人做

---

① Roberts, 'Humanitarian War', p. 154.

出相反的错误判断,即民众的呼声与美国做出决定不相干。公众赋予美国行动的合理性是干涉的一个必然性条件,但并不是充足条件。他要求下面的行为把可能的事实变成去干涉的决定:布什有强烈的道德意识促使他应该采取干涉;他希望以灿烂的一笔结束他的总统任期;最重要的是,布什政府和他的智囊团相信存在一个很清晰的撤退战略,而且不会在牺牲士兵生命上冒很大的风险。

我认为,布什政府为重拾希望行动所做的人道主义辩护潜存着复杂的人道主义和非人道主义动机。我并不想说在此事件中存在比伊拉克事件更多的现实主义色彩。没有证据表明美国有任何潜在的政治理由与重拾希望行动的人道主义目的相矛盾。这导致了玛莎·费丽莫(Martha Finnemore)争辩说,对于现实主义理论来说,美国在索马里的干涉给现实主义理论提出了一个很大的问题,因为这次干涉是发生在一个对干涉国来说在战略或经济上没有什么重要性的国家①。她持构成主义者的论点,她认为现实主义者没能认识到:改变了合法干涉标准重新定义了国家利益,使得干涉可以建立在人道主义而非国家战略或经济的利益之上。这个与索马里事件相关联的断言存在三个问题,而由这三个结论可以得出结论,不再从现实主义考虑问题的做法是很例外的。

第一个问题是,如果美国的决策人更早地回应索马里危难事件,它进行干涉所持的人道主义理由就会更具道德意义。在内阁提出这样的论证是为了在一个早期阶段更有决定性的行为,反对方在1992年提出,当一个外在力量带着强制的管辖可能会更有助于和平建设的进程和实现人道主义援助。莱恩斯(Lyons)和沙玛塔(Samatar)争论说美国政府应该发展维和部队支持在1992年5月的停火协议。通常接受的是Sahnoun's阶段将会产生更多的有安全委员会维和部队到达索马里在9月初。美国的失败在联合国居于首要位置,并且阻止索马里陷入混乱,他试图从弱化复兴计划的人道主义信用中解救出来。

第二个问题是,虽然在美国的外交政策在干涉是否促进国际利益上存

---

① Finnemore,'Constructing Norms', p. 154.

在争论，但是，如果它有损于国家的战略利益或经济利益，行政官员也不会做出决定干涉索马里。实际上，就像 Eagleburger 所承认的那样，与保加利亚相比，索马里的吸引力是，美国对巴尔干的干涉不需要任何附带的花费和风险就可以干得很好。进而，正如现实主义者向可能聆听的人们痛苦地指出的那样，在美国的传统里也找不到阻止国家进行道德援助的存在①。依据米切尔·迪席（Michael Desch），现实主义所不能接受的是，"干涉会损害政府的安全和经济利益"②。考虑到如果重拾希望行动会威胁到美国的国家安全利益，布什就会放弃该行动，与芬纳莫尔（Finnemore）相比，迪席（Desch）认为，索马里并没有对现实主义理论提出严肃的问题③。

最后一个为什么布什政府干涉索马里没有触犯现实主义理论的理由是，当美国政府遭受相对较低的士兵伤亡后，他宣布撤退。就像我在第一部分所讨论的，现实主义认为，政府不应该以士兵的生命，冒险进行可能会导致自己士兵伤亡的拯救非本国公民行动。问题是当一些现实主义者把这次伤亡作为不可能接受的后果的开端时，其他人却在讨论适度的伤亡。萦绕着关于越南的记忆，以及 1983 年在黎巴嫩造成的 300 名海军陆战队员的死亡，布什政府对此采取非常低调的态度。美国干涉索马里的一个决定性因素是这里只能导致很少的伤亡。亨利·基辛格（Henry Kissinge）在撰写以下文字时，他的语气显得非常夸张：

> 新的方法（在索马里）絮语道德实施的扩展……人道主义干涉声称，道德和人道的关怀在美国人们的生活占据如此大的部分，以至于我们需要采取冒险措施甚至牺牲生命来维护这一点；否则，美国生活将会失去某些意义。没有其他政府曾经提出过这样的主张④。

基辛格的大胆观点重述了美国精英主义的经典论题。在我们把该事件看作是一个由美国把国际社会带向人道主义的例子时，认识到这一点是重

---

① S. Forde, 'Classical Realism', 载于 T. Nardin 和 D. R. Mapel 编 *Traditions of International Ethics*（Cambridge: Cambridge University Press, 1992）, pp. 81–2.

② M. Desch, 'Culture Clash: Assessing the Importance of Ideas in Security Studies', *International Security*, 23/1 (1998), p. 144.

③ 同上，p. 140.

④ H. Kissinger, 'Thin Blue Line for a World Cop', *Guardian*, 16 Dec. 1992.

要的——与基辛格相比——在克林顿政府回应1993年10月的游骑兵伤亡事件的反应中,显示出了美国实施道德的局限性。米切尔·沃尔泽(Michael Walzer)争论说,如果美国士兵是为一个高尚的、可能需要伤亡的原因而战,"我们不能在第一个士兵或者在第一批士兵……被战火杀死时被吓倒①。这就是基辛格谈论的新方法,而索马里之所以被选为美国干涉的地点,是因为他们认为这里不会导致伤亡的发生。

这证明了一个错误的假定,导致出现一个问题,是否对索马里的国际干涉在刚开始就受到毁灭。传统的观点是:联合国特遣部队取得了人道主义的成功,因为它结束了饥荒,并且把自己的行动限制在护送人道主义救援;但是,当联合国改变了行动的性质,转而着手重建一个合法的索马里国家,事情就开始变坏。然而,我们可以认为,最好的办法是萨努恩(Sahnoun)提出的,即通过征求部族长老的合作来削弱军阀的权力。拉姆斯博顿(Ramsbotham)和伍德豪斯(Woodhouse)把这个战略称之为"非暴力人道主义干涉",而且可以直接得出结论说,由于美国国内的政治原因,在它刚开始有成效的时候就要结束了。那么,美国的干涉就变得没有必要,因为非暴力的解决冲突手段已经开始生效。进而,还有反对声音说,如果联合国特遣部队能够提前数月抵达的话,就可以挽救更多的生命,而在美国军队入驻摩加迪沙之前,最大的杀手是疾病。这些批评家暗示,干涉带来的短期后果并不像声称的那么积极,但他们也没有忽视联合国特遣部队拯救了许多生命。相对于应付人道主义危机的其他和平办法,在判断暴力干涉的成就上的方法难题在于,如果没有1992年12月第七章授权给美国军队进驻索马里,会多死亡多少人。

美国军事干涉的平衡被紧跟其后的造成严重损失的联合国行动不可避免地打破了。这就引起了一个基本的问题,促使布什发动重拾希望行动的非人道主义动机是否破坏了在索马里进行成功人道主义干涉的可能。简而言之,联合国特遣部队本来是否可以做得更多,来为一次成功的联合国任务做准备?营救饥民是一项值得称赞的成就,但是,由于拒绝介入造成苦

---

① M. Walzer, 'The Politics of Rescue', *Dissent*, 42/ (1995), p. 38.

难的潜在政治原因，联合国特遣部队在阻止混乱和饥荒的重复发生上做的很少。争论的主要方面与美国的人道主义干涉方式相关联。美国是否应该解除交战方的武装，投入更多的精力建设一套独立的警察和司法制度？根本的问题在于，要想保证取得这样的积极人道主义成果，就需要能够接受士兵伤亡和一个长期的政策。这对于行政当局来说是不能够被接受的，因为它之所以干涉只是因为它认为能够避免这些代价和冒险。

随着美国解除索马里政权武装的失败，这一任务就移交给了被第814号决议授权重建一个可行性法治政权的联合国索马里行动Ⅱ。决议的意义在于，它试图通过举行民兵和索马里社会中所有致力于恢复人权的其他团体间的对话，来解释索马里人道主义危机下潜在的政治原因。这场对话的目的就是重建一个合法的政权，这一政权要有健全的警察和司法机构，以及确保索马里社会中所有层次的人民都能参与的地区性行政委员会。布特罗斯·布特罗斯·加利（Boutros Boutros-Ghali）尽最大努力说服那些仍抱疑虑的索马里人，比如艾迪德，使他们相信这不是一项帝国主义的计划，联合国索马里行动Ⅱ的目的是要和他们合作而不是针对他们①。这一声明附和了毕古·巴雷克（Bhikhu Parekh's）的关注，他表示人道主义干涉不能成为新形式的帝国主义干涉，而是一项"试图营造适宜于创建受广大人民欢迎的全民统治组织的政治行动"。巴雷克（Parekh）观点的问题在于，就如索马里事件体现的那样，就是在"重建希望"军事行动开始时"联合国索马里行动"所指的人民概念就是模糊的。人道主义干涉的目的是在政治和军事上剥夺民兵的权力，还是把军阀社会化为非暴力形式的冲突？

联合国索马里行动Ⅱ的政治策略是利用致力于创建一个合法政府的新领导人；而强制执行亚的斯亚贝巴协议中的停火和武装解除规定，对此是至关重要的。问题在于这一方式威胁到了一些领导人的权力，如艾迪德，他有机会就准备挑战联合国。联合国索马里行动做出的对索马里全国联盟军备武器库进行一次视察的决定，为此提供了一个开端。在联合国索马里行动和索马里全国联盟之间日渐紧张的形势下，这被视为一种煽动行为。

---

① Parekh, 'Rethinking Humanitarian Intervention', pp. 55–6.

艾迪德杀害巴基斯坦维和人员的行动是不能容忍的，但是，联合国安理会和白宫向联合国索马里行动Ⅱ进攻索马里全国联盟内部部族和亚部族的授权是明显错误的。美国动用武力显然与让艾迪德受到审判、通过削弱索马里全国联盟的军事力量以降低它对联合国军人的威胁的目的是不一致的。随着1993年期间美国行动对索马里平民生命渐增的漠视，执行这样的搜救和破坏行动已经缺乏恰当的道德动机①。在这年夏天美国代表团被认为漠视索马里人的公民权。这是从美国在越南的记忆而来。温伯格—鲍威尔的学说只支持在以下两种情况下使用武力：通过以强大武力征服敌人能把美国士兵伤亡降到最低，对平民死亡的关注要让位于对美国军人的保护。奥尔布赖特把艾迪德叫做"暴徒"或许是正确的，但当其他人在电视上看到美国军队为了打击艾迪德及其军事力量而杀害索马里人的时候，他们可以认为美国人同样是"暴徒"。

当能明显地看出打击艾迪德已经导致如此恐怖的平民牺牲之时，联合国秘书长就应该配合安理会采取措施阻止这些军事行动②。问题在于，联合国安理会已经在第837号决议中授权采取一切必要措施打击袭击巴基斯坦维和士兵的暴徒。因此对这些军事行动尤其是美国发起的行动就无法得到有限的控制。有些安理会成员国强调了在执行第814号决议时保持联合国对特遣部队有效控制的重要性，但是，正像调查委员会指出的，许多得到联合国索马里行动授权的、打着联合国旗帜的大规模军事行动，却完全脱离了联合国控制，即便这一点行动有效地执行了联合国索马里行动计划，并保护了它的人员③。

联合国安理会在回应艾迪德残暴杀死维和部队士兵事件上的最大失误在于，它没能成功地利用文化敏感度。萨努恩表示，联合国应该搜缴所有和艾迪德罪行相关的信息。然后说服长老和其他部族领导人相信配合联合

---

① Falk, 'Hard Choices'.
② 引用了John Sommer在，见 *Hope Restored? Humanitarian Aid in Somalia*, 1990-1994 中的估计 (Washington, D. C.: Refugee Policy Group, 19940), p. 72, Weiss推测UNOSOMⅡ造成了1500名索马里人遇难和6000~8000人受伤。见 Weiss, *Military-Civilian Interactions*, p. 93.
③ *Commission of Inquiry*, p. 39.

国把艾迪德送交审判的重要性。他宣称这个工作本该在索马里进行,因为在索马里的传统习惯里,他们对杀戮者采取严厉手段,并且赋予集体处理此事的最大优先权①。这种缺乏文明敏感度的进一步的例子就是,在索马里社会里对人最严重的侮辱行为是给别人看你的鞋子。当美国直升机在摩加迪沙进行低空侦察飞行及打击行动时,索马里人能看到飞机上脸往下看的美国士兵们的靴子,这让索马里人不可能对美国产生好的印象。

在以后任何旨在重建如索马里这样的垮台国家的国际干涉中,更多的文化敏感度是很重要的。但从索马里事件的经验来看,麻烦在于,在社会由于内战和国家机构的瓦解而陷入混乱的情况下,使用武力威胁是否能解决冲突。索马里事件不同于目前所有的其他事例,因为在索马里苦难的产生原因不是政府屠杀他们的民众,而是由于国家威信的崩溃。在冷战时代,邻国军队可以直截了当地攻击一个杀戮政权,比如坦桑尼亚和越南分别在乌干达和柬埔寨进行的干涉。在索马里事件中,干涉者面临这样的状况,就像沃尔泽(Walzer)说的那样,暴力的来源深深植根于社会结构中。在改变这种状况的努力中,联合国发现他们用暴力解决的办法引起了更大程度上的暴力。"强制的"和"人道主义的"这两个形容词能相配在一起吗,或者矛盾修饰词"人道主义的战争"是不是隐藏着悲剧性的矛盾?

即便艾迪德不曾试探联合国索马里行动Ⅱ的决心,可以确信的是,总会有一个派别直接挑衅亚的斯亚贝巴协议的武装解除和政治性规定。那样的话,联合国索马里行动就面临是否要使用武力来执行该协议。可以确信的是,深陷部族间战争和饥荒中的索马里平民肯定会欢迎外来力量使用武力打击阻挠和平进程的民兵领导人。然而,至关重要的是,任何武力应用都要有针对性,并且取得更广大的公民社会里那些相信非暴力解决冲突的团体们的最大程度的认可。在联合国索马里行动Ⅱ方案中,不存在任何一个这样的状况。如果各国政府决心采用武力来使协议得到履行,那么它们必须承诺提供更多的政治、经济和社会重建帮助。这需要一个坚持到底的承诺。如果在经历了人员伤亡后,干涉者期望撤退,那么,向在公民社会

---

① Sahnoun, 'Prevention in Conflict Resolution', p. 13.

里挑衅持枪人权威的组织提供武力保护就没有什么益处可言。假如美国在1992年初就开始创建联合国对索马里的托管统治，而不是进行不合理的、盲目的行动如搜捕艾迪德，结果也许就会不同。民兵期望美国在12月解除他们的武装，与亚的斯亚贝巴协议相配合，这个战略可能就会赢得索马里人民的信任，使得他们能够在全国范围内建立警察和司法机构，这也会赢得所有部族和亚部族的信任。

问题在于，美国并不打算为索马里的国家建设付账，而渴望尽快移交给联合国接管。安理会认识到有必要在人道主义危机的短期反应和恢复索马里合法权限的长期问题间搭桥，但最初数月联合国对索马里的试验重建还处于百废待兴的阶段。这导致维斯质问，即便没兴趣重建国家①，进行干涉以拯救生命会不会是不明智的，但是此处更深层的关注是隐藏在国家建设总体想法之后的帝国傲慢感。米切尔·伊格纳蒂夫（Michael Ignatieff）认为，联合国托管统治的想法是西方过去帝国思想的残余，这种思想认为，富有和强大的国家有能力驯化这些本地人，以让他们的生活变得文明起来②。当然，索马里所引起的焦点问题是，旨在短期内拯救难民于饥饿、长期内使难民脱离无法律困境，并且恢复司法权威的人道主义干涉是否总会得到灰头土脸的下场。

---

① 考虑到它是一次推荐评估的精神上并不愉快的假设，他没有回答这个问题（Weiss, Military-Civilian Interactions, p.96）.
② Ignatieff, *The Warrior's Honour*, p.94.

第七章 种族大屠杀的国际旁观者：
国际社会和1994年卢旺达种族大屠杀

1994年的卢旺达屠杀事件是国际社会遭受的继"二战"时期纳粹对犹太人的大屠杀之后的第一次大规模屠杀。本章记载了联合国的惨败，因为它没有履行人类对犹太人所做出的"绝不让屠杀再发生"的承诺。这一失败说明出于联合国授权的人道主义信条而做出的承诺是具有局限性的，而这种人道主义干涉，继伊拉克和索马里事件之后得到了普遍认可。正如我在前一章所指出的，索马里事件代表了90年代联合国人道主义干涉的最高水平，但是没人预测到，一个非洲国家的灾难和失败导致安理会成为了种族大屠杀的旁观者。

关于卢旺达种族大屠杀，最重要的问题在于，如果联合国及早果断地采取军事行动这场灾难能否避免。本章的第一部分简要介绍了卢旺达胡图人（Hutus）和图西人之间暴力冲突的历史，说明导致胡图族（Hutus）极端分子对卢旺达图西少数民族采取灭绝行动的背景原因。至少在种族大屠杀发生前一年已经出现了警戒信号，联合国也在1994年初收到了种族大屠杀的警告情报。这就产生了两个问题：联合国本应该做什么来阻止种族屠杀以及为什么没有采取这种行动？

未能有效阻止基加利大规模屠杀的爆发，联合国安理会面临着一个选择，即是否应该加强联合国1993年底部署的军备，这支军备用来监控政府和由图西人支配的卢旺达爱国阵线（PRF）之间的停火事宜。文章的第二部分揭示了安理会4月21日所作出的决定，即撤销承担着保护民众责任的联合国军队。这一决定使卢旺达处于灾难之中。安理会还有其他行动方案可供选择，基加利的军队指挥官罗密欧·达赖尔（Romeo Dallaire）上将，要求追加空军支援来阻止种族屠杀。他随后指出，在种族屠杀的最初几个星期调动军队能够挽救成百上千的性命。然而，为什么安理会成员国没有自告奋勇地参与到筹备军备中，为什么安理会不能公开的把卢旺达事件称作种族屠杀？那些西方国家的失败——特别是拥有军事行动能力的美国，是否证明中央集权模式的主导地位符合国家领导人的道德取向？根据1948年的种族屠杀协约（Genocide Convention），签署国有义务阻止和惩罚种族屠杀这一罪行。未能介入并停止屠杀，西方政府回避将卢旺达事件称作种族屠杀。我想这在很大程度上反映了这样一种认知：使用种族屠杀这个词汇会将其自身的不负责任行为暴露出来，即他们并没有履行种族屠杀协约（Genocide Convention）中的责任。

随着新闻媒体的报道范围不断扩大，穷凶极恶的屠杀罪行也不断曝光，安理会放弃了最初的决定并同意派遣一大支军队开往卢旺达。虽然非洲一些国家表示愿意出兵，但一直到八月底才筹备好军备，因为西方国家未能提供必要的后勤支援。当种族屠杀全面爆发时，法国请求安理会为卢旺达居民提供人道主义保护，保护那些因为种族屠杀而被迫离家的人和内战后重获新生的人。

根据联合国宪法的第七章规定，安理会授权法国采取军事行动，但是很多成员国认为法国只是以人道主义的理由为掩饰来追求自身的利益，而且法国的军事行动将会危害到重新配置联合国军备的努力成果。为了和前几章的主题保持一致，笔者会调查法国军事行动出于人道主义的可信度以及在多大程度上这些争论是在合法性范围之内的。

卢旺达种族屠杀能够被阻止吗？

把卢旺达事件当作古老的部落种族仇恨的结果，并认为使卢旺达处于愤怒之中的肆无忌惮的暴力行为是我们无法干涉的一种非洲现象,这样的想法对于我们这些居住在西方国家的人来说无疑是一种安慰。然而,这种充满偏见,认为非洲人的心灵黑暗的想法根本是错误的。事实是,这次种族屠杀和"二战"时期纳粹对犹太人的杀害一样,都是蓄意的政治意图的产物。大多数胡图(hutu)人是如何相信极端分子所宣扬消灭图西族才能获得生存的谬论,要了解以上原因就有必要调查一下比利时殖民统治时期,民族同一性是如何形成的。第一次世界大战之后,根据菲立普古勒维治(Philip Gourevitch)的故事所讲述的,殖民统治者寻找出具有现存的文明特征并符合他们意图的种族,使之屈服并符合他们的目的。① 图西人历来是政治和经济方面的杰出者,因为他们拥有牲畜,而胡图人(Hutus)只会种地(虽然这些差别不大),但是图西人和胡图人(Hutus)使用相同的语言、通婚,而且这两个群体之间不同的社会和经济权利并没有造成种族间的武装冲突。而比利时决议改变了这一状况,比利时把图西人指定为文明民族,相反,胡图人(Hutus)被指定次等民族。比利时把胡图人(Hutus)和图西人之间的差别政治化并明确给予图西族最优民族的特权,它的贡献在于,随后因为土地、生活等稀缺资源而发生的斗争都被看作是种族冲突。②

出于对比利时殖民统治下图西人优越论的君主政体所拥有的政治权利的不满,1959年,胡图(Hutu)叛乱,发起武装冲突,并于1961年比利时撤军之后推翻了图西君主制政体。1961年,联合国监管下的全民公决之后,胡图(Hutu)开始掌握政权,但国家仍然由联合国托管,直到1962年7月国家真正实现独立。1959年爆动期间,大约有2万人被杀害,16万人被驱赶到邻近的国家。③ 除此之外,1963年,图西人试图夺回政权失败

---

① P. Gourevich, *We Wish to Inform you that Tomorrow we will be Killed with our Families: Stories from Rwanda* (London: Picador, 1998), p. 55.

② 这种种族意识殖民统治的一个惊人表现是在1933—4年决定发行身份证,它注明卢旺达人的种族身份即Hutu人或Tutsi人。正如Gourevitch指出的那样,它的意义是让"Hutus人不可能再成为Tutsis人,而且允许比利时人实行源于Tutsi人种优先传说的种族隔离统治"(同上,pp. 56-57)。

③ 这些数据来于p. J. O'Halloran, 'Humanitarian Intervention and the Genocide in Rwanda', *Conflict Studies*, 277 (1995), p. 3.

以后，到处充斥着反对图西少数民族的报复行为，伯特兰罗素（Bertrand Russell）把其描述成："自纳粹对犹太人的屠杀之后，我们所能见证的最恐怖和最有计划的人类灭绝行为。"①

自由党和由卡伊班达（Gregorie Kayibanda）领导的的胡图（Hutu）解放党自1962年开始统治卢旺达，直到1972年7月，在一场政变中，主要将领哈比亚瑞马那（Habyarimana）开始掌握政权。这位新领导人的政权基础在北部胡图（Hutu）中，并运用军事力量从南部胡图（hutu）手中夺取了政权。与南部的同族相比，北部胡图（Hutu）与图西人的联系很少，两个部落之间没有通婚。相反，他们把图西人看作次等民族并且坚决表示不与他们分享政权。②

1994年种族屠杀的直接原因是，哈比亚瑞马那（Habyarimana）统治的政党（MNRD）中的极端分子害怕总统与稳健的胡图（Hutu）和图西人分享政权。总统的本质还是支持胡图（Hutu）种族优越论，这个观点是他的妻子和姻亲都强烈赞同的。然而，有两个因素促使总统走向调解的方向，第一个原因是，政府被卷入了与卢旺达爱国阵线的内战纠纷中，卢旺达爱国阵线是由1959年动乱期间被驱逐到乌干达的流亡图西人（有一些是胡图人（Hutus））组成。卢旺达爱国阵线希望图西灾民的社会和政治权利能够得到重视和认可，并且能够共享政权。由邻国乌干达支持的RPF于1900年10月1日入侵卢旺达。这次入侵行动，被由法国、比利时和扎伊尔提供军事支持的卢旺达军队击退。

第二个影响总统预谋的因素是，卢旺达爱国阵线侵略行为发生在国际社会对卢旺达政府的民主化进程所施加的压力日益增强的背景下。国际援助的提供者指出，进一步的经济援助需要一定的限制条件，取决于政体的改变和对人权的尊重和改善。面对这种条件卢旺达政府非常容易妥协，因为卢旺达的主要出口物资——咖啡，其价格暴跌。总统勉强同意建立一个

---

① 这些数据来于 p. J. O'Halloran, 'Humanitarian Intervention and the Genocide in Rwanda', *Conflict Studies*, 277 (1995), p. 3.

② R. Lemarchand, 'Rwanda: The Rationality of Genocide', *Issue: A Journal of Opinion*, 23/2 (1995), p. 9.

多党派的政治体制,这种政体于 1991 年 7 月掌握政权。三个主要政治党派的出现威胁了 MNRD 的统治,并且三个党派都承诺和卢旺达爱国阵线共同分享政权。鉴于国情的剧变,以及来自非洲国家和非洲国家统一组织(OAU)日益增强的压力,1992 年 7 月,哈比亚瑞马那(Habyarimana)与卢旺达爱国阵线进入谈判阶段,最终于 1993 年 8 月在坦桑尼亚签署了和平协议。

花费这么长时间才达成一致,其原因是,哈比亚瑞马那(Habyarimana)害怕与卢旺达爱国阵线的谈判会牵连自己的地位。最终,来自法国、比利时、美国和非洲国家的国际压力,加上非洲统一组织和联合国的积极调节,迫使卢旺达总统签署了协议。表面上看,在阿鲁沙(Arusha)签署的协议是预防外交和冲突管理方面合乎规范的成就。归还的权利应该赋予卢旺达居民,权利分享协议赋予卢旺达爱国阵线和哈比亚瑞马那(Habyarimana)曾经统治的党派(5 个部长出自于 21 人的内阁议会)同等的代表权。这样做出现的结果是,1991 年之后建立的小党派之间形成了权利均势,并且他们都承诺与图西人合作。最具有争议的问题是,在军队构成中,高级军官级别按照 50∶50 分配名额,在整个军队中,政府只占有 60∶40 的优势。[1] 为了监控停火协议的履行状况和过渡政府的活动,安理会于 1991 年 10 月 5 日通过了 872 改革方案,同意调配军队,在卢旺达实施联合国援助任务(UNAMIR)。第一阶段调配的由 1458 人组成的军队在任务的第二阶段上升到 2548 人,这一军队用来监督民主化进程和创建一支新的重新整合的军队。

和平进程从一开始就注定会失败,因为这一方案的实施依赖于哈比亚瑞马那派系中与卢旺达爱国阵线妥协的极端分子。极端分子的反应是发动了一次对图西人的屠杀,正如勒马尔尚(Rene Lemarchand)所指出的,这种对图西人不负责任的杀戮成为了最快和最理性的方式,以用来消除和 RPF 妥协的基础。[2] 因为总统削弱了杰出领导者的权力基础,国际社会也

---

[1] C. Clapham, 'Rwanda: The Perls of Peacemaking', *Journal of Peace Reserch*, 35/2 (1998), p. 203.

[2] Lemarchand, 'Rwanda', p. 10.

没有对屠杀图西市民作出反应,在图西问题上"最后的解决方式"这一想法才得以实施。1992年,罪恶的反图西联盟(CDR)建立,与此同时,屠杀机制已经秘密地创立,这一机制以4个要素为中心:1. "最终解决方式"的设计者,包括总统自己的家庭成员和他的顾问;2. 乡村组织者,他们拟定将图西人和温和的胡图人作为屠杀目标;3. 武装起来的民兵组织,他们是 MNRD 和反图西联盟(CRD)中的年轻派系,主要是从不满的胡图人中招募的,他们妒嫉图西人的财富①;4. 总统近卫军,在需要援助的地方给予屠杀小组支援。② 阿鲁沙(Arusha)协议签订的时候,这一体制已经形成一套可怕的、有效的组织结构,在实施屠杀的政治计划时,比纳粹德国的工业化屠杀集中营更加行之有效。

用弗加尔·基恩(Fergal Keane)的话说,为了履行阿鲁沙协议,哈比亚瑞马那(Habyarimana)文字上签署了"生死合同"③。把政权移交图西人是事关生死存亡的大事,而且在邻国布隆迪,一位由民主选举的胡图(Hutu)总统,梅尔基奥·纳达达耶(Melchior Nadadaye)在一场政变中被图西军队暗杀,这一事件进一步激励了极端分子。正如勒马尔尚(Lemarchand)所认为的,纳达达耶(Nadadaye)的暗杀事件传递的信息非常清晰明朗:不要相信图西人!④ 大屠杀的设计者们害怕他们的政策遭到反对,因此这些地区的胡图(Hutu)人在这场政治动乱中遭到蹂躏和残害,大约20万胡图(Hutu)难民涌入南部地区和中部地区,这是布隆迪事件造成的一个重大后果。1994年4月6日,Habuarimana 的飞机被击落,这一事件点燃大屠杀导火索。虽然到现在也没有弄清楚究竟是谁击落了飞机,不能避免得出这样的结论:极端分子认为现任总统已经老得没有用途了,是时候确定一批可以值得信赖的胡图(Hutu)政治家来马上并永远消除图西人的问题。

哈比亚瑞马那(Habyarimana)的喷气式飞机刚被击落,为期一百天的

---

① G. Prunier, *The Rwanda Crisis: History of a Genocide* (London: Hurst & Co.: 1995), pp. 128 – 129.
② 这四个要素引述于,'Rwanda', p. 10. 详见 Prunier, *The Rwanda Crisis*, p. 224.
③ F. Keane, *Season of Blood: A Rwanda Journey* (London: Penguin, 1996), p. 27.
④ Lemarchand, 'Rwanda', p. 10.

大屠杀随即开始。① 一个小时之内，杀人机器已经挥舞着进入了基加利。路上设置了路障，民兵和总统近卫军开始阻挠沿途的图西人，以及阻碍屠杀进程的胡图（Hutu）政治家和公务员。在这场战争中，使普通胡图（Hutu）人产生大屠杀动机的关键性工具是电台。对于大多数卢旺达军民来说，收音机是信息的唯一来源，因此，控制无线电波是调动大众支持至关重要的一环。1993 年，哈比亚瑞马那（Habyarimana）的核心集团成员建立起了千秋自由广播台（RTLMC），为了反对用法语广播的卢旺达电台，这一电台用本民族语言广播仇恨信息，屠杀刚一爆发，千秋自由广播台（RTLMC）就开始广播煽动性的言论来杀害图西人，接下来的几个小时，电台向屠杀者发布指示和命令。例如，电台宣布："你在这个或那个地方遗漏了几个敌人；一些人仍然活着；你必须回去把他们消灭……坟墓还不是很满；谁会出色地工作（屠杀），帮助我们把他们彻底填满？"②

　　哈比亚瑞马那（Habyarimana）死后几天就发动了大规模屠杀，国际组织对这一屠杀的反应是下一段的主题。在转到这个话题之前，有必要提出两个问题：第一，在导致大屠杀方面，阿鲁沙和平进程负有什么责任？第二，联合国在多大程度上忽略了为了对付图西人而准备的"最终解决方式"的警告信息。

　　大多数调停都是诚心诚意的，接受了这一观点，克里斯托弗·克拉彭（Christopher Clapham）认为他们对于随后大屠杀的发生负有潜在的责任。③他着重指出，解决冲突的外部努力，比如卢旺达内战，最终卷入了一系列行动，这些行动改变了党派间的优势平衡。在这种背景下，阿鲁沙和平进程的成果是逐出极端分子并把重要的角色分配给小党派。然而，因为后者对领土和武装军队没有控制权，而且他们的民众支持水平也还未知，所以权利分享协议只是表面上的或者说面对现实情况下的权利实体，权利分享是没有现实意义的。④ 此外，英国特别是法国政府批判阿鲁沙进程因为其

---

① Keane, *Season of Blood*, p. 27.
② 引述于 Prunier, *The Rwanda Crisis*, p. 224.
③ Clapham, 'Rwanda', p. 204.
④ 同上, p. 205.

把极端分子降至次要地位,很明显,把极端分子卷入对话会阻止和平进程的发展,如果极端分子永无休止地反对与 RPF 妥协。与克拉彭相比,布鲁斯·琼(Bruce Jone)没有让阿鲁沙协议的协商者为大屠杀承担任何具体责任,但是他确实认为,预防性外交中这次试验的悲剧结果是国内冲突变质的结果,这次内战使 6500 人卷入保守党和民主党的权利争夺中:保守党宁可选择失去一百万卢旺达人民的性命,也不愿意放弃政权。预防性外交总是好于错事发生后迟到的干涉①,这已经变成一个公认的、不言而喻的事实。无论如何,阿鲁沙进程的教训是,以防止内战为目的的外部干涉会产生非故意的结果,导致发生人类不可估量的错误。

和平协议引起的最难回答的问题是,如果这一协议由反对胡图(Hutu)极端分子的国家和社会团体强制实施,能否取得胜利。克拉彭认为一个强有力的联合国军队不能保证和平协议的实施,在这里,我不同意他的观点。考虑到极端分子的种族优越论信条以及反对与卢旺达爱国阵线妥协的坚定态度②,真实的情况是,和平进程的实施依赖于消灭那些想瓦解阿鲁沙协议的人。然而这一切并没有跟随着发生,联合国的唯一选择就是保持中立③,因为安理会本应该决定采取果断的干涉行动来反对极端分子。

在联合国授权部署卢旺达救援任务(UNAMIR)之前,9 月的一次记者招待会谈话中,哈比亚瑞马那(Habyarimana)指出,联合国军队应该给每一个处于危机中的人提供安全保障。④ 为了不辜负这一期望,联合国救援任务(UNAMIR)要求一个不同寻常的委任命令和维护和平的军备结构,在第 872 号决议案中安理会满足了 UNAMIR 以上的要求。这一决议授权联合国救援任务(UNAMIR)监督停火事宜并监视协约的履行情况;毫无疑问它作为强制和平的角色,起到了迫使达成统一意见或保护人权的作用。正如军队指挥官达莱尔(Dalaire)于 1994 年 2 月所指出的:"瞬间,双方

---

① Bruce D. Jones, ' "Intervention without Borders": Humanitarian Intervention in Rwanda, 1990 – 1994', *Millennium: Journal of International Studies*, 24/2 (1995), p. 248.

② Clapham, 'Rwanda', p. 206.

③ 同上。

④ A. J. Kuperman, 'The Other Lesson of Rwanda: Mediators Sometimes Do More Damage than Good', *SA/S Review*, 16/1 (1996), p. 236.

发生了重大的停火暴乱……我的统治权不复存在"①。如果卢旺达人民对于追求和平进程有一个普遍的期望，UNAMIR就会通过解除民兵武器的方式消灭极端分子，而给予UNAMIR维护和平的使命，这表明上述观念并没有在安理会中得到普遍认可。

联合国严重紧张过度，并且全神贯注于波斯尼亚和索马里的军事行动。事实上，安理会讨论是否应该往卢旺达派维和部队的前两天，18名美国巡警在索马里被杀。这一事件引起强烈的反应，以致美国反对参加和支持联合国军事行动。根据琳达·梅尔文（Linda Melvern）所言，在安理会的非正式磋商会议上，美国表明国会将不再为任何军事行动出资，联合国日益处于过分承担责任的危机中。② 非洲成员国也认为没有道德上的义务帮助卢旺达转变到民主国家，经过几番讨论之后才同意建立联合国援助任务（UNAMIR）。为了支持安理会的第872号决议，美国制定了继续资助军队的条件，即取决于实施和平协议的进展状况，并且将成本保持在可控制的范围内。③ 因而，从一开始军队就缺乏使任务切实可行的财政资助和支援，达莱尔指挥官（Dalaire）的军队就是一个很好的例子，该军队中只有装甲车，却没有备用品或机械师。④

只担负监控停火责任并且资金不足的联合国军队向极端分子发出了一个强大的信号，即他们可以肆无忌惮而免除惩罚。RTLMC使无线电波充满仇恨的宣传，在基加利的街上武器被广泛地分发。⑤ General Dallaire 在 UNAMIR 内部建立一个非正式的情报分队，来收集极端分子活动的信息。有份情报显示了一项故意破坏和平进程的计划，这个情报被移交给联合国指挥部和比利时，第一阶段的 UNAMIR 大部分是由比利时军队组成的。最重要的情报来自一个高级告密者，他告诉 Luc Marchal 上校一个令人沮丧的消

---

① A. J. Kuperman, 'The Other Lesson of Rwanda: Mediators Sometimes Do More Damage than Good', *SA/S Review*, 16/1 (1996), p. 236.
② L. Melvern, 'Genocide behind the Thin Blue Line', *Security Dialogue*, 28/3 (1997), p. 335.
③ S/PV. 3288, 5 Oct. 1993, p. 23.
④ Melvern, 'Genocide', p. 335.
⑤ A. J. Klinghoffer, *The International Dimension of Genocide in Rwanda* (London: Macmallian, 1998), p. 35.

息，极端分子试图通过屠杀比利时士兵、并使用民兵组织以每 20 分钟 1000 人的速度在基加利屠杀图西人的方式，迫使 UNAMIR 撤军。① 当联合国发现了由告密者透露的秘密藏匿武器的基地时，这一信息的可信性得到了确认。

1 月 11 日，指挥官达莱尔（Dalaire）发电报给联合国维和部门（DPKO），告诉他们这一情报，并要求同意他们没收武器。② 维和部门（DPKO）拒绝了军队指挥官单方面行动的请求，并坚决主张他只被允许支援政府军队。因为极端分子控制了宪兵队和军队，与政府保持一致这一命令就确保了没收民兵武器的军事行动不可能发生。1998 年 9 月，在 BBC 的综合节目中当要求为这一决定辩护时，当时联合国维和部门（DPKO）的高级成员艾巴尔·里萨（Iqbal Riza）阐明，虽然达莱尔（Dalaire）敲响了警钟，但联合国维和部门（DPKO）的目标是不再让索马里事件发生。③ 索马里灾难之后，联合国没人想在卢旺达跨越强制实施和平的摩加迪沙防线。联合国秘书处全体成员的信条是，如果联合国遭受另一场灾难，像索马里这样的，使更多的和平维护者被杀害，联合国的信誉很可能遭受致命的一击。④

事后来看，维和部门（DPKO）对军队指挥官的回复是卢旺达种族大屠杀事件的重大转折点。维和部门的高级官员声称他们把这一警告（大屠杀的警告）通知了安理会的主要成员国⑤，并且命令达莱尔（Dalaire）通知法国、比利时大使和美国大使，所以他们应该向哈比亚瑞马那（Habyarimana）提出这一问题。除了达莱尔（Dalaire）向纽约传达了这一警告之外，美国政府还收到了中央情报局的一份分析材料，材料中推断如果

---

① Howard Adelman, 'Preventing Post-Cold War Conflicts: What Have We Learned? The Case of Rwanda', 圣地亚哥国际研究协会大会上的论文, Galifornia, 17 Apr. 1996, p. 8.
② 同上, pp. 12 – 13, 和 Klinghoffer, *The International Dimension*, p. 36.
③ 引述于 'When Good Men do Nothing', BBC Panorama programme, Dec. 1998. 秘书长特别小心于再次卷进裁军事件，因为他个人曾参与了导致索马里灾难的惩罚裁军战略。Interview with Sir David Hannay, Mar. 1999.
④ 联合国官员当中的这种心态很好地体现在 M. N. Barnett, 'The UN Security Council, Indifference, and Genocide in Rwanda', *Cultural Anthropology*, 12/4 (1997), pp. 551 – 578.
⑤ Adelman, 'Preventing Post-Cold War Conflicts', p. 13.

Arusha 和平进程瓦解，卢旺达将会有五十万人民死亡。① 此外，法国一定意识到了种族大屠杀爆发的潜在危机，因其与哈比亚瑞马那（Habymarimana）政府存在紧密的政治、军事和经济联系，法国军官在训练民兵时起了很重要的作用。② 然而美国和法国都没有试图召集安理会成员讨论这一警告，梅尔文认为秘书处并没有将这一信息与非常任理事国分享。③ 3 月 30 日，布特罗斯·布特罗斯·加利（Boutros Boutros-ghali）确实提醒安理会，卢旺达的安全状况正在恶化④，但是安理会所做的唯一事情是，停火事件宣告失败后 UNAMIR 被迫撤军——隐含的意思是，如阿德尔曼（Howard Adelman）所指出的，极端分子的行为使和平陷入危机时，和平协约的参与者应该为此负责。⑤

大屠杀爆发的前一天，安理会开会讨论是否将 UNAMIR 的委任权延长 6 个月。关于联合国救援任务（UNAMIR）是否应该撤军的问题引发了激烈的争论，如和平协约所要求的，美国认为如果不立即建立过渡政府，任务就应该结束。大多数安理会成员国认为阿鲁沙进程需要更多的时间，需要联合国提供更多的额外资源。但是在美国的压力下，第 909 号决议达成一致，即如果不建立过渡政府，联合国将在 6 个星期内撤军。非常讽刺的是当时卢旺达也是安理会成员之一，因此，卢旺达大使知道美国反对资助联合国在卢旺达的救援任务（UNAMIR）。

仅仅对第 909 号决议粗略的一瞥，即使极端分子也不会认为联合国准

---

① Melvern, 'Genocide', p. 337.

② Lemarchand, 'Rwanda', p. 11, 和 D. Kroslak, 'Evaluating the Moral Responsibility of France in the 1994 Genocide in Rwanda', 英国国际研究年会上的论文, University of Sussex, 14 – 16 Dec. 1998.

③ Melvern, 'Genocide', p. 338. 根据 David Hannay 爵士, 不只是被蒙在鼓里的临时理事国, 而且英国也不知来自晓达拉斯的警告. Interview with Sir David Hannay, Mar. 1999.

④ 在回忆 DPKO 如何把握达拉斯的警告时，不得不记起联合国秘书长驻卢旺达特别代表 JacquesRoger Booh-Booh 送来较少的警报。他在 1993 年 11 月抵达卢旺达，和 Habyarimana 有密切联系。Melvern 指出他的报告只是集中于冲突更新的危险，而从未提起过大规模屠杀和种族屠杀的可能性。相反，他在给 Riza 和秘书长的报告中对总统执行 Arusha 进程的目的给予乐观的估计。见 L. Melvern, *A People Betrayed*: *The Role of the West in Rwanda's Genocide*（London: Zed Books, 即将出版）.

⑤ Adelman, 'Preventing Post-Cold War Conflicts', p. 14.

第七章　种族大屠杀的国际旁观者：国际社会和1994年卢旺达种族大屠杀 / *235*

备对其采取武装干涉。事实上，大屠杀的预警和1948年大屠杀协约的签署国所担负阻止这场罪恶的法律和道德义务都是既定的，联合国审议最显著的特点是缺乏对联合国在卢旺达救援任务（UNAMIR）的角色探讨，即种族大屠杀爆发时期内这一任务（NAMIR）保护卢旺达居民时应该扮演的角色。如果维和部门的官员将来自 Dalaire 的预警信息做简要介绍，我们不知道安理会会如何答复，但是，新西兰大使、四月期间的安理会主席罗南·基廷（Colin Keating）告诉琳达·梅尔文（Linda Melvern）："我们仍然在黑暗中……现状比过去所呈现状况更加危险。"① 由此，基廷得出结论，秘书处必须改善信息传播系统，将信息传达给非常任理事国，这些国家通常缺乏重大事件的情报获取能力。如果将大屠杀警告透露给非常任理事国，安理会的行为可能会大不相同。②

认为安理会应该阻止种族大屠杀的人有义务说明这种抉择应该如何实现。任何预防外交都有一个重要的先决条件，就是任务的转换，从维护和平到强制执行，再到保护人民。③ 这就要求通过俘获极端分子秘密储藏的武器、解散民兵组织、切断仇恨言论来源的方式消灭极端分子。这种强制行动显然跨越了"摩加迪沙线"，并且需要比第一阶段的救援任务（UNAMIR）更强大的军备，需要直升机和坦克的支援。然而，如果这样的军队驻扎在基加利的街上准备作战，很难相信极端分子会发动或者能够胜利地实施"最后的解决方法"。

将联合国救援任务（UNAMIR）的使命由维护和平改为预防性人道主义干涉的想法，从未在安理会上讨论过。但是，即使这种改变使命的想法在1月到4月的期间内被提出来，也会遇到两个强大的阻力。④ 首先是如何在法律上证明这种侵犯卢旺达主权的行为是正当的。在伊拉克北部，安理会对于西方的强制行动很敏感，预防性人道主义干涉符合第七章的法律

---

① 引述于 Melvern, 'Genocide', p. 338.
② 引述同上。
③ Adelman, 'Preventing Post-Cold War Conflicts', p. 14.
④ Kuperman, 'The Other Lesson of Rwanda', p. 236.

文本，这样的说法能说服安理会成员国吗？① 与之相抵的是，屠杀协约（Genocide Convention）中强调协约的任何一方都能要求联合国的权力机构在宪法允许的范围内采取强制行动……如果他们认为阻止和镇压大屠杀的行动是正确的。最终，根据宪法第39条，安理会认为卢旺达大屠杀的危机对和平构成威胁，宪法第七章强制行动的条款也就有了正当理由。我们只能推断成员国是否赞成这种社会连带主义者的论调，但我们能够肯定地说第七章的这种运用方式在法律上没有先例，而且在大屠杀爆发前几个月和几个星期，没有成员国对安理会提出这一要求。援引基廷的上述观点，一个很清楚的暗示是，如果非常任理事国知道达莱尔的电报，在大屠杀爆发的前几周，就会改变安理会作出决策的背景环境。

  预防性人道主义干涉所遇到的第二个问题是，谁来承担强制行动的重担以反对极端分子？美国还沉浸在索马里士兵伤亡的悲痛中，毫无疑问，目前，联合国在卢旺达的救援任务（UNAMIR）应该能够承担起强制行动的角色。虽然RPF反对法国，因为法国军队支持哈比亚瑞马那（Habyarimana）政府，但是，法国是领导武装干涉唯一现实的候选人。在该区域内，法国军队有能力迅速作出反应并支援救援任务（UNAMIR）。而且，法国军事顾问曾经给总统近卫军和民兵作过培训，法国最好的做法是关闭电台，没收他们的武器，并在基加利街上布置警力。这会给大屠杀的设计者传递一个清晰的信息，他们的大规模屠杀计划不会得到法国政府和军队的宽容和谅解，尽管法国曾经是他们的好朋友。事实是，当大屠杀进行了6天之后，法国伞兵被调度到卢旺达，只救援他们自己人、其他西方人、哈比亚瑞马那派系中的重要人物以及大使馆的狗。伞兵将法国大使馆中图西族雇员留下，不管其生死，法国政府对这一危机的态度发人深省。

安理会对于种族大屠杀的反应

  当屠杀在基加利街头开始时，总统近卫军、宪兵和民兵的目标不仅仅

---

① 见 Convention on the Prevention and Punishment of the Crime of Genocide 第8条决议。

局限于图西人。4月7日,政府士兵暗杀了胡图(Hutu)的总理,威灵伊玛娜(Uwilingiyimana)女士,尽管有十名比利时维和军人保护她。① 5天之后,比利时政府宣布撤出联合国在卢旺达的救援任务(UNAMIR)中自己的一部分军队,这一决定的理由是,在现在的仅仅维护和平的这种使命下,这一任务是没有任何意义的,而且他们的士兵正处于一种难以承受的危机中。② 孟加拉国有900人在卢旺达执行维和任务,考虑到救援任务的军队(UNAMIR)被夹在了RPF和政府军队的交叉火力中,孟加拉国也表达了对于人身安全的担忧。比利时军队分离出去之后,联合国的救援军队(UNAMIR)的力量被大大削弱了,与此同时,其维护和平的使命也处于崩溃的边缘。4月10日,联合国秘书长的特别政治顾问,迟玛亚(Chinmaya)通知达莱尔作好撤军的准备。联合国在卢旺达救援任务(UNAMIR)的指挥官对这一决定非常不满意,因为他的军队正在保护基加利成千上万的居民。据琳达·梅尔文(Linda Melvern)所言,达莱尔请求支援,并通过展示军备的方式让民兵相信,联合国对于停止大屠杀这一事件是认真对待的。③

应安理会要求,联合国秘书长准备了一篇报告,给联合国在卢旺达的救援任务(UNMIR)列出了三个选择,但是文章中没有一处提及关于保护人权的讨论,而保护人权是达莱尔将军一直主张的观点。相反,这份报告的重要性在于,它展现了因阿鲁沙和平进程崩溃而导致的暴力和苦难场面。加利最具有雄心的建议是,大规模调配军队并改变维和部队的使命,这就能迫使混战的各方停火,恢复法制和有序的生活,大屠杀终将终止。④ 他意识到这样做的话还需要追加成千上万的士兵,还需要利用宪法第七章的规定。另一个选择是缩小救援任务(UNAIMR)的范围,将军队规模减

---

① 在当天稍后,安理会谴责在基加利发生的所有杀害事件,包括杀害联合国士兵。见安理会主席的报告,S/PRST/1994/16, 7 Apr. 1994.

② 基加利永久代表致安理会主席的信,S/1994/430, 13 Apr. 1994. 另见 'UN Rwanda Role in Doubt as Belgians Quit', *Financial Times*, 15 Apr. 1994.

③ 见 Melvern, 'Genocide', p. 339, 和 'Rwanda Blood Flows as Foreign Forces Depart', *Guardian*, 16 Apr. 1994.

④ *Spcial Report of the Secretary General on UNAMIR*, S/1994/470, 20 Apr. 1994.

少到 270 人左右，精简的军队只负责对双方进行调节和协商，并努力给予人道主义救援和帮助。最后的一个选择是军队秘书处不提倡的，即联合国救援军队（UNAMR）彻底的撤军。联合国秘书长在他的报告中得出这样的结论：阿鲁沙和平协议的各方当事人都要为现在的情况承担责任。①

没有理由怀疑联合国秘书长在坚持这一解释方面的真诚，但是他也应该意识到，在联合国体系之内和之外还存在着很多可供选择的解释。关于前者，为什么报告中没有提到 4 月 8 日达莱尔的秘密电报？这份电报阐述大屠杀是由种族血缘引起的，联合国在卢旺达救援任务（UNAMIR）的军营已经成为了卢旺达居民的安全避风港，并请求得到支援，来保护卢旺达居民的人权。② 美国人权委员会提供给安理会的一封信进一步证明了这次杀戮行为的屠杀本质，信中阐述，在过去的两个星期中有 10 万人被杀害。③ 排除那些认为大屠杀是宗族战争的解释，加利给他们自己列出一系列选择，作为仅有的切实可行的行动方向。假定非常任理事国的信息获取依赖于秘书处，以他们的地位，无法质疑联合国秘书长关于这种情况的解释。④ 像法国、英国，特别是美国，这些国家有足够的军事能力，本应该能够应达莱尔的请求，提供军事援助来保护卢旺达居民的人权，秘书处将这一暴力行为称为内战而非种族大屠杀，以证明他们不阻止这场杀戮行为的决定是正确的。

4 月 20 日，安理会召开非正式理事会讨论秘书处的报告。梅尔文私下收到一份有关讨论内容的材料，据他所说，英国大使大卫·汉内（David

---

① 根据 Melvern，这反映出联合国秘书长及其官员从 Boutros Boutros-Ghali 的一个亲密好友 Booh-Booh 那儿得到的情报。她引述了达拉斯 4 月 8 号发来的电报，电报把屠杀描述为"周密计划、组织的、蓄意的屠杀"（引述于 Melvern, A People Betrayed）. 同样的解释出现在 Washington Post 的社论上，"当卢旺达之火燃起，它意味着这个国家彻底失败了"（再版于 International Herald Tribune, 18 Apr. 1994）.

② 见 BBC Panorama programme 'When Good Men Do Nothing', Dec. 1998. 在此期间于纽约服务于 US mission 的 Michael Barnett 认为，联合国秘书处没有传达达拉斯向安理会的请求，是因为"它担心卷入招致失败的冲突之中"（'The UN Security Council, Indifference, and Genocide', Barnett, p. 573）.

③ 'UN Force Begins Rwanda Pullout', *International Herald Tribune*, 21 Aug. 1994.

④ Barnett, 'The UN Security Council, Indifference, and Genocide', p. 559.

Hannay)先生反对资助联合国在卢旺达的援助任务(UNAMIR),他提醒成员国回想索马里事件并想想你要求这些军队做些什么。他还反对武装干涉,因为那意味着既反对卢旺达爱国阵线,又反对卢旺达政府。[1] 英国赞同联合国秘书长的第二个选择,将救援军队(UNAMIR)精简到一小部分,只负责试图协商停火事宜。唯一反对这一方案的是来自尼日利亚的冈比亚大使,他们担心这些选择无法保护目前在联合国国旗下避难的14000千人。联合国没有做任何事情来保护居民吗?[2] 会议当晚暂停,联合国秘书长的加拿大军事顾问,穆里斯·巴利尔(Maurice Baril)向非常任理事国的大使介绍了基本情况。他与达莱尔保持着密切的联系,并描述了维和部队执行任务时所处的恐怖环境。在一次与梅尔文的会谈中,巴利尔说,世界上没有一个军队指挥官会让他们的军队处于这样一种状况……他们疲倦、困惑、质疑他们的长官的责任,并一直处于恐惧中。[3]

这个简要的介绍对于非常任理事国的想法产生了深刻的影响。安理会一致同意在接下来的几天实施第912号决议,将联合国救援军队(UNAMIR)减少到270人。关于联合国秘书长报告中对于屠杀原因的解释,没有成员国对此提出质疑。尼日利亚或其他国家也没有公开要求加强联合国救援军队(UNAMIR)的力量,没有要求把其使命改变为保护人权。相反,在这样一种危险的状况下,成员国纷纷表达了对联合国军队安全问题的担忧。并一致决定选择保留一部分精简的军队,被精简的军队负责协商新一轮的停火事宜并提供人道主义救援。基廷对这一决定进行了反思,他说:"在我看来这一解决方法不是满腔热情的推动事情的发展的,但是我仍然坚信这是当时所能作出的唯一的决定。"[4]

上述辩护理由与阿德尔曼(Howad Adelman)的定论形成鲜明对比,阿德尔曼认为撤出联合国军队肯定是历史的后退,是整个国际社会,特别

---

[1] Melven, *A People Betrayed*.
[2] 同上。
[3] 同上。
[4] 引述于 Melvern, 'Genocide', p. 340.

是安理会最耻辱的行为之一。① 这一决定所引发的可怕的道德上的后果可以从以下事实中看出：联合国在卢旺达的救援任务（UNAMIR）大部队刚一离开基加利，很多原来被保护的居民立即被杀害。从某种意义上说，阿德尔曼和基廷对于第912号决议的判断都是正确的，因为这需要依情况而定，即依赖于作出这一决定的背景环境而定。在目前的军备结构和使命下，把救援部队（UNAMIR）的士兵留在卢旺达，就是把这些维和军人置于一种不能容忍的位置。米切尔·巴纳特（Michael Barnett）对他和他在美国执行这一任务的同事们，这一时期使用的官僚主义论调进行了反思，米切尔·巴纳特（Michael Barnett）认为更多的维护和平的厄运，无疑意味着更多的批评和对联合国军队更少的物质支援，这也成为联合国不作为的道义均衡和辩护理由。② 然而，我们不得不得出这样的结论，在联合国理事会大会上，没有国家准备牺牲自己的士兵来拯救卢旺达人民，上述理由正是掩盖这一事实的合适论调。秘书处和安理会担负着保护联合国在卢旺达实施救援（UNAMIR）的士兵安全的道德义务，而这要与他们对图西人和胡图民众所提供的保护相权衡，但是，通过改变联合国救援任务（UNAMIR）的使命和配备更加有效的军备，这种十分痛苦的道德选择本应该可以避免的。

　　对实施保护人民任务的军队，未能给予支援，安理会应该对此承担责任，阿德尔曼的以上观点忽略了一个事实：秘书处从未将达莱尔寻求支援的请求通知安理会成员国。这样一个简要的介绍能够改变第912号决议的决定吗？巴纳特提出第912号决议所做出的决定是具有重大意义的，因为它打破了下述观点，即认为除了撤军或大规模增加军备之外别无选择的观点。他写道："毫无疑问，一套出自联合国秘书长的强硬行动方针包括：一套现实的军事计划和一系列强制实施的命令……这会破坏支持撤军的观点。加利在处理这件事情上的失败意味着选择撤军是没有现实意义的选

---

① Adelman, 'Preventing Post-Cold War Conflicts', p. 9. OAU 秘书长 Salim Ahmed Salim 在 21 Apr. 1994 致联合国秘书长的一封信中，强烈反对撤销或大幅度削弱 UNAMIR 的想法。
② Barnett, 'The UN Security Council, Indifference, and Genocide', p. 575.

择"①。然而,即使所有的成员国都知道 Dalaire 要求增加军备的请求,我们还是不清楚这是否足以说服他们提供更多的军队支持。② 况且,除此之外,第 912 号决议确实没有其他选择的余地,因为随着卢旺达安全问题日益恶化,为联合国在卢旺达救援任务(UNAMIR)提供军队的国家急迫地寻求退出,以致该救援任务(UNAMIR)正处于崩溃的边缘。③

波尔·西蒙(Poul Simon)和詹姆斯·杰佛兹(James Jeffords)是研究外国关系的参议院委员会中的参议员,他们在 1994 年 3 月 13 日写给克林顿的信中援引 UNAMIR 军队指挥官的例子,他们认为一个 5000 人到 8000 人的军备,能够解决这场没有意义的灾难……并能够有效地达到期望的结果。④ 加拿大军事顾问自 4 月 10 日起要求增加军备,这意味着,在四月的第二星期或第三个星期采取有限的军事干涉,能够挽救成百上千条生命。大屠杀事件过后三年,用来阻止武装冲突的卡内基(Carnegie)委员会,乔治城大学外交学研究中心,和美国军队承担起一项项目,评估达莱尔的判断是否正确。一个由高级军事领导人组成的国际小组召开会议讨论达莱尔的军事决策。在此次会议上,基于这一议题,斯考特·菲尔(Scott Feil)在他向卡内基(Carnegie)委员会的提交的报告中指出,小组成员一致认为达莱尔的判断是准确的,将军队增加到 5000 人,有空军支援、配有后勤援助和交通工具,并赋予其宪章第七章所规定的使命,将会避免这场造成 50 万人丧生的灾难。⑤ 理事会还达成统一意见,认为美国的参与是必不可少的——包括:带头供给物资、实施重要功能、并最终达

---

① Michael Barnett 致著者的信,21 June 1999.

② Interview with sir David Hannay, Mar. 1999.

③ 就像 David Hannay 说的,"安理会在决定第 912 条决议时所面临的情形几乎就是维和部队的完全崩溃;不是参议会把它削减了,他们会是跟着自己的脚步前进。" Interview with Sir David Hannay, Mar. 1999.

④ 参议员 Simon 和 Jeffords 致 Clinton 总统的信,13 May 1994. 感谢 Linda Melvern 让我看到这封信。

⑤ Carnegie Commission, *Preventing Deadly Conflict*: *Final Report With Executive Summary of the Carnegie Commission on Preventing Deadly Conflict* (New York: Carnegie Commission on Preventing Deadly Conflict, 1997), p. 6, 和 S. R. Feil, *Preventing Genocide*: *A Report to the Carnegie Commission on Preventing Deadly Conflict* (New York: Carnegie Corporation, 1998), p. 27.

成任务目标。①

4月7日到21日之间是配备这一军队的好机会，因为这一阶段，暴力行动的政治领导者还很容易受到国际环境的影响，面对坚定的救援任务，很有可能改变他们的政治策略。② 选择4月7日到21日为最优时期的原因是，一旦晚于这个时间段就需要大规模配备军备，因为这种危急的形势已经蔓延到了乡村。③ 这就意味着，对一场涉及全国范围的大屠杀进行武装干涉，是非常困难的军事行动，士兵的生命安全受到越来越大的威胁。结果，驱使菲尔进行研究的假设是，高效率服从命令和听从指挥的美国军队，加上空军的支援，能够胜任保护卢旺达人民的任务，而使其士兵几乎没有伤亡的危险。④

如果这是克林顿总统面临的第一个非洲人道主义危机，我们仅仅能够推测克林顿当局对卢旺达事件作何反应。事实是，如果总统作出的选择会使美国士兵陷入危险，索马里交火中失去18个维和士兵的噩梦依然会萦绕着美国政府。美国国会认为美国正在行使世界警察的角色，作为对索马里惨败事件和国会的答复，总统统一签署第25号总统决策令（PDD），这一法令于5月份公开颁布。这一法令试图建立一系列严格的限制条件，对美国参加联合国的维和军事行动进行限制和约束，法案公布，只有在那些国民的利益遭到破坏、士兵永远听从指挥和控制的国家和地区，美国才会参与到军事行动中。尽管一些与会人员认为图西人第一个遭受到克林顿第25号总统决策令的影响⑤，但是，当局援引这一文件作为向卢旺达派遣士兵的依据是没有充分理由的。正如伍德豪斯（Woodhouse）所指出的，法令说明，美国出于自身利益考虑，只有国际安全和和平受到威胁时，才会支

---

① Feil, Preventing Genocide, p. 27.
② 同上，p. 26.
③ 同上，p. 22.
④ 虽然 Scott Feil 的报告认为干涉会遭到卢旺达政府军、民兵甚至是 SRF 不同程度的抵抗，这个报告的缺陷是没有对可能死亡的士兵人数进行明确的估计。
⑤ 例如，Alain Destexhe, 'The "New" Humanitarian', 载于 A. J. Paolini 等编 Between Sovereignty and Global Governance: The United Nations, the State and Civil Socity (London: Macmillan, 1998), p. 97.

援维和军事行动,下述一种或几种的混合可以被定义为国际安全和和平受到威胁:国际侵略、紧急的人道主义灾难和暴力、对人权的大规模武装暴力侵犯或暴力威胁。① 结果,克林顿当局本可以在四月的前两个星期,对在卢旺达采取强硬的人道主义干涉行为进行辩护,理由是,阻止种族大屠杀既是道德义务也是国家利益需要。不幸的是,总统并没有准备承担这一责任,他不认为为了保护普遍人权就应该让美国士兵陷入危险,四年之后,总统在去往卢旺达的途中向全世界道歉,因为未能拯救卢旺达。事实上,克林顿当局已经作出了反对干涉的决定,便动员反对那些想把卢旺达事件命名为种族大屠杀的政府、非政府组织和新闻媒体。当局向政府官员发布了一道密令,告诉他们不准使用种族大屠杀这个词汇,因为这会引发尴尬的法律问题,即根据1948年的条约②,美国是否有义务进行干涉。无论有没有条约,当局都不想卷入卢旺达的噩梦中。③

如果说把卢旺达事件命名为种族大屠杀的影响力使克林顿当局感到害怕,而正是条约所规范的权利使武装干涉成为可能,理事会一些成员国和一些非政府组织一直试图要求帮助,来拯救大屠杀的难民。成员国知道的屠杀原因只有一个,这导致了几周之后第912号决议的出台,这一决议所作出的决定造成了重大的恶果,作为安理会主席的新西兰,连同捷克斯洛伐克承担起领导干涉行动的责任,用巴比特(Barbett)的话来说,他们是安理会的"良知"④。4月25日,一位来自MSF的医生简要地向基廷介绍了情况,他曾经在卢旺达待过,他告诉Keating一场针对图西人的种族大屠杀正在进行中。⑤ 三天之后,英国救援中心乐施会警告:接近50万图西人

---

① PDD 25 Executive Summary, p. 4, 引述于 Ramsbotham 和 Woodhouse, *Humanitarian Intervention*, p. 141.

② Gourevitch, *We Wish to Inform you*, p. 152.

③ BBC Panorama 栏目 'When Good Men Do Nothing' 访问时任国务院政治军事顾问的 Tony Marely, 他说把卢旺达称之为屠杀者而随后在屠杀进行的时候又没被看到做点什么,政府担心这会使得总统失去就要到来的国会选举。

④ Barnett, 'The UN Security Council, Indifference, and Genocide', p. 572.

⑤ Melvern, 'Genocide', p. 341.

处于一场有组织的"屠杀"危险中,这种"屠杀"接近于"种族大屠杀"①。4月底,对图西人的灭绝行为开始吸引了重多新闻媒体的报道,曾经在南非忙于黑人总统选举这一历史性事件的记者们,在回家的路上纷纷降落到卢旺达。这是第一次我们见到如此可怕的电视图像,残缺的肢体,成千上万的横在路上,血流成河;还有一些可怕的图片:难民大量逃亡,将近五十万人跨过坦桑尼亚边界,寻求安全的环境。与此同时,联合国秘书长收到了联合国基加利官员的报告,报告认为,政府军队和民兵正在系统地、有组织地屠杀图西人,其意图是试图永远消灭他们。②

越来越多的证据表明大屠杀正在进行中,与这一背景相悖,令人尴尬的是,联合国唯一的答复是精简救援(UNAMIR)军队。在联合国秘书长、新西兰和捷克政府的压力下,安理会于4月28到29日召开联合国非正式会议商讨这一情况。捷克大使,卡尔·科旺达(Karel Kovanda)被大屠杀报告大大地震惊了,他找到一份德·福熙(Alison des forges)所做的简要介绍,德·福熙是非洲人权委员会的顾问。科旺达聚集了很多捷克任务中的非常任理事国成员,让他们倾听德·福熙讲述卢旺达居民正在遭受不幸,这些不幸给她在卢旺达的朋友和伙伴带来了巨大的痛苦。③ 这些故事令捷克外交官非常感动,他强迫安理会宣布大屠杀正在爆发中。④ 科旺达全家是纳粹对犹太人大屠杀事件的幸存者,当他把联合国目前的做法比作"就像想让希特勒对犹太人停火一样"时,他的话肯定带有相当多的道义上的影响力。基廷支持科旺达的观点,并提议第二天安理会就要发表声明,谴责这种类似种族大屠杀的杀戮行为。这得到了西班牙和阿根廷的支持,但也遭到了中国、美国特别是英国的强烈反对。安南指出,如果理事

---

① 'Oxfam Warns of Rwanda Genocide', *Financial Times*, 29 Apr. 1994. 几天后,牛津饥荒救济委员会谴责安理会把联合国军队削减到一支270人的薄弱部队的决定,并指出与决定输送更多人力到波黑相比这次行动的选择性。见 'Oxfam Accuses UN of Inconsistency', *Independent*, 3 May 1994.

② 'It's Genocide, says UN, as Rwanda Butchery Continues', *Guardian*, 29 Apr. 1994.

③ 有关 Des Forges 和捷克任务的大使们会谈的描述,见 Linda Melvern, *The Ultimate Crime: Who Betrayed the UN and Why* (London: Allison & Busby, 1995), p. 11.

④ Melvern, 'Genocide', p. 341.

会同意使用大屠杀这个词汇，这将成为一个笑柄。① 他认为，在安理会没有出动任何军队进行干涉的情况下，如果把卢旺达事件命名为种族大屠杀，安理会的信用将会完全丧失。② 争论持续了好几个小时，最终，基廷使用被梅尔文描述为"有些极端的方法"来威胁理事会，如果不能达成一致，他将提出一个解决草案来支持他的观点。这需要投票选举并把成员国的地位和观点公之于众。③ 最后，找到了一个妥协的方法，凭借这个办法，主席声明被发表，所使用的词汇出自大屠杀条约，但没有明确地引用"大屠杀"这个词。④

4月30日的主席声明反映了安理会对日益强烈的国际呼声所作出的答复，从国内大众到人道主义非政府组织，都要求行动起来阻止大屠杀。关于大屠杀的新闻报道最终激励联合国行动起来，联合国秘书长的态度也发生了很大的转变，主席声明公布的前一天，秘书长在写给理事会的信中表达了对卢旺达人民安全问题的忧虑。联合国秘书长要求理事会重新考虑第912号决议，因为该决议没有赋予联合国救援任务（UNAMIR）保护人民的使命。不再将武装暴力的责任归因为和平进程的中断，现在联合国秘书长开始指责武装起来的民兵组织，这些民兵组织利用法律和秩序的混乱制造武装冲突。这一分析还表现出，联合国秘书长极不情愿地接受了大屠杀正在发生的事实，但是，联合国秘书长提出的，要求安理会考虑通过授权成员国使用武力的方式来恢复法制和有序的社会秩序，并结束大屠杀的这一建议暗示着，在这种紧急情况下，联合国秘书长身不由己地想救援卢旺达人民。⑤

主席声明公布以后，安理会要求联合国秘书长提供一份报告，报告中要写出为什么扩充救援军备（UNAMIR）能够缓解日益深重的人道主义危

---

① Melvern, *A People Betrayed*.
② Interview with Sir David Hannay, Mar. 1999.
③ Melvern, *A People Betrayed*.
④ 报告宣布"安理会说杀害一支道德队伍中的成员，以达到全面摧毁该队伍或片面地摧毁，根据国际法这构成了需要惩罚的罪行"。Melern 认为这一妥协反映出"英国外交官的公文撰写能力"。见 Melvern, 'Genocide', p. 341, 和 S/PRST/1994/21, 30 Apr. 1994.
⑤ 联合国秘书长致安理会主席的信，S/1994/518, 29 Apr. 1994.

机，而这一危机造成 200 万卢旺达人民流亡，无家可归。安理会非正式会议开始讨论武力干涉的问题，5 月 6 日，新西兰提供了一份解决草案，得到了其他非常任理事国的支持，草案要求建立新的联合国军队来保护人民。① 我们永远不会知道，如果新西兰拥有武力干涉的能力，卢旺达人民的命运是否会有所不同，但是，唯一具有军事能力，拯救人民的国家拒绝了这一选择。新西兰所面临的政治困境以及其与理事会联盟的原因是，它想在其他国家中为联合国的武装干涉行动招募志愿兵，而他们自己却不准备提供任何军备。正如巴纳特在评论理事会的工作时所指出的："我怀疑当其他国家引用国际社会时，他们实际上是指美国……美国应该夺取领先的地位。"②

一周之后，加利秘书长向安理会作报告，并提议创建一支 5500 人的军队，分阶段进行调配，为难民、其他组织以及救助组织创造一个安全的环境，并提供人道主义救援。与新西兰的解决草案相比，联合国秘书长的计划中没有设想强制行动，他们认为这项行动是具有威慑力的，但是如果这个计划失败了，军队将会被赋予宪章第七章的权利，针对不利于任务完成的不祥之兆实施自卫行动。③

三天之后，安理会召开正式会议讨论联合国秘书长的报告，会议采纳了第 918 号决议，该决议授权联合国救援军队（UNAMIR）增加到 5500 人，并赋予其提供人道主义援助的使命。但是，新的军备应该以多快的速度、在哪里配备？这一问题没有达成一致意见，美国认为在基加利配备军队需要得到战争双方的同意。关于第 918 号决议，美国最多能够同意立即派遣一支 850 人组成的加纳军队保护基加利机场，并派出 150 个联合国观察员深入腹地。④ 反思了克林顿当局避免索马里事件重新上演的决心，美国大使宣布："各方当事人共同维护联合国职员和维和人员的权利神圣不

---

① Melvern, 'Genocide', p. 341.
② Barnett, 'The UN Security Council, Indifference, and Genocide', p. 572.
③ 秘书长有关卢旺达情况的报告, S/1994/565, 13 Apr. 1994.
④ 'Rwanda Stand Reflects New U. S. Caution', *International herald Tribune*, 19 May 1994.

可侵犯是至关重要的。"① 为什么克林顿当局想把扩充的联合国军队驻扎在基加利城外？原因是，当局不想让美国的运输飞机降落在基加利机场的战火下。② 考虑到美国空军的安全问题，地面人员让当局提议，在坦桑尼亚和扎伊尔境内创建"保护区"③。联合国秘书长根据停火情况制订的计划中，第二阶段的设想就是在基加利配备五个营的兵力，通过这一事件，克林顿当局证明自己的决心，即就美国军队来说，卢旺达的军事行动将是没有伤亡的。④

新西兰极力支持第918号决议，但基廷表达了自己的担忧，他认为决议赋予的使命太过于局限，而不能为急需救援的人民提供保护。他提醒安理会，新西兰已经在5月6日的草案中提出，应该派遣军队到卢旺达的内陆地区⑤，去保护那些处于危险中的难民，并把其做为实施保护人民这一任务的开端。⑥ 科旺达支持基廷的观点，科旺达是唯一一个公开把杀戮描述成大屠杀的人。基廷和科旺达的观点都不足以强迫安理会作出更有力的答复，这件事情暂时搁置，联合国秘书长将在理事会上发表报告，探讨如何实施联合国在卢旺达救援行动（UNAMIR）第二阶段的任务。

在外国事务小组委员会议会之前作证，美国大使奥尔布赖特（Albright）为美国放慢扩充联合国救援军队（UNAMIR）的决定辩护，她认为美国冒很大的风险把自己卷入非洲的战乱中是愚蠢的。⑦ 她说，我们想确

---

① S/PV. 3377, 16 May 1994, p. 13.

② 'US Veto Holds Back Rwanda Peace Force', *The Times*, 18 May 1994, 和 interview with Sir David Hannay, Mar. 1999.

③ Albright 大使认为，保护区这一想法需要比秘书长所提议的5,500人更少的军队，相应需要更简单的后勤（'US Proposes Refugee Zone for Rwandans', *The Times*, 12 May 1994）. Melvern 记录说，美国的军事顾问到达联合国与 DPKO 的官员讨论他们计划的细节，这一直拖延到5月（引述于 Melvern, 'Genocide', p. 342）。

④ 见 S/PV. 3377, 16 May 1994, p. 13. 针对美国的立场，一些安理会成员在有关第918条决议的辩论期间，对授权给一个扩大了的 UNAMIR 以较小的名称感到后悔。例如，见新西兰和法国大使在大会上的陈述，S/PV. 3377, 16 May 1994, pp. 11 – 12.

⑤ 见 S/PV. 3377, 16 May 1994, p. 12.

⑥ 同上。

⑦ 'Rwanda Stand Reflects New U. S. Caution', *International Herald Tribune*, 19 May 1994.

信,当我们向联合国求助时,联合国能够帮助我们。① 美国大使认为,联合国在卢旺达不要做不自量力的事情,也不要破坏自己将来的信用是很必要的。在联合国维和行动中,国会对于美国的参与施加了很多限制条件,迫于国会的压力,奥尔布赖特特使在卢旺达成为第一个尝试第25号总统令(PDD25)的国家。② 正如我前面所提到的,安理会的这一民族法令能够被政府的高级官员所利用,用来为把美国士兵派往卢旺达的险境中提供正当的理由,只要让卢旺达事件牵涉到需要美国承担的道德义务和民族利益,美国就应该担负起结束这场大屠杀灾难的带头作用。很显然,索马里的惨败,在很大程度上动摇了美国对于自由国际主义的信心,议会中没有人对奥尔布赖特提出质疑,没有人认为美国未履行大屠杀条约中应该承担的义务。③

这一时期,《纽约时报》的编辑确实引用"大屠杀"这个词汇,但是该报强烈反对美国进行武力干涉,理由是他们没有明确的政治和军事目标。④ 对于美国民众的普遍观点,总统感到信心十足,他比《纽约时报》的态度更强硬,并于5月25日宣布,美国在卢旺达没有重要的利益关系,美国军事人员不能被随意派往每一个有麻烦的地区,不能任由他们遭到人类痛苦事件的侵犯。⑤

没有了西方国家的干涉,唯一的选择就是非洲国家承担起带头作用。在4月30日公布的主席声明中,安理会要求联合国秘书长调查此事的可行性。为了答复加利的请求,加纳、埃塞俄比亚、塞内加尔、尼日利亚、津巴布韦、赞比亚、刚果、马里和马拉维提出为第二阶段配备援助任务(UNAMIR)提供军队。与此同时,他们明确提出需要军用设备和重型升降机的支援,并且联合国要为他们承担所有支出。考虑到联合国的预算危机,第二阶段的救援任务(UNAMIR)依赖于西方国家的财政支持。在这

---

① 'Rwanda Stand Reflects New U. S. Caution', *International Herald Tribune*, 19 May 1994.
② 同上。
③ 同上。有关 *New York Times* 报道的讨论,见 *The International Dimension*, p. 98.
④ 同上。
⑤ 引述同上, p. 97.

种支持水平下，救援所面临的困难从美国与加纳共和国的争论中显而易见，美国和加纳就当前的军备是否应该扩充这一问题陷入了争论。美国同意提供必要的军事设备和运输工具，但是军备配置被拖延了，因为美国国防部首脑试图用尽可能便宜的价格提供50辆装甲车，同时，关于谁来承担运输费用的问题，美国和联合国之间争论不休。[1] 以上事件导致的结果是，直到6月底装甲部队才到达乌干达，还需要一个多月这些装甲车才能到达基加利，等到装甲部队到达的时候已经太晚了，成千上万的卢旺达人民已经在前几个星期被杀害了。

考虑到第一阶段配备联合国救援任务（UNAMIR）的延误实施，5月31日，联合国秘书长写信给理事会，要求无论是否停火，都要立即配备4个机械营的兵力。在报告的结尾，联合国秘书长首次使用"大屠杀"来描述当时的情况，并把造成屠杀的不可抗拒的责任归咎为卢旺达政府军队。[2]他欢迎非洲政府提供军队，但他强调，联合国救援任务第二阶段的胜利"依赖于其他政府提供合适的武器设备……"[3] 大屠杀发生后将近两个月，加利严厉地指责国际社会表现出的反应很麻痹……即使是对于安理会修改后的使命也很麻痹。

我们必须认识到，从这一角度讲，对于卢旺达的痛苦灾难我们未能作出回应，而且对生命的继续伤亡保持沉默。因为缺乏共同的政治意愿，我们的准备状况和行动能力已经被证实了，最好的时候是准备不充分，而最坏的时候是极其糟糕。[4]

作为对联合国秘书长的批评以及非洲国家提供军队的回应，理事会于6月8日召开会议，一致通过了第925号决议，该决议授权组建一支5500人的军队，而这一提议是在5月13日秘书长的报告中被首次提出的。[5] 此次会议值得注意的地方在于，一些成员国毫不迟疑地将卢旺达事件命名为

---

[1] 'Rwanda Stand Reflects New U. S. Caution', *International Herald Tribune*, 19 May 1994. p. 93.
[2] 联合国秘书长有关卢旺达情况的报告, S/1994/640, 31 May 1994.
[3] 同上。
[4] 同上。
[5] S/PV. 3388, 8 June 1994.

种族大屠杀。① 鉴于所有的媒体的新闻报道都是关于屠杀严重程度的，理事会意识到不能这样旁观，用吉布提大使的话来说，"不能眼看着卢旺达被烧毁，而美国却在虚度时光"②。

最终，安理会授权全方位配备第二阶段的救援任务，从而为居民提供安全保障并支持人道主义救援行动，但救援仍存在问题，即缺乏必要的武器来配备军队。联合国秘书长已经预料到这一点，鉴于成员国极不情愿提供军备，在民间寻求帮助是必须的。结果，联合国的救援部队至少在三个月内无法到指定的地点完成使命。

整个6月期间，屠杀每天都在进行，从未间断，为了反对屠杀，法国提议领导一个跨国救援任务，这一任务作为一种临时救援方法，一直到第二阶段救援部队全面配备完成才结束。考虑到要求联合国采取行动阻止屠杀的压力越来越大，法国采取的人道主义干涉的价值在于，最终联合国会被认为对大屠杀作出了回应。然而，这一提议也有不尽人意的方面，即对法国在卢旺达的行为是否合法提出了相当多的质疑。

绿松石行动及其政治意向

法国政府对其对卢旺达的干涉辩称是为了拯救生命。为了实现法国共产国际电台的观点，外交部部长 Alain Juppe 在6月16日的《解放日报》中写道，法国应当承担起责任去干涉卢旺达，去终止大屠杀并保护生命遭受到威胁的人们。③ 法国要求其他地区参加到这个营救任务中，并在九个成员国组成的西欧联盟的会议中讨论了这个问题。可是，其他地区对于这种冒险行为并没有多大的激情，塞内加尔（Senegal）和乍得湖（Chad）地区对他们的法国同盟提供了象征性的帮助，但这是一次独立的法国军事行动。为了保证所采取行动的国内与国际的合法性，首相爱德华·巴拉杜

---

① 见捷克、英国、俄罗斯、西班牙和新西兰大使的报告。S/PV. 3388，8 June 1994，pp. 3 – 4；6 – 8，10.

② S/PV. 3388，8 June 1994，p. 3.

③ 引述于 Prunier，*The Rwanda Crisis*，p. 280.

(Edouard Balladur)在6月21日的国会演讲中指出了六个前提条件：这次军事行动必须得到联合国安理会的认可；所有军事行动必须限制于人道主义行动；军队必须保持在扎伊尔（Zaire）附近的边境上；不得进入卢旺达中部地区或者与RPF发生战争；最后，行动不得超过两个月并及时移交给第二阶段救援部队。

为保证行动符合这些条款，首相建立了一个标准化的框架，以便对随后法国的军事行动作出判决。值得注意的是他承诺了只有得到安理会明确的授权后法国才能采取军事行动。为了达成这个目的，巴拉杜急切希望得到联合国合法性的保证，以避免给法国带来批评，被认为过多地牵连到哈比亚瑞马那所在区域的军事行动中，而不被认为是卢旺达的拯救者。同时这也反映了内阁的想法，他们需要从国会得到一个强制干涉卢旺达的合法委任。在首相演讲的前一天，法国驻联合国大使伯纳特（Jean-Bernard Merimee）给联合国秘书长致信要求得到联合国宪章的支持，为法国军事行动提供合法框架。卢旺达过渡政府已经使自己成为哈比亚瑞马那政府的继承者，而且政府依然要为精心策划大屠杀而负责。通过引入法国的干涉行动，过渡政府的统治特权能够得以实践，但是，因为很多卢旺达恐怖地区还处于卢旺达爱国阵线（RPF）的统治下（很多国家认为这是卢旺达唯一合法的政府），而且卢旺达政府作为大屠杀的罪犯遭到了普遍的谴责，这一法律要求将会损害其信誉。更不幸的是，法国新闻界迅速传开，认为"人道主义"任务的真正目的是挽救被RPF打败的委托政府，这加速了对法国的指控。

安理会召开会议，讨论法国关于授权的请求，尽管十个地区按照第929号决议投票支持了这次军事行动，但是仍有五票弃权（中国、巴西、新西兰、巴基斯坦和尼日利亚）。由此可以看出成员国对军事行动是否出于人道主义性质的不安。可是，由于安理会在过去的两个月对屠杀行为表现出全球的旁观者的角色，没有成员觉得可以公开批评法国拯救生命的合法使命。[①] 俄罗斯大使形容法国的军事行动为强制性，同时吉布提大使赢

[①] 'French Press on with Rwanda Mission', *Independent*, 21 June 1994.

得了法国人道主义谎言所赋予的权利,他说"在这点上,其余的人可能感觉到任何事情都比是什么事情更好"①。那些在投票中公开弃权的成员国维护了他们的底线,法国的精力和资源能够更好地保证联合国救援军队(UNAMIR)尽可能早地抵达卢旺达。基廷试图削减军事行动,却没有直接提出该军事行动能否拯救大屠杀的受害者这一问题,由此可见,法国的提议让成员国处于一个很窘迫的位置。法国军事行动可能破坏部署第二阶段联合国救援任务(UNAMIR II)的努力,出于对这一问题的担心,新西兰大使以索马里为例作了解释:

索马里事件向我们表明,即使在那些拥有最好的人道主义意图的地区,如果不能贯彻正确的意图,悲剧仍然会发生。这种迹象已经出现。从长期来看,试图在不同的指挥安排下,发动两次独立的军事行动是不可行的,并且,我们打算去挽救的人恰恰是那些饱受痛苦的人。安理会必须在历史事件中学习。②

虽然没有人觉得能去挑战绿松石行动的人道主义原则,但是西方媒体和人权组织都没有保持缄默,他们提出了两个主要的理由质疑所存在的人权问题。首先,在哈比亚瑞马那刚刚死后的法国的行动尤为突出,该行动没有组织大屠杀,并同安理会其他成员一样投票支持阻止联合国救援任务(UNAMIR)。一个巴黎媒体引用说:"我们仅仅想要表示一个姿态……在屠杀中我们保持缄默……但是现在屠杀已经基本结束,我们突然有一个强烈的欲望来拯救生命。"③ 同时,由于在大屠杀初期有效地压制了联合国救援任务,目前法国破坏第二阶段救援任务的措施受到了媒体和非政府组织的质疑。例如,牛津饥荒救济委员会(Oxfam)公开表达了他们对安理会决定的失望,他们想了解在西方政府拒绝了向第二阶段的救援任务提供后勤帮助之后,法国军队是如何在仅仅几天内被动员起来。④ 这与一些地区在与第929号决议辩论期间向安理会提出的担忧有关。对于那些不为外交

---

① S/PV. 3392, 22 June 1994, p. 4.
② 同上,p. 7.
③ 'French press on with Rwanda Mission'.
④ 'Hutus Cheer French at the Border', *Independent*, 24 June 1994.

细节担忧的新闻记者来说，法国独立军事行动的意图是明确的。抛开人道主义虚伪的外衣，绿松石行动的目的在于支撑一个衰落的法国联盟。①

第二个相关的质疑是，法国人道主义主张的是法国政策制定者决定去阻止英语为母语国家的胜利，他们认为这本应当是非洲的一部分。很容易回想起，法国支持了哈比亚瑞马那的一个地区，并从1990年开始就干涉反对RPF。②但这些在1994年夏天就改变了，法国的旧联盟由于屠杀被指控，巴黎方面不可能在基加利组织旧政权。取而代之的是，使命成了保持法国的影响力，并保护来自卢旺达爱国阵线胜利区域的胡图（Hutu）难民的安全。同时，面对乌干达支持的RPF的成功，爱丽舍宫的非洲策略家们把注意力都放在了增强讲法语的国家 – 扎伊尔的力量。正如杰拉德·普诺尼（Gerard Prunier）指出，地理政治的结论变化改变了莫布托（Mobuto）总统的独裁统治，使其从社会不容变为接受了法国积极的帮助。③失去对卢旺达的控制，使得法国更加迫切去证明给非洲和其他地区看，法国不是一只纸老虎，将会在全球迅速释放出能量。④

这些隐藏着的实力主义动机变得越来越明显，特别是7月4日法国公布在卢旺达西南部的"安全人道主义区域"的存在。法国试图证明这一区域创立于尚古古（Cyangugu）和吉孔戈罗（Gikongoro）地区，以及基布耶（(Kibuye）的南半部分地区，距离卢旺达恐怖地区大约20公里），难民的大规模逃亡使安全人道主义区域成为必要，而且难民的逃亡变得愈加不能控制。据认为该区域将会保护流亡的人员免受战乱之苦，而且与第929号

---

① 见 S. Smith, 'L' Armee francaise malvenue au Rwanda', *Liberation*, 20 June 1994; J. Chatain, 'Polemique sur les responsibilites francaises', *L' Humanite*, 20 June 1994. 感谢 Daniela Kroslak 让我注意到这些文献。

② RPF 驻欧洲代表 Jacques Bihozagara 毫不奇怪地表达了 realpolitk 对法国行动的观点，当时他说 RPF 会把法国人看作侵略者，而且所谓的人道主义行为并非基于人道主义的原因。他补充说，"今天正在屠杀的政权受到了法国的帮助、支持和武装。现在我们认为法国的行动的目的是延续他对这一即将崩溃政权的帮助"。引述于 'Paris troops' Mission "to Last Two Months"', *Independent*, 24 June 1994.

③ Prunier, *The Rwanda Crisis*, p. 279.

④ M. McNulty, 'France's Rwanda Debacle: The First Failure of Military Intervention in France's African Domain', 6 Aug. 1998, http: // www. kcl.. au. uk/kis/schools/hums/war/Wsjournal/rwanda. htm, pg. 13, 和 Jones, '"Intervention without Borders"', p. 231.

决议相一致。以上论点的难题有两个：首先，安理会已经明确授权绿松石行动，这一行动应该是公正的，第 929 号决议上，一些成员国明确指出他们不会支持政府军队和卢旺达爱国阵线之间的"插入物"。然而，在宣布安全区域的时候，法国政府和地面的指挥官明确指出不会允许 RPF 进入该区域。

质疑人道主义安全区域公正性的第二个原因是，那些应该为大屠杀负责的武装部队和民兵，撤退时该区域也为其提供庇佑。有相当多的证据表明，大屠杀期间，法国军队知道政府官员一直秘密地向卢旺达军队和民兵提供武器。① 这也无法扭转与卢旺达爱国阵线的战争潮流，法国爱丽舍宫的战略家希望利用法国的干涉，为其残余政府和军队的重组创造一个安全的根据地。在 RPF 占领基加利的当天建立安全人道主义区域并不是一个巧合。正如麦克纳尔蒂（Mel McNulty）所指出的，法国继续支持大屠杀暴行的意图可以从以下事实中看出：法国指挥官拒绝逮捕战争嫌疑犯、拒绝阻止安全区域内城市的抢劫行为、拒绝关闭电台，任由其播放仇恨的言论，从而激励了胡图难民杀害居住在安全区域内的图西人。②

由以上论述，可清晰地看出，如果把人道主义干涉的合法性定义为人道主义动机的至高无上，那么，法国干涉则不符合这一定义。然而，我认为有两个重要原因能够拒绝只关注动机的定义。第一，只有当动机损害了积极的人道主义结果时，动机才会变得非常重要。密特朗（Mitterrand）总统声称，法国的干涉行动挽救了"上万条性命"。③ 然而，曾是执行绿松石行动计划的决策者的普诺尼（Prunier）认为，绿松石行动"可能最多挽救了 13000 条到 14000 条性命。"④ 问题在于，法国保护了那些身处大集中营中的图西难民，比如尚古附近的 8000 人，但是却没有为那些在灌木丛中被捕的图西人做任何事情。⑤ 确实，普诺尼回忆，当士兵遇到逃亡的图西人

---

① Kroslak, 'Evaluating the Moral Responsibility'.
② McNulty, 'France's Rwanda Debacle', p. 13.
③ 引述于 Prunier, *The Rwanda Crisis*, p. 297.
④ 同上，p. 297.
⑤ 同上，p. 292.

时，他们通常没有卡车来救援他们，并且士兵会告诉难民他们第二天会回来。但是，第二天早上，当法国士兵返回的时候，图西人通常已经被杀害了。①

重点指出了法国在卢旺达救援任务的种种局限，很明显，正如基廷在安理会讨论授权此次行动中所担心的，法国的干涉行动缺乏正确的方式。其所采取的方式不符合法国的人道主义理由，并且大大减弱了人道主义意义上的结果。如果我们问为什么要选择这些军事方法，那么答案是，法国政府的工作重点不是拯救生命，而是向非洲和世界上其他国家证明法国拥有快速调配军事的能力。这就是绿松石行动背后的非人道主义的动机，因此，采取不正确的人道主义干涉方式——配备了全面武装的作战军队，却损害了一个成功的救援任务所需要的后勤支援。

不能仅仅局限于动机的第二个原因是，它忽略了标准化背景的变化是如何使国家干涉成为新的可能的。动机第一的方法解释了法国的人道主义辩护，作为窗帘来掩饰行动的自私目的。这一想法没考虑到一点，当其只统治了短短几个星期的情况下，如何使法国干涉成为可能的。5月10日的讲话中，密特朗指出："国际社会不能行使全球警察军队的角色，不能派维和部队到所有发生战争的地方。"② 这一观点得到了总理爱德华·巴拉杜（Edouard Balladur）、国防部部长弗兰索瓦·里奥塔德（Francois Leotard）的支持，他们的观点是法国不能再假定自己在非洲的统治角色。③

随着电视上关于屠杀的恐怖画面增多，以上观点变得越来越不堪一击，而且，非政府组织的支持施加了越来越大的国内压力，逼迫法国政府采取行动。就像在库尔德事件中所表现的一样，密特朗认识到这是一次占领道德高地的机会，并重新把自己定位为卢旺达人道主义干涉的支持者。在人道主义理由提供的合法性要求下，法国能够采取行动，通过保护残余

---

① 引述于 Prunier, *The Rwanda Crisis*, p. 293.
② 法国电视台对 Mitterrand 总统的采访（A TF1 Et Erance 2），10 May 1994. 感谢 Daniela Kroslak 让我注意到 Mitterrand 的声明。
③ P. V. Jakobsen, 'National Interest', Humanitarianism or CNN: What Triggers Un Peace Enforcement after the Cold War', *Journal of Peace Research*, 3312 (1996), p. 210.

的胡图（Hutu）部队和莫布托（Mobuto）政权，来阻止"说英语的人"获得胜利。来自媒体的压力越来越大，与这一背景相比，法国首相、国防部部长，特别是外交部部长都处于动摇中，而总统却越来越支持军事干涉。

　　法国的政策制定者发现，如果没有公众的支持很难使其干涉行为合法化。这就产生了一个问题，为什么法国如此关注卢旺达的灾难？当其他西方国家的国民被置于同等水平的新闻曝光下时，却没有产生同样的要求武装干涉的压力。原因可能是，多亏了 MSF 的努力和法国人道主义活动中像贝纳德·库施纳（Bernard Kouchner）这样高地位的人的努力，法国公众强烈支持人道主义干涉活动。① 其理念是处于危难中的个人有获得人道主义援助的权利，国际共同体有相关的义务予以救援。② 这就是，尽管是在主权政府进行阻挠的情况下，无国界医生联盟（MSF）也要对受害人实施人道主义救援的哲学理念。正如我第五章所提到的，MSF 诞生于比夫拉内战时期，当时很多为国际红十字会（ICRC）工作的医生对其核心准则不满，其核心准则是救援行动要得到主权政府的同意。打破了这一准则，医生们制订计划并飞到那些由分离论者武装统治的地区。虽然不是一直对主权统治心存敬意，MSF 经常会采用非暴力的方式。同时，通常情况下 MSF 反对暴力干涉，因为我们不能相信很多国家是出于高尚的目的而采取行动。不论如何，卢旺达大屠杀使 MSF 震惊了，使得该组织提出了武装干涉，停止屠杀的历史性要求。③ MSF 宁愿法国不要卷入其中，因为它担心法国军队会被视为 RPF 的游击队，并只会使冲突进一步恶化。④ 在联合国不采取行动的情况下，几个星期以后 MSF 改变了以上观点，它意识到最终需要一个政府开创挽救图西人的先河。法国医生这种混合的感情被后来的联合国秘书长阿兰·德斯特（Alain Destexhe）所掌握。他评论：这是一个进退两难

---

　　① 'French Aim in Rwanda is to Save Live', *Guardian*, 20 June 1994, 和 Jackson, 'National Interest', p. 210.

　　② 对此想法的讨论，见 B. Bowring, 'The "Droit et Devoir d'Ingerence": A Timely New Remedy for Africa', *African Journal of International and Comparative Law*, 7/3 (1995), pp. 493 – 510, 和 Jackson, 'National Interest', p. 210.

　　③ 它是在 18 June 1994 呼吁武力干涉的。

　　④ 'Paris Troops' Mission 'to Last Two Months'.

第七章　种族大屠杀的国际旁观者：国际社会和1994年卢旺达种族大屠杀 / 257

的局面……至少正在采取某种行动，而且我们也要求这样做。但却可能不是正确的行动方式。①

如果说比起其他的西方国家，人道主义干涉的责任更深刻地根植于法国社会，那么，政府对公众的压力作出如此反应的原因就是，关于大屠杀的新闻报道重点指出了政府和哈比亚瑞马那政权之间的关系并指出其责任，即为杀手提供武器和培训。英国和法国新闻记者用同样的方式给布什和梅杰施加压力，认为他们对库尔德人的困境负有特殊的责任，而法国的报纸和电视报道强调法国对于大屠杀的特殊责任。结果，不干涉政策在4月到5月期间失去了其合法性，要求政府采取行动的呼声变得非常紧迫，"希望用人道主义行为的洗礼水冲刷掉大屠杀的血点"②。有必要声明一下目前比较常见的观点，即认为改变标准化的背景能够激活国家新一轮的行动，但这并不能决定将会发动绿松石行动。在这种情况下，公众叫嚷：必须做些事情来顺应密特朗的要求，维护非洲说法语的人的利益。虽然法国评论人员指出，人道主义者的花言巧语以及法国在大屠杀之前和大屠杀期间的行为，存在巨大的矛盾，但更多的公众关注于法国士兵拯救图西人的愉悦画面，相信法国承担了人类博爱的责任。

安理会批准绿松石行动（Operation Turquoise）的前提是，法国提供了一份军队撤军的时间表。政府决定8月21日是撤军的最终期限，但是，法国军队在7月底就开始撤离卢旺达。法国的这种做法使日益增多的难民危机逐渐恶化，上百万人逃到扎伊尔境内，逃避卢旺达爱国阵线的追兵。作为权宜之计，在戈马（Goma）附近扎营，民兵领导者和政府士兵发现他们自身没有了食物和药物，与图西难民并肩生活。阵营内爆发了霍乱，几天内上千人死亡，电视图像上出现的这一人类灾难，最终迫使美国和英国采取人道主义救援任务，克林顿总统派遣美国运输队和士兵去实施人道主

---

① 'Hutus Cheer French at the Border'.
② Prunier, *The Rwanda Crisis*, p. 296. 这还是Bruce Jones 的观点，他写道，干涉是"一次淡化法国支持哈比亚利马纳政权这一恶劣名声的人道主义行动"（Jones, '"Intervention without Borders"', p. 231.）

救援。① 法国为阵营的救援行动提供后勤支援，但是，他们要在 8 月 21 日撤军的意图在安全人道主义区域（SHZ）内引起了恐慌，成千上万的胡图人（Hutu）人选择冒风险留在扎伊尔境内的阵营里，也不愿意面对卢旺达爱国阵线（RPF）。②

认为绿松石行动（Operation Turuoise）只是暂时挽救了性命，对此批判极其敏感的国防部部长 Leotard 声称，"我们已经做了我们能够做的一切，尽可能使人民安心和稳定……现在就要取决于 RPF，做出必要的表示"③。五十多万难民离开人道主义安全区域（SHZ），去往扎伊尔；7 月期间，营地有将近 3 万人死于霍乱；在前三个月，上百万人被杀却只有 13000 人获救，绿松石行动（Operation Turuoise）象征了国际社会对卢旺达大屠杀的消极回应。

结　论

历史会记录下来，在大屠杀发生的前几个月，安理会从来没有考虑过将联合国救援任务（UNAMIR）的使命由维护和平转变为预防性人道主义干涉。尽管地面军队指挥官和人权非政府组织已经警告理事会，大规模屠杀的危机日益严重，理事会依然立场坚定，没有果断地采取行动来保护卢旺达居民。战略家警告我们，要警惕国际关系中预示危机出现的征兆，这是正确的。然而，当大屠杀的预警信号出现时，最好的回应是把它看作最糟糕的事情，即使错了会产生不能容忍的后果。1994 年初，安理会本可以改变联合国救援任务的使命，只要认定，根据联合国宪章第 39 条，大规模侵犯人权的暴行对"和平构成威胁"。这一观点会遭到一些国家的强烈抵制，这些国家对侵犯第 2（7）条的行为极其敏感。很清楚的是，安理会的预防性人道主义干涉能力的进一步发展依赖于对宪章第 39 条作出这样一个宽泛和动态的解释。

---

① Prunier, *The Rwanda Crisis*, p. 304.
② 同上，p. 311.
③ 同上，p. 310.

安理会未能阻止大屠杀爆发,根据第七章的内容,安理会本该认为,对人权的侵犯行为为强制行动提供了正当理由。确实,安理会本可以迈出空前的一步,调用种族协约作为这一决定的基础。这也是新西兰提出的观点,但是他们的立场受到了驳斥,因为没有国家愿意志愿出兵进行干涉。同样,很多非洲国家谴责联合国第912号决议中削减联合国救援军队的决定,但是,总统的飞机被击落后,没有一个政府准备在那几天至关重要的日子里出兵干涉。面对卢旺达大屠杀,没有一个非洲国家认为这是一个国际事件,在大屠杀爆发后的几个至关重要的星期,没有一个国家提出承担武装干涉的任务。

非洲国家不愿意也没有准备好武器军备来阻止大屠杀,责任自然转给了那些拥有足够的军事能力,可以迅速结束屠杀的西方国家。在北伊拉克和索马里事件中,新闻宣传起到了非常重要的作用,诱使西方的政策制定者采取干涉行动。但是自四月底到五月期间,关于大屠杀的报道持续不断,公众却没有给克林顿当局及其同盟施加同样的压力,促使其结束大屠杀。西方媒体把发生在卢旺达的事件描述为种族大屠杀,但却没有试图让西方的政策制定者承担起结束杀戮的具体责任,也没有提出武装干涉的要求。《纽约时报》的编辑是这一姿态的代表者,他们承认大屠杀正在发生,但却支持当局的观点,认为缺乏能够为美国士兵的冒险行为提供正当理由的、明确的政治和军事目标。尽管我们很清楚,早点配备第二阶段救援任务(UNAMIR II)能够挽救很多人的生命,但行动的最佳时机是大屠杀开始后的前两三个星期——一个很悲惨的事实是成百上千的人在五月初被杀害,大屠杀像野火一样蔓延到了卢旺达的内陆地区。

面对西方的冷漠姿态,法国政府是一个例外,他试图通过发动人道主义干涉的方法来平息公众日益高涨的不满情绪——即对其支持和武力支援哈比亚瑞马那(Habuarimana)政权的不满。那些提出人道主义责任要求权的国家有义务履行这些职责,就这点来说,绿松石行动(Operation Turquoise)失败了。法国没有及早采取行动阻止大屠杀,这一点并未受到指责,因为这一过失与20世纪70年代我认为能够称得上人道主义干涉的印度、越南和坦桑尼亚相比,所犯的过失相似。相反,受到指责的是法国干涉行为背后的非人道主义动机，出于这一动机而采取的行动与人道主义目的相冲突。我们可能会回答，越南对柬埔寨的干涉与法国对卢旺达的干涉相比，没有值得信服的依据可以对两者的合法性作出区分。动机、行为和结果之间的关系，在柬埔寨的社会环境中产生了积极的影响，而在卢旺达却产生了消极影响，这只是历史进程中的偶然事件。① 这一观点的问题在于忽略了一个事实，即越南从未试图证明其干涉是出于人道主义目的，这在本书的前几章曾详细论述过。为了占领道德高地，法国对于自身的合法性提出了过于苛刻的要求，因此更容易失败。这就是第一部分中，社会连带主义者区分两个事件的依据。虽然绿松石行动（Operation Turquoise）挽救了很多人的性命是一个事实，但是社会连带主义理论中的人道主义干涉并不是严格地依赖于结果判断。反之，一方面，它要深入调查干涉的动机和行为之间有多大程度的背离；另一方面，还要考察是否产生积极的人道主义结果。在法国干涉卢旺达事件中，重点不是挽救了多少人的生命，而是更多的人本可以获救，如果法国选择正确的、符合人道主义要求的军事行动。

　　法国对卢旺达的干涉事件中，其道义上的模糊不清本来是可以避免的，如果其他西方政府在4月7日以后也采取了干涉行为。普遍认为，这样的干涉行动主要取决于美国的领导和能力，但克林顿政府并没有承担起这一责任。总统本可以作出这样的决定：美国士兵在索马里的伤亡不应该成为派兵去卢旺达阻止大屠杀的绊脚石。他可能会遭到国会和公众的反对，但是，总统有义务引领公众看法并扩展他们的道德想象。克林顿本应该设法说服美国人民，有一个理想是值得至死追寻的，但是，索马里的人道主义干涉是一次灾难性尝试，所以克林顿宁愿认为美国的利益不会受到危害。这样的做法使克林顿浪费了一个黄金机会，无法认识到，在卢旺达保护人权的道德义务与美国民族利益的启蒙观点是相一致的。没有把人权和民族利益作为反对观点，克林顿本该认识到，在卢旺达，拥护正义的一方战败，会导致传染和腐化的危险，最终会逐渐摧毁美国人所珍视的价值

---

① 这一点是在和 Jack Donnely 会谈后得出的。

体系。历史上，最大的讽刺之一是，1998年5月25日，当克林顿第一次踏上卢旺达的领土时，他向全世界表达了没能阻止大屠杀的歉意，并着重指出了作为旁观者的国家存在的危机。总统断言，卢旺达的教训是"每一次流血事件都会促使下一次发生，当人类生命的价值被贬低、暴力行为得到宽容时，难以置信的事情就变成了预料之中的事情"①。

阻止大屠杀需要一种愿意自发出动军队并让士兵冒险的意愿，1994年4月，克林顿当局根本没有这一意愿。我在前几章提到过米切尔·迪席（Michael Desch）的观点，他认为最初美国对索马里的干涉并没有违反现实主义的规则，因为他没有对美国的核心利益造成威胁。然而，Desch忽略了一点，索马里干涉行为最重要的先决条件是他们确信士兵的生命危险是很小的。最终，1993年的夏天，当美国士兵出现伤亡时，可见，以上的估计是悲剧性的错误。由此导致的结果是，当卢旺达事件需要作出决定时，当局依然萦绕在失去士兵的痛苦中。确实，反映上述观点的一个重要标志是，美国反对迅速配备第二阶段联合国救援任务，因为他不想让运送美国部队的飞机降落在基加利机场的战火中。这可能会给美国空军和陆军带来危险，但是，部署军队可能会挽救成千上万个五月底丧生的人。由此可见，对于挽救那些处于美国安全利益范围之外的国家而身陷囹圄的人民，美国自愿牺牲的意愿是受到严格的限制的。

正如达莱尔当时所指出的，建立一支由美国和其他北大西洋公约组织，比如：英国和加拿大，领导的多国快速反应军队，本应该能够运用其自己特有的方式阻止胡图（Hutu）的屠杀机器。在那些没有涉及直接的战略和经济利益的地区并让士兵冒生命危险去阻止大屠杀，西方的这种干涉将会传达一个清晰的信息给那些潜在的犯罪者，全世界已经准备好了，支持1948年的屠杀协约（Genocide Convention），支持武力干涉。然而西方的政府拒绝接受这一费用，这是卢旺达人道主义干涉的最大障碍。

如果西方国家决定对卢旺达采取行动，他们将会挽救联合国宪章赋予的使命。不可思议的是安理会阻止了这一行动，鉴于其对法国请求授权的

---

① 引述于 Gourevitch, *We Wish to Inform you*, p. 351.

答复方式，虽然绿松石行动的人道主义特征有很多质疑。1994年4月到5月期间，成员国可能是太过于乐观而没有授权非洲和西方国家进行武装干涉阻止大屠杀。当然，没有一个安理会成员国愿意根据宪章第2（7）条的教条规定，公开反对武力干涉。这引发了一场关于伊拉克事件的争论，即随着公众的意识觉悟越来越高，世界人民的舆论压力越来越大，使安理会感到惭愧，迫使他们采取解决办法，最终拓宽了国际社会中武力干涉的法律边界。

以上观点得到了本书最终事件研究的进一步支持，而这一事件主要研究，在前南斯拉夫内战的初期，过度保护自身主权规则的安理会是如何使1999年3月北大西洋公约组织对南斯拉夫联邦共和国政府的武力干涉合法化的。

第八章　通过空袭实施人道主义干涉的局限：波斯尼亚和科索沃事件

在整个20世纪90年代，对前南斯拉夫进行人道主义干涉的问题吸引了包括决策者、人权激进主义者、记者和学者们在内的所有人的注意力。尽管西方政府一直不断呼吁以武力干涉遏止克罗地亚和波黑的"种族清洗"运动①，但他们却只愿意让自己的地面部队承担维持和平的任务。他们完全有理由派遣部队前去保护被围困在前南斯拉夫城镇和城市里的居民——塞尔维亚及克罗地亚恶性种族主义的牺牲品。相反，克林顿政府认为，可以通过西方军队的空袭和武装波斯尼亚政府的军队来终止恐怖事件。由安理会授权，北约在1995年对波斯尼亚及塞尔维亚实施了大规模的空袭，并宣称此次行动对说服残余的南斯拉夫国家总统斯洛博丹·米洛舍维奇，于1995年在美国俄亥俄州代顿签署一份和平协议起了决定性作用。大多数人从波斯尼亚战争的结束中总结出的教训是，武力的使用有助于促使塞尔维亚人屈服。北约认为米洛舍维奇在威胁面前会无法践行他在1999年3月对南斯拉夫联邦共和国发动战争时的许诺，然而这个许诺却经受住了这次战争的考验。

---

① 联合国专家委员会定义该词为"通过使用武力或胁迫把某指定领域内另一个种族或宗教信仰团体赶走，从而使得这个地区种族统一"（引述于 M. Kaldor, *New and Old Wars: Organized Violence in a Global Era* (Cambridge: Polity Press, 1999), p.33）。

从本书的观点看，北约轰炸行动的意义是巨大的：自联合国建立以来，在没有安理会直接授权的情况下，联合国第一次认为他们基于人道主义的立场对另一个国家使用武力是正当的。而且，北约的行动在极大程度上得到了国际社会的赞同或默许。基于北约此次动用武力破天荒的特征，本章旨在指出促使北约高举人道主义大旗的前因后果，并考察了安理会的七个成员国是怎么连同北约否决俄罗斯一项旨在呼吁消除敌意的决议草案。

该章聚焦在两个按年代排序的关键问题：第一，西方对波斯尼亚的干涉在多大程度上为人道主义干涉开设了新的先例？为保护人道主义救援护送而部署维和部队、实施安全区政策以及在1994年和1995年对塞尔维亚进行空中袭击，这些行动是否在干涉手段上超出了相对于伊拉克和索马里事件的干涉界线？或者，北约对科索沃的干涉，是否标志着前南斯拉夫人道主义干涉标准的关键转变？

第二，西方的干涉是否成功地提升了人道主义价值？西方政府认为武力伤害不可能遏止带有种族动机的暴力行为，因而他们在克罗地亚和波斯尼亚的行动是恰当的，但是，这些理由有多大的说服力呢？他们是否掩饰了自己不愿卷入到危险却又无重大利益可捞的武力救援中？西方政府对动用地面部队的限制明显地体现在北约在波斯尼亚对空中力量的依赖上，尤其是在对科索沃作战期间。空中力量对决策者们更具吸引力，因为它保证了人道主义干涉"无伤亡"的许诺，但是它却没能遏止发生在波斯尼亚和科索沃的残暴事件及大批居民被逐出。在后一方面，人道主义干涉手段就是非常受质疑的空中轰炸。不管暴力手段是否能取得人道主义的结果，就如在索马里事件中一样，它造成了居民伤亡，而且引发了更多的问题。这也显示了西方领导人道德上的花言巧语和他们承诺不牺牲任何难民之间的巨大差别。

国际社会对于塞尔维亚和克罗地亚战争的反应 1991年6月—1992年4月

南斯拉夫的危机是克罗地亚人和斯洛文尼亚人在1991年6月25日宣布独立后所引发的。这些事件的背景曾在别的著述中广为提及，但对于我们来说，重要的目的是这些举动处于国际化的社会的两个合法原则：国家维持领土的完整和人们独立自主的权力。南斯拉夫国家是由6个有选举权的国家组成（塞尔维亚，克罗地亚，斯洛文尼亚，黑山，马其顿，波斯尼亚穆斯林）和在政治和管理组织以及共和政体为基础下的联邦系统的并有任期的政府。在第一次世界大战结束时建立南斯拉夫之后，克罗地亚人发现他们正日益地被塞尔维亚人所排斥，因为他们控制了政府、军队以及这个初生国家的经济。这日益加深的冲突就在克罗地亚和塞尔维亚人在"二战"的过程中达到了顶峰。被纳粹党人安置进克罗地亚的乌色（Usashe）邦应当对至少300000个塞尔维亚人的被害负责任。[1] 那次战争之后，铁托（Tito），一名领导游击队防抗纳粹党人的克罗地亚人，随后成为了新南斯拉夫的领导。他曾尝试通过为所有"南斯拉夫人"创建社会主义者的身份去治愈平民战争给人民带来的伤疤。铁托的国家建立计划是在"二战"期间努力去抚平民族间的敌意。他在这具有雄心的计划中获得了一些成功，例如不能和谐共处，不同国家的人就不能相互结婚和平静地生活。铁托在1981年逝世，1986年塞尔维亚的复兴运动意味着铁托所努力铸造一个新的南斯拉夫身份的灭亡。塞尔维亚人的爱国主义复兴惊吓了当时的斯洛文尼亚人和克罗地亚人，并且响应了他们本身具有的民族爱国主义的烙印。

　　使南斯拉夫理想破灭的主要人物之一是一位塞尔维亚的领导人物——米洛舍维奇，他在1987年成功夺取政权，并抓住了与塞尔维亚的民族主义者联盟的机会以及梦想创造一个"伟大的塞尔维亚"。[2] 米洛舍维奇的第一个目标是让科索沃和伏伊伏丁那（Vojvodina）成为自治省，使他们能够拥有自己的法庭、警备力量和保卫领土的设备，此举实际上推翻了1974年的宪法。在科索沃里的部分塞尔维亚少数民族开始对这些事情表示不满，这件事让人感觉到这些人将会拥有更好的特权从而可以面对经济增长的困

---

[1] 20世纪80年代有两个在克罗地亚和塞尔维亚进行的独立研究得出同样的结论，二战中总共480000塞尔维亚人被杀害。Ivo Banac 估计120000名不同种族的人在集中营被 Ustashe 杀死。见 M. Tanner, Croatia: *A Nation Forged in War* (London: Yale University Press, 1997), p.152. 感谢 Alex Bellamy 让我注意到这些数据。

[2] C. Cviic, *An Awful Warning: The War in Ex-Yugoslavia* (London: CPS Policy Study No.139; Center for Policy Studies, 1994), p.8.

难。许多人迁居到塞尔维亚,与此同时,还有阿尔巴尼亚人,因此出现了高出生率状况,这意味着塞尔维亚人的人口比率已下降到10%以下。那些逗留的人有着普遍敌意的眼光和在贝尔格莱德(Belgrade)榨取提供给塞尔维亚传道总会的谷物。① 米洛舍维奇利用了1974年的宪法加深了塞尔维亚人的怨恨和剥夺了阿尔巴尼亚人的权力。② 1989年6月在科索沃盆地(这地方的那场在战斗中的情景是在600多年前塞尔维亚人被土耳其人"光荣"地击败以及被民间流传塞尔维亚人面对敌人挑衅的象征)举行了一场集会,米洛舍维奇告诉人们,科索沃原来的塞尔维亚国中心的土地已经被归还了。

从事后的角度来看,那个集会标志着米洛舍维奇对西方及其政策长达十年斗争的开始。回顾起来,很容易让人认为国际社会对科索沃的镇压应该已起到作用。美国议会准备切断对贝尔格莱德联邦政府的经济援助,借此希望说服米洛舍维奇。如今,塞尔维亚共和国的领导们,将停止对科索沃人民的镇压。美国双边援助极其有限,但是一些议会成员则希望布什政府努力争取撤回国际货币基金组织(IMF)和在南斯拉夫的世界银行。然而,布什却允许了南斯拉夫总统的请求,南斯拉夫人民本不应该受到米洛舍维奇滥用人权所带来的伤害,和拒绝接受国际货币基金组织的贷款所导致的经济危机,由此增加了平民战争的风险。③ 无论米洛舍维奇允许对科索沃的阿尔巴尼亚人强加制裁上遇到怎样困难,这无疑使贝尔格莱德共和党人错过了政治地位提升的好机会;或者是,让米洛舍维奇知道了滥用人权所付出的昂贵代价。

斯洛文尼亚和克罗地亚的独立宣布为民族爱国主义者继续他们所追求

---

① 见 T. Judah, *The Serbs: History, Myth and the Destruction of Yugoslavia* (London: Yale University Press, 1997), pp. 149 – 64. Alex Bellamy 发现不只是塞尔维亚人离开了科索沃。他引述一份独立的 Pristina 报纸表示300000阿尔巴尼亚人离开了这个省。见 A. J. Bellamy, 'If you Tolerate this... Two Decades of Human Wrongs in Kosovo', *International Journal of Human Rights*, 4/3 – 4 (2000), 第74号。

② 见 Bellamy, 'If you Tolerate this'; M. Vickers, *Between Serb and Aldanian: A History of Kosovo* (London: Hurst & Co., 1998), pp. 231 – 40; L. Silber 和 A. Little, *The Death of Yugoslavia* (London: Penguin for the BBC, 1995), pp. 60 – 73.

③ J. Gow, *Legitimacy and Military: The Yugoslav Crisis* (London: Belhaven Press, 1992), p. 306.

第八章　通过空袭实施人道主义干涉的局限：波斯尼亚和科索沃事件 / **267**

"伟大的塞尔维亚"的战役提供了很好的机会。斯洛文尼亚像是一个穿插表演的人，因为它也是民族上的同系，同时它的人民都全副武装来迎接独立。克罗地亚则不一样，因为有600000个在那居住的塞尔维亚人仍然担心他们在一个独立的克罗地亚国家中会有一个怎样的将来。米洛舍维奇的同谋者们使塞尔维亚的少数民族回想起"二战"时期克罗地亚所发生的事情，而且让南斯拉夫人民军（JNA）为他们准备好武器，好让他们保卫自己的土地。这就毋庸置疑，图季曼（Tudjman）总统的克罗地亚政府已经做好一切打消塞尔维亚人疑虑和他们的权力将得到保护的准备工作。在推动塞尔维亚人民运用武力去脱离克罗地亚中，克罗地亚民主协会（Hrvatsja Demokratska Zajednica）起到十分重要的作用。曾经有人说，自从运用武力手段去捍卫他们的权力，并点燃了十年战争和破坏之火以来，是在克罗地亚里的塞尔维亚人所具有的最为伟大的追求。①

1991年的夏天，塞尔维亚的后备军事力量和南斯拉夫人民军（JNA）的力量引起了一场以控制所谓的卡拉奇拿（Krajina）地区为目的的军事战役，它对于塞尔维亚人在克罗地亚地区的未来经济和战略上有着重大意义。当国际社会发布支持南斯拉夫维持领土完整并谴责此次事件时，欧洲安全和合作会议（Conference on Security and Cooperation in Europe，简称CSCE）和欧共体（European Community，简称EC）尝试使战火停止和利用监视器对任何在陆地上来往的人进行监控。但是，塞尔维亚的种族灭绝战役仍残酷地继续着，并贯穿着整个夏天，这对于米洛舍维奇和他在JNA忠诚的将军们来说是非常清晰、明确的，因为将没有来自西方的军事回应。1991年7月和9月在西欧联盟（WEU）就有关于这个选项权的讨论。法国受到德国的支持，荷兰和意大利都建议西欧联盟通过武力去平息战争。然而，这遭到英国的反对，因为有北爱尔兰的经验，所以它认为如果

---

① 这一观点得到Mark Thompson基于对Tudjman外交决策者Mario Nobilo的采访所作的说明的支持。在回答有克罗地亚政府本来是否能够做得更多以恢复塞尔维亚人信心这类问题时，Mr Nobilo说，"如果我们能更好地理解他们对我们获得选举胜利后情感爆发的反应，也许就会有较少的塞尔维亚人被封锁……如果我们庆祝的时间减少三个月，但是我认为这不会改变问题，因为贝尔格莱德的政策还会是一样"（引述于M. Thompson, *A Paper House : The Ending of Yugoslavia* (London: Vintage, 1992), p. 279). 感谢Alex Bellamy让我注意到这一点。

没有和平需要维持的话,是不能动武的。两个月之后,在海军为了减轻杜布罗夫尼克(Dubrovnik)的行动而给英国下议院议员们施加的压力之下,首相梅杰(Major)在英国国会下议院中认为西方的干涉将会导致战线的扩大,可能涉及波斯尼亚、马其顿地区或者其他地方。① 英国立场的问题在于,它暴露给贝尔格莱德的政治家们看到西方外交缺少决心去逐步上升到使用武力来干涉暴力,从而使得塞尔维亚人民没有想停止这场暴力战役的意思。② 此外,梅杰的意思是西方的军事干涉将会使得战争逐步升级,而西方在克罗地亚里错误扮演的角色只会使塞尔维亚人民大胆地相信,他们能够把战役拓展到波斯尼亚。

其实对于西方强国来说,有许多可供选择的策略用以制止塞尔维亚的军事机器。然而,这样做则需要西方国家把人道主义标准推向一边。首先应该引入一个更为强硬的干涉的策略,才能很好地脱离共和体制的君主国家的认识,并把冲突转移到一个洲际的战争上。之后,如果塞尔维亚的后备军事力量和南斯拉夫人民军(JNA)不停止他们的侵略行为,那么西方国家就可名正言顺地武装干涉那些分离共和制度的人。这将会被视为反对塞尔维亚的军事目标和供给线的空袭威吓。这样一来,就可避免派遣地面部队,并且空袭会给米洛舍维奇一次棒头警告:西方国家将不会宽容使用武力来重新划分南斯拉夫的国内边界的。或许,就像克里斯托弗(Christopher)所担忧的那样,贝尔格莱德的政治和军事的领导能力会被西方的这种行为的反作用而发展和促进,进而成为"伟大的塞尔维亚",然后我们就有很大的空间可以想象,米洛舍维奇可能会在西方动用武力威胁的坚决态度之下放弃。③ 不过,假定并推测一下,这个策略能不能阻止塞尔维亚人的力量提高呢?曾经委派西方的空军参加战斗之后,能使西方政府看着种族清洗的替代而坐以待毙吗?或者因为英国和法国作为欧洲的先头部队竟与克罗地亚人并肩作战而遭到无法不派遣地面部队的种种压力吗?

尽管西方国家想证明,任何反对克罗地亚独立国的势力只是作为一种

---

① "EC Troops May Go to Yugoslavia", *Independent*, 13 Nov. 1991.
② Cviic, *An Awful Warning*, p. 25.
③ 同上, p. 26.

第八章 通过空袭实施人道主义干涉的局限：波斯尼亚和科索沃事件 / 269

防御的行为而已，但这将会被视为一个可怕的先例而有着许多值得思考的地方，并可能产生一股分裂主义者的运动浪潮。像苏维埃共和国，中国，罗马尼亚，印度这些如今已是联合国安理会的成员国，无疑克罗地亚和斯洛文尼亚也会被承认是独立的国家，自此以后将会受到这些难以管治的国家的牵连。为了代替对克罗地亚人和斯洛文尼亚人动武，西方国家试图用强制的手段对前南斯拉夫进行武器禁运，以便遮盖其冲突，而这也被联合国安理会所赞成，并在1991年9月25日被采用。从联合国安理会的讨论中，明显地暴露了独立自主问题上有相当大的敏感性。作为衡量对世界和平和安全贡献标准的西方国家，证实了武器禁运的作用；一些非西方国家也明确表示，他们支持的这次行动绝不意味着侵害主权规则。① 因此，很明显，西方政府对克罗地亚的武装，在1991年使用空袭打击塞尔维亚的目标，被许多联合国安理会的成员国解析为在国际事件里对独立国家的干涉。

曾经在克罗地亚开拓出种族上纯塞尔维亚人的孤立地区，和米洛舍维奇即将同意该条款时，引起了在1992年联合国维护和平力量的发展。与此同时，国际社会在承认克罗地亚和斯洛文尼亚是独立国家之下，也不情愿地承认了铁托（Tito）的南斯拉夫的灭亡。在此几个月之前，欧共体（EC）就已经建立了以法国宪法律师担任的仲裁委员会。罗伯特·巴丹戴尔（Robert Badinter），想调查哪种在前共和政体之下能被认可的标准，可是问题则在于巴丹戴尔（Badinter）怎样才能使国际社会对独立自主和领土的完整的原则的约束和解：如果国家被赋予独立自主的权力，之后塞尔维亚就可正当地宣布，在塞尔维亚以外的塞尔维亚人也有如此的权力。这样就使得多数住在克拉伊纳（Krajina）的塞尔维亚人脱离一个独立的克罗地亚国家的合法化。毫无意外地，欧共体的仲裁委员会就这样判决了，这

---

① 比如，津巴布韦声明它坚持无论大小国家的独立自主，而且即便一个国家处于极端的困境，比如南斯拉夫，我们也不会喜欢看到它的利益都被践踏在脚下。而且，印度在发表声明时深入挖掘第2（7）条决议所允许的行为：让我们今天由此正确地注意到，安理会对此事的关注不是和南斯拉夫的国内情形有关，而是特别与它对该地区的和平安全关注有关。这一点得到中国的强烈支持，它强调南斯拉夫政府已经同意武器禁运的事实。见 S/PV. 3009, 25 Sept. 1991.

就像一瓶中的小虫逃离了封锁,自从这判决通过后,领土的完整受到了独立自主的挑战、质疑,就像各国的州所主张的原则不同,以致会和其他州的质疑一样。然而,巴丹戴尔(Badinter)委员会应用了"保持已拥有的部分"的原则,使其在自主权上符合法律的判决。这条规则反映了殖民地自治化的进程和确立了独立自主适合目前的独立时期。为了让"保持已拥有的部分"的原则适用于前南斯拉夫事件,欧共体接受了巴丹戴尔(Badinter)的推荐,即共和国的边缘成为新生国家的合法承认的边缘。①

欧共体的决定已经暗示,住在塞尔维亚以外的塞尔维亚人将不得不接受少数民族团体的地位。巴丹戴尔委员会建议,认可需要有对他们的少数民族法律保障的保证。但这并没有被那些忠于幻想着"伟大的塞尔维亚"的塞尔维亚人所接受。在他们服从于委员会来看,塞尔维亚人拒绝接受"保持已拥有的部分"的原则,因为他们认为自己是南联盟的一部分,且拥有与其他国家人民同等的独立自主权。② 这合法辩论的缺点是,巴丹戴尔委员会没有按照克罗地亚人的斯洛文尼亚人在其国家基础上的独立自主权;相反,是根据对于州的领土要求基础上克罗地亚和斯洛文尼亚共和国的人民的权力。

由于不能成功地获取合法的解决途径,那些效忠于种族爱国主义的塞尔维亚人决定用武力去争取欧共体的决议。而波斯尼亚成为了实验对象,因为欧共体认可的意图使得塞尔维亚人面临着生活在一个受控于穆斯林和克罗地亚人国家的前景问题。

在波斯尼亚以武力保护人道主义价值观,1992年—1995年

欧共体决议承认共和国使得独立国家波斯尼亚战争许可的原因是,当地的参与者,特别是好战的塞尔维亚人,自从在克罗地亚战争的爆发后就

---

① 有关 Badinter 委员会提出的法律问题的讨论,见 M. Weller, 'The International Response to the Dissolutionof the Socialist Federal Republic of Yugoslavia', *American Journal of International Law*, 86/3 (1992), pp. 569 – 607.

② 同上, pp. 590 – 591.

准备好摊牌了。南斯拉夫人民军（JNA）自1991年末就准备着一场关于合并和征服的战役以及偷偷摸摸地进行波斯尼亚的塞尔维亚军队的武装，这是为了忠于拉多万·卡拉季奇（Radovan Karadzic），一名塞尔维亚民主党（Serbian Democratic Party 简称SDP）的领导。① 波斯尼亚政府在1992年初举行了关于独立的公民投票，但遭到那些跟随卡拉季奇的塞尔维亚人联合抵制。那次活动共64%人参加投票，99%的选民支持独立。② 这就深刻地认识到，以塞尔维亚人的身份的SDP前景被许多住在城市并参加了投票的塞尔维亚人所争夺。这些市民看到塞尔维亚人和波斯尼亚人之间没有冲突，便相信波斯尼亚是忠于宽容和多文化主义价值的国家，为此，他们强烈反对卡拉季奇的多民族文化独立运动形式。

SDP认为公民投票时违反宪法，和在3月27日卡拉季奇（Karadzic）宣布波斯尼亚塞尔维亚共和国成立。糟糕的是，布拉戈耶·阿齐科（Blagoje Adzic），南斯拉夫人民军的头子，在3月30日宣布他的军队将会保护塞尔维亚人。③ 尽管主要的责任在于陷入苦境的波斯尼亚必须依靠塞尔维亚民主党的军队和它在贝尔格莱德的支持者，但伊塞伯哥维奇（Alija Izetbgovic）的新穆斯林政府则回应，威胁的扩大是因为它为战前的准备所造成的。

抵抗这些塞尔维亚和穆斯林组织的不断增长的激进行动，是波斯尼亚城市内受过教育的市民的义务。最可怕的是，50000~100000人在4月5日来到了萨拉热窝（Sarajevo），要求波斯尼亚政府下台，和迫使该政府接受一个国际保护国的名义，以免陷入战争。④ 那场战争开始在塞尔维亚的狙击手们对示威者动武和快速蔓延到波斯尼亚各地的战斗，正如南斯拉夫人民军和辅助军夺取了武器制造厂和通信中心的控制一样。第二天，欧共体和美国承认了波斯尼亚，但只有在这非常时期，其他国家才承认它是主

---

① Cviic, *An Awful Warning*, p. 32.
② 同上。
③ 同上。
④ Kaldor, *New and Old Wars*, pp. 43-4. 她报道说，很多人上了汽车但是却由于塞尔维亚人和穆斯林人的路障而没能进入城市。

权国家，波斯尼亚的人民发现他们处在一个枪比法律更有效的位置。

反思波斯尼亚战争的教训，玛丽·卡尔多（Mary Kaldor）认为主要的错误是西方政府们想看到对平民的攻击，就像"一边倒的战斗，而不是战争"。她宣称波斯尼亚战争定义的特征是这种暴行"不是针对被反对的一边，而是指向平民"①。用解释屠杀和大规模驱逐平民作为平民战争的结束，西方政府未能明白这已是一场对抗平民的战争。例如这次的冲突是取决于首相梅杰（Major）在 1993 年 6 月对英国国会下议院的声明：这场战争是由"旧南斯拉夫的远古仇恨"，和扮演美国政府秘书的劳伦斯·伊格尔伯格（Lawrence Eagleburger）在 1992 年 8 月的评论，波斯尼亚是"一个有 500 年到 1000 年历史为基础的平民战争"② 再度出现引发。这暗示外界几乎不能停止屠杀和任何军队的许诺将会导致他们陷于越南模式（Vietnam-style）的泥沼当中。英国国防部长聂伟敬（Malcolm Rifkind），在 1993 年前期访问波斯尼亚中讲到，在"人民战争"中使用武力来强加和平是"不恰当的"，因为这将会需要 100000 人的军队和"许诺将会变得可以修改的……并能够持续许多年和重大伤亡的确定"③。

1992 年末，波斯尼亚塞尔维亚军队就曾经进行在波斯尼亚境内大范围的种族灭绝。在这样看来，就确定了塞尔维亚人需要得到南斯拉夫人民军的炮火和组织的支持，并由贝尔格莱德提供武器。这就不惊奇会遭到太平洋两岸的政府的阻止，并且军事的干涉会比 1992 年四月暴动的爆发到来得更早些。保护国想保护那些受到种族灭绝的平民和建立法律以及命令不同的政治组织达成永久的一致。这将有必要充当维护和平的角色，以防止将会出现的极端主义组织决定破坏国家法治的情况。预防人道主义干涉的代价和风险必须用于反对波斯尼亚的大屠杀行为，事实上西方军队最终通过执行部队（Implementation Force）（IFOR）和联合国多国稳定维和部队

---

① Kaldor, New and Old Wars, pp. 43 -4. 她报道说，很多人上了汽车但是却由于塞尔维亚人和穆斯林人的路障而没能进入城市。p. 58, 50.

② 首相的话引自 T. Barber, 'Bosnian Guilt: Ancient Hatreds or Wicked Leaders?', *Independent*, 14 Mar. 1991, Eagleburgerd 的评论引自 'UN may Back Force in Bosnia', *Fianancial Times*, 10 Aug. 1992.

③ 'Rifkind Puts on a Show in the Snow', *Independent*, 9 Dec. 1992.

(Stabilization Force)(SFOR)在波斯尼亚扮演了如此的一个维护和平的角色。① 克里斯托弗(Christopher)认为这样的解决方案将会在 1992 年初吸引穆斯林人,克罗地亚人和塞尔维亚人的支持,并且会给极端主义分子带来重大的影响。②

1992 年初国际保护国所创建的东西会保护国际的墨守成规吗?西方能单方面的行动,但任何冒险的成功和合法化都需要俄罗斯人的支持而改善。没有了俄罗斯的支持——观念上这会使俄罗斯军队帮助北约军队,就像后来在波斯尼亚和科索沃所发生的一样——联合国安全理事会的授权可能会被俄罗斯使用否决权所妨碍。另外,没有俄罗斯的合作会有风险,莫斯科可能会观察到这是西方把范围扩展到巴尔干半岛的干涉上去。永远不会被人知道,俄罗斯将会反作用于西方加入维护前南斯拉夫的意图,因为预先知道了摄政体就是美国政治和军事领导阶层,布什政府坚持,不会派遣地面部队去波斯尼亚的。

正如西方共和国日益使用媒体来掩盖战争的残暴,当新闻记者和电视在 1992 年 8 月报道了塞尔维亚拘留中心里的穆斯林战俘才真相大白,英国和法国政府建议派遣武装护卫队去保护联合国难民事务高级专员办事处(United Nations High Commissioner for Refugees)的救济队。两国政府都决定避免展开地面部队的战争,但与此同时,自从第二次世界大战以来他们都没有感觉到这么做对于在欧洲滥用人权的问题只是徒劳。尽管波斯尼亚政府的同意配置武装护卫队会被认为是充分并合法的理由,英国和法国更愿意完成联合国安全理事会的工作。安理会受到来自穆斯林国家强硬反对塞尔维亚人的行动带来的不断提升的压力。这导致了第 770 号决议,通过

---

① 根据第 1031 条决议,IFOR 授命执行 Dayton 和平协议(Annex 1A)的军事面。一支北约领导的多国部队在 1995 年 12 月 20 日开始这项为期一年的任务。1996 年波斯尼亚选举结束后 IFOR 完成了它的授命,但是波黑的政治环境还明显地不能稳定下来,需要一支外国军队的继续驻留。北大西洋会议进行了一项冗长的研究,在 12 月 20 号激化了 SFOR 的高潮,根据大会第 1088 条决议(12 Dec. 1996),SFOR 具有和 IFOR 一样充足的协商原则。

② Cviic, *An Awful Warning*, p. 35.

12票3项节制在1992年8月13日被采纳。① 这个解决方案越过了卢比肯河并生效在波斯尼亚,它批准在宪章第Ⅶ章下成员国使用"所有必要的手段"发放人道主义援助给波斯尼亚的平民。② 自从这个行动被国际公认的政府热心地支持,联合国安全理事会就设立一个为人道主义干涉的先例。然而,这是第一次被联合国安全理事会批准使用武力投放人道主义援助的国家(美国干涉索马里在此4个月之后)和标志着联合国安全理事会和受苦的波斯尼亚平民之间伟大承诺的开始。

然而,当开始讨论他们驻联合国维和部队军队的作战规则时,法国和英国政府只限制他们的军队做些简单的维和任务。罗德·欧文(Lord Owen),是欧盟在1992年至1995年的谈判代表领袖,他认为联合国在波斯尼亚被认为公平是不正确的,因为援助护送的路线得穿过塞尔维亚地区,这时很容易受到附近山脉里的攻击。③

在1992年3月的冬季时期,成千上万的波斯尼亚人正受到饥饿的威胁,无疑联合国在保护这些人的生命中扮演着重要的角色。然而,评论家认为,尽管联合国阻止了饥荒的发生,但是对于波斯尼亚的塞尔维亚的剥削和对穆斯林的种族清洗却毫无帮助。在1992年总统选举战争中,克林顿和他的顾问加紧对波斯尼亚政府的武器禁运和使用北约的空中力量打击塞尔维亚人的种族灭绝。空袭遭到英国和法国的强烈反对,他们担忧地面军队人员和联合国救援人员的安全。在1992年12月2日英国下议院中,首相说了他对在波斯尼亚的空袭立场。Major声明:"那些流利地说着空头炸弹的人真应该考虑我们军队受到报复的风险,现在那里,尽管正投放人道主义援助物资。"④ 为了公平对待在克林顿政府里鼓吹空袭的人,他们承认维护和平的先驱将会推出联合国维和部队(UNPROFOR)。如果空袭能够拯救受塞尔维亚人攻击的平民,这策略就值得推荐。可是,正像那时罗

---

① 见印度、津巴布韦和中国大使对安理会的报告,S/PV.3160, 13 Aug. 1992, pp. 11 – 18, 49 – 50.
② 第770条决议(13 Aug. 1992)。
③ D. Owen, *Balkan Odyssey* (London: Indigo, 1996), p. 388.
④ 'British Military Intervention in Bosnia Ruled Out', *Independent*, 4 Dec. 1992.

德·欧文认为的那样,保护安全的地方最好的策略是配备地面部队在那守卫。① 然而,克林顿从开始就排除了美国部队参加战斗的配置,他认为增加军队部署的风险太高,并且认为美国公众将不会支持美国人用流血来换取塞尔维亚人停止杀害波斯尼亚人。

西方军事战略的微不足道的影响被认为是所谓的安全地带政策的失败。这是因为1993年4月联合国安理会想申请在伊拉克到波斯尼亚能够建立塞族人反抗斯雷布雷尼察(Srebrenica)的安全避难所的先例。波斯尼亚塞族人军队的司令官姆拉吉奇(Mladic),拒绝联合国的人道主义援助护送队的进入。② 克林顿的顾问,也是驻联合国的大使奥尔布赖特(Albright)主张禁止波斯尼亚塞族人的空中供给线和继续对波斯尼亚政府武器禁运。③ 这遭到英国和法国的反对,他们担心空袭会引发对他们士兵和那些正在努力运送救援物质的联合国工作人员的报复。④

同样,他们也反对武器禁运,担心像道格拉斯·赫德(Douglas Hurd)所说的那样,将因为挑起一个新的事端而增加冲突。⑤

安全地带政策主要是由两个方面所推动展开的:第一,通过宣布在波斯尼亚东部受到威胁的同时又受到联合国保护的城镇来缓和冲突带来的压力;⑥ 第二,这个想法吸引了联合国安理会当中的那些不结盟国家(包括委内瑞拉、佛得角、吉布提、摩洛哥、巴基斯坦),他们对电视里穆斯林

---

① Owen, *Balkan Odyssey*, pp. 388–9.

② J. Gow, *Triumph of the Lack of Will: International Diplomacy and the Yugoslav War* (London: Hurst & Co., 1997), p. 142, 和 M. R. Berdal, 'The Security Council, Peacekeeping and Internal Conflict after the Cold War', *Duke Journal of Comparative International Law*, 1/1 (1996), p. 79.

③ Berdal, 'The Security Council', pp. 79–80.

④ Owen, *Balkan Odyssey*, p. 145.

⑤ Hurd 评论引述于 S. L. Woodward, *Balkan Tragedy: Chaos and Dissolution after the Cold War* (Washington: Brookings Institute, 1995), p. 306. 五月初,美国国务卿 Warren Christopher 访问欧洲各国寻求对克林顿政府所谓 lift and strike 政策的支持,但是讨论发现同盟国在波湾战争中使用空军意见分歧很大。见 Berdal, 'The Security Council', p. 80.

⑥ 见 Berdal, 'The Security Council', p. 80.

城镇在波斯尼亚受到严重的炮轰报道感到震惊。① 第一步是在 1993 年 4 月 16 日宣布了第 819 号决议,在斯雷布雷尼察(Srebrenica)地区建立了安全地带。② 为了起到实质作用,也为了使姆拉吉奇(Mladic)安心,联合国部署了 147 名加拿大的停火执行者,禁止波斯尼亚军队使用斯雷布雷尼察作为反对他的军队的作战部。③ 一个月后在第 824 号决议,安理会继续补充新增的安全地带(比哈奇,图兹拉,萨拉热窝,泽帕,格拉日代五个地区)。第 818 号和第 824 号决议在《联合国宪章》中的宪章Ⅶ被通过,但没有一个决议在此事件中能提供实际行动,任何政党都违反了安理会所要求的,这些城镇属于免受武器和敌意的攻击。④ 短暂的停火在 5 月下旬被打破,伴随而来的是更为激烈的平民攻击,安理会回应,他们最终批准使用军事行动作为安全地区的防御保护。⑤

第 836 号决议于 1993 年 6 月 4 日在两票弃权之下被通过,决议第 5 段明确指出"停止攻击安全地带",决议第 9 段授权给联合国维和部队"可采取必要的手段进行自我防御,包括动用武力,安全地带遭受炮击或者武装入侵时予以回应"。为实行新的命令,国家成员们,扮演着地区组织者,并被授权:"在安理会授权之下与秘书处和联合国维和部队紧密合作,运用所有必要的手段,通过在波黑共和国国内和周围使用空袭,以支持联合国维和部队履行决议第 5 段和第 9 段的命令。"从安理会的声明里我们很清楚地知道,联合国维和部队命令所有成员国的全体人员在防御过程中关闭所有空中支援的行动。⑥ 为了保护波斯尼亚东部的少数民族,联合国必须完成两项工作:第一,必须告知塞族军队,任何攻击都有副作用并且会因为分散地面部队而影响巨大。第二,联合国仍决心继续进行投放救援物

---

① 见 Berdal, 'The Security Council', p. 81. 委内瑞拉、佛得角、吉布提大使肯定非联盟组织在其向安理会的报告中引用第 819 和 824 条决议以支持第 836 知决议时所扮演的重要作用。见 S/PV. 3228, 4 June 1993, pp. 15, 34 – 5, 37.
② 见 J. W. Honig 和 N. Both, *Srebrenica: Record of a War Crime*(London: Penguin, 1996), p. 5.
③ Gow, Triumph, p. 144.
④ 引述于 Honig 和 Both, *Srebrenica*, p. 5.
⑤ Berdal, 'The Security Council', p. 81.
⑥ 就像 James Gow 指出的,授命的说明清晰体现在北大西洋会议 6 月 10 号的声明中,它声明空袭只会在保卫保护安全区的 UNPROFOR 军队才会被授权使用。见 Gow, *Triumph*, p. 136.

第八章　通过空袭实施人道主义干涉的局限：波斯尼亚和科索沃事件 / 277

资的工作，即使这将会使在塞族人控制的地区的人道主义救助工作充满危险，重要的是塞族人没有在战争中意识到。为了向塞族人保证，安全地带将不会被波斯尼亚政府用作于攻击作战部的安全总部，因为解除军事控制是很重要的。① 因此，联合国被要求增大地面军队实力，并且，在通过第836号决议的3天后，秘书处报道，要防御和解除安全地带的军事控制需要增加32000军队人员。② 最后，只有少于3500补充军队人员被派往波斯尼亚，这不足的人员既不能使安全地带解除武装，也阻碍不了姆拉吉奇的攻击。

安理会在它的维和部队在安全地带中冒险之后遇到了巨大的困难，因为它承诺过要保护平民的安全。唯一能提供给联合国的军事选择是北约实施的空中袭击，但这产生了好坏参半的结果。另外，1994年4月北约对波斯尼亚塞尔维亚军队的空中袭击停止，这给平民带来了一个重要的缓解痛苦的时机。③ 1994年8月压力逐渐升级，此时北约在联合国军控制区之外的萨拉热窝周围地区攻击塞尔维亚军队的重型武器部队。④ 此外，空中战役在1995年8月波斯尼亚塞族人攻击萨拉热窝的过程中加强，一共死了37人。北约和联合国维和部队发动了在伊格曼山地地区（Mt Igman）3天大规模空中和炮火袭击来对付塞尔维亚使用重型武器。⑤ 经过持续两周对塞尔维亚的军火供应站、指挥和控制武器工厂和燃料供应站的炮火袭击⑥，至今，北约的空袭战术仍然为能够专门对付塞尔维亚威胁安全地带的重武器军队而被称道，北约强势的军事打击造成了波斯尼亚塞族人战争机器的严重毁坏。

然而，4年以后在科索沃媒体重新报道了此事：北约的空袭对拯救受

---

① 至于格拉日代事件，波斯尼亚政府军事力量甚至保留下了一个在城市里的武器工厂。见 Dustbin for a World of Dirty Politics', *Independent*, 6 May 1994.
② Berdal, 'The Security Council', p. 82.
③ Gow, *Triumph*, p. 150.
④ J. Gow, 'Coercive Cadences: Yugoslav War of Dissolution', 载于 L. Freedman? 编 *Strategic Coercion: Concepts and Cases* (Oxford University Press, 1998), p. 15.
⑤ Owen, *Balkan Odyssey*, p. 357.
⑥ 根据 Lord Owen, 针对塞尔维亚目标共有"3400次飞行，其中大约750次是执行攻击任务"。同上，pp. 363-4.

难在安全地带的平民毫无用处。比哈奇、泽帕、斯雷布雷尼察被包围的领土都在 1995 年失守。在以后发生的事件里,至少 7414 名穆斯林男人被有组织地圈起来并且被姆拉吉奇的军队所杀害。① 空中打击行动的错误在于仅仅是为了使安理会保护安全地带的承诺得以实现,但是这一次已经证明空中力量是不可能替代有影响的地面作战的。一个直接的结果是,北约的空袭确认了英国和法国担心塞尔维亚人以牙还牙。北约的空袭清楚地确立了联合国身为鲁莽斗士的角色,并且在 1995 年反击之后波斯尼亚塞族人的回应是,他们把战火燃遍斯雷布雷尼察地区与泽帕的城镇上去。

北约在波斯尼亚的空中策略更带来了更多不利的结果,那就是和俄罗斯的关系发生了冲突。尽管国际间承认波斯尼亚政府曾在战争开始时鼓吹轰击波斯尼亚塞族人,而俄罗斯反驳在于,北约有权力展开空袭,但是直到 1995 年末才肯收手。俄罗斯准备支持空中力量的使用,但他们对北约片面决定扩大目标范围非常不满。联合国秘书处认同北约的观点,空袭得到第 836 号决议的允许,但俄罗斯认为这次空袭范围超出了安理会在 1993 年 6 月授予维和成员国的权力范围。这也预示着北约空袭之后的 4 年里将会展开一场对于此事的对质,俄罗斯总统叶利钦(Yeltsin)在 1995 年 9 月 9 日发出警告,他认为这是北约狂妄的迹象。② 两天以后俄罗斯尝试在安理会中不动声色地提出一个草拟决议,用以谴责北约的空袭。很明显,这个决议不会被支持,同时俄罗斯没再进一步发布其他言论。在安理会里不结盟的组织不顾一切地保护波斯尼亚的穆斯林,并且他们也并不准备削弱能给波斯尼亚塞族人带来致命伤的唯一组织的权力。

尽管北约的空袭未能保护安全地带和调节与俄罗斯的摩擦,但这在代顿引发了一个关于在磋商最终决议时角色扮演的争论。克林顿和布莱尔在空中力量的原则上是阻止人道主义灾难在科索沃中直接伴随他们对波斯尼亚战争的额外解释,北约的空袭曾驱使米洛舍维奇结束战争。这场辩论的问题是,他冒险地吸取了在特别经历的基础上人道主义危机中空袭功效的

---

① 对此事件的权威分析,见 Honig 和 Both, *Srebrenica*.
② 引述于 Owen, *Balkan Odyssey*, p. 361.

教训，因为空袭只是重要的因素，而不是决定因素。

理查德·霍尔布鲁克（Richard Holbrooke），是在代顿和平谈判的美国一方的长官，他形容 1995 年 9 月里长达两个月的北约轰炸就像为磋商制造了巨大的差异。例如，米洛舍维奇立刻接受了为南联盟和波斯尼亚塞族人联系磋商问题的团队首领（之前他还否认他曾控制塞尔维亚的代表）。① 这做法是不明智的，然而，实不实行还得看联合国维和部队的最后决定。同等重要的因素是，克罗地亚和穆族人不顾武器禁运规定，武装部队并联合对付波斯尼亚塞族人并且破坏它们的利益。最终实施了"风暴行动"，克罗地亚人攻击并驱逐塞族人离开斯罗文甲，根本地改变了地面力量的平衡。新南斯拉夫军（VJ）在塞族人受到种族灭绝时袖手旁观，这告诉我们米洛舍维奇的支持和保护了卡拉季奇（Karadzic）和姆拉吉奇（Mladic）维护塞族人的领土利益。②

因此，正如罗德·欧文（Lord Owen）和理查德·霍尔布鲁克（Richard Holbrooke）指出，空袭和地面军队力量平衡的改变产生了最终的决定性结果。在准确地估定北约空袭所扮演的角色中，罗德·欧文声称他们很有信心打击波斯尼亚塞族人，同时也大增克罗地亚和穆斯林军的信心。霍尔布鲁克也同意，他声称在和米洛舍维奇的磋商中，"我们曾因为他语气的改变而被打，当然，克罗地亚—穆斯林在西部的攻击和轰炸对波斯尼亚塞族人有很大的影响。"③ 前些年的波斯尼亚军队缺乏空中与地面部队的结合，而北约在对于米洛舍维奇在科索沃地区侵犯人权问题的处理上也犯了同样的错误。

作为一场人道主义战争的联合军事行动

如果代顿结束了克罗地亚和波斯尼亚这样一个可怕的人权侵害时期，

---

① R. Holbrooke, *To End a War* (New York: Random House, 1998), pp. 104–5. Holbrooke 认为不能拿轰炸来区分协商，显示力量行动反而促进了和平的进程。感谢 Alex Bellamy 让我注意到这一观点。
② 这一点属于 Alex Bellamy。
③ Owen, *Balkan Odyssey*, p. 373, 和 Holbrooke, *To End a War*, p. 148.

那么这也将是米洛舍维奇开始打击科索沃的阿尔巴尼亚人的战斗的序幕。自从塞族人总统通过 1974 年的宪法剥夺了阿尔巴尼亚人的法律赋予的权利,该省的紧张状态一直在平稳上升。塞尔维亚的少数民族不接收阿尔巴尼亚人的邮件,该省的学校也拒绝他们上课,对他们像对待殖民者一样。① 确实,塞族人把这苛刻的政策强加于阿尔巴尼亚人身上,也形成和建立了"科索沃种族隔离制度"②。阿尔巴尼亚回应这场镇压战役形成了在易卜拉欣·鲁戈瓦 (Ibrahim Rugova) 领导下的科索沃民主联盟 (LDK)。在 1991 年 9 月,科索沃民主联盟组织了地下公民投票,它声称有 87% 的选民参加,几乎 99% 的选票是支持塞尔维亚独立的。③ 尽管如此,鲁戈瓦认为任何想从塞尔维亚分离出去都必须和贝尔格莱德磋商,要不然会使塞族人产生强烈反抗阿尔巴尼亚人的反应。④

他成功劝诫阿尔巴尼亚人应该追求有加纳特色无暴力的政治,并集中相应的制度建立。在科索沃的阿尔巴尼亚商人以及海外的同胞提供资金下,科索沃民主联盟建立了独立的政府,教育系统和医疗保障。⑤ 科索沃民主联盟的成功在于鲁戈瓦的主张正当地表达了阿尔巴尼亚人的爱国主义情怀,无暴力的政策将会成功地说服国际社会把科索沃安放在巴尔干岛的任何和平决议程里。自从鲁戈瓦争论了四年,国际社会应该认真关注科索沃的阿尔巴尼亚人,但他们并没有看到科索沃的人权侵害被提起过,因此代顿给了他沉重的打击。

---

① E. Biberaj, 'Kosovo: The Balkan Powder Keg', *Conflict Studies*, 258 (1993), pp. 5 – 9, 和 'Serbs terrorize Ethnic Albanians', *Guardian* 19 Sept. 1994, 基于 Amnesty International 的一个报告。International Helsinki Federation for Human Rights, *From Autonomy to Colonization: Human Rigts in Kosovo 1989 – 1993* (Vienna: International Helsinki Federation, 1993)。

② Biberaj, 'Kosovo', p. 13.

③ A. J. Bellamy, 'Lazar's Choice Deferred: Serbs, Albanians and the Contact Group at Rambouillet', 尚未出版 (University of Wales, Aberystwyth, 1999), p. 4.

④ 见 'Meet Kosovo's Number One man', *Independent*, 31 Jan. 1999. Miranda Vicker

⑤ 对此最好的说明见上, pp. 259 – 264. 另见 Biberal, 'Kosovo', p. 13. 和 Bellamy, 'Lazar's Choice Deferred', pp. 4 – 5.

代顿的背信弃义导致鲁戈瓦忽略对国家问题更为基本的建设的支持。①1996年2月发生了重要的转折,当科索沃解放军(UCK)通过对塞族人的炸弹打击,使政治局面被完全打破了。在1996年与1998年期间,科索沃解放军使用秘密策略,1998年初它有了充足的信心和武器装备,发动了在德雷卡(Drenica)山谷中对塞族人的攻势。②而塞尔维亚安全军则以对UCK发动攻击作为回应,并且使用重型武器和空中力量,他们把战场扩大到科索沃中部和西部的郊区。1999年扩至更大的规模,塞族军队烧毁村庄和驱逐成千上万的科索沃人离开家园。

克林顿政府立即对这事发表谴责。奥尔布赖特部长在1998年3月说:"我们认为1991年国际社会对波斯尼亚的这种种族灭绝行为坐视不管……所以我们不希望这种事情再次发生。"③这暗示克林顿政府将保护科索沃人的人权,但是由于俄罗斯的敏感,联络小组将尽可能深入地调查塞族人和科索沃解放军3月9日的暴行并且声明和谴责他们终止敌对行为。④

这局势在安理会的第1160号决议的背景下进一步升级,该方案在1998年3月31日被正式通过,并要求两边在鲁戈瓦和科索沃民主联盟支持的非暴力之下结束战斗。在宪章的第Ⅶ章下,安理会认为这冲突会对"国际和平与安全"造成威胁。没有任何一个成员国反对这决议,但有几个国家,特别是俄罗斯和中国选择弃权,表达了他们对安理会的干涉保留意见,因为他们认为这是南联盟"自己的司法权"内的事情。俄罗斯大使声明他的政府认为"近期科索沃的事件是南斯拉夫联邦共和国的内部问题",中国认为,安理会想通过陈述"没有关于地方的请求,这可能会造

---

① 见 H. Clark, 'Radicalization of Kosovo Albanians and parrallel organizations', *New Routes* (1998), p. 4, 'A Balkan *intifada in Kosovo*', *IISS Strategy Comments*, 4/2 (1998), 和 'The Kosovo Liberation Army, *IISS Strategic Comments*, 4/7 (1998). 在 Dayton 之前, 成立于 1993 年致力于武装抵抗的 UCK 受到绝大多数阿尔巴尼亚人的反对。不过, 在被踢出 Dayton 和平进程后 UCK 赢得了支持。UCK 的资金来于居住在德国和瑞士的激进的阿尔巴尼亚人。有关 UCK 进一步的发展背景,见 Tim Judah, 'War by Mobile Phone, Donkey and Kalashnikov', *Guardian Weekend*, 29 Aug. 1998.

② A. J. Bellamy, 'Lessons Unlearnt: Why Coercive Diplomacy Failed at Rambouillet', *International Peacekeeping*, 7/3 (即将出版).

③ 引述于 J. Steele, 'Learning to Live with Milosevic', *Transitions*, 5 (1998), p. 19.

④ 科索沃协商双方外交部长的报告, London, 9 Mar. 1998.

成一个先例并有大范围的负面影响"来干涉种族问题。① 相反,大多数成员国强调,科索沃的人权侵害明显地对巴尔干半岛的和平与安全造成威胁。可是,没有任何成员国支持科索沃的阿尔巴尼亚人的分离主张,这决议也再次肯定了南联盟的领土完整。

不论贝尔格莱德政府是否正承受着这些国际压力,塞族人在5月仍开展了对在德卡尼(Decani)周围的阿尔巴尼亚村庄的新一轮攻击。斯蒂尔(Steele)认为,"塞族人并没有彻底地破坏……至少不是摧毁了每一个家庭。"② 这表示米洛舍维奇仍然害怕西方的势力。莱尔政府开始为一个强硬的回应而准备了民众的意见。然而,超过100000的难民离开德卡尼(Decani)的场景使布莱尔政府震惊。在伊拉克的案例中,媒体报道库尔德人的安全避难所带来的压力曾迫使梅杰政府作出回应。而在科索沃的事件中,没有过多的媒体关注这些,首相布莱尔和外交大臣罗宾·库克(Robin Cook)认为英国和联盟必须准备使用武力来制止在科索沃的种族灭绝。③

开展军事行动遇到两个重大难题:一个问题是北约的决定,一个计划者说,这不会"成为科索沃解放军的空军"。④ 6月末到7月初,战场形势被复杂化,因为科索沃解放军正开始在打击塞族军上获得了些成功,还有北约不愿意在科索沃扮演主持分裂主义的角色。⑤ 可是,塞族人攻击阿尔巴尼亚村庄的规模足以打垮UCK而导致联盟的反塞行动压力增大。联合国军事总干事威廉·科恩(William Cohen)在9月的北约见面会上说,如果塞族人不停止攻击,"我们将采取军事行动"。⑥ 北约的一些部门赞成武力威胁,希腊、意大利和德国对这选项仍在踌躇之中。另一个问题,尤其是

---

① 见 S/PV. 3868/Corr. 2, 31 Mar. 1999, pp. 10–12.
② Steele, 'Learning to Live', p. 20.
③ 同上, p. 19.
④ 引述同上, p. 21.
⑤ 据宣称,西方政府在7月不再谴责塞尔维亚人的袭击,因为他们想看到在与 Milosevic 举行的每次谈判中看到 UCK 削弱了的 vis-a-vis Rugova. 见 T. Youngs (*Kosovo: The Diplomatic and Military Options* (London: House of Commons Research Paper 98/93, 27 Oct. 1998), pp. 11–12),他首先引述 *The Economist*, 8 Aug. 1998, 然后是阿尔巴尼亚语言报纸 Koha Ditore 的编辑 Veton Surroi, 后者认为"没有哪个西方人对对 UCK 的攻击感到非常不开心"(*Guardian*, 19 Aug. 1998).
⑥ 引述于 *Atlantic News*, 26 Sept. 1998.

第八章　通过空袭实施人道主义干涉的局限：波斯尼亚和科索沃事件 / 283

与这些政府是否会在安理会没有明确授权下的行动。这就是第二个阻碍，英国和美国有个大计划是使其他北约成员国和国内民众为军事行动作准备。

在6月初，罗宾·库克曾说，"我们需要联合国的一个指示。我们正在寻找这指示并将会向俄罗斯解释为什么他们不能挡道的重要性。"① 这暗示了北约的任何行动会因为缺少安理会的武力授权决议而受到抑制。不论罗宾·库克在6月的希望是怎样，安理会在9月很明显地表示不会支持这决议。9月23日，安理会在14票下采用了第1199号决议，中国选择弃权来回应科索沃的人员伤亡数的增加。那决议在第Ⅶ章（宪章）下通过，伴随安理会的决定，安全与和平的威胁因科索沃的情况恶化而提升到另一层次。在有效的第1—4段落里，它要求南联盟和阿尔巴尼亚的领导人停止敌对和加快步伐以"防止人道主义灾难的发生"。尽管安理会按宪章行动，但它要求的不是军事性的威胁。成员国们重申，他们致力于主权和领土完整的南斯拉夫，弄清楚并找出在南斯拉夫里的自治权的情况中科索沃问题的解决办法。曾经要求停止敌对并要求南联盟和阿尔巴尼亚通过磋商来解决问题，安理会认为，在这不合作事件中，将会有更多事件发生。

英国和美国希望有一个比第1199号更强硬的决议，但从非正式会议中清楚地知道，俄罗斯和中国会否决一切使用武力干涉米洛舍维奇政府合法化。俄罗斯勉强地赞成草拟决议但是在否决前说的，它强调这决议没有授权于军事打击南联盟。俄罗斯代表外交部长谢尔盖·拉夫罗夫（Lavrov）声明，"安理会现在没有使用军队也没有批准……片面地使用军队去解决冲突会带来使巴尔干半岛地区和整个欧洲动荡的危险，并出现长期的不利因素"②。同样在否决之前，中国代表宣称，中国政府不能支持该草拟决议，因为该决议"没有看到科索沃的形势是对全球和平和安全的威胁"。中国认为，该草拟决议为了威胁南斯拉夫联邦共和国曾轻率地采用了美国宪章的第Ⅶ章的内容，和可能会对冲突的解决问题有不利的影响。③

---

① 引述于 Steele, 'Learning to Live', p. 20.
② S/PV. 3930, 23 Sept. 1999, p. 3.
③ 同上, pp. 2–4.

第1199号决议要求联合国大会提供一个与有关政党们同意该决议程度的估计。1998年10月5日,安南发表一篇报道,表明他被科索沃人民的遇难所激愤。① 第二天安理会非正式地讨论了联合国大会的报道。英国,安理会10月的主席,它提出了一个草拟决议可特别批准使用"必要手段"去结束科索沃的残杀。可是,这遇上了俄罗斯否决这一决议的声明。② 两天之后,俄罗斯大使馆发表一项声明,"没有联合国安理会的批准而使用武力攻击一个主权国家,明显地违反了联合国章程,暗中破坏了国际关系现有的体系"③。

在俄罗斯和中国的反对特别授权北约对南联盟动武的情况下,联合国被迫以现有的安理会决议证明它的危害是正确的。这给一些北约成员国带来了相当大的焦虑,特别是德国,担心这主张的合法化,因为中国和俄罗斯被允许在安理会投选第1199号决议时作出声明。④ 德国参与北约每次空袭南联盟是一个十分敏感问题,北约地区之外的军事行动也是德国痛苦记忆的地方。北约以后任何行动的法定基础是10月中在德国联邦议院讨论的主题,结果是该议院赞成德国参加每次的空袭。⑤ 外交部长金克尔(Kinkel)认为,第1199号决议证实了北约的行动是正确的。他说:"在这些科索沃现有危险形势的不寻常状况下,正如联合国安理会的第1199号决议所描述一样,论及北约需要使用武力是正确的。"⑥ 然而,他强调,科索沃是一个特别的事件,但不表示准许北约以后的行动不需要联合国的授权。⑦ 金克尔(Kinkel)声称,"北约并没有创造出一个合法的仪器能够给

---

① 引述于 Youngs, *Kosovo*, p. 13.

② 'Britain and US may Have to Go it Alone', *Electronic Telegraph*, 8 Oct. 1998. 俄罗斯外长 Igor Ivanov 告诉 Interfax 新闻代表,"俄罗斯肯定会使用它的否决权"。('Russia Warns it will Use Veto to Halt Military Action', *Electronic Telegraph*, 7 Oct. 1998).

③ 'Britain and US may Have to Go it Alon'.

④ 根据 Catherine Guiched,当时的德国外长 Klaus Kinkel 特别担心依赖第1199条决议辩护北约的行动。有关北约成员国对此问题的观点的讨论,见 C. Guicherd, 'International Law and the War in Kosovo', *Survival*, 41/2 (1999), pp. 26–7.

⑤ B. Simma, 'NATO, the UN and the Use of Force: Legal Aspects', www.ejil, org/Vol10/No1/abl-2html (1999), p. 7.

⑥ 见 Deutscher Bundestag: Plenarprotokoll 13/248 vom 16 October 1998, 21329.

⑦ Simma, 'NATO', p. 7.

北约提供一个可以做干涉的执照……北约的决定必定不会成为一项先例。"① 在争论该行动是不会制造一项先例下，金克尔（Kinkel）说安理会授权使用武力是不会有什么意外的了。很难反对这一结论，因为德国发现自己在支持军事行动的道德背景下处于困难的位置，它知道最好在国际法持怀疑态度下，最坏的则是违反该规定。

尽管德国和其他北约成员国对于第1160号和第1199号决议有所保留，在10月13日它还是被最终通过了，北约发出一道空袭塞尔维亚目标的命令并证明了安理会现有的决议的正确。北约的决定给米洛舍维奇带来了压力，并希望通过最后一分钟来避免动用武力，联系组织派遣美国特派使者霍尔布克去贝尔格莱德。谈判最终获得成功，米洛舍维奇同意停止敌对和把警察和安全部队撤回军营。为了确保"十月协定"的顺利进行和监督难民的回归，米洛舍维奇接受了1700名来自"欧洲安全与合作组织"监督员前往并监督。南斯拉夫总统也同意允许非武装飞机在科索沃上空视察塞尔维亚人。"十月协定"意味着在科索沃上保存一个完整的南斯拉夫，但这也代表了米洛舍维奇的重大让步，因为他允许欧洲安全与合作的监督员进入并创建一个独立的警察队伍。

尽管"十月协定"的顺利施行阻止了安理会常任理事国之间关于是否使用武力之间的矛盾进一步扩大，但从美国、俄罗斯、中国于10月24日接受第1203号决议的声明中我们仍可看出，这个问题仍然是十分关键性的。该决议重申了安理会早先对于科索沃问题的立场，并且以13票通过，中国和俄罗斯弃权。除了中国和俄罗斯在这个问题上日益增长的敏感性外，美国大使声明说，"可靠的力量之威胁乃是达到并保证实现欧安会和北约协定的关键所在……北约盟国，在10月13日达成了同意使用武力的一致，显示了他们有权力、有意愿、有方法来解决这个问题。"②

俄罗斯反对这样的说法。它力图阻止北约对于第1160号和第1199号决议的推动。这两个决议认定威胁已经需要武力来解决。俄罗斯大使说该

---

① 见 Deutscher Bundestag: Plenarprotokoll 13/248 vom 16 October 1998，21329.
② S/PV 3937，24 Oct. 1998，p. 15.

决议草案没有充分考虑贝尔格莱德在面对冲突时所采取的积极努力,故而俄罗斯不能同意决议草案的导言部分中的那种"单方面断言,认为目前科索沃的不定局势对和平和地区安全造成了持续的威胁"。此外,拉夫罗夫大使再次强调了"决议草案中没有包括执行因素,同时也没有对于武力的自动使用机制作出限制的条款。而这种自动动武则很可能损害《宪章》所保证的安理会特权"①。俄罗斯声称,既然贝尔格莱德已经同意了欧安会的举证,北约应当立即停止其起战规则。此言得到了中国的支持。中国在投票之后说,北约的起战规则是个令人忧虑的新发展,因为"决策是单边作出的,没有咨询安理会也没有安理会授权,这为国际社会制造了一个极端危险的先例"。中国大使指出,在非正式咨询中有人企图利用措辞掩饰取得授权,但是在最终的决议中这些措辞被删去。于是,中国明确表示,"该决议没有经过任何授权就对南斯拉夫联邦共和国采取了或威胁要采取行动"。由于对一些干涉南联盟内政的"因素"的保留,中国投了弃权票。②

北约是否具有这样的权力,不经安理会明确授权便对南联盟采取行动。这个问题触痛了那些以北约军事行动合法性来支持该决议的人们的神经。哥斯达黎加在一次重要声明中说道,尽管决议中所表达的目的是"在道义上、道德上毫无疑问的",实现它们仍然必须经由法律的途径。"仅仅只有安理会",尼耶赫斯大使说,必须"决定是否存在对其决议的违背,尤其是在其授权国家的实际操作中"。③ 对此,巴西更直率地说,北约这样的区域性组织完全无权对安理会越俎代庖,决定其决议是否被很好地遵守了。巴西大使说,"非全球性组织只能通过其下之一的方法诉诸武力,或者是合法的自卫,或者是根据第 8 章第 53 条,根据安理会的实现授权和决定来行动……没有第三条可能的道路"④。

北约希望"十月协定"能够拯救其在没有安理会授权而动武的重大时

---

① S/PV 3937, 24 Oct. 1998, p. 12.
② 同上, pp. 11 – 15.
③ 同上, pp. 6 – 7.
④ 同上, pp. 6 – 7, 10 – 11.

第八章 通过空袭实施人道主义干涉的局限：波斯尼亚和科索沃事件 / 287

刻。但是这个愿望由于地面停火未能达成而落空了。科索沃的阿尔巴尼亚人没有被考虑到"十月协定"中，他们抱怨这样的安排让他们的自治权较1974年南斯拉夫宪法所给予他们的更少。① 科索沃解放军持续地攻击塞尔维亚军队，塞尔维亚人则报以毁村屠人。1999年1月15日，为了报复阿尔巴尼亚人杀死了两名塞尔维亚警察，塞尔维亚人在科索沃的拉卡克（Racak）村屠杀了45名平民。此行令举世震惊，联络小组迅速反应，他们邀请塞尔维亚人和阿尔巴尼亚人参加在法国的朗布依埃（Rambouillet）城堡举行的和平会谈，以期用外交途径解决问题。

朗布依埃与会的协商者们所面临的根本性挑战在于，如何既尊重南斯拉夫的领土完整又充分考虑科索沃的阿尔巴尼亚人针对彻底独立所要求的公民复决。经过艰苦的谈判，阿尔巴尼亚代表，包括鲁戈瓦和科索沃解放军的成员，最终同意以三年为过渡时期，之后再决定科索沃的未来。在此协议下，阿尔巴尼亚人获得了实质性的一些自治权，包括自有的警察、司法部门，以及一个民主选举出来的国民议会。同时也有规定塞尔维亚裁军的条款，南联盟仅在此地区保持有限的安全存在。最后是一个被证明让米洛舍维奇不能接受的条件，在"和平与科索沃自治政府过渡协定"附件B中提到的、由联络小组提议的一支北约领军的国际部队。

谈判就此破裂，与会代表于一周后在巴黎再次汇集。总理米鲁提诺维奇领导的塞尔维亚代表，再一次拒绝了联络小组拟订的条款。在这一点上，曾作为一切执行力量一部分的俄罗斯，公开声明，详尽地描述北约军队的途径与权利的附件没有咨询俄罗斯的意见，于是，他们拒绝签这个协定。参加朗布依埃（Rambouillet）谈判的科索沃代表团的顾问马科·威勒（Marc Weller）说俄罗斯表现出这样的态度是"令人诧异的"。他说，这些所谓的军事附件事先至少已让科索沃代表知道，俄罗斯代表不知道是令人难以置信的。② 而且，对于巴黎协定，俄罗斯一直没有提出抗议，最后麦

---

① Bellamy, 'Lazat's Choice Deferred', p. 9.
② 见 M. Weller, 'The Rambouillet Conference on Kosovo', *International Affairs*, 75/2 (1999), pp. 231, 237.

亚斯基大使又拒绝草签,这样的事实让人觉得其拒绝得十分做作。①

巴黎会谈于 3 月 15 日破裂之后,塞尔维亚军队在科索沃开始了新一轮的种族清洗。3 月 22 日,联络小组派了霍尔布鲁克去说服米洛舍维奇,希望他接受朗布依埃协定并停止新一轮的进攻。据威勒说,"没有任何进展"。次日,"过渡协定"便遭贝尔格莱德议会否决。在最后的努力中,霍尔布鲁克说他问了南斯拉夫总统,是否他意识到没有达成任何协定的后果:据说米洛舍维奇是这样回答的,"是的,我知道。我知道你们会炮击我们"。② 协商破裂后,美国特别使团离开贝尔格莱德,去往布鲁塞尔。1999 年 3 月 23 日夜,盟国政府决定对南斯拉夫联邦共和国实施空袭。

西方政府援引四个理由来证明他们干涉科索沃的正当性。首先,他们说其行动是为了阻止一场迫在眉睫的人道主义灾难;第二,北约的信誉正处于危险之中;第三,在科索沃发生的种族清洗不能为一个文明欧洲所容忍,这对欧洲安全造成了长期的威胁;最后,北约之动武没有违反任何现存的安理会决议。3 月 25 日,英国外交大臣在下议院为这次行动辩护。他着重讲了前三个理由:

自从 1998 年 3 月开始,40 余万科索沃人民被逐出了他们的家园。

我们反复努力,试尽了各种方法,来阻止对科索沃阿尔巴尼亚人的迫害。我们失败了。使努力失败的人正是米洛舍维奇总统。

除了以军事行动来制约米洛舍维奇的军队对科索沃阿尔巴尼亚人进行迫害,我们已经没有办法来阻止这样一场人道主义危机演变成一场人道主义灾难。我坚决反对你们之中任何一位去同那些我打了三个月交道的科索沃阿尔巴尼亚人说话,告诉他们我们知道他们的家庭正在遭受怎样的惨剧,告诉他们我们每晚在家里的电视上看到他们的家园正在遭受毁灭,告诉他们我们在那个地区有强大的联合舰队。我们知道正在发生什么,我们有能力干涉,但我们却没有这样去做。罪行已被承认时,我们却仍然没有行动,这样的冷漠相当于同镇压者沆瀣一气。这构成了为什么成功的军事

---

① 这一观点属于 Alex Bellamy.
② 引述于 Tim Judah, *Kosovo: War and Revenge* (London: Yale University Press, 2000), p. 227.

行动符合英国国家利益的第一个理由。此外,还有其他许多理由。

我们对自身和平与安全的信心来自于北约的可靠性。去年十月,米洛舍维奇总统签署的停火,是北约保证了其实行……如果我们不尊重北约的保证,下一次当我们的安全遭到挑战的时候,北约还有什么可靠性可言呢?北约不行动的后果远比北约行动了的后果可怕。

如果冲突波及地区邻国,北约必将被迫采取行动。但彼时的困难和危险将远远大于现在。

九十年代中期,米洛舍维奇总统主导了一场战争。这场战争在我们的语言里加进了一个骇人听闻的说法:"种族清洗。"三年之内,战斗导致25万人丧生;三年之后,北约才下定决心要武力干涉。

现在,我们看到悲剧在科索沃重演……我们不能让悲剧再一次在科索沃发生。①

尽管英国、法国和德国也参与了对南空袭,但是轰炸的规模却是由美国在此地区投入的650余架飞机所决定的。② 克林顿和他的顾问班子辩称,如布莱尔政府那样,西方有道义责任来制止惨剧在科索沃发生。此外,若欧洲安全得不到美国成功的保证,美国自身的国家利益亦会受到威胁。从这一点来说,美国人民亦认同行动的正义性。在联合军事行动的前一天,克林顿曾经说道,当米洛舍维奇承认在欧洲的心脏地带进行针对波斯尼亚穆斯林的大屠杀的时候,世界人民会同我们站在一边,我们不能允许这样的事情在科索沃发生,因为这"事关我们的价值观"。同时,克林顿还强调欧洲安全同美国安全密不可分,因为如果美国现在不行动,之后当"更多人死去,要花更多钱"的时候美国肯定将不得不采取行动。一个稳定、民主、有秩序的欧洲,符合美国的长期战略利益。③

很快地,俄罗斯政府质疑美国的人道主义和安全论调,认为这都是为了给美国将势力范围进一步扩展到巴尔干地区的借口,进而质疑美英的动

---

① Robin Cook 外长在下院的报告,25 Mar. 1999. 见 www.fco.gov.uk/new s.
② 这一数据取自美国国防部。见 www.defenselink.mil.
③ 见 Clinton 总统在全美州、县和地方自治政府员工联盟(AFSCME)大会上的评论,23 Mar. 1999. 见 www.usia.gov/regional/eur/balkans/kosovo/texts/99032304.htm.

机中到底有多少是正义成分。鲍里斯·叶利钦说,"比尔·克林顿想赢……他希望米洛舍维奇认输、退让,放弃整个南斯拉夫,把南斯拉夫变成美国的保护国。"① 希腊半岛上的国家(他们传统而言是同情塞尔维亚的,因为他们同塞尔维亚都有东正教的背景)、意大利和德国(德国民众对于政府在第二次世界大战后的首次动武有惊人的敏感)亦持此种观点。然而,俄罗斯或其他持此种观点的一些国家都举不出有力的证据,来说明传统的权力政治可以用来解释北约部队的动机。相反,证据都说明,布莱尔和克林顿都相信这是一场正义战争,这才是这次行动的主要决定因素。1999年4月22日,布莱尔在芝加哥经济俱乐部的演说中说道,针对南联盟的战争"没有领土野心,只有价值判断"。库克和国防大臣乔治·罗伯森也反复强调了这一点。②

这并不是说,国家利益在此完全无关。库克和克林顿都运用了利益的措辞来证明动武的正义性。相反,问题在于,正如布莱尔在芝加哥演讲中所说的那样,保卫人道主义同保卫国家利益在此没有冲突。布莱尔强调,秩序同正义是相兼容的。他说,"我们的行动是以自身利益同道义目的的巧妙混合为指导的,我们的道义目的是保卫我们所珍视的价值观……价值和利益是一体的。"③ 发生科索沃的种族清洗并不一定引致军事干涉。布莱尔政府完全可以同他的前任保守党政府一样,认为针对此暴力行为的干涉是不合法的。国家利益不是给定的,而是建构起来的。布莱尔政府重建了英国利益。在新的利益中反映出英国是一个社会民主国家,在必要时刻它将不惜动用武力来保卫国际公认的人权规范。

布莱尔在其芝加哥演讲中说,判断人道主义干涉是否合法的一个重要依据是,我们能否"明显而谨慎地"进行军事行动?索马里给我们的教训是,以人道主义之名开始的军事行动完全可以很容易地蜕变到人道主义的

---

① 见 Reuters, 'NATO: Flow of Kosovar Refugees Mysteriously Slows to a Trickle', 20 Apr. 1999, 由 A. J. Bellamy 和 D. Kroslak 引述于 'The Dawning of a Solidarist Era? The NATO Intervention in Kosovo', *Jounal of International Relations and Development*, 3/1 (即将出版)。

② 见英国首相 Tony Blair 在芝加哥经济俱乐部的演讲, Thursday, 22 Apr. 1999, p. 2, www.fco.gov.uk.

③ 同上, p. 8.

第八章　通过空袭实施人道主义干涉的局限：波斯尼亚和科索沃事件 / 291

反面去。① 在这"第一场人道主义战争"中，北约所使用的轰炸武器大大削弱了联合部队的人道主义原则的力度，愤怒和争议也随之而来。有两个主要原因可以来解释为什么北约选择空军作为军事援助的主要方法。

第一个原因是使用空军就可以规避投入大量陆军的代价和危险，这一点对于西方决策者来说很有吸引力。从空袭开始，决策者们便完全排除了动用陆军的可能性。他们觉得装在袋子里运回来的战士尸体会急剧削弱国内对与米洛舍维奇作战的支持度。维持作战在国内的合法性的考虑给北约的策略施加了很大限制，使得盟军只能相信空军，相信空军能实现人道主义和安全目标。

这就导致了第二个原因，对轰炸的依赖。盟军决策者认为，通过短短几天的轰炸，通过短短几天的武力显示，米洛舍维奇就会自动退缩。亚当·罗伯茨在对美国、英国和荷兰的调查之后说，这样的幻想在各国首都和北约总部广受欢迎。② 这是个巨大的失算，同时又一次说明了糟糕的历史是如何造就糟糕的决策。相信米洛舍维奇会在几天的北约空袭后退缩投降的幻想来自于英美决策者对在波斯尼亚的慎重军事行动③的认识。如我在这一章的前面所说的那样，北约空袭是将米洛舍维奇拉回代顿谈判桌的重要因素，但非决定因素。

联盟政府的决策者们决策失误的后果就是，他们完全没有料到空袭会急剧地恶化对科索沃人民的暴行。有证据表明，克林顿和他的高级顾问认识到了这个问题，但他们决定降低这方面的考虑，在安排中提升动武效力的重要性。例如，在1999年4月1日，空袭前几个星期的《华盛顿邮报》

---

① 见英国首相 Tony Blair 在芝加哥经济俱乐部的演讲，Thursday, 22 Apr. 1999, p. 9, www.fco.gov.uk.
② Riberts, 'NATO's Humanitarian War', p. 111.
③ Cllinto, 国务卿 Madeleine Albright 和国家安全顾问 Sandy Berger 都相信几天后轰炸战就会迫使 Milosevic 接受 Rambouillet 的条款。至于 Blair 政府，在1994年4月14日被下院外交委员会的 Mr Woodward 问及你在哪段历史中可以找到通过排除地面部队的特别军事战略以达到人道主义目标的先例时，外交大臣 Cook 以说明他对北约在波湾战争中使用武力所得的深刻教训这一方式回答了该问题。Cook 说，"最近的先例和地理上最相关的先例是 Dayton 和平过程，它牵涉到北约决心着手于空中的军事行动……Milesevic 是被动用空边带到 Dayton 和谈桌上的"（Minutes of Evidence on Kosovo, House of Commons Foreign Affairs Committee, 14 Apr. 1999, p. 25）.

上，中央情报局的官员乔治·杰·特内特警告当局说，"塞尔维亚人领导的南斯拉夫军队可能对空袭报以种族清洗的升级"。① 美国军方亦有类似的警告。3月28日的《星期日时报》报道说，总统和他最近的顾问班子同总参谋部的主席哈里·谢尔顿将军开了个会，将军说了，"轰炸会让塞尔维亚人更加大开杀戒的"。②

这些言论最后都被证明是有先见之明的。在空袭开始的短短几个星期之内，数千名科索沃阿尔巴尼亚人丧生，50万人被驱逐出他们的家园、流落邻国，数万人流浪在科索沃、无家可归。③ 轰炸几乎肯定是加剧了塞尔维亚人对科索沃阿尔巴尼亚人的战斗。据肯·博思说，"（空袭）成了种族清洗者的借口，激起了他们对那些他们所看不起的、手无寸铁的阿尔巴尼亚人更大的复仇欲望。"④ 确实，正如副国务卿斯特罗布·塔伯特在1999年10月的一次关于北约未来展望的会议上所承认的那样，空袭行动"恶化了种族清洗"。⑤ 于是，北约领导人被指责恶化了这场他们本来要拯救的人道主义灾难。

这种指责的问题在于，它所依赖的是一个假定，假定如果没有北约的空袭，塞尔维亚人会最终停止他们对阿尔巴尼亚族人的杀戮和驱逐。据估计，在北约采取行动的前一年，大约有500名科索沃人遭到杀害，40万人被驱逐出家园。但是，在没有空袭的情况下，如果更多的人将被杀害、被驱逐，那么北约的行动就是正义的。⑥ 为了在下院的外交委员会给布莱尔政府的行为进行辩护，外交大臣在4月14日说，米洛舍维奇在策划一个春

---

① Washington Post 上的报告被下院议员 John Stanley 爵士引用在 House of Commons Foreign Affairs Committee Report on Kosovo, 14 Apr. 1999, p. 18.
② 'Stealth Fighter "Shot Down" as Serbs Slaughter Hundreds', *Sunday Times*, 28 Mar. 1999.
③ Roberts, 'NATO's Humanitarian War', p. 113.
④ Booth, 'The Kosovo Tragedy: Epilogue to Another "Low and Dishonest Decade"?'.
⑤ Strobe Talbott 是在由国际事务皇家学会、世界经济和国际关系皇家学会组织举行了查达姆研究所的'NATO Development in Partnership: Engagement and Advancement after 2000', p. 7 – 8 Oct. 1999.
⑥ FCO 关于科索沃的回忆录说，"正是由于有充足的参与理由，Milosevic 的部队才会加强在科索沃的镇压，北约才会同意我们必须行动"（FCO Memorandun on Kosovo, p. 18；文字加重部分）。

季反攻,这个行动在轰炸开始前就已经着手实施。贝尔格莱德制订了一个计划——马蹄铁计划——用以将阿尔巴尼亚人驱逐出科索沃。① 当黛安·奥尔布赖特问及是否北约"促成"这次人道主义危机是为了制止其发生时,他回答说,如果北约没有行动,"我认为事情可能会是这样……该发生的还是会发生——即便不是全部,我会把这些证据都告诉给你们,你们则会质疑我们,为什么什么都不做"。②

就算我们承认,米洛舍维奇有一套"最终计划"来减少科索沃的阿尔巴尼亚族人口,北约仰赖于空袭的制止战略也应该是基于两个假设条件之上,这两个条件却很难实现:第一,短时间的轰炸迫使贝尔格莱德同意接受北约领导的军队保护科索沃地区的阿尔巴尼亚人;第二,北约空袭能严重削弱塞尔维亚军队镇压科索沃阿尔巴尼亚人的能力。1999年6月,北约领导的科索沃多国部队(KFOR)在科索沃留下的众多坟墓显示了他们在制止种族清洗的同时,自己的行为同样残暴。③ 曾领导对科行动的威斯利·克拉克将军在一次媒体简报时不经意地说道,"独独空袭是不能停止准军事行动的"。④ 制止1999年3月的科索沃种族清洗需要的不仅仅是空军,还需要陆军的重要参与。

只要联盟政府中存在这样的政治意愿,他们可以向马其顿和阿尔巴尼亚派遣陆地远征军,向米洛舍维奇表明北约对于保卫人权的严肃性。这应该已经足够把米洛舍维奇说服,让他坐到谈判桌前严肃地进行科索沃问题的磋商。同时,这也会为规避战争提供其他可能性,比如一支联合国领导的、而非北约领导的军队。从另一方面说,如果贝尔格莱德反而报以升级"马蹄铁行动",北约可以从陆上入侵科索沃,以制止塞族的准军事行动和

---

① 见 Robik Cook, Minutes of Evidence on Kosovo, House of Commons Foreign Affairs Committee, 14 Apr. 1999, p. 26. 有关 Operation Horseshoe 更多信息,见 'Milosevic and Operation Horseshoe', Observer, 18 July 1999.

② 有关 Cook 和 Abbott 之间的交易,见 House of Commons Foreign Affairs Commuttee Report on Kosovo, 14 Apr 1999, 26.

③ 例如,'Captured on Paper, a Child's Vision of Death', Guardian, 20 May 1999, 和 'British Team Verifies Atrocity Stories', The Times, 11 May 1999.

④ 'Pentagon's Revenge ad NATO Chief is Told to Go, Guardian, 29 July 1999.

常规部队。为了减少风险，可以在陆地入侵之前对其空防系统和南联盟及科索沃的塞族军事目标进行有力的空中袭击，要知道北约每轰炸一天，塞族部队就多一天时间来杀害和驱逐科索沃人。只要行动就不可能不造成杀戮，但这是唯一现实的解救科索沃人的策略。①

用空袭制止人道主义危机的目标没有达到，空袭就成了减轻随后的人道主义灾难的工具。面对"二战"后大量拥出的阿族难民，托尼·布莱尔为首的联盟首脑们将他们自己投入到一场将所有难民送回家的战争之中去。② 但是，科索沃阿尔巴尼亚人只能在其安全得到长期国际保护的情况下返回家园。这就是说，要么让米洛舍维奇相信，除非"同意"接受北约驻军，否则他将承担难以承受之代价；要么削弱塞族在科索沃的军事力量，以便北约陆地部队在一种被联盟领导称为"可行的情况"下，进驻科索沃。③

北约在空袭中是以塞族军队为目标的。但是，塞尔维亚人在缺乏有效空防系统的情况下，将他们的重型武器藏了起来。④ 盟军从未蓄意针对平民，并运用了最新的精确制导武器来防止"附带破坏"的可能。但是，随着要一个"结果"的呼声越来越高，北约越来越将目标锁定在南联盟的基

---

① 此立场遭到英国与法国政府的抵制。当4月14日下院外交事务委员会的 Mr. Woodward 询问不选用陆军时，外交大臣宣称，"陆军不是一个有魔法的捷径。如果我们要派遣地面部队，首先就要花两或三个月来建立他们，它至少需要100000人而且很可能还会是这个数的双倍……地面部队不是一个严肃的选择，当然不是一个捷径"（Robin Cook, Minutes of Evidence on Kosovo, House of Commons Foreign Affairs Committee, 14 Apr. 1999, pp. 13 – 14）。类似地，法国外长 Alain Richard 发表了法国政府在 Kosovo 战争军事教训的报告，他在11月10说，"较早地派遣地面部队不太会削减冲突，还可能会一个有代价的错误……空军是关键的第一部"（引述于 'Allies Emphasize Need to Prepare for Kosovo-Style Air Wars', *International Herald Tribune*, 12 Nov. 1999）.

② Tony Blair 在5月初访问 Macedonia 的 Stenkovec 难民营后特别热衷于对这一问题。见 Tony-Blair, 'Our Commitment is Total', 在 Stenkovec 难民营的讲话, Macedonia, 14 May 1999. Blair 较早把难民的回归当作是一项军事目的：Tony Blair, 'There can be no Compromise on the Terms we Have Set out', House of Commons, 13 Apr. 1999 (www.fco.gov.uk). Robin Cook 也持此观点。比如见 Statement by the Foreign Secretary, Robin Cook, House of Commons, 10 May 1999 (www.fco.gov.uk).

③ 见 Tony Blair, Prime Minister's Questions, House of Commons, 21 Apr 1999。另见 General Sir Charles Guthrie, 'Why Nato Cannot Simply March in and Crush Milosevic', *London Evening Standard*, 1 Apr. 1999.

④ 见 'Serb War Machine "surviving"', Guardian, 28 Apr 1999. 更多关于炸弹为什么收效甚少的论述参见 P. Rogers, 'Ground Cover', Guardian, 29 Apr. 1999.

础设施上，譬如桥、工业、炼油厂、燃料库，和一些被认为在科索沃军事行动中起重要作用的政治性建筑。这些都导致了越来越多的平民死亡。空袭的道德光环亦日益暗淡，因为越来越多的对平民区的误炸，更因为5月7日误炸中国使馆所造成的外交灾难。①

亚当·罗伯茨指出，北约对于所轰炸目标的选择不仅限于削弱用于科索沃地区的塞族军事机器，也包括一些可以迫使贝尔格莱德政府接受解决方案的塞尔维亚政权枢纽。②

以削弱塞尔维亚政权控制力的理由轰炸平民目标的军事行动是非常具有争议性的。这在4月23日轰炸塞族电视台之后国际社会的反应表露无遗。③ 横亘在盟军面前的一个普遍困境是，就算桥可以成为合法的军事目标，那么上面碰巧经过的汽车和火车呢？同样地，北约知道里面可能有平民工作人员在夜晚去轰炸发电厂是否合法？是否符合相称性原则是断定一次人道主义干涉是否合法的重要原则。那么，盟军的军事手段比起它原先要制止和纠正的目标来说，是否走得太过了？

在战争进程中，联合国人权高级专员玛丽·罗宾森提出了上述质疑。她质疑北约在目标选择上的态度是否足够谨慎；她说，"不仅要坚持相称性原则，更要失之于这种原则"。④ 她还补充说，做不到这一点，联合行动的人道主义保证从何谈起。不愿动用地面部队又过分依赖于空袭在她看来，是北约政府方面在他们所声称为之奋斗的人权保卫的人员配置方面没有足够的道义勇气。她还说，北约本来完全可以让飞行员飞低一点，将目

---

① "'End the Bombing' Calls after Embassy Fiasco", Observer, 9 May 1999. 关于对中国大使馆被炸的立刻反应及北约内部的信任危机，详见 'Behind the Walls of the Desieged Embassy', *The Times*, 11 May 1999, and 'Besieged NATO Rejects Serb "Ploy"', *Independent*, 11 May 1999. Reports in the Observer on 21 Oct. and 28 Nov. 质疑了事件的官方版本，即北约打击到了错误的建筑，声称中国大使馆当时被 Zeljko Raznatovic（波湾战争中著名的 Arkan 战犯）用来发送电波给他在科索沃的死党们。*Observer* 声称 "美国人知道他们具体在做什么。大使馆是美国军械库内最精确武器蓄意进攻的目标"（'Why America Bombed', *Observer*, 28 Nov. 1999）。

② 见 Robert, 'NATO's Humanitarian War', p. 115.

③ 见 'Serb TV Station was Legitimate Target Says Blair', *Guardian*, 24 Apr. 1999.

④ 见 P. Blishop, 'UN Rights Chief Warns NATO on Bombing', *Electronic Telegraph*, 5 May, www.Telegraph.co.uk.

标看得更清楚，这样就可以减少对平民的误炸。北约之所以不愿这样做不仅仅是为了其飞行员的安全，也是怕失去战斗机，他们还要保存自己继续空袭的军事实力。

罗伯茨指出，令人不胜烦扰的教训是，北约的空袭在损害塞尔维亚财产（包括其政府和人民）方面比它打击塞尔维亚军队和保护科索沃人民方面更有作为。① 这样的轰炸确实让人怀疑北约是否采用了适当的武器来清楚区分战斗员与非战斗员。但是，我们必须承认，在波斯尼亚战争中，空袭让贝尔格莱德于接受欧盟—俄罗斯和平计划方面起了重要的、即便不是决定性的作用。根据这个和平计划，塞尔维亚部队撤出科索沃地区，北约主导的多国部队进驻科索沃，以保证难民们在空袭开始后第十一周能够开始陆续返回家园。②

除了空袭以外，还有三个关键条件促成了米洛舍维奇接受北约的条件。第一是北约在5月末日益表现出的出动陆军干涉的可能性。因为已经向难民们保证了他们冬天以前可以返回家园，布莱尔面临着启动可靠陆军行动的要求。5月25日，北约通过了一项计划，将科索沃多国部队的既定人数增至50000人。5月31日，克林顿政府授权克拉克将军修缮可能要负责运输北约重型装备的，从都拉斯（Durres）港通往科索沃边境的阿尔巴尼亚道路。③ 但是，有关方面并没有下正式的陆上干涉决定。同时，克林顿政府对于这么做是不是足够聪明有着很重的怀疑。当然，英国和联盟中的其他欧洲国家也可以不要美国的帮助就直接自己出兵科索沃，但是这样做无疑会增大风险，从而引起英国收缩战线。

第二个严重影响了贝尔格莱德政府的原因是，俄罗斯不会积极支持其与西方对抗。俄罗斯很想促成一个使得它在科索沃有政治和军事存在的解

---

① 见 Robert, 'NATO's Humanitarian War', pp. 117 – 18.
② 即使是在6月3日的协议之后，还有许多困难困扰着塞尔维亚军方领导人和北约KFOR司令 Mike Jackson 将军之间的和谈。最后，6月9号签署了一项军事协议促使塞尔维亚部队撤退，并导致次日第1244条决议的产生，它授权包括俄罗斯部队在内的国际力量在科索沃的驻扎。见 Roberts, 'NOTO's Humanitarian War', pp. 116 – 117.
③ 同上，pp. 118, 和 'NATO Secretly Planned an Invasion of Kosovo', International Herald Tribune, 20 Sept. 1999.

决方案,它害怕北约的地面部队干涉是因为那可能导致它在该地区的孤立。兹比格涅夫·布列津斯基(Zbigniew)说,米洛舍维奇会让步全是因为与莫斯科达成了秘密协定,用一支俄罗斯的部队控制东北科索沃的一部分。布列津斯基辩称,这可以解释为什么俄罗斯出尔反尔,在普里斯蒂纳(Pristina)航空港空降了其伞兵部队。他说,只有匈牙利、保加利亚和罗马尼亚不让俄罗斯飞越其领空,才能阻止俄罗斯。此外,北约亦有决心,不让俄罗斯作为科索沃多国部队(KFOR)的成员来单独控制科索沃的一部分领土。不管这背后是否有某种马基雅维利式的意图,事实上就是,曾经对北约立场十分反感的俄罗斯在5月末6月初接受了北约的安排,同意了塞族部队从科索沃撤军。① 第三个迫使米洛舍维奇让步的理由就是,科索沃地区军事力量对比的变化。战争最后两周的UCK行动迫使南斯拉夫部队露面,于是北约就可以运用B—52战斗机来对它们进行密集轰炸,使得塞尔维亚部队遭受了重大的损失。②

我们应该给予联合行动的人道主义成功什么样的评价呢?在救援方面,北约用来制止"马蹄铁行动"的武器显然恶化了该行动。这个例子同伊拉克、波斯尼亚的例子一起证明了空袭在人道主义救援方面的局限性。在阻止人道主义灾难失败以后,空袭——正如在波斯尼亚战争中那样——在促成政治解决方案方面起了重大的——即使不是决定性的——作用。政治解决使得难民回流成为可能,更使得他们能拥有实质性的政治自治权。如果没有北约的干涉,他们是不会享受到这样的政治权利的。乔纳生·斯悌尔于1999年7月在普里斯蒂纳的时候写道:"那些指责轰炸把一场人道主义危机变成了一场人道主义灾难的西方批评家们,在科索沃可以短暂地忏悔一下了。阿尔巴尼亚人是主要的受害者,但他们却有一种几乎是共识的感觉:尽管代价比想象的更为血腥,但是为了逃离塞尔维亚人的统治,这些都是值得的。"③

---

① 见 Z. Brezinski, 'Why Milosevic Capitulated in Kosovo', Balkan Action Council, 14 June 1999, 和 Robert, 'NATO's Humanitarian War', p. 118.

② 同上。

③ 见 'Confused and Still in Denial, Serbs have a Long Way to Go', *Guardian*, 9 July 1999.

但是，尽管北约的干涉成功地重建了被米洛舍维奇政策剥夺的阿族民权与政治权利，北约的干涉却没有能够阻止新一轮的种族清洗。数以千计的塞尔维亚族人开始大批出逃，因为害怕阿尔巴尼亚族人对他们进行报复。科索沃多国部队根本不能建立起一个新的、塞族人与阿族人同时受到法制保护的多民族政体。科索沃多国部队甚至不能保护那些战后初期发现自己处于种族隔离的塞族人。① 这只会进一步燃起塞族和阿族之间的民族仇恨，甚至引发将来更大的惨剧。

最终的判断仍然取决于科索沃干涉的长期人道主义结果：从负面效应看，留在科索沃的塞族人的安全值得担忧；科索沃人是否会觉得独立的代价太大而迁怒科索沃多国部队，阿族极端分子是否会把 KFOR 当成他们的目标；阿尔巴尼亚民族主义可能会寻求一个"大阿尔巴尼亚"，这是否会引起马其顿中心的巴尔干地区新一轮的暴力与不稳定。

现在已经显明的是，北约的这次干涉不算是一次人道主义干涉的好榜样。我在本章结语中将会论及，对于北约的行动是否达到了定义一次真正人道主义干涉的要点：必要性、相称性以及正面的人道主义结果。但是结果却很出乎意料之外，除了少数几个国家之外，国际社会是肯定这次轰炸行为的。我们总能看到安理会有几个成员国在 1998 年末还成天担心北约没有联合国授权就轰炸南联盟的危险含义。但是，大部分的成员国还是赞同或至少勉强认同北约的行动的。现在我们就来看这些争论。

北约：人道主义执行者还是违法者

在俄罗斯的要求下，安理会于 3 月 24 日开会讨论北约的行动。拉夫罗夫大使启动了诉诸北约违背《联合国宪章》的审查。联盟政府辩称此次军

---

① 据估计 170000 名塞尔维亚人被迫离开科索沃。见 F. del Mundo 和 R. Wilkinson,'A Race against Time', *Refugees Magazine*, 116 (1999), 和 'Kosovo's Wounded Women Find NO Peace', Guardian, 19 Oct. 1999. 通过介绍建立在对科索沃人权践踏事件为期一年的调查之上的一份 1999 年 12 月 OSCE 报告，OSCE 在科索沃的首脑 Daan Everts 说，自从 KFOR 到达后说"一直缺少调查暴力事件、执行法律的能力"（引述于 'Scathing Kosovo Report Unveiled', *Guardian*, 6 Dec. 1999）。

事行动的目的乃是阻止一场人道主义灾难。对此,拉夫罗夫大使反驳道,"现有国际法基础是无法认同这样一次单边武力行动的,只能从坚实的法律基础、用干净的双手来对抗违法者。"① 白俄罗斯、纳米比亚和中国都支持这样的观点,即只有安理会有责任授权保卫其决议的军事行动。曾要求参与安理会一起考虑的印度亦支持该立场,认为"不管有多么强大,没有任何一个或一群国家和区域性组织,可以擅自僭越联合国的授权,对他国进行武断和单边的军事行动"。②

北约政府们同此种观点针锋相对,他们辩称此次干涉的合法性在于它是为了阻止一次人道主义灾难。这里,他们援引了第1199号和第1203号决议的措辞。这两个决议是符合《宪章》第七章精神的。同时,这两个决议要求塞族军队采取行动制止即将发生的人道主义灾难。荷兰认为,采取军事行动保卫人权之前必当先取得联合国的授权。但是,如果"因为那么一两个常任理事国顽固地坚持对于国内司法权的解释从而使得这样的授权无法达成时,我们不可以坐视不管,眼睁睁看一场人道主义灾难发生"。相反,范·沃森大使说,在这样的情况下,"我们将在既有的法律基础上行动,现在我们已经有了足够的这样的法律基础"。③

除了俄罗斯声称普遍国际法中没有支持这样的单边人道主义干涉的原则之外,英国也开始于1998年末与联盟中的其他政府来辨清在没有明确的安理会授权时北约在科索沃的行为是否有合法性基础。这次说明肇始于1998年10月流传于众多北约国家的首都中间的一份外交(FCO)文件。

一份安理会的决议能让北约的行动具有法律基础,同时从政治上庑获人心……但是,在人道主义必要性的迫在眉睫也能在没有安理会决议的情况下赋予一次军事行动以合法性。主要看如下几个标准是否达到:

(甲)要有可信的、被国际社会广泛接受的证据,证明大规模的极端人道主义悲剧要求迅速紧急的救援;

(乙)要客观而明白地证明,要解救那些无辜的生命,除了军事行动

---

① S/PV. 3988, 24 Mar. 1999, p. 3.
② 同上。
③ 同上。

别无他法；

（丙）要有同目的（人道主义救援的需要）必要而相称的武力使用，并且限于此目的的时间与范围之中。①

这份文件仿佛是安东尼·奥斯特先生在1992年为避难港向重要外交事务委员会辩护时的回应。英国内阁大臣们很快想起了海湾战争可以用来支持对轰炸南联盟行动的合法性。为了这样做，布莱尔政府强调安理会决议亦是由国际社会对于可能造成"极端重大的人道主义悲剧"的"可信证据"组成。政府对于这次行动合法性的辩护日益发展，但最先是由外交部的外相巴内斯·西蒙斯在其1998年11月16日给肯内特侯爵的一封信中提到的：

国际法中没有关于人道主义必要性的普遍法则。然而，当问题发生时（就像1991年的伊拉克一样），不管是什么情况，只要是符合安理会目的的、用于防止紧迫而严重的人道主义灾难的、有限的武力使用，就是合法的。②

空袭开始之前两个月，下议院的重要外交事务委员会向外交部大臣托尼·洛伊德质疑这种合法性理论。当泰德·罗兰和黛安·阿博特问及当安理会内部对于如何对科索沃采取行动尚有争议时北约是否有采取行动的合法权利时，托尼·洛伊德是这样回答的："在那样的情况下，我们是有这样的权利的。国际法确实给予了我所描述的情况下（北约采取行动的）合法性。……我们认为，那时（1998年10月）的人道主义危机确实需要干涉了。"③

英国认为北约不需要安理会的明确授权来取得在科索沃动武的权利得到了德国新上台的社会民主党与绿党联盟的施罗德政府的支持。尽管德国对于参与一次没有联合国授权的空袭感到很不舒服，但是新任政府要确认

---

① 引述于 Robert, 'NATO's Humanitarian War', p. 106.
② Baroness Symons of Vernham Dean, 给 Lord Kennet 的书面回复, Hansard, 16 Nov. 1998, col. WA 140.
③ Tony Lioyd, Minutes of Evidence on Kosovo, House of Commons Foreign Affairs Committee, 26 Jan. 1999, p. 12.

北约地位的意愿却远比前任政府来得强烈。新上任的国防部长鲁道夫·沙平认为，应该发展国际法，使得大规模的违反人权行为本身就成为动武的合法权利之基础。① 此外，即将上任的德国外长根特·凡尔根也回答了关于安理会授权的问题，他宣称安理会的否决权不能阻止其他国家对一个杀戮已经侵犯了最最根本的普遍人权的国家采取行动。他说，"你们可以想象，情况已经如此之紧急，任何一个正常人都会说，要采取行动来制止杀戮。如果俄罗斯……这个时候在安理会使用否决权，我们可以认为这是对否决权的滥用。因为制止屠杀比遵守普遍意义上的国际法更为重要。"②

德国政府的态度之所以重要是因为他们不像英国政府那样，说没有安理会授权的单边人道主义干涉具有其合法性基础。根特·凡尔根明确表示没有安理会授权的动武确实有碍于正式的国际法约束。但他认为，具有否决权的那些国家同时也应该担负起维护普遍人权的道义责任。如果他们滥用否决权，那么单边的人道主义干涉亦是合法的，哪怕那是违反法律的。

不出意外的是，五个同时为北约成员国且为安理会成员国的国家并不坚称北约之违法是合乎道义的。相反，他们强调北约的行动乃是符合在《宪章》第七章下通过的第1160号、第1199号和第1203号决议的。作为安理会成员、欧盟轮值主席国的德国领导下的欧盟持此种观点。一次在柏林召开的会议上，德国大使宣读了早前经欧洲议会通过的、支持北约动武的文件。

斯洛文尼亚的态度比北约国家更为激进。它认为因为俄罗斯和中国在安理会滥用否决权，联合行动是合法的。斯洛文尼亚大使对于"不是所有常任理事国都能承担起《宪章》下他们对于国际和平安全的特殊责任"表示遗憾。③ 这种说法对于1998年末俄罗斯和中国不同意通过对南联盟动武的决议表示了含蓄的指责。

虽然不那么强烈地支持，冈比亚认为情况的"紧急"给予了北约行动的合法性。巴西、巴林、马来西亚、加蓬和阿根廷都不认为行动是不合法

---

① Guicherd, 'International Law', p. 27.
② 引述于 'Germany will Send Jets to Kosovo', *Electronic Telegraph*, 1 Oct. 1998.
③ S/PV. 3988, 24 Mar. 1999, pp. 6 – 7.

的。在北约的轰炸开始两天之后,俄罗斯同白俄罗斯、印度一起起草了一份决议草案。在草案中他们谴责北约的行为乃是违反了《联合国宪章》的第2 (4) 条、第24条和第53条,并且要求停止敌对行为。为了谴责其他国家的动武,一般国家都援引第2 (4) 条。但是宣称北约违反了第24条和第53条、质疑他们是否有权在新的领土上动武却引起了争议。第24条规定,安理会的责任是维持国际和平与安全,在得到联合国会员国同意的情况下"在其名义下履行其责任"。① 《宪章》第53条规定,安理会可以"利用这样的……区域性安排或机构来行动",但是《宪章》明确表示这样做必须经过安理会的授权。结果就是,北约被认为越权行使了安理会的主要职责。俄罗斯大使说,"现在的较量是要法律还是不要法律。这是这样一个问题,是重申一国及其人民对于《联合国宪章》的基本原则和价值的维护,还是容忍实力决定一切的权势政治。"②

为了反驳这种控告,三个在安理会的北约国家同斯洛文尼亚一起坚定地维护联合行动的正当性。美国、荷兰和加拿大不认为行动违反了《联合国宪章》,认为行动同现有的决议是相一致的,同时为了阻止人道主义灾难的发生,行动是合法的。美国认为北约的行动没有违反《宪章》,因为《宪章》"没有禁止武力针对任何一个民族,没有说国际社会应该对逼近的人道主义灾难视而不见"。③ 加拿大强调北约行动背后的国际合法性在于支持决议草案意味着将国家置于"决定要制止南联盟对科索沃人的暴力行为而应该采取行动的国际共识之外"。④ 斯洛文尼亚提出了它两天以前提出的观点,他们考虑到,尽管他们认为有安理会的直接授权更好,但是"安理会在维护世界和平与安全上具有重要的但不是唯一的责任"。这种观点对于俄罗斯认为北约行动违反了《宪章》第24条的指控提出了富有想象力的反驳。正如斯洛文尼亚大使说的那样,"所有安理会成员都必须谨慎思考,应该采取什么行动才能保卫安理会的权威,才能使得安理会最大程度

---

① Charter of the United Nations, Article 24.
② S/PV. 3988, 24 Mar. 1999, p. 6.
③ 同上, p. 5.
④ 同上, p. 3.

地符合《宪章》精神"。① 是拒绝授权行动的俄罗斯和中国违反了《宪章》第24条,是他们的否决使得安理会"不能履行其维护国际和平与安全的主要职责"。

在对决议草案的投票中,草案以12票比3票(俄罗斯、中国和纳米比亚)未获通过。英国政府在投票之后说,第1199号与第1203号决议已经认定米洛舍维奇的政策对"该地区的和平与安全造成了威胁",并且"需要采取军事行动作为特别的手段来制止这次严重的人道主义灾难"。② 法国政府亦推崇此种立场,其代表说,"(采取军事行动的)决定是基于贝尔格莱德政府对其国际责任的违背而作出的。这同时也是在安理会决议之下作出的决定,符合《宪章》第七章的精神"。③

北约政府在3月26日的安理会争论中采取强调合法性和道义基础的立场是不令人意外的,但值得注意的是有六个非西方国家同斯洛文尼亚站到了一起,对俄罗斯谴责北约轰炸的决议草案采取了联合反对的立场。在这六个国家中,只有三个国家通过公开表态来表达他们的反对。这些国家的明确肯定值得我们进一步研究。巴林政府重复了标准的北约讲法,认为科索沃境内发生的人道主义灾难给予了干涉行动以合法性,并且,支持决议草案只会使得米洛舍维奇进一步加强种族清洗。④ 马来西亚政府对于安理会内部存在的分歧感到遗憾,认为"在安理会之外采取行动是必要的"。⑤ 尽管马来西亚政府并没有明确支持北约行动,马来西亚政府却是不干涉原则的坚定支持者。其对于一次超越安理会的行动的辩护亦颇值得注意。其对于科索沃的态度一定程度上是因为北约的干涉是对穆斯林的保护。阿根廷政府则更加支持北约的行动,声称拒绝通过决议草案是为了制止发生在科索沃的大规模违反人权行为。的确,阿根廷大使称,保卫人权的责任和履行国际人权法是"对于被广泛承认和接受的责任和承诺的反映"。⑥ 这其

---

① S/PV. 3988, 24 Mar. 1999, p. 4.
② 同上, p. 7.
③ 同上, p. 6.
④ S/PV. 3989 26 Mar. 1999, p. 6.
⑤ 同上。
⑥ 同上, p. 7.

中所暗示的含义在于，在科索沃那样特别的情况下，国家有权利采取行动来制止对人权的侵犯，甚至不需要安理会的明确授权。对于阿根廷政府此种立场的一个解释是，随着其在国内越来越重视人权观念和价值，阿根廷在国际上也表现得越来越支持人道主义价值。冈比亚和加蓬没有参与此次争论。强烈反对任何没有安理会明确授权的武力行动的巴西也在此次会议上保持了沉默。

五个北约成员国和安理会其他国家所提供的对于联合行动的各种辩护理由在3月26日仍然遭到了决议草案倡议者和拥护者的反对。南联盟大使对于"以美国为首的北约的明目张胆地侵略""感到悲哀"，并认为这在国际法上是不能得到承认的。[1] 乌克兰和白俄罗斯重复了俄罗斯的话，认为北约的行动是非法的。这种立场得到了中国的强烈支持，认为这是"对于《宪章》和国际法原则明目张胆的违反，并且挑战了安理会的权威"。[2] 印度代表说北约"认为他们自己高于法律"，并对此"感到十分不舒服"。印度质疑北约行动的国际合法性，认为"当一半的成员国都说他们不支持该次行动的时候，这次行动就很难说是被国际社会所接受的"。[3]

安理会的这次投票具有历史性意义，因为自《宪章》生效以来第一次，七个成员国基于人道主义理由，对于没有安理会明确授权的武力行动采取了认同、辩护、默许的态度。俄罗斯的决议草案表现了早前安理会中对是否对前南斯拉夫动武的争议。俄罗斯人显然没有想到，大部分安理会非常任理事国都拒绝通过这个决议草案。有人怀疑，如果俄罗斯人早知道会遭到这样的惨败，就根本不会提出这样的论调和决议草案。那么，这次干涉是否意味着新规范出现时的转折点呢？

古巴大使这样解释这样的投票结果，他认为这次投票是"令人感到羞耻的"，因为"国际法完全被忽略了"。他宣称，"美国所主导的单极世界从来没有这样明目张胆和可怕过"。[4] 美国究竟在3月26日的安理会投票

---

[1] S/PV. 3988, 26 Mar. 1999, p. 11.
[2] 同上，p. 9.
[3] 同上，p. 16.
[4] 同上，p. 13.

中起了多大的作用，这次投票究竟从多大程度上反映了关于单边人道主义干涉合法性的国际规范的剧变？这些问题关于本书的理论核心，我将在结论一章中解释之。

结　论

在巴尔干地区的干涉行动再次诠释了预防强于补救的古谚。很多国家错过了进行决定性干涉的机会，还有一些国家一直寻找理由，站在反面。认为击沉几艘正在炮轰杜布罗夫尼克（Dubrovnik）的南斯拉夫战舰就能制止米洛舍维奇的想法未免过于天真。但是，正因为西方国家没有这样做过，我们并不能知道有限的武力示威能否威慑到塞尔维亚人。没有能够制止克罗地亚的杀戮之后，安理会本可以通过派遣的多国部队和把波斯尼亚变成联合国的保护国来规避发生在波斯尼亚的惨剧。联合国对于波斯尼亚的干涉对我们最重要的启示在于，采取预防性军事措施可以制止降临在前南斯拉夫人民身上的最可怕的惨剧。

最终的具体干涉是采取武力保护人道主义救援的形式。这至少好于无所作为。留下波斯尼亚人民听天由命只会导致更多的人丧命、塞尔维亚人军事目标的完全实现甚至冲突升级成为更大的地区性灾难的风险。尽管保护救援的政策解救了数以万计的、可能在1992年至1994年那个残酷的巴尔干之冬中丧命的人的生命，但这并没有解除他们的危险。西方对于波斯尼亚的道义援助之局限性在其安全地带政策的破产中得到了完全的表达。联合国声称可以保护平民的保证如此空洞，因为安理会召集不来30000人，波斯尼亚的联合国军官认为，既要保护他们，又要解除他们的武装。

联合国成员国不愿为安全地带政策的实现提供士兵，为了削弱塞族军事力量，对空袭的依赖自然加强了。仿佛是四年之后科索沃的一次预演，北约的空袭有效地打击了波斯尼亚塞族军事力量，但这也阻止不了他们越过联合国的安全区防线。但是，联盟政府没有意识到空袭是无法制止准军事行为如谋杀等、也无法制止种族清洗的，他们反而认为是北约1995年9月对波斯尼亚塞族部队的空袭让米洛舍维奇接受了代顿和平协定。

克林顿和布莱尔确信威胁要轰炸和轰炸能达到迅速的效果,他们确信要比在波斯尼亚更加果断,就是说,在科索沃种族清洗问题上,坚决不能与贝尔格莱德妥协。那么,北约第一次保卫人道主义战争究竟在多大程度上达到了一次合法的人道主义干涉的标准?在必要性,或曰最后手段的问题上,布莱尔在其芝加哥演讲中提到,"我们应该给和平以每一次机会,就像我们在科索沃所做的那样"。① 罗伯特·斯基德斯基说,"如果北约排除使用武力的可能性,外交手段现在也将大有不同"②。斯基德斯基和责备北约太早放弃磋商的那些人所忽视的一点是,米洛舍维奇之所以在1998年末退缩全是因为北约空袭的威胁。③ 只有米洛舍维奇接受一支能保护科索沃人的多国部队,北约制止科索沃种族清洗的目的才能达到。而如果不采取军事行动,米洛舍维奇绝不会同意这一点。

另一个有问题的地方在于,有人说北约在法国的朗布依埃(Rambouillet)向南联盟提出了它不可接受的条款,南联盟拒绝它才给予了北约行动以合法性。④ 没有任何一个主权国家能接受这样的条款,这些条款让北约可以在南联盟境内横冲直撞,完全不顾朗布依埃条款的目的只是在科索沃地区限制南联盟主权。米洛舍维奇是在科索沃违反人权的主要因素,过渡性协定的目的正是要制止这样的情况。有人说北约应当同欧洲安全与合作组织(OSCE)的调查员合作,来制止米洛舍维奇的行为。然而他们忘记了,此刻米洛舍维奇正在朗布依埃和巴黎谈判的掩护下开始了新一轮的春季攻势。若米洛舍维奇确有诚意给予科索沃地区以自治权,他的代表显然应当主动在朗布依埃和巴黎谈判中提出建设性意见。⑤ 他们什么意见也不提,北约政府自然会说他们已经穷尽了外交手段了。认为北约没有尝试足够的和平手段就贸然动武的人们,自己也提不出可以保护科索沃地区人权

---

① 见 Blair, Economic Club of Chicago, p. 9.
② 见 R. Skidesky, 'Is Military Intervention over Kosovo Justified?', *Propect Debate*, 5 June 1999.
③ 北约曾被建议在1998年末向OSCE查证任务提供更多的人力,由此就会有成千上万训练有素、装备精良的查证人员穿行在科索沃,手里拿着相机拍录任何暴行,而不再是只有几百个查证人员。这一主张的问题在于 Milosevic 只允许布置1700名查证人员。
④ 这是由 Ken Booth, John Pilger 及其他清晰表达的观点。
⑤ 这一观点属于 Alex Bellamy.

第八章　通过空袭实施人道主义干涉的局限：波斯尼亚和科索沃事件 / 307

的非暴力策略。

肯·布思认为局外人"可以照顾难民，营造对米洛舍维奇不利的国际环境，对塞尔维亚采取严厉的制裁，采取一切方法帮助塞尔维亚的文明社会，并且为一个新政权的经济和安全重建提供足够的动力"。① 基于和平原因，布思不反对人道主义干涉，但是从现实角度考虑他认为联合行动并没有拯救多少人的性命，甚至造成了反效果。

这样的控诉实在太过苛求。布思的问题在于，他的方法需要很长时间来实现。与此同时，米洛舍维奇能够继续进行他的种族清洗计划，把科索沃的克拉吉那（Krajina）变成塞尔维亚人的家园。毕竟，塞尔维亚在九十年代的经济制裁中也没有改变米洛舍维奇政府的政策。有人说北约的暴力人道主义干涉作为援助来说是失败的。但是反驳理由有二：第一，当轰炸升级了塞族种族清洗并导致了大批科索沃人的被害，但是北约的行动至少让 KFOR 和在其他情况下不可想象的政治自治权成为现实。第二，要使北约的陆地入侵威胁足够有信服力，北约不得不在 1999 年 3 月对塞族屠杀科索沃人的行为采取干涉行动。

在科索沃这个例子中要特别说明的是，为何史上最强大的军事联盟不能提供足够可信的陆地入侵威胁。其解释是，没有任何联盟政府赞同这个策略，因为他们相信伤亡事件会减少国内的政治支持。北约行动背后的人道主义动机一定要放在"无伤亡"这一最高约束之下。如果没有这一保证，就不会发生对科索沃的干涉。正是这样的要求决定了选择空中轰炸作为实施人道主义干涉的手段，而这却造成了与此行动的人道主义动机相抵触的后果。但是如果没有空中轰炸行动，米洛舍维奇就不可能会屈从于"科索沃维和部队"，这一事实缓解了以上抵触。问题是，人道主义干涉手段及积极的人道主义成果之间的矛盾是否足以让"行动联合部队"丧失人道主义的资格。这里作出的道德判断是复杂的，而且它在本质上只能是一个暂时的判定。一方面，此次干涉造成了它本要避免的灾难，"科索沃维和部队"也没能阻止塞尔维亚人的大批出逃和保证驻留人员的安全。另一

---

① Booth, 'The Kosovo Tragedy: Epilogue to Another "Low and Dishonest Decade?"', p. 14.

方面，通过空中轰炸、俄罗斯的外交斡旋和地面入侵的威胁，迫使米洛舍维奇接受了一份协议，使难民返回家园，并创建科索沃维和部队和成立一个联合国全国行政机构以帮助科索沃人民建立法治的多种族政权。

　　平衡这些相冲突的道德考虑的困难在于，我们永远不会知道，假如北约没有在1999年3月采取行动，那么会有多少更多的科索沃人被杀害、被逐出他们的家园。北约预防性地实施了行动，这样做是正确的，但是它采取了不恰当的手段。联盟本应该通过创建一支入侵部队来声明它维护人权的许诺，从而在外交失败的情况下能够执行一次成功的救援任务。为了回应认为空中轰炸是保证联盟团结的唯一策略的主张，北约政府宣布，他们对维护科索沃人权的许诺不会扩展到部署地面部队，因为这会对士兵生命造成危险。

结 论

赞同采取干涉以保护遭受大规模屠杀的难民这一发展中的国际规范无疑将继续对国际社会造成巨大的挑战。

任何关于我们对国家主权和个人主权理解的决议都有可能会遭受不信任、怀疑甚至反对。但是我们应该欢迎这样的决议。

为什么呢？因为，尽管它存在缺陷和不完整性，它证明了人性更多地而不是更少地关心遭受其中苦难的难民，人性为结束这种苦难愿意做得更多而不是更少。

这是二十世纪末的一个希望标志。①

科菲·安南的声明支持了如下观点，即20世纪90年代的人道主义干涉实践代表了国际社会里的一种新社会连带主义。本章的目的是根据前几章里的理论和经验分析，对这一观点进行反思。关于人权强制措施证明秩序和正义能够被调和，国际社会在多大程度上展现出了新社会连带主义？第三部分的章节描绘了国际社会如何在20世纪90年代对社会连带主题变得更加开放。它也显示了多元主义和现实主义如何继续限制国际社会把人道主义干涉看作合法的规范性行为的可能性。在这最后一章里，我考察这

---

① Kofi A. Annan, 'Two Concepts of Sovereignty', 在联合国大会第5次会议上的讲话，再版于 The Question of Interaction: Statements by the Secretary-General (United Nations Department of Public Information: New York, 1999), p. 44.

些对发展社会连带主义计划的约束是怎么被克服的。

外交对话中社会连带主义的观点

科菲·安南对人道主义干涉这一说法的谨慎欢迎与前联合国秘书长的立场形成了鲜明对比。这说明了该问题如何在新世纪初走向政策关注的最前沿。1999年9月的第54次联合国大会目击了对人道主义干涉合理性和合法性的大范围辩论，有些政府发表了起初很难被承认的看法，即人权考虑可以为安理会授权使用武力提供合理的根据。自从20世纪70年代联合国对印度和越南的武力动用进行辩论之后，规范已经明显地改变了，而科菲·安南正确地认为，存在一个支持干涉的"发展中的国际规范"。然而，这种规范性改变受到非常重要的警告，即国际社会对认可未受到安理会授权的人道主义干涉表示了极少甚至丝毫全无的热情。

在科菲·安南1999年9月向联合国大会汇报其年终报告的演讲中，他表示了他的关注，即打着人道主义名义的单方面干涉行动可能会侵蚀国际规则的基础。正是针对于这一背景，我对孟加拉国、柬埔寨和乌干达的案例研究具有相对重大的意义。印度、越南和坦桑尼亚都在没有联合国授权的情况下，对一个正在进行大规模屠杀的国家诉诸军事干涉手段。在每个案例中，人道主义观点本可以被引用来辩护武力的使用。但是，除了最初的印度，其他政府都依赖于对多元主义规则的高度应变性解释，正是这些构成了容许行为的可接受界线。正如联合国大会对越南事件的辩论所显示的那样，20世纪70年代的领导者并非没有意识到人道主义干涉这一理论。回想一下新加坡的大使是如何根据人道主义干涉总是被强权所滥用的理由反驳这一辩护的。其他成员则强调了多元主义的抗议，即国际社会在正义的概念上过于分散，以致不能够认可人道主义干涉的权力。现实主义和多元主义观点的结合合理地解释了国际反应对印度尤其是越南使用武力的反对意见。

在第二部分里，主张人道主义呼吁在20世纪70年代不被接受为武力使用的合法理由这一观点易受到这样的反驳，即我们应该越过国家的言辞而看它们的实际行动。此处的观点是,国际上对印度特别是坦桑尼亚行为的实际反应,显示了这些行为都被当作是规则外的人道主义特例。我考察了这个涉及泰森(Teson)对孟加拉国和乌干达事件分析的观点。泰森(Teson)的观点是,正如行动者自己的辩词所揭示的,安理会、联合国大会和非洲统一组织里的对话不像国家行为那样是对他们实际动机的可靠指引。国家的实际动机——而非国家的法律确信——构成了对支配国家行为的操作规范的最好描述。① 我在第二章和第四章展示了泰森(Teson)解释孟加拉国和柬埔寨案例的局限,但是我在此的总体观点是我们应该集中于"行为而非语言"。

在思考社会是如何结合在一起时,在语言和行为间作出区分是个绝对的错误。语言通过确定哪些是可能的,从而确立了行为。本书表示在国际社会中语言更重要。政府引用的辩护理由是至关重要的,因为它们授权并约束行为。例如,尼克松政府把印度对东巴基斯坦的干涉称为侵害而不是拯救(参议员肯尼迪提出的选择性解释),这一事实具有重要意义,因为一旦这个意义被加诸到该行为,它就在反对其他不可接受行为的同时也即刻承认了某些行为方式。

此外,事实是尼克松政府并不能随意发表看法:推动美国当时外交政策和国际社会多元主义道德的冷战取向,限制了美国把印度的行为认可是人道主义的。选择性的社会连带主义解释适用于决策者,这一事实提醒我们,政府加诸到行为上的含义既不是固然的也不是必然的。因而重要的是去思考,有关合法性的主导性谈论如何在20世纪70年代的美国决策中排斥社会连带主义。

我在本书中已经声明,国家行为由合法性构成。可能有反对意见说,构建国际社会的多元主义原则并不足以约束印度、坦桑尼亚和越南使用武

---

① Tenson 有关人道主义干涉的专门观点受到国际律师 D'Amato 稍后论点的支持,后者认为,学者"应该高度怀疑法庭上政府的大纲文献及他们代表律师或外交办公室的观点。怀疑主义也可以很好地促使会员国把联合国大会决议或安理会对会员国行动的谴责看作是国际规则的体现。有时安理会的一项没有强制执行的谴责就像是在对那些违法的国家说,'我们口头上谴责你们,但是不要担心,我们不会具体做什么的'"(引述于 Farer, 'An Enquiry', p. 188)。

力。这表面上支持现实主义的观点,即国家总能找到便利的理由为破坏规则的行为辩护。正好相反,如第二章和第四章所显示的,不管印度和坦桑尼亚隐藏了什么潜在的动机,假如两个政府没有引用任何合法化理由,孟加拉国的建立和阿敏恐怖主权的推翻就是不可能的事情。他们"难民侵略"和乌干达侵略的辩词对于因其他原因而决定行动来说并不是过后的合理化;它们是促使印度和坦桑尼亚决定使用武力的基本条件。为了重申拯救陌生人的指导性主题之一,如果国家行为不能根据一个似真的合法性理由被证明是正当的话,那么它们就会受到约束。

这种观点的逻辑推论就是,变幻中的规范使得新的国家行为变成可能,第三部分探索了西方国家如何辩护它们在伊拉克北部和索马里基于人道主义理由的干涉。那么,在西方政府领头谴责印度和越南的干涉行动时——印度和越南本能够也本应该以人道主义理由来证明自己的行为是正当的,我们该如何解释这些西方国家引用社会连带主义观点辩护他们在20世纪90年代的干涉行动?

现实主义的答案是,20世纪90年代人道主义干涉的新行为是变换中权利关系的表现。冷战的结束显著地改变了全球的权力平衡,美国领头的西方国家在全球政治秩序中占据支配性地位。结果,没有哪个国家或国家群能够挑战西方政府的政治、经济和军事主宰。这使得美国及其同盟国能够派遣军事力量进驻伊拉克、索马里和巴尔干半岛,而不必向冷战时期那样担心这样的干涉可能引起超级强国危机。假如没有这样优越的政治地位,西方国家在没有俄罗斯支持的时候就会更加谨慎地采取行动,比如它们对伊拉克北部、波斯尼亚尤其是科索沃的干涉。诺姆·乔姆斯基认为,美国对人道主义干涉的新创热情反映出如下事实,即它已变成辩护美国权力规划的合法意识形态——既然冷战时期的意识形态已不再服务于此目的,而这对保持它的经济霸权是必要的。①

正如我在第三部分论述的,这种现实主义解释存在两个问题。首先,

---

① N. Chomsky, *The New Military Humanism: Lessons from Kosovo* (Monroe, Me: Common Courage Press, 1999).

它忽略了至关重要的一点,即便布什和克林顿政府的官员引用人道主义辩词只是为了潜在的理由,他们随后也会发现有必要保持自己之后的行为与自己的人道主义主张相符合。其次,认为美国和西方决策者利用人道主义合法意识形态为自己私人利益服务的观点,忽略了西方国家提出的社会连带主义观点在某种程度上是国内领域规范改变的结果:公众被电视里的屠杀和受难画面震惊了,他们要求"做些事情,并在伊拉克北部和索马里事件中给政府施加人道主义干涉压力"。

在本章的稍后部分我会继续讨论电视和公众舆论作为社会连带主义价值传送带的可能性,但在此,我想思考一下西方政府提出的人道主义主张在多大程度上挑战了国际社会里主导性的多元主义合法原则。正如我在第五章和第六章所表示的,由于西方政府试图为他们在伊拉克北部和索马里的干涉寻求联合国的合法性旗帜,安理会在1991年到1992年对社会连带主义价值逐渐变得更加开放。如何在国际社会里提出人道主义主张这一亮点取决于具体的权力支持,因为,假如西方政府没有承诺干涉伊拉克北部和索马里,安理会不可能会接受第688号和第794号决议。这两号决议都与多元主义对根据《宪章》第七章安理会的容许行为的理解相冲撞:决议使得干涉能够在伊拉克北部建立安全避难营,而多元主义则要求美国在索马里国家崩溃的情况下使用武力以保护人道主义价值。

20世纪90年代的关键规范性改变是,在西方政府的压力之下——西方政府也是为了回应本国内部的公众要求——安理会日益把它根据《宪章》第七章所具有的义务解释为包含了强制执行全球人道主义规范。然而,这种人道主义干涉的规范被严格限制于联合国授权干涉的事件。这个备受争议的观点涉及个别国家或国家群在没有联合国授权的情况下,为遏制人权践踏而进行干涉的合法性和合理性。这种两难的局面首次出现在伊拉克北部的干涉事件中,当时西方强国在没有联合国明确授权的情况下建立了安全避难营;后来,在北约干涉科索沃时,它就成了辩论的主要问题。

西方国家在伊拉克北部的干涉并没有招致国际上的批评,这导致英国在辩护对科索沃的干涉时调用此事件作为其合法先例。我在第八章里展示了外交及联邦事务办公室的法律顾问如何尝试避免北约被当作是"规范生产商",他们认为对伊拉克北部的干涉为军事干涉科索沃提供了合法理由。他们的观点是,伊拉克北部的干涉案例为旨在支持现有联合国决议里以人道主义为目的的军事干涉开创了先例,哪怕这样的干涉没有得到安理会的直接授权。这个法律观点存在两方面的问题:首先,这并不是西方强国引用来保卫伊拉克北部干涉行动的辩词。西方政府在1991年4月发表的声明是,第688号决议本身就授权建立安全避难营和禁飞区。

英国政府所持观点的第二个问题是,这两个事件之间存在一个重要的区别,即很难解释为什么它们受到俄罗斯、中国和印度这些大国如此不同的对待。对伊拉克北部的干涉被认为是人道主义的,然而就如我在第8章论述的,在科索沃为捍卫人权而动用武力具有较弱的人道主义资格,这是因为它几乎不能通过有关相称性及积极人道主义成果的门槛测验。在伊拉克北部建立安全避难营和禁飞区的人道主义辩词与它所使用的手段保持了相当清晰的一致。正如我在第五章论述的,伊拉克北部的干涉案例受到相对限制主义的检测,以确定是否可以被看作是《宪章》第2(4)条所容许的武力使用。虽然联盟政府在干涉科索沃后试图把北约的武力动用解释成没有破坏《宪章》第2(4)条,但这是件很棘手的事情。北约的干涉的确没有导致南斯拉夫的政权变更或领土丧失。但是,《宪章》第2(4)条认可以下看法,即它允许它的会员对一个在自己境内残暴践踏人权的国家实施针对军事目标、工厂、桥梁、其他交通线路和炼油厂的持续轰炸。在对南斯拉夫的空中轰炸造成塞尔维亚居民伤亡以及空中拯救的最初结果却是加速了种族清洗这样的情况下,俄罗斯、中国和印度有能力质询联盟力量行动的合法性。

安理会对北约轰炸南斯拉夫的反应非常不同于它对西方干涉伊拉克北部和南部的默许。如我在第五章论述的,那些私下反对安全避难营及禁飞区或为此感到不安的会员国默许了这些行为,因为他们不想被看作是在责备挽救生命的行为。这种人道主义规范的羞耻感权力并没能约束俄罗斯和中国对科索沃事件保持沉默,这是因为,一方面,北约的人道主义理由间存在矛盾,另一方面,使用的手段也没能达到这些目的,这使得联盟受到这些大国的谴责。俄罗斯和中国指责说，北约不仅公然破坏了《联合国宪章》，而且它的行为还造成了它恰恰声称要遏止的人道主义灾难。

由于俄罗斯和中国在轰炸前就威胁要否决任何提交给安理会审议以批准北约对南斯拉夫动用武力的决议，他们事后的反对意见并不令人惊奇。然而，需要解释的是，在 1999 年 3 月 26 日，六个非西方国家如何会支持北约政府和斯洛文尼亚（不存在米洛舍维奇政权的朋友），全面否决了俄罗斯的一项谴责轰炸的决议草案。如我在第八章论述的，古巴大使强烈表示这样的投票是美国霸权主义的产物，而且这又把我们带回到上文曾提到的问题，即是否权力总能建立便利于自己的合法性。

现实主义的观点是，安理会是权力政治的舞台，其中强者统治弱者，所有会员国都为获得对自身观点的支持而进行战略上的交涉。基于这样的理解，非西方国家对否决俄罗斯议案的投票就要按照美国施加的压力来解释。这种现实主义观点的问题在于，它没有区分开基于支配关系上的权力和基于通用规则的合法权力。对此一个很好的例子就是人道主义规范的羞耻感权力，它并非衍生于西方国家的政治经济霸权；相反，它滋生于这一事实，即甚至镇压性政府也认识到有必要把他们的行为与全球人权标准保持符合。在以下行为间作出理论和经验的区分是重要的，基于暴权考虑而默许的行为，因为人道主义规范羞耻感而勉强接受的行为，以及因为道德上被赞同而得以确立的行为。①

一位国际律师最近的一篇文章引起了对合法性衍生于默许这一问题的注意。奈杰尔·怀特认为，"安理会不进行谴责不可以被当作是对使用武力的授权"。② 如果这是正确的，那么更贴切的问题便是，安理会的会上观点是否构成了支持单方面人道主义干涉权力的法律确信。在由于俄罗斯和中国的否决权威胁，安理会没有明确批准的情况下，北约的五个安理会会员国被迫发表以下新的声明：在必须使用武力来阻止人道主义灾难的异常

---

① 这个观点属于 Andrew Hurrell.
② N. D. White, 'The Legality of Bombing in the Name of Humanity', 呈给英国国际研究协会年会的论文, University of Manchester, 20 – 22 Dec. 1999, p. 6.

境况下，国家为支持《宪章》第七章的现有决议拥有动用武力的合法权力。① 3月26日的投票结果对此观点带来一些支持，但在七个之中只有四个赞同北约行动的情况下，过多地解释7—3这样的投票结果所隐含的意义是不明智的。正如我对乌干达和伊拉克北部事件所论述的，默许不应当被理解为一种新规范的出现。因此，把冈比亚、巴西和加蓬的默许曲解为安理会直接授权之外的人道主义干涉新规范就是错误的。现实主义对这些国家投票的解释比较具有说服力，但不一定是最终的解释，因为这些国家本可以弃权的。因此，另外两条解释则暗示：首先，考虑到不能反对一个旨在终结灾难的干涉，他们被迫选择沉默地支持北约的行动；其次，他们通过投票表明他们理解迫使北约不经授权即采取行动的安理会内部政治局势。在这三个解释间很难作出选择，因为它们都有可能影响了促使巴西、冈比亚和加蓬默许北约行动的推理。

只有阿根廷和斯洛文尼亚对北约的行动表示道德上的赞同。现实主义会认为阿根廷的赞同是基于利益的考虑，但是这忽略了国内领域的规范变更如何改变国家利益的观念。阿根廷国内对民主价值的渐增承诺反映在它对保卫国际人权的新创承诺。相似地，现实主义可能会用强权政治的话语来解释斯洛文尼亚对米洛舍维奇政权的谴责，但是并不存在充足的理由去怀疑它在安理会提出的主张的真诚性。（斯洛文尼亚常驻联合国代表曾经是一位国际法教授，这一点可能意义重大。）

因此，即使让步于现实主义的观点即阿根廷和斯洛文尼亚只是运用语言策略性地助长自己的利益，然而重要的是，这两个国家都通过证明北约的行动符合了人权规范及《宪章》第24条而试图使该行动合法化，这些构成了安理会在科索沃事件上的既定语境。这也重申了斯金纳观点的重要性，他认为在行动者期望证明那些挑战现有规范的行为是正当的时候，他们会试图把这些行为辩护为与主流合法性话语相一致。正如我在第二章和

---

① 在北约发动联合军事行动三个月前的在南非的演讲中，布莱尔首相认为，"人们说你不能自我鉴定甚么是对，甚么是错。这是对的，但是如果国际社会赞同某些行为而没能执行它们，那些能够行动的国家就必须行动"（Tony Blair, 'Facing the Modern Challenge: The Third Way in Britain and South Africa', Cape Town, South Africa, 8 Jan. 1999）.

第四章展示的，印度尝试通过诉诸对《联合国宪章》里人权规范的社会连带主义解释，以辩解它对巴基斯坦的武力使用，而新的乌干达政府则通过指向非洲统一组织宪章所铭记的规范性原则和非洲国家实际行为之间的矛盾，试图使坦桑尼亚推翻阿明政权的行动合法化。

通过讨论安理会 3 月 26 日辩论所涌现出的另外一个关键点是，由于阿根廷和斯洛文尼亚把北约的行为辩护为与国际社会主流合法性话语相一致，那么如果他们在以后的类似案例中采取了与此不同的观点，就会被揭露为伪君子，因为其他国家可以令人信服地使用同样的辩词来辩护这些以后案例中的类似行为。行动者在以特殊道德原则辩护某行为之后，就会发现他们随后的行为被约束在一定的范围内。

北约的五个政府提出的辩词受到俄罗斯、中国、印度、白俄罗斯和古巴的全面拒绝。在安理会之外，该行动受到欧洲共同体（尽管在德国、希腊和意大利存在明显的反对意见）和伊斯兰教国际组织（如马来西亚一样，他们欢迎挽救同道穆斯林的行动）的赞同，而美洲国家组织在对此行动表示惋惜之时，并没有谴责它。考虑到北约的行为钻了多元主义对《联合国宪章》下武力使用原则理解的空子，国际上的反应还是很有利的。

这就提出了一个问题，即在新规范被认为获得习惯国际法新规则的身份前，有多少国家需要认可这个新规范。而且如果有些新规则的反对者位列于世界最强大的国家之中，那么又会发生什么事情呢？迈克尔·拜尔指出了重要的一点，即如果过去行为中只有一个案例支持新规则，那么国家能够通过在以后的情形中违反该规则很轻易地使它无效。[①] 因此，考虑到本书中国家违反单边人道主义干涉规则的行为记录，在对国际社会里多大程度上存在单边人道主义干涉新习惯下判断之前，在科索沃事件之外还需要更多的案例在实际行为和法律确信上支持该规则。

在这种形势下认识到以下这点是重要的，即科索沃事件在作为单边人道主义干涉合法先例上受到限制。它只能被其他国家似真地引述在以下未来情形中：安理会已经根据《宪章》第七章决议把某政府的人权践踏行为

[①] Byers, Custom, *Power and the Power of Rules*, p. 159.

看作是对国际和平和安全的威胁；否决权的威胁或使用阻止了安理会授权使用武力。把单边人道主义干涉的合法权力约束于上述前一情形，这会降低在人道主义干涉被允许的情况下国家自作主张的危险。正如沃恩·罗维在其呈给下议院外交事务委员会的备忘录里指出的，"北约对科索沃的行动权不是单边权力，处于该权力下的任何国家都可能独立地认为该干涉是被授权的……安理会之前的决定被当作是辩词的重要因素"。① 对人道主义干涉权力的约束有用于西方的安理会成员国，这是因为他们拥有大会否决权，这能确保不会有决议损害到他们的利益。但这对敌对双方是一致的。如果单边人道主义干涉合法权力被限制于这样的方式，那么北约就会发现自己在以后想有所行动的案例中被剥夺了合法的观点。在看到北约政府诉诸由《宪章》第七章而来的三条决议来辩护他们对科索沃的军事行动后，俄罗斯和中国很可能会在以后通过这样的决议时变得更加谨慎。

考虑到俄罗斯国内的不稳定局势以及俄罗斯和中国对触犯主权平等原则行为提高了的敏感性，安理会的永久会员国极其不可能在以后的人权践踏事件中变成人道主义"自愿同盟"。是否存在支持单边人道主义干涉的新合法惯例并不重要，因为，在残忍行径冒犯了人性良心之时，那些有权力结束该行径的组织就拥有采取行动的道德义务。如果《联合国宪章》导言里的"我们人类"这一字词具有意义，那么安理会上的否决权威胁或使用就无法阻碍人道主义干涉。科菲·安南在1999年联合国大会上的开幕致辞中对这一观点表示赞同，关于卢旺达种族屠杀他问道，"在通向人屠杀的那些黑暗日子和时刻中，如果一个国家联盟做好了保卫图西人的行动准备却并未获得安理会及时的授权，那么难道这个联盟应该袖手旁观、允许灾难发生吗？"②

关于人道主义干涉合法性的对话里的观点附和了弗兰克和罗德烈的看法。读者可能会回忆起他们在孟加拉国事件后的观点，即人道主义干涉在破坏法律的同时也被道德辩护为特例行动。这种观点的根本问题是，这有

---

① V. Lowe, 'International Legal Issues Arising in the Kosovo Crisis', 呈给下院外交委员会的备忘录, Feb. 2000, p. 5.

② Annan, 'Two Concepts of Sovereignty', p. 39.

利于那些国家——它们认为人道主义干涉总是权力的表象、人道主义干涉允许强国把自己的价值观强加给弱国。俄罗斯在1999年9月的联合国大会上表达了这种反对意见,它警告说,"不应该允许以强制手段影响干涉不合某些国家爱好的国家和民族"。① 困难在于,如果西方政府的干涉被认为是在破坏《联合国宪章》原则,那么其他国家可能以后也会同样地不尊重这些原则。科菲·安南充分意识到这一点,并警告那些欢迎北约对科索沃行动的国家,"未获得安理会授权的行动威胁了建立在《联合国宪章》上的国际安全体制的核心"。②

挑战还在于探索社会连带主义第三个办法的可能性。在安理会由于否决权的威胁或使用被阻止授权武力使用时,该办法证明了人道主义干涉是正当的,而且没有侵害到现有的武力使用抑制。科菲·安南对科索沃危机引起的道德和法律难题的回应是,他促使联合国大会在其第54次会议上讨论该问题。正如我在本章开头指出的,有些政府认为获得安理会授权的以武力保卫人权的行动是正当的,但是没有政府直接倡导单边人道主义干涉权力,而且还有很多国家反对这项权力。

国际社会对某些国家或地域性组织单边人道主义干涉的持续不让步引起了以下方面的问题,即国际社会如此怀疑单边人道主义干涉,这是否是合理的。多元主义的观点是否正确地提醒我们,秩序和正义间存在不可调和的冲突,"人道主义干涉的任何原则都会导致容许所有形式的干涉,它们虽然带有或多或少的人道主义模糊性,却严重危害了国际秩序"。③ 我在本书中显示的社会连带主义暗示的是,国际社会过于胆小谨慎,它们认为单边人道主义干涉会破坏国际秩序的支柱。国家的确不同意有意或者优先给予民事、政治、经济和社会权力,但是这些辩论不该模糊这样一个事实,即政府已经使用合法手段致力于支持人性的基本标准。的确,即便在

---

① 俄罗斯外交部长在联合国大会前的声明,Press Release GA. 9599, Http://srch 1. un. org: 80/plweb-cgi/fastweb, 21 Sept. 1991.
② K. A. Annan, *Preventing War and Disaster: A Growing Global Challege* (1999 Annual Report on the Work of the Organization; New York, 1999), p. 20.
③ Vincent, *Human Rights and International Relations*, p. 114.

破坏这些标准的时候，也没有政府质询这些规范性标准。争论在于可以合法使用的手段，以把这些标准强加给侵害它们的政府。

拯救陌生人所提出的问题是，印度、越南和坦桑尼亚的行动都是有理由的，因为武力使用是结束大规模暴行的唯一手段，而且它们使用的动机或手段与积极的人道主义成果相一致。越南和坦桑尼亚本应该以人道主义的理由辩护它们的武力使用（当然印度这样尝试了），而且这也应该是以后采取类似行动的国家所要引用的合法化理由。多元主义反驳说，单边人道主义干涉为干涉打开了闸门从而破坏了国际秩序。对此看法的回应是，国际社会应该只把那些能够被国家合法地辩护为人道主义行动的行为看作是特例。他们应该有令人信服的案例：存在极端人道主义危机，武力使用是必需而相称的，动机或手段并不与所取得的人道主义成果相矛盾。确立这些范畴并没有解决这一问题——科索沃这样的困难案例是否满足了以上条件，但是它创建了一个行动者能够在其中辩论各种相对主张长处的框架。

合法化需要对国家行为具有很强的约束力，而且如果政府不能够对他们行为的人道主义性质作出有力的辩护，他们就不能够开拓出一种允许单边人道主义干涉的新规范。但是，如果国家确实试图或已经滥用了该规则，国际社会应该把这些国家看作是对其他国家的威慑而实施制裁。对此，现实主义和多元主义会反驳说，这忽略了这个事实，即什么是人道主义以及哪个国家应该被制裁总是由强国决定的。对暴权的考虑不应该被忽略，而且强国确实能影响某些特殊案例里的制裁标准，但关键是，即便是最强的国家也知道他们需要在国际社会和亨利·舒的"世界公众舆论法庭"[①] 面前作出答辩。即便是强国也不想被揭露为伪君子，而且一旦国家把干涉辩护为人道主义性质的，它随后的行动就会受到限制，以免使自己的行为处于破坏人道主义积极成果的方向。

国际社会没能把印度、越南和坦桑尼亚的行动辩护为人道主义性质

---

① H. Shue, Let Whatever is Smouldering Erupt? Conditional Sovereignty, Reviewable Intervention and Rwanda 1994', 载于 A. J. Padi, P. jarvis, 和 C. Reus-Smit 编 Between Sovereignty and Global Governance: The United Nations, the State and Civil Society (London: Macmillan, 1978), p. 77.

的，这一失败证明了构成20世纪70年代外交对话局限的多元主义话语在道德上的瓦解。然而，在安理会紧随科索沃危机结束之后的辩论中有迹象表明，有些政府正在赋予印度和越南的干涉新的社会连带主义含义，这与我在本书里所讲的人道主义干涉理论相一致。斯洛文尼亚大使在1999年3月24日的讲话中提出对巴尔干事件中国家行为的修正主义理解，他断定：

1971年在亚洲，联合国的一个会员国在极端必需的情况下使用了武力。那是一个未经安理会授权并与合法自卫无关而动用武力的案例。不过，这种必需情境受到国际社会广泛的理解。我认为由那个例子得出的历史教训在今天不应该完全被忽视。①

三个月后，挪威大使在辩护北约对科索沃的行为时，提出了对越南推翻波尔布特政权迥然不同于盛行于1979年之前观点的解释。他承认本国政府错误地把越南的武力使用当作是对规则的侵害，并断定传统多元主义对规范的解释正在受到新社会连带主义学说的冲击，该学说证明了为捍卫人权而使用武力是正当的。

今日，我们广泛地认为，国际法规则规定主权国无权恐吓本国公民。只有在恐吓行为真实存在的情况下，我们才能解释为何3月26日中—苏视北约空袭为违反《联合国宪章》的决议草案受到12比3这样决定性的否决……时代已经改变了，而且不会再转变回来。无法再想象19世纪90年代那次不体面的事件能在21世纪重演，相对于红棉人三年的种族屠杀，美国当时显然更愤慨于越南对柬埔寨的军事干涉，但几乎所有柬埔寨人都把这次干涉当作是解放运动。那次误解的结果是，大部分国家代表包括本国代表允许红棉人继续占据柬埔寨在联合国大会上的席位达十年之久。②

以上论述暗示，对科索沃事件的国际反应标志着国际社会里的一个分水岭，而且我们期望看到它建立新的统一战线，以响应以后任何不经安理会授权国家就进行干涉以结束暴政的案例。在使以人道主义为目的的武力使用合法化的情况下，国际社会必须开展真诚的对话。在任何这类对话中

---

① S/PV. 3988, 24 Mar. 1999, p. 19.
② S/PV. 4011, 10 June 1999, pp. 12–13.

都会提起的一个重要社会连带主义的主张是，在国家获得安理会授权和国际社会明显支持旨在预防或阻止人权践踏事件的干涉行动的情况下，永久会员国投反对票是不被接受的。①

这一观点被斯洛文尼亚引用来辩护北约对科索沃的行动，而且它在捷克总统哈维尔的一次讲话中寻得了支持。总统认为是时候考虑即便是假想地考虑，这一事实——安理会里一个国家的投票胜于世界所有其他国家的投票——还是否适当。②

还有一个方法就是，北约可以证实它是代表国际社会而行动，这就把问题提交给了联合国大会。奈杰尔·怀特认为，20世纪50年代的"联合和平"本可以为此目的而被调用。"联合和平"的背景是，冷战的出现破坏了"二战"后安理会永久会员国之间的合作展望，而西方把苏联在1946—1950年连续行使否决权的做法称作是"对否决权的滥用"。③因此，西方寻求"联合和平"的解决办法来绕过苏联在安理会的否决权。北约本可以通过向安理会提交决议以获得授权，从而能赢得更大的国际合法性，并在米洛舍维奇政权持续不遵守安理会决议的情况下对其使用武力。在这点上，俄罗斯和中国的否决票就会把自身显示为反对旨在结束暴行的干涉。即便俄罗斯和中国行使了他们的否决权，北约也可以提交一份程序决议，要求根据"联合和平"决议把事情转交给联合国大会（对于程序决议并不存在否决权）。这促使怀特认为，假如北约"获得了安理会在程序决议上的赞同和联合国大会对干涉行动的赞同，那么北约就拥有完全的合法理由发动空袭"。④

北约为何没有顺着这条道路走下去以从联合国大会获得集体性的赞同呢？原因在于，他们无法担保获得三分之二的多数支持以通过一项建议采取军事行动的决议。西方政府甚至没准备向安理会冒险提议授权使用武

---

① Andrew Linklater 认为，"良好国际公民其中一项素质就是敢于挑战不负责强国的投票，这种投票要阻碍避免人权践踏的人道主义行动"（Andrew Linklater, 'The Good International Citizen and the Crisis in Kosovo', 作者尚未出版论文, p. 10）.

② 引述同上, p. 10.

③ White, 'The Legality of Bombing', pp. 10–11.

④ 同上, p. 14.

力；而相对于安理会，他们对控制联合国大会更加地不自信。在安理会发现了对国际和平和安全的威胁却不能由此采取行动的情况下，在联合国大会上需要三分之二的多数才能通过决议批准对此进行干涉。这确立了高标准的合法性，而且把国家滥用人道主义干涉权力的危险降到最低。然而用类推的方法可以发现，让联合国大会赞同干涉引起了与科菲·安南关于安理会授权提出的同样问题：在大规模、有系统的人权践踏事件正在发生的情形下，如果不能确保在联合国大会取得足够的票数，那么国家或国家联盟应该袖手旁观吗？假如印度和越南依赖于联合国大会决议使他们提议的干涉行动变得可取，那么在东巴基斯坦和柬埔寨遭受国家恐怖行动的难民就只能听天由命。

我在本书中已经声明，国家行为不是对人道主义合法性的刻薄检验。但是在安理会由于否决权而不能授权行动的情况下，一些国家证明单边人道主义干涉是正当的，这就为20世纪70年代所匮乏的全球人道主义法则执行建立了新的集体能力。印度和越南在20世纪70年代的干涉被解释为人道主义性质的，这是因为它们满足了本书第一部分确立的门槛性要求。但是，越来越满足门槛性之上要求的干涉对合法性拥有更大的要求权。在此，坦桑尼亚的案例是有教育性的，因为它对合法性拥有比印度和越南拥有更大的要求权。奈杰尔曾公然反对乌干达政府在阿明夺取政权后的人权践踏，而且完全有理由相信人道主义动机在奈杰尔打到阿明的决定中起了显著的作用。因此，坦桑尼亚拥有比越南更多的人道主义资格，而国际上的回忆本应该反映出这一点。我的观点是，虽然越南不应该受到谴责或制裁，赞扬或本质上支持不带任何人道主义动机的国家干涉行为也是同样错误的。相反，国际社会应该赞扬坦桑尼亚的行为，并且为奈杰尔提供他向西方寻求的财政支持。政府、非政府组织、媒体和国内公众应该使用社会连带主义的框架来判断特定干涉的人道主义贡献。判决会受到争论，但重要的是，干涉是否被证明为合法的这一决定并不只取决于政府。相反，挑战在于创建一个新的全球公众领域，以上列出的非国家行为者可以由此在决定干涉行动人道主义资格的过程中起到重要的作用。在此，我同意舒的观点，即通过确立构成合法人道主义干涉规范的一系列判断，国家能够更加确保他们的干涉会受到其他政府和世界舆论的赞同。① 并且在政府被认为不仅满足了最低要求而且满足了门槛性之上要求的未来情形中，集体性的合法化应该通过政治、经济甚至军事方式来支持正在进行干涉的国家，从而鼓励其他政府也承担起人道主义干涉的花费和危险。

这种国际人道主义干涉办法的弱点是，它使人道主义干涉成为一项权利而非义务。社会连带主义规范的新发展促使之前不可想象的干涉行为变成可能，但是正如我在第三部分论述的，它们并不决定这些干涉行为。它们也不担保人道主义干涉在极其需要的地方就会发生，比如在1994年的卢旺达。② 这突出显示了支持危机中难民的"发展中国际规范"的真实局限。这也把我们带回到以下问题，政府尤其是那些于20世纪90年代以捍卫人权的名义进行干涉的西方领头国家，它们在多大程度上尽到了保护"世界各处人权"的社会连带主义义务。

我们要做出多大的牺牲？

我在第七章认为，假如1994年3月有任何一个国家或国家联盟自告奋勇要求联合国授权干涉以终止卢旺达的暴行，它就会得到欣然同意。干涉的障碍不在于会员国关于安理会行为合法范围的不同意见。相反，如科菲·安南在他1999年年度报告中承认的，"相比较于会员国对主权的关心，干涉的失败更多的是因为这些国家不愿为干涉支付人力和其他花费，以及它们对武力动用能否取得成功的怀疑。"③ 社会连带主义的政治手腕概念要求国家领导者在极端人道主义危机特例中能够拿士兵的生命冒险，还能在必要的情况下敢于牺牲士兵生命。正如我在第一部分论述的，这必须服从于对必要性和相称性的考虑。西方国家令人震惊地没有采取行动去终结卢旺达大屠杀。这表明，即便有充分的理由相信武力的成功使用只会带来很少的伤亡；在这样的情形下，国家领导人还是拒绝让它们的军队去冒

---

① Shue, 'Let Whatever is Smouldering Erupt', p. 76.
② 同上。
③ Annan, *Preventing War and Disaster*, p. 21.

险拯救处于危险中的卢旺达人。

该怎么说服国家领导人让他们在种族屠杀、大规模杀害和种族清洗事件中承担起道德上的义务以付出人力花费进行干涉,这个问题是对社会连带主义国际社会理论的挑战。事实是,在 20 世纪 90 年代没有任何西方政府进行干涉以保护人权,除非能确保伤亡几率几乎是零。这暗示"CNN 媒体效应"有很明显的局限,它曾声称要推动犹豫性政府进行它们更乐意避免的、冒险的、代价昂贵的干涉行动。对伊拉克北部和索马里人道主义危机的媒体覆盖,是使这些干涉事件变得可能的一个重要启动条件(尽管不是决定性的),但是它不足以说服西方政府派遣地面部队进入波斯尼亚,以及执行保护安全地区的命令。在西方存在对战争持续的媒体覆盖,这尤其在英国和美国产生了越来越多的公众压力,他们要求采取更具决定性的干涉行动。尽管要面对公众日益见长的人道主义敏感性,考虑到军事干涉不会成功而且一旦伤亡事件传回国内,干涉就会很快丧失公开的合法性,西方政府选择了安然度过这场困难。科索沃干涉没有能改变这一结论,这是因为排除地面战争反映了对劳伦斯·弗里德曼"裹尸袋效应"[①] 导致的国内政治后果的考虑。

然而科索沃案例显示的是,涉及拯救遭受暴行的难民,西方决策者有时的确会检验外交政策的领导能力。在联合力量行动的案例中,媒体和国内公众时刻关注着联盟领导人特别是克林顿和布莱尔,他俩领头把科索沃的镇压说成是一场危机,这场危机使得基于人道主义和安全理由的紧急回应成为必要。然而,为什么克林顿政府对科索沃进行军事干涉而没有在卢旺达进行这样的干涉?原因在于:空中轰炸只带来很少的伤亡,美国在巴尔干半岛重要的安全利益处于危险之中,联盟的可信性也被感觉处于危险之中。

上述论述的暗示就是,只有当国家领导人认为国家利益处于危险之中,他们才会接受除了最小伤亡之外的任何事情。这是从 20 世纪 70 年代

[①] L. Freedman, 'Victims and victors: reflections on the Kosovo War', Review of International Studies, 26/3 (2000), p. 337.

印度、越南和坦桑尼亚干涉事件得出的结论。正如我在第二部分所认为的,直到这些国家的重大利益受到威胁,它们才会采取行动以遏止暴行,而且只有当它们的利益处于危险之中,它们才会准备接受干涉的代价——包括士兵的牺牲。

在此有一个回应认为,整个地区和分区的行动者应该承担起人道主义法则执行的担子,因为毗邻方在地区危机中存在安全利益,危机会造成难民的大批逃离并带有暴力冲突席卷整个地区的危险。[①] 此处的一个典型就是由尼日利亚军队所领导的西非国家经济共同体对利比里亚和塞拉里昂的干涉。但是,把这些行动是否具有人道主义性质这个问题放在一边,更大的问题在于不能依赖于地区行动者而行动。在1994年4月初关键的数周内,西非国家对卢旺达种族屠杀的无为状态对此作了生动的说明。

虽然我们应该尽全力建造地区性人道主义干涉能力,但是对现实主义批评还存在另一个反应,即国家只在对自己有利的情况下才会捍卫人权,并且这与区域性解决办法还要相一致。这是为了坚持社会连带主义的观点,即由于不公平的世界会变得毫无秩序,国家在提升和加强人权上可以获得长期的安全利益。正如我在第二章认为的,印度和联合国秘书长都以东巴基斯坦人权践踏事件威胁了秩序这样的理由试图引起安理会对此的兴趣。而安理会对此的忽视导致这片次大陆上的战争冲突。相似地,我在第三章和第四章展示了乌干达和柬埔寨如何既是国内人权的粗暴践踏者也是对地域安全的威胁。国内镇压和国外的侵略之间并不存在自动关系,但是涉及巴基斯坦、乌干达、柬埔寨、伊拉克和南斯拉夫这些事例,本书强烈支持该假设。因此,有充分的理由认可社会连带主义的主张,即一项把捍卫人权放在自己道德准则中心地位的外交政策会对保卫国家利益和加固国际秩序支柱做出很重要的贡献。

科菲·安南在1999年9月提醒联合国大会注意,挑战在于通过建立非暴力预防性外交文化来保卫人权,而且正如我在案例研究章节里显示的,正是小橡子一样的人权践踏事件逐渐演变成极端的人道主义危机。正如在

[①] 该想法是由Morris提出的,'The Concept of Humanitarian Intervention'。

科索沃事件中那样，由于错过机会采取预防措施，人道主义强制干涉成为最后的手段。国际社会没有过问20世纪90年代的科索沃人权践踏事件，而且同样的情形发生在伊拉克、索马里和卢旺达。西方政府因为没有认真地采取预防性行为而受到责备，但是同样的责任也在于国内公众，他们在激励政府把更多的政治和经济关注放在保卫人权之前这方面做得不够。

社会连带主义认为，如果国家用开明的方式定义他们的利益，那么秩序和争议能够被调和，这一观点非常有吸引力。不过，这个解决秩序和争议难题的办法存在一个问题，即它把对正义的追求依赖于对秩序的考虑。问题还在于，秩序依赖于正义的程度因个案不同而不同。因此我在第八章认为，西方政府拿士兵的生命去冒险遏止波斯尼亚和科索沃的极端人道主义危机，这既是它的道德义务而且也让它有利益可捞。但是，对于比较疏远的非洲国家呢，比如1994年的卢旺达？是否真的能够认为，卢旺达的种族屠杀造成对西方安全利益及更广范围内国际秩序的威胁，而这证明西方士兵的牺牲是正当的？

认为秩序和正义能够被调和的社会连带主义观点在这一点上开始分散，留给我们的观点就是西方国家在1994年本应该以人性的理由拯救卢旺达人。这就是迈克尔·伊格纳蒂夫论点的重要性，他评述道，"同情心的表述"连接起西方"安全地带"和某些地区如非洲的"危险地带"……"其他民族的问题，不管有多远，都是与我们要关心的事情"。① 他认为，这种道德普救主义产生于大屠杀带来的恐怖，而且它建立在人性"抛弃耶稣"的罪恶上，这造成了"新形式的犯罪：对人性的犯罪"。② 但是，我们集体性地对卢旺达人的"抛弃"说明了这种道德普救主义的局限。甚至在西方人民看到关于1994年4月末卢旺达惊人暴行的电视画面和新闻故事之时，种族屠杀尤其在美国被描绘为种族仇恨的结果，而这种仇恨不受外界原因和军事干涉的影响。非官方组织曾要求军事干涉，但是它无法动员更广范围的国内政治观点加入它增压给政治家以遏止种族屠杀的行动。西方

---

① Ignatieff, *The Warrior's Honor*, pp. 4–5.
② 同上，p. 19.

国家的公民关心卢旺达的困境,而且对居住在卢旺达—扎伊尔边境营地的居民有很仁慈的响应,但这也是西方社会连带主义对于遭受大屠杀难民的局限性体现。

在 1994 年 4 月本该发生的是,在没有及时的、有效的地域性回应时,西方政府本应该采取军事干涉并接受伤亡的危险。国家领导人——他们有能力挽救生命——有义务采取"道德冒险"① 而不是受阻于"裹尸袋效应"。准确算出多少英国、美国和加拿大士兵应该被牺牲以拯救无数的卢旺达人是极端武断的行为,但清晰的是,这个数字远高于美国 1993 年在索马里损失的士兵数目。没有人能够事先知道人道主义干涉会变成什么样,而且如果它落得灾难性的结局,那么,决定牺牲公民以拯救陌生人的那些人就不得不面临国内舆论和自己良心的审判。假设证明武力使用是正当的人道主义观点和干涉动机及行为之间并不存在矛盾,那么甚至是失败了的干涉也能被判定为合法的。同样正确的是,我们只能在回首的时候才能判定一次成功的人道主义干涉行动,就像我们没法事先知道我们行动失败所带来的道德后果一样,而这也解释了为何国家领导人在决定是否干涉时面临可怕的选择。

人们希望西方社会能接受遏止卢旺达种族屠杀时招致的任何士兵伤亡。但是对于任何来自媒体、敌对团体或更广舆论的怀疑观点——为何自己公民的生命要牺牲在拯救卢旺达这些陌生人上,西方领导人本该使用克林顿在第一次着手卢旺达事件时所引用的观点:打击种族屠杀有利于国家和全球利益,因为不这样做就会冒树立歪风的危险,这种歪风会破坏所有文明社会的价值。

至关重要的是,在未来西方的决策者不会像在卢旺达事件中那样,因为害怕国内公众不容忍伤亡的发生而受抑制于遏止侵害人性的犯罪行为。美国游骑兵在索马里的损失是支持该假设的唯一案例,但从这个例子做推广是不明智的,原因有二:第一,游骑兵的死亡发生在美国公众非常不清

---

① Jackson 引用了 Stanley Hoffman 从 De Gaulle 那儿得来的一句话,他把政治家说成是"懂得冒险的人,包括道德上的风险"(Jackson, 'The Political Theory of International Society', p. 125).

楚他们的牺牲是为了什么目的的情形里;第二,由于越南事件,美国在习性上是"'裹尸袋'文化",① 而这在西方国家较为不明显。因此,如果牺牲被显示能结束他们在自己电视屏幕上看到的骇人苦难,欧洲政府是否明显地低估了他们的公众会在什么程度上接受这些伤亡事件?

在打击"裹尸袋"阻止人道主义干涉这样的有害后果时,一个关键政策办法就是把前准将布赖恩·厄克特的提议变成现实,即建立一支带有空中支援的大约10000人的联合国快速反应部队。部队会由志愿兵组成,并可以在短时间内派往动乱地点。这样一支部队很大的优点在于,组成它的男女本来是要选择做一名人道主义勇士的。假如这样一支部队在1994年4月的最初两周内由安理会派遣进入基加利,那么很可能几十万人的生命就会得到挽救。

对这样一支部队存在三点缺陷:第一,正如加利夫·伊文斯指出的,联合国消防队不能够被派遣前去拯救卢旺达人,因为它已经承诺在索马里和波斯尼亚进行消防工作。② 对此的回应是,我们不得不在全球范围内建立不止一个消防队。建立这些力量会非常昂贵,只有少数政府对此计划表示出很大的热情。实际问题不是花费而是缺少社会连带主义的支持,这种支持可以促使政府和公众以他们看待国内社会消防规定的方式看待全球的消防工作。进而,如布赖恩·厄克特认为的,维持这样一支力量的花费将不得不从因为没能阻止冲突而必需的长期花费里扣除。③

这个办法的第二个局限是恼人的选择性。由于这样一支部队的控制权在安理会的手中,如果它威胁到安理会永久会员国的利益,它们总能投票否决军事部署。这引起我在之前讨论过的关于伴随安理会否决权的责任问题。但是,即便安理会内部存在一致意见即武力可以在道德上和法律上被允许,还会有可能由于谨慎的理由而不得不排除人道主义干涉。我已经主

---

① N. Ascherson, 'People Still Bleed in "Virtual War"', Observer, 21 Nov. 1999.
② G. Evans, 'Cooperative Security and Intrastate Conflict', Foreign Plicy, 96 (Fall 1994), pp. 18–19.
③ B. Urquhart 和 F. Heisbourg, 'Prospects for a Rapid Response Capability: A dialogue', 载于 O. A. Otunnu 和 M. W. Doyle, *Peacemaking and Peacekeeping in the New Century* (Oxford: Rowman & Littlefield, 1998), p. 192.

张,选择性不是干涉拥有人道主义价值的门槛性条件,因为在某个地方未能遏止人权践踏不能使其他的确结束了类似践踏事件的干涉行为丧失资格。

这种观点没能说服公共知识分子,如诺姆·乔姆斯基,他提醒我们注意西方对受难人们回应上的矛盾。例如,他指向美国对科索沃行动露骨的选择性,相对于美国对哥伦比亚和土耳其的人权践踏的回应。① 它没有怎么影响到中国、俄罗斯和印度,而这些国家认为,西方的人道主义呼吁总是追求自私利益的掩盖。这些国家坚持的这一观点旨在结束有关人道主义合法性的对话。但是,如果人道主义干涉从那些抱怨西方双重标准的国家领导人、公共知识分子和平民获得了更深的合法性,就需要表明这份批评。

我已经论述过,区分开由于审慎原因而是选择性的干涉与那些由于自私的利益而是选择性的干涉是很重要的。这还没有解决问题,因为对政府在特别案例中是在谨慎地行动还是在自私地行动仍存有争论。我在第三章认为,西方不应该把冷战规则优先于柬埔寨人民的人权,但是有人可能会以如下的理由反驳该观点,即考虑到苏联在20世纪70年代末对美国安全利益造成的威胁,是审慎要求美国的决策人以这样的方式行动。正如俄罗斯在科索沃战争几个月后对车臣居民不分青红皂白的炮轰所显示的,在那些冒大国间战争危险——包括核战争——的事件中,军事干涉不得不以审慎的理由被排除。

为了回应对应用人道主义干涉原则时的矛盾的控诉,社会连带主义要求在一致性和连贯性间作出区分。连贯性取决于一个从以下前提开始的框架,即相似的案例必须被相似地对待,但是承认这一点并不意味着所有案例都能受到一样的对待。② 加深国际社会里的团结一致不只要求使人权践踏受到国际上的详细审查和谴责,而且要求侵害了人权的政府必须在外

---

① N. Chomsky, *The New Military Humanism*.
② Franck 在其 *The Power of Legitimacy* 中提出了大体的框架, Tim Dunne 和我把它应用到政府对人权践踏事件的选择性反应案例中。见 Wheeler 和 Dunne, 'Good International Citizenship', pp. 868–70.

交、政治和经济上付出惨重的代价。对于决心捍卫人权的政治家、非官方组织、媒体和相关市民，挑战在于确保政府没有逃避这个责任并且在对待极其侵犯人权的政权时总为他们的行为负责。很明显地，像中国和俄罗斯这样在安理会拥有否决权的核武装国家，和它们谈问题时就涉及复杂的交易。但是，如果国家被看作能够不受惩罚地践踏人权，就会有危险信号表明，避免成为人道主义干涉目标的方法是发展军事能力，因为这导致外界干涉的花费变得过于抑制性。

对于联合国消防队这一解决办法的第三个问题是，它过于受限制，以致不能应付由波斯尼亚、科索沃和索马里造成的挑战，这些情形需要的是强加一个保护国进来，这能在以后的数年时间里提供一个安全架构。正如华尔兹指出的，问题在于20世纪90年代人权践踏的来源非常不同于孟加拉国、乌干达和柬埔寨的情形，后者所需要的是强制推翻一个残暴政府。在伊拉克、索马里、波斯尼亚和科索沃的事例中，人们受难的原因深深扎根于社会的政治、经济和社会结构。[1] 寻求结束这些苦难的直接征兆的干涉行动不得不通过一个解决冲突并重建社会的承诺外加一个长期的义务以说明它的原因。

这是索马里事件的意义，因为安理会赋予联合国索马里行动Ⅱ的委任托管权代表了对说明索马里暴力冲突潜在原因的尝试。我在第六章认为，联合国人道主义理由和它使用来追捕艾迪德的手段之间的明显矛盾导致了使索马里人们遭受磨难的骇人暴行。克林顿政府在1993年10月游骑兵牺牲前，发展出一种新的政治策略以取代不名誉的军事策略。只能推测这次与艾迪德和另一部族领导人间的对话是否最终把枪带出了索马里的政治。但是索马里引起的让人费心的问题是，是否一个文化上更敏感的干涉行为能最终避免发生在1993年夏天的暴力扩大事件。在某些意义上，建立法制政体的目的要求把军阀的权力边缘化，它们总是反对于此。

美国在1993年10月损失18名士兵后不愿再停留在索马里，这也是自由社会不能解决饱受战争折磨的社会的诸多问题的征兆。这需要一个长期

---

[1] Walzer, 'The Politics of Rescue', *Dissent*, 42/1 (1995), pp. 35–6.

的致力于政治、经济和社会重建的承诺,而这种形式的干涉在人力和武力上都可能是昂贵的。这种道德诺言没有出现在索马里,而且在非洲亚撒哈地区的任何成功干涉取决于做出如此一个长期的承诺。在20世纪90年代末,西方有限的人道主义精力和资源被巴尔干半岛消耗殆尽,而有关欧洲之外"危险区"的故事升起而不是降低了通往自由满足城堡的道德吊桥。

叶利钦在"危险区"和"安全区"间建构起关系的想法表面上看很有吸引力,但是这个比喻构造了错误的二分法,它首先忽略了全球财富和权力不平等在什么程度建立起"危险区"。本书集中于使用武力遏止种族屠杀、大规模杀害和种族清洗这样"高声危机"的合法性,但是这个定义开放于南方政府动员的一个控告,即它忽视了数百万极其需要基本生活必需品这一情形。很多非洲国家在他们于1999年12月联合国大会的讲演中突出了这一问题,而这也是中国和其他不结盟国家在遭受西方攻击指责他们滥用民事和政治权力时的不变主题。这突出了多元主义的论点,即国家会根据它们意识形态的偏差相当不同地定义什么可以被称作是极端人道主义危机。

因此显然地,在国际社会发展一个新的对人道主义干涉合法性的西—南一致意见取决于富国和穷国之间新的对话。所需条件是,西方政府做出承诺进行财富重新分配,而南方政府接受性地认为,政府对其人民的屠杀如此地令人震惊,以至证明了使用武力以支持最低人性标准是正当的。不能担保这次对话会根本改变很多南方国家的多元主义倾向,但是西方一个真诚地再分布权力的承诺就已经开始把很多南方社会中坚分子和他们的公众所深信的教条解释成,西方国家使用合法化意识形态——肖姆斯基称之为"新军事人道主义",掩饰他们持续的政治经济霸权及为支持此所必需的暴力手段。

国际社会的批评家会争辩说,获得真诚的西—南对话是乌托邦主义的,因为没有哪个联盟希望做出使对话变得可能的根本改变。一方面,对话迫使西方政府和社会回答有关它们资本主义经济和消费方式——资本主义消费方式上的改变可以拯救数百万被"疏忽的大屠杀"[①] 剥夺了基本生存权

---

① Shue, *Basic Rights*, p. 201.

利的难民——的不合意问题。另一方面，发现自己成为人权非官方组织和西方政府批评对象的南方社会中坚分子，他们不想以人权的理由来证明干涉是正当的，因为他们害怕这会开创以后被调用来反对他们自己政权的先例。

共同人性的叙述深深植根于西方社会，它把人权践踏的受害者看作是值得关注和怜悯的。从这个意义上说，全球化更拉近了康德的观点，康德认为世界上一个地方存在权利侵犯，各处就都能感觉到。然而，西方的人道主义干涉观念在意识形态上有如此大的偏差，以致因贫困和营养不良而导致的"沉寂的种族屠杀"被认为是自然的和不可避免的。比库·帕雷克质问道："为什么只有在苦难和死亡等灾难是由国家的垮台或权力滥用而引起时，这些灾难才会成为人道主义干涉的目标？"① 答案是，为了满足结束饥饿和贫困的人道主义干涉要求，引用马哈特马·甘地生动的话语，"富人要学会更简单地生活，所以穷人能够简单地生活"。在新世纪伊始，没有迹象表明西方世界的全球富豪预备结束他们的强大和特权地位。

西方人道主义选择性的关注不仅与人类苦难如何形成有关，也与其成为焦点的特别地方有关。媒体臭名昭著地偏爱于暴行的报道。当政府把他们有限的人道主义力量用于伊拉克、索马里、波斯尼亚和科索沃时，成百万计的人死于苏丹、安哥拉、利比里亚、阿富汗和其他数不清的地方，但电视媒体却没有到场记录下这些地方的暴行。更有甚者，在索马里、波斯尼亚和卢旺达这些存在相当多媒体覆盖的地方，社会连带主义也没有在居于全球政治安全之境的西方民众与遭受种族灭绝、大规模杀戮和种族清洗的难民之间做足够的奔走，以说服政治家们应该接受伤亡以阻止这些没人性的犯罪。这就是社会连带主义理想与实际成效间的脱节之处。

实施"零伤亡"人道主义干涉的决心是值得称赞的，因为政府在拯救陌生人时应该承担的风险和耗费是有限制的。然而，如果保护士兵生命的愿望导致了对平民不可接受程度的暴行，比如美国与联合国1993年搜捕艾迪德的事件和较小程度的北约在1999年3月对塞尔维亚平民的轰炸行动，那么该行动的人道主义资格就要受到质询。在这种情况下，应该撤销这种

---

① Parekh, Rethinking Humanitarian Intervention', p. 55.

干涉在国内和国际上的合法性,因为它无法通过相称性及积极的人道主义成果这一门槛性检测。

我在索马里与科索沃案例上认为,由于拒绝接受对士兵生命更大的冒险,积极的人道主义成果受到损害,而且西方政府过窄地定义了他们对遭受苦难的陌生人的道德责任。但是这促使产生了如下反驳,"为了满足这条批评意见,还要牺牲多少生命?"这是一个强有力的反驳,但它可能偏离了主旨,因为在这两个事件中被要求的是,政府在国内和国际都被认为应该对它们用以实现自己人道主义目的的手段负责。布什政府本该对它没有解除索马里军阀武装做出解释,而克林顿政府应当被要求证明它用来搜捕艾迪德的手段是正当的。类似地,北约政府也本该证明他们决定不派遣地面部队以拯救科索沃人是正当的。这就让国家领导人是如何解决骇人的道德冲突的——接受对士兵生命更大的冒险以拯救更多平民免于被屠杀——接受公众的详细审查。

多元主义国际社会理论非常怀疑人道主义干涉理论,因为它认为在现实中实现人道主义干涉会严重破坏国际秩序。多元主义实践的合法性受到布尔的认可,甚至文森也表示赞同,文森在他的书的末尾警告道:国际社会还不够格以社会连带主义的名义发放"干涉证书"。① 我在本书中认为,存在两个反对该观点的重要理由:首先,在保护国家利益、促进国际秩序和加强人权方面总是存在相互兼容性。在这样的情况下,国家领导人可以避免在对陌生人和本国公民所负有的义务之间做出可怕的选择,因为拿士兵的生命冒险能够以国家利益和共同人性的理由得到辩护。

反对多元主义理论提出秩序和正义难题的第二个理由是,它夸大了单方面人道主义干涉对现有秩序造成的威胁。在理想情况下,人道主义干涉总是在安理会授权下行动。如果这种授权不可能,那么满足了门槛条件的干涉作为法外特例应该被证明是正当的。而那些被判定为满足了门槛之上更加苛刻条件的干涉应该受到表扬,并被其他干涉持为范例而仿效。由于按照这些标准能够被有力辩护的案例数目是有限的,因此,认为准许单方

---

① Vincent, Human Rights and International Relations', p. 152.

面人道主义干涉会打开干涉的闸门这一观点和现实主义者及多元主义者的观点一样都是错误的。

因而,结论并不是社会连带主义必然受到约束,因为国际社会的特点就是在它的多元主义和社会连带主义观念之间存在深刻的、长期的紧张状态。更确切地说,社会连带主义计划是"不成熟的",因为国家领导人还未采取道德风险,该风险会在国际法中产生一个赋予科菲·安南观点实质内容的理论。科菲·安南的观点是,我们最终会变成为处于危险中的人类同伴"做更多事情的人性"。这种道德转变的一个关键部分就是,西方政府接受了这样一种观念,即在极端人道主义危机的情况下,人道主义干涉在道德上既是被允许的又是必需的。

在以后几十年里要促进这个社会连带主义计划,并把它拓展到包括地球上每天数百万人面临的人道主义生存危机。在这方面,我们不能依赖于政府作为人性的守护天使。震惊于电视里的暴行和饿死场面并没有什么用,真正需要的是我们大家做出行动以结束和防止这些灾难的发生。自由民主政府会避免做出可能会降低国内支持的冒险决定,而且就像我在本书中所表示的,当涉及解决波斯尼亚和卢旺达事件中现实主义和社会连带主义道德责任概念间的道德冲突时,西方国家领导人认为,公众的观点还没准备好为结束这些暴行付出代价或承担负担。假如这些领导人判定他们在波斯尼亚的有限参与及在卢旺达的不干涉政策有可能导致国内公众道德上的强烈抗议,同时公众舆论已经做好准备接受干涉带来的人员和财政消耗,政治家会发现在进行外交决策时很难忽视社会连带主义的观点。

政府是臭名昭著的不可靠的拯救者,但是我们又能够靠谁去解救那些不能自救的人们呢?目前,只有国家有能力在世界范围内空运数千部队以防止或结束种族屠杀或大规模杀害。对那些替人权非政府组织、大学和媒体工作的人来说,真正的挑战是动员公共舆论关注新的道德和实践责任以促进和加强人权。道德觉悟上的转变并不能确保道德上所必需的干涉。它能做的是提高国家领导人的意识,即如果他们决定不去拯救陌生人,那么他们就应当对此负责。

出版说明

《拯救陌生人》是国际关系领域英国学派的代表作,在西方世界较有影响力,但书中观点有待商榷。为了加强国际学术交流,了解国外学术界的理论动态,我们翻译出版此书,以供学者参考。

图书在版编目(CIP)数据

拯救陌生人:国际社会中的人道主义干涉/(英)惠勒(Wheeler,N.J.)著;张德生译.
—北京:中央编译出版社,2011.6
(国际政治前沿译丛)
ISBN 978 - 7 - 5117 - 0825 - 0

Ⅰ.①拯⋯

Ⅱ.①惠⋯ ②张⋯

Ⅲ.①人道主义 - 干涉 - 研究

Ⅳ.①D998.2

中国版本图书馆 CIP 数据核字(2011)第 050221 号

拯救陌生人:国际社会中的人道主义干涉

出 版 人	和 龑
责任编辑	董 巍
责任印制	尹 珺
出版发行	中央编译出版社
地　　址	北京西单西斜街 36 号(100032)
电　　话	(010)66509360(总编室)　(010)66509366(编辑室)
	(010)66161011(团购部)　(010)66130345(网络销售)
	(010)66509364(发行部)　(010)66509618(读者服务部)
网　　址	www.cctpbook.com
经　　销	全国新华书店
印　　刷	北京金瀑印刷有限责任公司
开　　本	787 毫米×960 毫米　1/16
字　　数	286 千字
印　　张	22.5
版　　次	2011 年 4 月第 1 版第 1 次印刷
定　　价	58.00 元

本社常年法律顾问:北京大成律师事务所首席顾问律师　鲁哈达
凡有印装质量问题,本社负责调换。电话:(010)66509618